网络空间安全学科系列教材

第**2**版

网络攻防技术

Network Security: Attack and Defense

朱俊虎◎主编　　王清贤◎主审

奚　琪　张连成　周天阳　曹　琰　颜学雄
彭建山　邱　菡　胡雪丽　尹中旭　秦艳锋　◎参编

机械工业出版社
China Machine Press

图书在版编目（CIP）数据

网络攻防技术 / 朱俊虎主编 . —2 版 . —北京：机械工业出版社，2019.1（2025.1 重印）
（网络空间安全学科系列教材）

ISBN 978-7-111-61936-9

I. 网…　II. 朱…　III. 网络安全 - 教材　IV. TN915.08

中国版本图书馆 CIP 数据核字（2019）第 030496 号

　　本书系统地介绍了网络攻击与防御技术。全书从内容上分为两大部分：第一部分从网络安全面临的不同威胁入手，详细介绍信息收集、口令攻击、软件漏洞、Web 应用攻击、恶意代码、假消息攻击、拒绝服务攻击等多种攻击技术，并结合实例进行深入的分析；第二部分从网络防御的模型入手，详细介绍访问控制机制、防火墙、网络安全监控、攻击追踪与溯源等安全防御的技术与方法，并从实际应用角度分析它们的优势与不足。

　　本书体系合理，概念清晰，内容详尽实用，结合丰富的实例剖析了技术的细节与实质。本书既注重讨论当前广泛应用的成熟理论与技术，也注重介绍领域最新的研究进展与趋势。书中各章均附有习题，方便讲授和开展自学。

　　本书可作为高等学校网络空间安全、信息安全等专业相关课程的教材，也可作为计算机科学与技术、网络工程、通信工程等专业相关课程的教学参考书，还可作为信息技术人员、网络安全技术人员的参考用书。

出版发行：机械工业出版社（北京市西城区百万庄大街 22 号　邮政编码：100037）

责任编辑：朱　劼　　　　　　　　　　责任校对：李秋荣

印　　刷：北京建宏印刷有限公司

开　　本：185mm×260mm　1/16　　　版　　次：2025 年 1 月第 2 版第 9 次印刷

书　　号：ISBN 978-7-111-61936-9　　印　　张：17.75

　　　　　　　　　　　　　　　　　　定　　价：49.00 元

客服电话：(010) 88361066　68326294

第 2 版前言

随着信息技术的高速发展，以互联网为代表的计算机网络已经成为全球化的信息共享与交互平台，深刻地影响着各国政治、经济、军事以及人们日常工作和生活的各个方面。虽然网络安全已经得到普遍重视，但新的网络威胁依然层出不穷。2010 年，震网病毒广为传播并使伊朗核设施遭到攻击；2013 年披露的"棱镜"计划揭开了"网络监听窃密"的冰山一角；2016 年，黑客组织"影子经纪人"（The Shadow Brokers）公开拍卖盗取的"网络攻击工具集"；2017 年，勒索病毒 Wannacry 在全球范围内广泛传播，感染了 150 多个国家的近 20 万台计算机。这些案例使大众深刻感受到网络威胁造成的影响。

增强网络安全意识、掌握网络安全技能是应对网络威胁的必然要求。网络攻击与网络防御本质上是攻防双方围绕对网络脆弱性的认知而进行的博弈。网络攻击技术既是网络防御技术发展的动因，也是网络防御技术的防范对象。因此，要掌握网络安全技能，就应当系统全面地学习网络攻击与网络防御技术。

全书共分 13 章，按照先介绍"攻击技术"后介绍"防御技术"的顺序进行组织，第 1 章至第 8 章讨论攻击技术，第 9 章至第 13 章讨论防御技术。"攻击技术"部分在介绍各种攻击的危害和原理的基础上，进一步分析该攻击的成因以及针对该攻击技术的防御方法；"防御技术"部分则在介绍防御原理、功能的基础上，进一步分析每种防御技术的优势与不足。全书各章的具体内容如下：

- 第 1 章介绍网络安全威胁、网络攻击的类型，分析攻击的主要步骤及各步骤所应用的攻击技术，并对网络攻击技术的发展趋势进行展望。
- 第 2 章从公开信息收集、网络扫描、漏洞扫描、网络拓扑探测四个方面对信息收集技术进行详细的介绍。
- 第 3 章从口令的强度、存储和传输三个方面对常见的口令攻击技术和防范方法进行介绍。
- 第 4 章介绍软件漏洞的相关概念、主要类型及触发原理，以溢出类漏洞为例讨论漏洞利用的一般方法，并介绍当前广为应用的四种漏洞利用保护机制。
- 第 5 章介绍 Web 应用的基本模型和相关概念，详细讨论 XSS 攻击、SQL 注入攻击和 HTTP 会话攻击三类典型的 Web 应用攻击技术及其防范方法。
- 第 6 章介绍恶意代码的发展历程、基本分类和攻击模型，分析恶意代码使用的关键技术，讨论主机恶意代码防范技术和网络恶意代码防范技术。
- 第 7 章介绍假消息攻击的基本概念，在介绍网络嗅探技术的基础上，按照由低至高的协议层顺序，详细讨论各协议层假消息攻击的方法以及相应的防范措施。
- 第 8 章介绍拒绝服务攻击的概念、危害，重点讨论各种拒绝服务攻击破坏服务的基本原理和攻击效能放大的主要方法,并介绍当前检测与防范此类攻击的主要思路与方法。

- 第 9 章主要从网络安全模型、网络安全管理和网络防御新技术三个方面探讨网络安全防御的主要内容与技术发展趋势。
- 第 10 章介绍访问控制的原理、模型及实现,重点讨论 Windows 操作系统的访问控制机制。
- 第 11 章介绍防火墙的基本概念和主要功能,重点讨论目前广泛采用的各种防火墙技术,包括它们所能提供的安全特性与优缺点。
- 第 12 章介绍网络安全监控的概念与原理,在统一的网络安全监控的概念框架下,重点介绍入侵检测、蜜罐、沙箱等常见的网络安全监控技术。
- 第 13 章介绍网络攻击追踪溯源的基本概念及作用,重点分析追踪的溯源典型技术。

战略支援部队信息工程大学网络空间安全学院组织了全书的编写工作,朱俊虎担任主编,奚琪、张连成、周天阳、曹琰、颜学雄、彭建山、邱菡、胡雪丽、尹中旭、秦艳锋等参与编写。本书的第 1、8 章由朱俊虎、秦艳锋编写,第 2、6 章由奚琪编写,第 3 章由胡雪丽编写,第 4 章由曹琰编写,第 5 章由颜学雄编写,第 7 章由彭建山编写,第 9、13 章由张连成编写,第 10 章由尹中旭编写,第 11 章由邱菡编写,第 12 章由周天阳编写。全书由朱俊虎进行统稿,秦艳锋、奚琪、颜学雄同时参与了部分审校工作。王清贤教授作为本书的主审,对全书内容进行了审定。

本书第 1 版是由吴灏教授组织编写的,第 2 版延续了第 1 版的撰写思路和主体结构,在此对第 1 版所有编写人员表示诚挚的谢意。在本书的统稿过程中,葛潇月、李静轩、刘自勉、胡泰然等为提高本书的质量进行了内容与文字的校对,衷心感谢他们为本书做出的贡献。机械工业出版社朱劼编辑为本书付梓做了大量专业细致的工作,在此一并表示感谢。

网络攻防技术发展迅猛,限于作者水平,书中错误和不足之处在所难免,恳请读者批评指正。

作 者
2018 年 9 月

在信息化高度发展的今天，计算机网络已经把国家的政治、军事、经济、文化教育等行业和部门紧密地联系在一起，成为社会基础设施的重要组成部分。

随着网络技术的发展，网络安全问题日趋严重。黑客利用网络漏洞对网络进行攻击、传播病毒和木马、控制他人的计算机和网络、篡改网页、破坏网络的正常运行、窃取和破坏计算机上的重要信息，严重影响了网络的健康发展。网络信息安全已成为事关国家安全、经济发展、社会稳定和军事战争成败的重大战略性课题，在维护国家利益、保障国民经济稳定有序发展、打赢未来战争中占有重要地位。

目前国内已有一批专门从事信息安全基础研究、技术开发与技术服务的研究机构与高科技企业，形成了我国信息安全产业的雏形。但由于国内信息安全技术人才相对不足，阻碍了我国信息安全事业的发展，为此，国内很多高校开设了信息安全专业，并将"网络攻防技术"作为该专业的一门主要课程。

作为一本专门针对本科生网络安全课程的教材，本书比较详细地介绍了现有的主要攻击手段和方法，剖析了系统存在的缺陷和漏洞，让网络安全防护更有针对性。在此基础上，对网络防御中常用的技术和方法进行了较为系统的分析和介绍。通过本课程的学习，学生可以了解和掌握网络攻击的手段和方法，系统掌握网络防御的基本原理和技术，熟悉网络安全管理的相关知识，为将来从事网络安全的研究、安全技术的开发和网络安全管理打下坚实的基础。

本书涉猎面广，不仅突出实用性，而且强调对技术原理的掌握。限于篇幅，书中没有涉及信息安全的重要支撑技术——密码学，如读者有兴趣，请参阅有关书籍。

本书共分 15 章，各章的内容既独立又有联系，主要内容如下：

第 1 章介绍网络安全威胁、网络攻击的分类、攻击的五个步骤，并且列出了网络攻击导致的后果，展望了网络攻击技术的主要发展趋势。

第 2 章从网络信息挖掘、网络扫描技术、网络拓扑探测、系统类型探测四个方面对信息收集技术进行详细的介绍。

第 3 章从口令的强度、存储和传输三个方面对常见的口令攻击技术和防范方法进行介绍。

第 4 章介绍了缓冲区溢出的相关概念、类型，详细讨论了溢出利用的基本原理及如何编写 Shellcode 代码。

第 5 章介绍恶意代码的现状、危害和发展历程，涵盖几种主要的恶意代码类型，并归纳出恶意代码的攻击模型。在此基础上分析了恶意代码所使用的关键技术，详细阐述了基于主机的恶意代码防范技术和基于网络的恶意代码防范技术。

第 6 章介绍 Web 应用的基本模型和相关概念，详细讨论了对 Web 应用程序的两种常见的攻击方法，并给出了相应的防范策略。

第7章介绍嗅探器的原理及嗅探器的实现过程，并列出了一些编写方法，最后介绍了嗅探器的检测与防范方法。

第8章按照TCP/IP协议的层次，对假消息攻击进行分类，并详细介绍每一层对应的攻击技术。

第9章详细地介绍了拒绝服务攻击的概念、成因和原理。

第10章主要探讨网络安全模型、网络安全的评估标准、安全策略、网络的纵深防御、安全检测、安全响应、灾难恢复和网络安全管理等方面。

第11章介绍访问控制的原理、模型及实现，详细介绍了操作系统访问控制机制和网络访问控制机制。

第12章重点介绍目前广泛采用的防火墙技术，包括它们所能提供的安全特性与优缺点。

第13章介绍与防火墙完全不同的一种网络安全技术——入侵检测，讨论了入侵检测系统的模型、技术，并介绍了几种开源的网络入侵检测软件。

第14章介绍蜜罐技术的基本概念和技术原理，并详细讨论了两种典型的蜜罐应用实例。

第15章介绍内网安全管理的内容及目标，并讨论了终端的接入控制、非法外联监控、移动存储介质等安全管理内容。

本书由解放军信息工程大学信息工程学院网络工程系组织编写，具体分工如下：第1、10章由吴灏编写；第2、3章由曹宇、胡雪丽编写；第4章由魏强编写；第5章由王亚琪编写；第6章由奚琪编写；第7、8章由彭建山编写；第9章由耿俊燕编写；第11章由尹中旭编写；第12、13章由朱俊虎编写；第14章由曾勇军、徐长征编写；第15章由吴灏、邵峥嵘编写。全书由吴灏教授统稿，胡雪丽协助。此外，王高尚、曹琰、崔颖、任栋、刘国栋、朱磊、李正也参与了本书的编写工作。

由于网络攻防技术的快速发展，再加之作者水平有限，疏漏和错误之处在所难免，恳请读者和有关专家不吝赐教。

编　者
2009 年 6 月

目录

第 1 章 网络攻击概述

网络攻击技术与网络防御技术的对抗是网络安全的永恒主题。网络攻击与网络防御本质上是攻防双方围绕对网络脆弱性的认知而进行的博弈：攻击方发掘网络和信息系统的脆弱性，不断发展攻击技术来实施攻击；防御方分析攻击的工作原理和作用机制，不断构筑新的安全防御体系。网络攻击技术既是网络防御技术发展的动因，也是网络防御技术的防范对象。要掌握网络防御技术与方法，应对网络攻击，应当从了解网络攻击开始。

本章将对网络攻击进行初步介绍。首先，介绍当前网络安全威胁的现状，并从客观和主观两个方面分析网络安全威胁的成因；接下来，介绍网络攻击技术的分类，并分析、归纳网络攻击各阶段所运用的网络攻击技术；最后，对网络攻击技术的发展进行综述。

1.1 网络安全威胁

网络安全威胁的内涵可从广义网络安全威胁以及狭义网络安全威胁来描述。广义的网络安全威胁泛指任何潜在的对网络安全造成不良影响的事件，包括自然灾害、非恶意的人为损害以及网络攻击等。狭义的网络安全威胁则指各类网络攻击行为。

1.1.1 网络安全威胁事件

自网络诞生以来，各类安全威胁事件就层出不穷。下面列举几个影响较大的网络安全威胁事件：20 世纪80 年代，凯文·米特尼克（Kevin Mitnick）入侵多家公司的内部网络，窃取了大量信息资产和源代码，造成数百万美元的损失，网络安全由此开始引起广泛关注；1988 年，Morris 蠕虫病毒（莫里斯蠕虫）在互联网上传播，感染了约 6000 台计算机，造成数千万美元的损失；1995 年，俄罗斯黑客弗拉季米尔·列宁（Vladimir Levin）通过入侵美国花旗银行获利，成为第一个入侵金融信息系统而获利的黑客；1996 年，纽约市互联网服务提供商成为首个分布式拒绝服务攻击的受害者，造成至少 6000 名用户无法正常收取邮件；1998 年，以

SQL 注入为代表的 Web 脚本攻击方式开始出现，并迅速成为互联网安全的最大威胁之一；1999 年起，基于 IRC（Internet Relay Chat，互联网中继聊天）的僵尸网络开始大量出现，为分布式拒绝服务攻击提供了前沿阵地；1999 年，梅丽莎病毒破坏了世界上 300 多家公司的计算机系统，造成近 4 亿美元的损失，成为首个具有全球破坏力的病毒；2000 年，包括雅虎、eBay 和亚马逊在内的大型网站遭受分布式拒绝服务攻击；2002 年，全球根域名服务器遭受分布式拒绝服务攻击，导致 13 台根域名服务器中的 9 台瘫痪；2006 年，美国空军提出 APT（Advanced Persistent Threat，高级持续性威胁）的概念，专指针对政府、军队、公司、组织的长期而复杂的网络攻击，其后大量 APT 攻击事件报告被发布；2007 年，俄罗斯黑客成功劫持 Windows Update 服务器；2010 年，针对伊朗核设施的震网病毒（Stuxnet）被检测并曝光，成为首个被公开披露的武器级网络攻击病毒，此后，火焰（Flame）、Duqu 等一批设计精巧、功能复杂的武器级恶意代码也陆续被曝光；2013 年，美国中央情报局前职员爱德华·斯诺登（Edward Snowden）披露了美国国家安全局的"棱镜"监听项目，公开了大量针对实时通信和网络存储的监听窃密技术与计划；2016 年 9 月，俄罗斯黑客组织"奇幻熊"（Fancy Bear）入侵了世界反兴奋剂组织数据库，公布了近百名因不同原因长期服用兴奋剂的运动员名单；自 2016 年 8 月开始，黑客组织"影子经纪人"（The Shadow Broker）陆续以多种形式在互联网公开拍卖据称来自美国国家安全局的网络攻击工具集，公开的部分资料显示这些工具集包含了大量针对路由设备、安全设备、Windows 操作系统等多个平台的零日工具（Zero-day Exploits）、攻击辅助工具和恶意代码；2017 年 5 月，勒索病毒 Wannacry 在全球范围内广泛传播，感染了 150 多个国家的近 20 万台计算机。

对比网络安全威胁发展的历史和互联网发展的历史，可以发现网络安全问题伴随着互联网的出现而出现，并且随互联网的发展而发展。在互联网日益壮大并深刻影响普通人日常生活的时候，网络安全威胁的程度也越发严重，影响范围日趋扩大。

1.1.2　网络安全威胁的成因

造成目前网络安全威胁现状的原因非常复杂，这些原因大致可归结为技术因素和人为因素两个方面。

（1）技术因素

网络安全技术的发展速度与网络技术的发展速度不相适应是导致网络安全问题层出不穷的主要原因之一。网络通信技术在发展之初就定义了清晰明确的 OSI 参考模型，但该模型并未考虑网络通信和网络设备的安全性。随着网络攻击形态的不断演变，学术界和产业界不断对现有网络技术进行安全性修补，设计开发了大量的网络安全协议、技术与设备。总体上，网络安全仍缺乏一个定义良好的通用设计过程，网络协议、软硬件系统均缺乏有效安全保证。具体来看，造成当前网络安全威胁现状的技术因素主要来自以下几个方面。

● 协议缺陷

以 TCP（Transmission Control Protocol，传输控制协议）和 IP（Internet Protocol，网际协议）为核心的 TCP/IP 协议簇是互联网使用的标准协议集，也是攻击者开发攻击方法时的重点研究对象。TCP/IP 设计时面向的是封闭专用的网络环境，重点解决网络互联的问题，缺乏认证、加密等基本的安全特性。因此，TCP/IP 的弱点带来诸多安全威胁，如 IP 欺骗攻击就是由于通信的双方没有认证，导致攻击者可以较容易地假冒合法用户的身份而造成的。总结来说，TCP/IP 的安全缺陷主要有：①缺乏有效的身份鉴别机制，通信双方无法可靠地识别身份；②缺乏有效的信息加密机制，通信内容容易被第三方窃取。

尽管已经对 TCP/IP 的安全缺陷有了较清晰的认识，研究者也开发出更为安全的 IPv6 协议，但由于兼容性、商业投入等多种原因，IPv6 协议仍很难完全取代现有的 IPv4 协议。目前，在应用领域中多采用 SSH（Secure Shell，安全外壳协议）、HTTPS（Hypertext Transfer Protocol Secure，安全超文本传输协议）等安全应用协议来增强运行在 TCP/IP 之上的应用的安全性。但需要注意的是，即便是安全协议也并不能保证没有安全缺陷。安全协议只是在协议中提供了安全性设计，并不能保证这种设计本身没有安全缺陷，也不能保证这种设计的所有实现没有安全缺陷。

● 软件漏洞

在信息系统中，几乎所有的设计都是依赖软件来实现的。上面所说的协议实现的安全缺陷实质上就是一种软件漏洞。不仅是协议实现，在操作系统和应用系统中，所有软件都可能存在漏洞。特别是随着信息应用系统越来越复杂，代码的规模越来越庞大，不管是由于软件开发者开发软件时的疏忽，还是由于编程者安全知识的局限，均可能导致软件漏洞问题。

从技术的角度分析，形成软件漏洞的深层原因有很多。现代计算机采用的冯·诺依曼体系架构中，程序指令和程序处理的数据以混合方式存储。这会导致一旦发生缓冲区溢出问题，程序逻辑就有可能被攻击者篡改。为提高效率，软件程序采用多线程并行处理的方式。如果未合理限制多线程对同一内存区域的访问，就有可能导致机密信息的泄露。应用程序（如 Web、文字处理程序等）功能越来越丰富，结构也越来复杂，复杂的结构加之庞大的第三方代码，使得开发者很难驾驭这些应用的安全性。

● 策略弱点

安全策略（Security Policy）是根据安全需求，对组织、系统、设备等所做的各种安全约束。常见的安全策略有公司的保密规定、主机系统的访问控制策略和安全设备的访问控制策略等。针对组织机构而言，安全策略是具体的、有针对性的。由于组织架构、安全需求等的不同，一个组织机构的安全策略通常不会与另一个组织机构的安全策略完全相同。

安全策略是安全需求的体现。通常，组织机构一旦具备一定规模，其安全需求必然会趋于复杂。如果安全策略在设计时考虑不周，或实现时对**安全机制**（Security Mechanism）选择不当，就会造成安全问题。另一方面，安全需求往往和应用需求相矛盾。很多情况下，在安全策略影响应用时，用户更愿意选择在安全策略方面做出妥协，这也更容易使安全策略出现弱点。

● 硬件漏洞

虽然目前在 CPU、BIOS 和外围设备中发现的漏洞比较少，但其中一旦发现漏洞，危害程度可能比一般的软件漏洞更为严重，修复的难度也更大。2018 年 1 月，谷歌公司的安全团队 Project Zero 披露了重大处理器漏洞 Meltdown（熔毁）和 Spectre（幽灵）。相关漏洞利用了芯片硬件层面执行加速机制的实现缺陷，通过侧信道攻击，可以间接地从 CPU 缓存中读取系统内存数据。漏洞存在于英特尔（Intel）x86-64 的硬件中，同时 AMD、Qualcomm 和 ARM 处理器也受到影响。对于已得到广泛应用的云计算环境来说，该漏洞的发现意味着某个虚拟机的"合法"租户或者成功入侵某个虚拟机的攻击者，都可以通过相关攻击机制获取完整的物理机的 CPU 缓存数据。该漏洞对于桌面节点同样有巨大的攻击力，攻击者可以将此漏洞与其他普通用户权限漏洞相结合，获取用户设备上的密码、登录密钥等关键敏感数据。

1965 年，Intel 创始人之一戈登·摩尔（Gordon Moore）提出了摩尔定律，对人类计算之路的快速进步做出了预言。摩尔定律指出：在价格不变的情况下，大约每隔 18 ～ 24 个月，集成电路上可容纳的元器件的数目便会增加一倍，性能也会提升一倍。虽然摩尔定律并没有理论上的依据，但数十年硬件发展的实际数据几乎完美地与之吻合。在这个过程中，人们对硬件速度的追求在一定程度上影响了对硬件安全的关注，硬件漏洞成为安全威胁存在与发展的一个重要因素。

（2）人为因素

形成网络安全问题的另一个重要原因是攻防双方的人为因素。传统观点认为，对网络安全造成威胁的人主要是黑客（或者说是骇客，即那些躲在角落里，以破坏为乐事的人）。但这种认识显然已不符合网络威胁现状。通过 1.1.1 节所列举的重大网络安全威胁事件可以看出，对网络安全造成威胁的主体人群很多，既有传统意义上的黑客，又有恐怖分子、商业间谍、犯罪分子，甚至包括敌对国家的信息战士、间谍机构。这些主体人群各有目的，持续不断地在网络空间对个人、组织、地区乃至一个国家构成新的威胁（如表 1-1 所示）。事实上，随着信息和网络技术对社会各方面发展影响的日益深化，原来在真实世界的各种利益争夺必然体现到这一新的虚拟空间。只要存在利益冲突，网络空间就不会太平，网络安全问题就会持续。

与攻击方相比，网络的防御方长期处于被动状态，且往往缺乏专门的安全队伍，网络安全人才缺口非常大。以我国为例，近年来各高校培养的网络安全专业人才仅 3 万余人，而网络安全人才总需求量则超过 70 万人，缺口高达 95%。此外，多数普通用户安全意识淡薄，在面对攻击时无论防护能力还是检测能力均非常薄弱。这也是攻击者，特别是近年异常活跃的各个 APT 攻击组织总是能够达成令人惊讶的攻击效果的一个重要原因。在攻防两方的博弈中，防御方还难以很快取得优势地位。

表 1-1　主要网络安全威胁制造者

威胁类别	威胁主体	从事网络攻击的主要目的
国家安全威胁	信息战士	制造混乱，破坏目标
	情报机构	收集情报
共同安全威胁	恐怖分子	破坏公共秩序，制造混乱
	工业间谍	商业情报
	犯罪团伙	报复，实现经济目的
局部威胁	黑客	喜欢挑战，证明自己

1.2　网络攻击技术

网络攻击是指利用安全缺陷或不当配置对网络信息系统的硬件、软件或通信协议进行攻击，损害网络信息系统的完整性、可用性、机密性和抗抵赖性，导致被攻击信息系统敏感信息泄露、非授权访问、服务质量下降等后果的攻击行为。

1.2.1　网络攻击的分类

网络攻击的分类维度非常多，从不同角度区分可以得到不同的分类结果。从攻击的目的来看，可以分为**拒绝服务（Denial-of-Service，DoS）攻击**、获取系统权限的攻击、获取敏感信息的攻击等；从攻击的机理来看，有缓冲区溢出攻击、SQL 注入攻击等；从攻击的实施过程来看，有获取初级权限的攻击、提升最高权限的攻击、后门控制攻击等；从攻击的实施对象来看，包括对各种操作系统的攻击、对网络设备的攻击、对特定应用系统的攻击等。所以，很难以一个统一的模式对各种攻击手段进行分类。

　　按照攻击发生时攻击者与被攻击者之间的交互关系进行分类，可以将网络攻击分为**本地攻击**（Local Attack）、**主动攻击**（Server-side Attack，亦称服务端攻击）、**被动攻击**（Client-side Attack，亦称客户端攻击）、**中间人攻击**（Man-in-Middle Attack）四种。这种分类方法能够帮助我们较好地理解攻击的原理和攻击的发起方式，在此基础上，可较好地归纳对应的防御策略与方法。下面分别讨论这四类攻击的基本概念与特点。

　　（1）本地攻击

　　本地攻击指攻击者通过实际接触被攻击的主机而实施的攻击。

　　攻击者通过实际接触被攻击的计算机，既可以直接窃取或破坏被攻击者的账号、密码和硬盘内的各类信息，又可以在被攻击主机内植入特定的程序，如木马程序，以便将来能够远程控制该机器。

　　本地攻击比较难以防御，因为攻击者往往是能够接触到物理设备的用户，并且对目标网络的防护手段非常熟悉。防御本地攻击主要依靠严格的安全管理制度。

　　（2）主动攻击

　　主动攻击指攻击者对被攻击主机所运行的 Web、FTP（File Transfer Protocol，文件传输协议）、Telnet 等开放网络服务实施攻击。

　　利用目标网络服务程序中存在的安全缺陷或者不当配置，攻击者可获取目标主机权限，并进一步将虚假信息、垃圾数据、计算机病毒或木马程序等植入系统内部，从而破坏信息系统的机密性和完整性。主动攻击包括漏洞扫描、远程口令猜解、远程控制、信息窃取、信息篡改、拒绝服务攻击等攻击方法。

　　防御主动攻击的主要思路是：通过技术手段或安全策略加固系统所开放的网络服务。

　　（3）被动攻击

　　被动攻击指攻击者对被攻击主机的客户程序实施攻击，如攻击浏览器、邮件接收程序、文字处理程序等。

　　在发动被动攻击时，攻击者常常先通过电子邮件或即时通信软件等向目标用户发送"诱骗"信息。如果用户被蒙骗而打开邮件中的恶意附件或者访问恶意网站，恶意附件或恶意网站就会利用用户系统中的安全缺陷与不当配置取得目标主机的合法权限。被动攻击包括钓鱼攻击、跨站脚本攻击、网站挂马攻击等攻击方法。

　　由于被动攻击通常从"诱骗"开始，因此社会工程学在被动攻击中应用广泛且作用关键。社会工程学是"一种操纵他人采取特定行动的行为，该行动不一定符合目标人的最佳利益，其结果包括获取信息、取得访问权限或让目标采取特定的行动"。本书以攻防技术为主要内容，对社会工程学感兴趣的读者可自行查阅有关资料与书籍。

　　要防御被动攻击，一方面是对系统以及网络应用中的客户程序进行安全加固，另一方面需要加强安全意识以辨识并应对网络攻击中的社会工程学手段。

　　（4）中间人攻击

　　中间人攻击指攻击者处于被攻击主机的某个网络应用的中间人位置，实施数据窃听、破坏或篡改等攻击。

　　这种攻击方法是通过各种技术手段将一台受攻击者控制的计算机置于客户程序和服务器的服务通信之间，这台计算机即所谓的"中间人"。攻击者使用"中间人"冒充客户身份与服务器通信，同时冒充服务器的身份与客户程序通信，并在此过程中读取或修改传递的信息。在整个攻击过程中，"中间人"对于客户程序和服务器而言是透明的，客户程序和服务器均难以觉察到"中间人"的存在。这种"拦截数据—修改数据—发送数据"的攻击方法有时也称为劫持攻击。

防御中间人攻击的主要思路是为网络通信提供可靠的认证与加密机制，以确保通信双方身份的合法性和通信内容的机密与完整性。

1.2.2　网络攻击的步骤与方法

蓄意的网络攻击是防御者面临的主要网络安全威胁。学会从攻击者的角度思考，有助于更好地认识攻击，理解攻击技术的实质，进而实施有效的防御。一个完整的、有预谋的攻击往往可以分为信息收集、权限获取、安装后门、扩大影响、消除痕迹五个阶段。下面简要介绍攻击者在五个阶段的任务目标和内容方法，对应的具体攻击技术原理和相应防范措施将在后续各章详细探讨。本书前半部分关于网络攻击的内容也基本按照攻击步骤的顺序进行组织。

（1）信息收集

攻击者在信息收集阶段的主要目的是尽可能多地收集目标的相关信息，为后续的"精确"攻击奠定基础。

为更好地开展后续攻击，攻击者重点收集的信息包括：网络信息（域名、IP地址、网络拓扑）、系统信息（操作系统版本、开放的各种网络服务版本）、用户信息（用户标识、组标识、共享资源、邮件账号、即时通信软件账号）等。

攻击者可以直接对目标网络进行扫描探测，通过技术手段分析判断目标网络中主机的存活情况、端口开放情况、操作系统和应用软件的类型与版本信息等。除了对目标网络进行扫描探测，攻击者还会利用各种渠道尽可能地了解攻击目标的类型和工作模式，可能会借助以下方式：

- 互联网搜索
- 社会工程学
- 垃圾数据搜寻
- 域名管理/搜索服务

攻击者所开展的信息收集活动通常没有直接危害，有些甚至不需要与目标网络交互，所以很难防范。随着越来越多的信息被数字化、网络化，很多安全相关的信息也越来越容易在网络上通过搜索得到；依托社会工程学，内部人员往往在无意中就向攻击者泄露了关键的安全信息。信息收集是耗费时间最长的阶段，有时可能会持续几个星期甚至几个月。随着信息收集活动的深入，公司的组织结构、潜在的信息系统漏洞就会逐步被攻击者发现，信息收集阶段的目的也就达到了。

本书第2章将详细探讨信息收集阶段攻击者常用的技术、方法和工具。

（2）权限获取

攻击者在权限获取阶段的主要目的是获取目标系统的读、写、执行等权限。

现代操作系统将用户划分为超级用户、普通用户等若干类别，并按类别赋予用户不同的权限，以进行细粒度的安全管理。

得到超级用户的权限是一个攻击者在单个系统中的终极目标，因为得到超级用户的权限就意味着对目标有了完全控制权，包括对所有资源的使用以及对所有文件的读、写和执行权限。

相对超级用户来说，普通用户权限的安全防范可能会弱一些。得到普通用户权限可以对目标中某些资源进行访问，比如对特定目录进行读写；同时，得到普通用户权限将为进一步得到超级用户权限提供更多的可能。

攻击者在这一阶段会使用信息收集阶段得到的各种信息，通过猜测用户账号口令、利用系统或应用软件漏洞等方法对目标实施攻击，获取一定的目标系统权限。具体需要得到什么级别的权限取决于攻击者的攻击目的。如果攻击者只是想修改 Web 服务器的主页面，可能只需获得普通用户权限，但要想窃取系统口令或是植入木马对系统进行长期稳定的控制，则可能需要获得超级用户权限。

本书第 3 章、第 4 章、第 5 章将详细探讨攻击者在权限获取阶段常用的技术、方法和工具。

（3）安装后门

在安装后门阶段，攻击者的主要目的是在目标系统中安装后门或木马程序，从而以更加方便、更加隐蔽的方式对目标系统进行长期操控。

攻击者在成功入侵一个系统后，会反复地进入该系统，盗用系统的资源、窃取系统内的敏感信息，甚至以该系统为"跳板"攻击其他目标。为了能够方便地"出入"系统，攻击者就需要在目标中安装后门或木马程序。后门或木马程序不仅为攻击者的再次进入提供了通道，也为攻击者操控目标系统提供了各种方便的功能。

安装后门阶段运用的技术主要是恶意代码相关技术，包括隐藏技术、通信机制、生存性技术等。恶意代码是后门、木马、蠕虫等各类恶意程序的统称，虽然不同类型的恶意代码的功能、特点不同，但对抗各种网络或系统安全机制，特别是对抗杀毒软件是所有恶意代码的共同需求。恶意代码需要隐藏自身，包括文件、进程和启动信息，防止被安全软件或管理员发现；需要建立隐蔽的通信通道，保证与攻击者有效、安全地通信；需要对抗程序分析，尽量延长其"生命周期"，同时隐藏恶意软件的真实意图。

本书第 6 章将详细探讨安装后门阶段攻击者常用的技术、方法和工具。

（4）扩大影响

攻击者在该阶段的主要目的是以目标系统为"跳板"，对目标所属网络的其他主机进行攻击，最大程度地扩大攻击的效果。

如果攻击者所攻陷的系统处于某个局域网中，攻击者就可以很容易地利用内部网络环境和各种手段在局域网内扩大其影响。内部网的攻击由于避开了防火墙、NAT 等网络安全工具的防范而更容易实施，也更容易得手。

扩大影响是指攻击者使用网络内部的一台机器作为中转点，进一步攻克网络中其他机器的过程。它使用的技术手段涵盖了远程攻击的所有攻击方式；而且由于在局域网内部，其攻击手段也更为丰富有效。嗅探技术和假消息攻击均为有效的扩大影响的攻击方法。

前面说过，目前互联网使用的 TCP/IP 在安全上存在两个方面的重大不足：一是缺乏系统、有效的认证机制，第三方容易冒充合法用户身份发起或接收通信；二是缺乏系统、有效的加密机制，通信过程和通信内容容易被第三方窃取。嗅探技术和假消息攻击技术正是利用了 TCP/IP 的这两大不足，从而协助攻击者完成扩大影响阶段的各项任务与目标。此外，局域网作为内部网络环境，常常会被网络设计者与使用者想当然地视作相对安全的网络环境，这也给攻击者实施扩大影响阶段的任务提供了更多的便利。

本书第 7 章将详细探讨扩大影响阶段攻击者使用的相关技术、方法和工具。

（5）消除痕迹

攻击者在消除痕迹阶段的主要目的是清除攻击的痕迹，以便尽可能长久地对目标进行控制，并防止被识别、追踪。

这一阶段是攻击者打扫战场的阶段，其目的是消除一切攻击的痕迹，尽量使管理员觉察不到系统已被入侵，至少也要做到使管理员无法找到攻击的发源地。消除痕迹的主要方法是针对目标所采取的安全措施清除各种日志及审计信息。

　　攻击者在获得系统最高的管理员权限之后就可以随意修改系统中的文件，包括各种系统和应用日志。攻击者要想隐藏自己的踪迹，一般都需要对日志进行修改。最简单的方法是删除整个日志文件，但这样做虽然避免了系统管理员根据日志信息进行分析追踪，但也明确无误地告知管理员，系统已经被入侵了。因此，更精细的做法是只对日志文件中攻击的相关部分做删除或修改。修改方法的具体技术细节则根据操作系统和应用程序的不同而有所区别。

　　消除痕迹虽然是攻击的一个重要阶段，但并未形成系统的技术内容，因此本书没有设置单独的章节详细讨论该问题。

1.3　网络攻击的发展趋势

　　随着现代网络与信息技术对社会影响的深入，网络安全问题势必会受到越来越多的关注。当掌握着更多资源的组织、团体试图通过网络攻击谋取利益时，网络攻击涉及的领域必然会越来越多，网络攻击技术必然会越来越复杂，网络攻防的对抗必然会越来越激烈。观察近几年的网络安全事件以及其中涉及的攻击技术，可以看出以下几个明显的发展趋势。

　　（1）攻击影响日益深远

　　1988年，Morris蠕虫的爆发造成了当时互联网的瘫痪，但当时互联网还只是少数科学家、学者们的试验床和提升效率的工具，对普通大众并无大的影响。而2003年"冲击波"和2004年"震荡波"两波病毒的爆发，给当时经历了这场事件的人们留下了深刻印象。2016年10月，攻击者使用Mirai蠕虫组建的僵尸网络对域名解析服务器提供商Dyn发动分布式拒绝服务攻击，使得美国东海岸地区遭受大面积网络瘫痪。2016年美国大选期间，不断有黑客组织攻入竞选党派的办公网络，或在维基解密上发布足以影响选举局势的文件或消息。可以看到，网络攻击影响的范围不断扩大，影响的程度日益加剧。

　　网络攻击的这一发展趋势是互联网的作用决定的。自互联网诞生以来，网络的作用越来越大，几乎渗透到了人们生活的所有方面。人们使用互联网接收信息、查阅资料、互相交流，使用互联网娱乐、购物，借助互联网出行、办公等。在网络成为现代社会不可或缺的工具的同时，网络攻击的影响力自然也日益增加。

　　（2）攻击领域不断拓展

　　互联网是目前最大的计算机网络，本书所探讨的网络攻击与防御技术的背景主要是以计算机为主体的互联网，但这并不意味着网络攻击只限于传统意义上的互联网。事实上，近年来的一些网络攻击事件表明，网络攻击正向工业控制网络、物联网、车联网等领域拓展。2010年，"震网"病毒成功攻击了伊朗的布什尔核电站的离心机。2017年，在美国拉斯维加斯举办的一年一度的BlackHat大会上，研究者分享了远程入侵特斯拉汽车的技术细节。在近几年的各种黑客大会上，针对无人机、刷卡机、智能家电、智能开关等各种联网设备的攻击不断被研究者呈现在大众面前。

　　计算机网络技术在共享、协作等方面的优势，使其不断地被应用于传统行业和传统技术的改造与革新，而物联网技术的飞速发展，也使我们正迈入一个万物互联的时代。传统计算机网络领域中存在的安全问题在这些新领域中仍将存在，而传统计算机网络中发展出的网络攻击技术在这些新领域中也将获得新的发展。

　　（3）攻击技术愈加精细

　　近几年，一些黑客组织攻击了某些国家的情报机构或者专门研制"网络攻击武器"的"网络军火商"，并在互联网上公布了所获取到的一些网络攻击武器。分析这些网络攻击武器发现，攻击技术越来越复杂、精细。例如，2015年5月，黑客攻击意大利"网络军火商" Hacking Team，并在 Twitter 上公开发布了其获取的超过 400GB 数据的下载链接，这些数据包括公司往来信件、工具源码、文档等。公开的资料显示，Hacking Team 与来自 35 个国家的客户有商业往来，向这些客户售卖各种网络攻击武器。泄露的工具包含零日漏洞、大量针对移动智能终端的监控工具、可以在 UEFI（Unified Extensible Firmware Interface，统一可扩展固件接口）中存活的监控工具等。2016 年 8 月至 2017 年 5 月，黑客组织"影子经纪人"多次在互联网上拍卖或免费发布大量网络攻击工具集。这些攻击工具集包含多个零日漏洞的漏洞利用工具，可以有针对性地攻击某些知名品牌的企业级防火墙、防病毒软件等软硬件。2017 年在全球范围内爆发的 Wannacry 勒索病毒，主要就是借鉴了工具集中名为"永恒之蓝"（EternalBlue）的漏洞利用工具。

攻击技术精细化的主要原因是攻击者主体的变化。从最早只是以"炫技"为目的的黑客，到今天大量的具有国家背景的 APT 攻击组织，攻击者越来越成组织、成规模，而且整体能力越来越强，能够调动的资源越来越多。同时，随着攻防对抗的加强，攻击工具的针对性越来越强，对攻击技术的隐蔽性、可靠性要求也越来越高。新的攻击技术呈现出精细化的趋势。

除了上面总结的攻击影响日益深远、攻击领域不断拓展、攻击技术愈加精细之外，网络攻击还有一些明显特点与趋势，比如供应链安全成为攻防双方角力的重要战场、数据泄露问题将导致更为严重的后果等。在加速推进信息化、享受信息化带来的益处的过程中，我们应当加倍重视安全威胁问题。如果没有更进一步的信息化与安全的同步建设，没有"安全与发展同步推进"，安全防御依然将无法有效展开。

1.4　本章小结

深入了解网络攻击的方法和技术，是实施有效防范的前提和基础。在互联网迅猛发展的时代，网络安全威胁随着社会生活对网络依赖程度的不断提高而日益凸显。黑客、网络犯罪分子、情报机构等各类人群夜以继日地试图通过网络攻击来达到其窃密的目的。有预谋的网络攻击行为往往体现出具有计划性和系统性的特点，通常采取信息收集、权限获取、安装后门、扩大影响、清除痕迹五大步骤，且各步骤皆有其相对明确的任务目的和方法、手段。网络攻击与防御是矛盾的两面，其发展是在相互对抗的过程中不断螺旋式上升的。可以预见的是，随着对网络安全问题关注度的提高，更多的注意力与资源会投入到攻防技术的更新与发展上来，而网络攻防间的对抗也会更加激烈、更加扣人心弦。从下一章开始，我们将从信息收集技术开始对当前的主要网络攻击技术进行逐一剖析。

1.5　习题

1. 试从主观和客观因素两个角度分析网络安全威胁的成因。
2. 按照攻击发生时攻击者与被攻击者之间的交互关系进行分类，可以将网络攻击分为本地攻击、主动攻击、被动攻击、中间人攻击四类，试分别描述这几类攻击的特点和主要防御思路。
3. 有计划的网络攻击行为通常可以分为信息收集、权限获取、安装后门、扩大影响、消除痕迹五个阶段，试述攻击者在这些攻击阶段的主要目的和采用的技术方法。
4. 安全研究者试图通过对网络攻击行为进行建模的方式来帮助认识网络攻击行为的本质与特点，试通过查阅资料了解有哪些网络攻击行为模型，并从目的、特点等角度对这些模型进行分析、比较。
5. 近年来，网络攻击发展的特点与趋势是什么？

第2章 信息收集技术

信息收集是指通过各种方式获取攻击所需要的信息，这是开展网络攻击的第一步，也是关键的一步。虽然并不是所有的攻击过程都会包含信息收集这个步骤，但那些蓄意、目标明确的攻击总是从信息收集开始的。

2.1 信息收集概述

常言道"知己知彼、百战不殆"，在网络攻击过程中也是如此。网络攻击者在进行信息收集时，都带有明确的目的，他们知道，要想成功、隐秘地进入目标网络，就必须深入了解目标的网络、设备、系统以及安全策略等方面的信息。通过信息收集，攻击者可以勾勒出目标的大致蓝图，为确定采取何种攻击策略及手段提供依据。

2.1.1 信息收集的内容

信息收集是指攻击者为了更加有效地实施攻击而在攻击前或攻击过程中对目标实施的所有探测活动。信息收集并不是只能在攻击前进行，它可以夹杂在攻击的不同阶段中进行。另外，信息收集过程旨在对目标系统进行深入了解，因此其手段不应该对目标系统造成破坏。随着一步步深入目标系统，信息收集的内容也会动态调整。

攻击者在入侵某个目标时，会从目标的域名和 IP 地址入手，了解目标的操作系统类型、开放的端口、提供开放端口的服务或应用程序，以及这些应用程序有没有漏洞、有没有防火墙和入侵检测系统对目标进行实时保护等。通过收集这些信息，攻击者就可以大致判断出目标系统的安全状况，进而寻求有效的入侵方法。

一般来讲，攻击者入侵一个系统是利用系统的缺陷和漏洞实现的。漏洞主要包括管理的漏洞、系统的漏洞和协议的漏洞等，这些漏洞信息都是攻击者信息收集的重点。管理的漏洞包括目标系统信息的泄露、错误的配置、未采用必要的安全防护系统、设置了弱口令等；系统的漏洞包括目标系统未能及时更新而导致的各种漏洞、系统设计上的缺陷等；协议的漏洞包括身份认证协议和网络传输协议的设计缺陷等。

在实施入侵的过程中，攻击者需要进一步掌握的信息还包括目标网络的拓扑结构、目标系统与外部网络的连接方式、防火墙的访问控制列表、使用的认证和加密系统、网络管理员的私人信息等。一旦掌握了这些信息，目标系统就彻底暴露在攻击者面前。

应该注意的是，信息收集是融入在整个入侵过程中的。攻击者收集的信息越多，就越有利于实施入侵，而随着入侵的深入，攻击者就能掌握更多的信息。

2.1.2 信息收集的方法

攻击者用来进行信息收集的方法是多种多样的，除了可以使用技术手段进行信息收集外，也可以使用非技术的方法，比如"社会工程学"。

社会工程学实质上就是攻击者在与目标系统相关人员（比如网络管理员）的交流和沟通中，采用欺骗等手段直接获取目标系统相关信息的行为。有时候，这种方式比技术手段更加简单和有效。

另一方面，攻击者可以使用一些技术手段完成信息收集工作，本章将从如下几个方面对这些技术手段进行详细介绍。

- 公开信息收集
- 网络扫描
- 漏洞扫描
- 网络拓扑探测

通过公开信息收集，攻击者可以掌握目标系统的域名、IP 地址、网络注册信息、组织机构信息，甚至是安全防护手段。随后，攻击者可以利用网络扫描技术确定目标系统在线状态、通过探测的端口开放情况判断目标运行了哪些服务，以及目标系统运行的操作系统版本等。通过漏洞扫描技术，可以进一步确定目标可能存在的漏洞以及漏洞的利用方法。最后，利用网络拓扑探测技术，攻击者可以了解目标系统的路由信息、网络拓扑结构、设备类型，甚至该目标所在的地理位置。这些信息将为攻击者寻找目标系统漏洞和定位目标所在位置提供丰富素材。

2.2 公开信息收集

2.2.1 利用 Web 服务

为了便于宣传、推广和与用户沟通，几乎所有的实体（公司或组织）都会在互联网上设置与其实体相对应的门户网站。这些 Web 网站中包含的信息多种多样，除了对实体从事的业务进行介绍外，还提供了丰富的接口以便提供更好的用户体验。然而，这些在网站中公开的信息和服务，可能包含着攻击者所关心的信息。接下来列举几类可能存在安全隐患的公开信息。

Web 网站提供的公开邮箱常被攻击者视为侵入公司内部的通道之一。作为与外界沟通的主要途径，大部分公司会注册与其域名相匹配的专用企业邮箱。以企业邮箱的域名作为关键字，攻击者可以在社交媒体（如 LinkedIn）上搜索与该域名相关的个人。后续攻击者可以发送钓鱼邮件欺骗邮箱的使用者下载、运行带有恶意代码附件的邮件，或者接利用社工库或字典对邮箱进行破解。

搜索 Web 网站的所有网页，从中找到感兴趣的信息也是攻击者常做的事情。在一些页面中，发布者出于宣传或其他目的，很可能会留下一些安全方面的信息。例如，图 2-1 显示了某网站展示的校园网核心拓扑结构图，这为攻击者了解目标的网络部署、节点类型及带宽等提供了丰富的参照信息。有些网页设计者为了开发和调试方便，在网页的源码中添加了详尽的注释，在发布网站时却因为某种原因而未将这些注释删除，为攻击者分析源码注释时获得更有效的攻击灵感提供了便利。攻击者从公开的网页可能获得的信息还包括目标域名或网站地址、网站模板、网络管理员信息、公司人员名单、电话等。

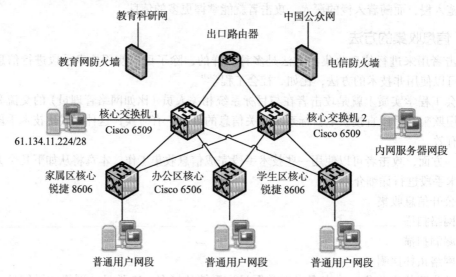

图 2-1　某网站发布的校园网核心拓扑

2.2.2　利用搜索引擎服务

搜索引擎是快速搜索和收集信息的便捷方式。Web 本身是一个巨大的信息库，搜索引擎提供了在 Web 上检索信息的能力。利用 Google、Baidu、Bing 等常用搜索引擎，攻击者可以迅速找到感兴趣的信息，有些信息对于攻击的有效性甚至超过预期。

能否在 Web 中找到所需要的信息，关键在于能否合理地提取搜索的关键字。另外，在使用搜索引擎时还有一些特别的技巧有助于更快地找到想要的信息。所使用的搜索引擎不同，这些技巧会有所不同。下面以 Google 为例，详细介绍相关的搜索技巧。

Google 是一个功能强大的搜索引擎，通过预定义命令，可以查询出内容丰富的信息。利用 Google 智能搜索，甚至可以进入部分远程服务器搜索敏感信息，造成信息泄露，这就是所谓的 Google Hacking。

Google 高级搜索语法如下：

❑ intitle：搜索标题中包含指定关键字的网页。例如，"intitle:login password"将会返回在网页标题中出现"login"、网页中任一位置出现"password"的所有链接。如果在网页标题中想查找一个以上的关键字可以用"allintitle"代替"intitle"，如"intitle:login intitle: password"和"allintitle: login password"具有同样的搜索效果。

❑ inurl：搜索 URL（Universal Resource Locator，统一资源定位符）地址中包含指定关键字的网页。例如，"inurl:passwd"将返回在 URL 中出现"passwd"的所有链接。如果包含多个关键字，可以用"allinurl"代替"inurl"。例如，"allinurl:etc/passwd"将搜索 URL 中包含"etc"和"passwd"的所有链接，其中"/"将在搜索中被忽略。

- □ site：在指定的站点内搜索。例如，"exploits site:hackingspirits.com"用来搜索在"hackingspirits.com"主域中出现关键字"exploits"的所有网页。
- □ filetype：搜索指定类型的文件（如 doc、pdf、ppt 等）。例如，"filetype:doc site:gov confidential"用于搜索顶级域名为".gov"的站点中包含关键字"confidential"的".doc"文档，搜索结果将直接指向该文档链接。
- □ link：返回所有链接到某个 URL 地址的网页。例如，"link:www.securityfocus.com"将返回所有链接到 SecurityFocus 网站主页的网页。
- □ related：搜索与指定网站有关联的主页。例如，"related:www.securityfocus. com"将返回与 SecurityFocus 网站有关联的网页。
- □ cache：指明在 Google 缓存中搜索。例如，"cache:www.hackingspirits. com"将显示 Google 缓存的该网站的页面。"cache:www.hackingspirits.com guest"将显示其中存在关键字"guest"的页面。
- □ intext：搜索正文中出现指定关键字的网页。例如，"intext:exploits"将返回所有正文中包含"exploits"的网页链接。

这里以查找个人身份信息为例，在关键字处输入"filetype:xls 身份证 学号 inurl:edu"，查找 URL 中有"edu"（即教育机构）且内容含"身份证"和"学号"的 Excel 表格，其查找结果如图 2-2 所示。

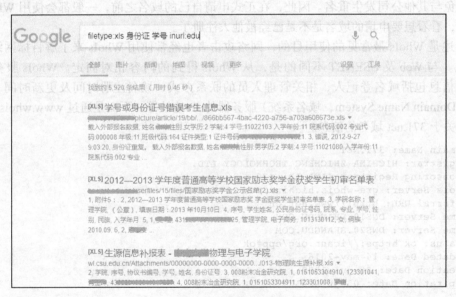

图 2-2　搜索身份信息

再以搜索站点的目录索引为例。一个网站服务器的目录索引意味着任何人都可以像浏览本地目录一样查看站点目录。目录索引通常包含"Index of"关键字，因此，可以输入"Index of/admin"来搜索包含关键字 admin 的目录，这样的目录下极有可能存在与管理员相关的敏感信息。与此类似的关键字还包括 passwd、password、mail、secret、confidential、root、credit-card、logs、config 等。查询结果如图 2-3 所示。

除了大家耳熟能详的 Google、Baidu、Bing 等通用搜索引擎外，近年来还出现了一些专用的搜索引擎。例如，Shoda 和 Censys 可以搜索联网设备信息，Github 平台可以搜索源代码。

图 2-3　搜索活动目录索引

2.2.3　利用 WhoIs 服务

WhoIs 是一种基础的 Internet 服务，主要用来帮助 Internet 的使用者查询已注册域名。目前，Internet 的域名基本属于一种分散的管理方式。注册域名如同注册一家商业公司一样，必须避免与其他公司发生重名。因此，在正式申请自己的域名之前，一般都会使用 WhoIs 查询一下，看看想要申请的域名是不是已经被他人注册了。

上述是 WhoIs 最常见的使用目的，网络攻击者也经常使用 WhoIs 来了解目标网络的一些信息。与 Web 及 USENET 不同的是，从 WhoIs 得到的内容相对固定。WhoIs 服务返回的具体信息包括域名登记人、相关管理人员的联系方式、域名注册时间及更新时间、权威DNS（Domain Name System，域名系统）服务器的 IP 地址等。下面是通过 www.whois.net 查询到的关于 371.net 域名的信息。

```
Domain Name: 371.NET
Registrar: HICHINA ZHICHENG TECHNOLOGY LTD.
Sponsoring Registrar IANA ID: 420
Whois Server: grs-whois.hichina.com
Referral URL: http://www.net.cn
Name Server: DNS10.SHANGDU.COM
Name Server: DNS20.SHANGDU.COM
Status: ok https://icann.org/epp#ok
Updated Date: 14-may-2016
Creation Date: 06-jul-1998
Expiration Date: 05-jul-2018
```

从 WhoIs 服务器获得的 DNS 服务器信息可以为进一步渗透或攻击提供基础，而注册的电话、联系人等信息也可以为社会工程学提供支撑。

查询 WhoIs 信息的方式主要有两种：

1）利用提供域名查询服务的主页，如 www.whois.net。

2）使用一些带有 WhoIs 查询功能的网络实用工具，如 SamSpade、whois 等。

2.2.4　利用 DNS 域名服务

DNS 服务提供域名到 IP 地址的映射。按照具体作用的不同，DNS 服务器分为主服务器、辅助服务器和缓存服务器。主服务器中存储了其所辖区域内主机的域名资源的正本，而且以后这些区域内的数据有所变更时，也将直接写到这台服务器的数据库中，这个数据库通常称为区域文件。一个区域内必须有一台且只能有一台服务器。辅助服务器定期从另一台 DNS 服务器复制区域文件，这一复制动作称为**区域传送**（Zone Transfer），区域传送成功后会将区域文件设置为"只读"，也就是说，在辅助服务器中不能修改区域文件。设置辅助服务器的目的是在主服务器不能正常工作时，辅助服务器能接替主服务器承担域名解析功能。一个区域内可以没有辅助服务器，也可以有多台辅助服务器。缓存服务器与主服务器和辅助服务器完全不同，因为它本身不管理任何 DNS 区域，但仍然可以接受 DNS 客户端的域名解析请求，并将请求转发到指定 DNS 服务器解析。在将解析结果返回给 DNS 客户端的同时，将解析结果保存在自己的缓存区内。当下一次接收到相同域名的解析请求时，缓存服务器会直接从缓冲区内获得结果返回给 DNS 客户端，而不必将请求再转发给指定的 DNS 服务器。

DNS 主服务器在 Internet 上具有解析其自己区域内主机域名的权威性。

比如，我们在查询 371.net 的 WhoIs 信息时，将返回

```
Primary DNS:  ns.hazzptt.net.cn 202.102.224.68
```

即 IP 地址为"202.102.224.68"、域名为"ns.hazzptt.net.cn"的 DNS 服务器是 371.net 的主 DNS 服务器，该服务器在整个 Internet 范围内具有对 371.net 这个域的权威解析能力。

通常使用的 DNS 服务器多数是由 ISP（Internet Service Provider，互联网服务提供商）提供的，这些服务器并没有存储 Internet 上所有域名和 IP 地址的对应关系。当 DNS 服务器接收到一个 DNS 请求时，该服务器会首先查看其缓存，如果在缓存中保存有该请求的解答则回复，否则该服务器会向权威 DNS 服务器提出查询，得到应答后再进行回复。

对 Internet 的运作来说，DNS 服务的作用非常关键。因为域名比 IP 地址更容易记忆，所以 Internet 的用户通常只会通过域名来访问一个站点。正因为如此，通常一个机构的网络在提供一个主 DNS 服务器来向 Internet "通告"其域名信息的同时，会提供一个甚至多个辅助 DNS 服务器，通过冗余的方法来保证服务的可靠性和稳定性。

在辅助 DNS 服务器通过区域传送定期实现从主服务器进行区域备份的同时，也存在着区域传送配置上的风险。攻击者可以利用配置上的缺陷实现 DNS 服务器的信息收集。管理员在对主 DNS 服务器设置 DNS 区域传送时一般会有两种选择：一种是只允许指定的 IP 地址（如辅助 DNS 服务器的 IP）从该服务器进行区域传送；另一种是允许任意的 IP 地址从该服务器进行区域传送。如果选择了第二种区域传送方式，DNS 服务器就会接受来自任何一个主机的 DNS 区域传送请求。有些 DNS 服务器在默认配置情况下使用的是第二种区域传送设置，这就使得任何主机均可获得主 DNS 服务器中的信息。更严重的情况是，如果没有使用公用／私用 DNS 机制分割外部公用 DNS 信息和内部私用 DNS 信息，任何主机都可以得到机构的所有内部主机名和 IP 地址。

在目前的 Internet 中，网络管理员的安全意识已经有了较大程度的提高，攻击者很少能够利用 DNS 区域传送得到某个网络内部主机 IP 地址。但 Internet 上总还是有些粗心大意的人在无意间泄露主机 IP 地址。此外，不当的配置同样会导致严重的安全问题。

当然，也可以通过一些网络工具完成区域传送的工作，比如 dig、nslookup 等命令行工具。

2.2.5　公开信息收集方法的应用

攻击者进行信息收集时，除了通过技术手段了解目标主机或目标网络的状况外，还常常从获取关键人物的个人信息入手，按图索骥展开攻击活动。

一般来说，对目标主机或目标网络有访问权或控制权的用户以及攻击者认为有利可图

的人，都是攻击者关注的对象。攻击者会从同学录、论坛、聊天室等公开渠道收集他们的邮箱、工作单位、工作性质、发表的言论、简历等并加以整理。收集和出卖网上个人数据已经变成一个利润丰厚的产业，这些数据很有可能被多次重复利用和倒卖，给不法分子使用社会工程学进行欺诈提供了可乘之机，同时也为一些攻击行为提供"素材"。

下面就来介绍攻击者使用公开渠道获取个人信息的常用方法，用户应提高警惕，以免从这些渠道泄露个人信息。

1. 从同学录中寻找目标

很多网站都建有同学录，不少人会在同学录上找到失散多年的老同学，因此同学录已经成为很多人在网上必浏览的内容之一。

但是，同学录在方便大家的同时也被一些攻击者"盯梢"了。他们通过收集、整理同学录里的个人信息，寻找特定目标的电话、Email、工作单位甚至家庭住址。一旦觉得有利可图，就会利用 Email 地址，通过邮件攻击等手段对目标实施"精确打击"，远程控制目标机器，窃取其上的重要资料。此外，攻击者还会利用其他同学对被攻击者的信任，对其他同学实施攻击，防不胜防。

另外，同学录作为同学之间沟通交流的公开平台，无法对加入者的真实身份进行审核，只要注册一个账号，就可以访问大多数班级同学录的留言板，同学们在其中发表的言论也就一览无余了。通过掌握这些信息，攻击者可以使用社会工程学等方法骗取重要信息。

2. 在论坛、聊天室设"钓鱼"陷阱

互联网上的论坛、聊天室非常受欢迎，大多数人以为在虚拟空间里别人不知道他的真实身份，便在其中畅所欲言，殊不知这种不设防的状态给有所图的人提供了刺探用户个人隐私甚至情报的极好机会。实际上，论坛聊天室里面潜伏着"钓鱼者"，他们预先设置了"诱饵"，诱惑用户上钩。下面是几种常用的"钓鱼"方法。

（1）抛出敏感话题

在网上聊天中，一些攻击者故意抛出敏感话题，引诱网民参与讨论，以达到套取重要信息的目的。比如，想要收集目标网络的情况，攻击者可能会在论坛里发帖说某网络如何不堪一击，这时会有人跟帖反驳说该网络防护如何严密、已采用什么样的安全策略等。以这些回帖为参考，攻击者很轻易地就能得到有价值的信息。

（2）定位关键人物

如果用户经常发表与某敏感主题（如炒股）相关的帖子，或者在聊天室谈论的话题大量涉及某敏感主题，甚至带点"独家爆料"的色彩，那么很有可能被攻击者"定位"。进而，攻击者根据用户登录论坛、聊天室的 ID 号，对用户上网的行为实施跟踪或根据用户暴露出的 IP 地址和邮箱信息对用户的计算机实施攻击，直接从用户的机器上获取有价值的信息。

（3）设置恶意链接

攻击者在论坛、聊天室里发布一些容易引起关注的图片或链接，并在图片中嵌入木马，或者发布一些预先"埋伏"了木马程序的网页链接，只要一点鼠标，木马程序就会在用户的机器上被激活。

3. 通过简历收集信息

互联网的网上招聘确实方便了许多求职者，但关注简历的人绝不仅仅是招聘单位，居心叵测的攻击者也希望从中获利。个人简历中一旦留下敏感信息，就很有可能在不知不觉中被攻击者"重点"关注。有些工程技术人员为提高就业竞争力，在第一时间给用人单位留下深

刻印象，会精心制作求职简历。在求职简历中附带自己曾经规划的网络结构图、撰写的关于网络维护方面的论文、曾经参与过的重大科研项目的详细情况等，攻击者只要稍作分析就可以从中提取到一些重要信息。

当攻击者通过网络收集个人信息时，如果发现用户的身份比较特殊，有可能掌握着关键信息，他们很可能通过发送攻击邮件攻入用户的计算机，进一步查找秘密信息。而攻击邮件的内容通常是他们费尽心思为用户量身定制的。他们会从校友录、聊天室、论坛等公开渠道获取信息，编造具有欺骗性的邮件（如"我最近的照片""同学最新的联系方式"），同时在附件中夹带木马程序，并以用户熟识的人的身份发送给用户，这种信件具有迷惑性，难辨真伪，而用户一旦中招，将造成无法估量的损失。

4. 利用搜索引擎进行数据挖掘

对大多数网民来说，搜索引擎早已成为上网离不开的工具，但是，在用户使用它的同时，它也在记录着用户的所有活动，比如用户的 IP 地址、搜索的关键词以及从搜索结果中跳转到哪个网站等信息。随着用户的网上购物行为、个人信息和兴趣爱好等大量资料被倾泻到互联网上，搜索引擎能收集的东西越来越多，通过数据挖掘等技术，只要攻击者"有心"，而且具备一定的搜索技巧和足够的耐心，就可以利用搜索引擎轻松地从合法的免费资源库上获取大量重要信息，并且通过拼凑这些蛛丝马迹分析出用户的身份、爱好、职业，甚至更多的隐私信息。

5. 网站出售注册信息

用户在网站上注册时，难免会填写一些个人资料（如姓名、身份证号码、电子信箱地址、信用卡号码），虽然多数网站声称绝对为网民保密，并不将个人信息提供给任何"第三者"，但仍有个别网站贪图不义之财，把用户资料出售给第三者。而对个人隐私材料的搜集也越来越变成一种有利可图的事情，姓名、年龄、学历、职业、收入、身份证号码等个人隐私都可能成为有价值的商业信息。对商家来说，这些信息谁掌握得越多，谁就拥有更多的潜在消费者，因此他们不惜通过种种手段来窃取或购买他人的个人资料和隐私。至于从事信息服务的经营者，更是不遗余力地收集包括个人信息在内的各种信息。这也就是为什么很多网民注册了自己的信息后，会莫名其妙地接到推销保险的电话、收到邮寄的广告、在电子信箱里看到数不清的垃圾邮件。

2.3 网络扫描

上述各种利用公开服务所进行的信息收集，多数是攻击者在目标网络的"周边"或者"外围"进行的刺探。在对目标的周边环境有了大体的了解之后，攻击者就会直接对目标开展行动，常用的方法就是扫描。

扫描的基本思想是探测尽可能多的接听者，并通过对方的反馈找到符合要求的对象。比如，广告就是我们在日常生活中接触得最多的一种"扫描"，无论你是否是某种商品的客户，都有可能看到或听到这种商品的广告。如果你对它感兴趣，则可能对广告做出反应。广告商通过"扫描"发掘出商品潜在的客户。扫描方法在网络攻击或渗透测试中大致分为两类：一类是主动扫描，它通过向目标发送探测数据包获得的回应来获得目标的信息；另一类是被动扫描，它不主动向外发送数据包，只是通过捕获网络内传输的数据包来获得目标的信息。这两类方法都可应用于攻击前期和攻击过程中的信息扫描，包括主机扫描、端口扫描和系统类型扫描。被动扫描通过嗅探等方式实现，嗅探技术将在第 7 章详细描述，本节重点对主动扫描技术进行介绍。

根据扫描的对象，可以将主动扫描分为主机扫描、端口扫描和系统类型扫描。

- **主机扫描**：查看目标网络中有哪些主机是存活的。
- **端口扫描**：查看存活的主机运行了哪些服务，比如 WWW、FTP、Telnet、Email 等。服务的信息对于攻击者而言有着重要的意义，因为一个服务即一个潜在的入侵通道。
- **系统类型扫描**：查看目标主机运行的操作系统类型及版本，如 Windows、Linux、Mac OS、iOS、Android 等。

下面将对这些扫描技术进行详细讨论。

2.3.1　主机扫描

1. 使用 ICMP 扫描

对于主机状态，首先要了解的就是该主机是否连接到了网络上，能否和该主机正常通信。常用的网络实用工具 Ping 可以完成这一任务。Ping 是很多操作系统都会携带的一个网络诊断的实用工具，它主要用来查看网络上的一台主机是否存活。比如，要在 Windows 上运行 Ping 程序判断本机是否能和 10.0.0.20 连通，可以使用如下命令：

```
C:\>ping 10.0.0.20
Pinging 10.0.0.20 with 32 bytes of data:
Reply from 10.0.0.20: bytes=32 time<10ms TTL=128
Reply from 10.0.0.20: bytes=32 time<10ms TTL=128
Reply from 10.0.0.20: bytes=32 time<10ms TTL=128
Reply from 10.0.0.20: bytes=32 time<10ms TTL=128
Ping statistics for 10.0.0.20:
Packets: Sent = 4, Received = 4, Lost = 0 (0% loss),
Approximate round trip times in milli-seconds:
Minimum = 0ms, Maximum =  0ms, Average =  0ms
```

利用 Ping 可以很直观地了解与目标主机的连通信息。但如果想对一个网络进行扫描，判断在网络中有多少台主机可以连接，仅仅用 Ping 无法满足需要。当然，可以使用脚本通过反复地调用 Ping 程序来完成任务，但是效率会很低。为了更好地完成这样的任务，首先要了解一下 Ping 的基本原理。

Ping 使用 ICMP（Internet Control Message Protocol，因特网控制报文协议）协议进行工作，ICMP 是 IP 层的一个部分，它主要有两大功能，分别是网络信息查询和 IP 传送时的差错报告与控制。

在 ICMP 包头中，使用类型域和代码域指明 ICMP 报文的种类，每种报文完成不同的功能。表 2-1 列出了常见的 ICMP 报文类型。

表 2-1　常见的 ICMP 报文类型

名　称	类　型
ICMP Destination Unreachable（ICMP 目标不可达）	3
ICMP Source Quench（ICMP 源抑制）	4
ICMP Redirection（ICMP 重定向）	5
ICMP Timestamp Request/Reply（ICMP 时间戳请求 / 应答）	13/14
ICMP Address Mask Request/Reply（ICMP 子网掩码请求 / 应答）	17/18
ICMP Echo Request/Reply（ICMP 响应请求 / 应答）	8/0

ICMP Destination Unreachable（ICMP 目标不可达）报文的类型值为 3，其功能是报

告主机不可达信息，再由代码域的值指定不可达的原因，如网络不可达、主机不可达或端口不可达等。原因不同，负责发送 ICMP 目标不可达报文的主体也不一样。如果是主机不可达，通常会由目标网络的网关发出报文；如果是主机的某个端口不可达，则由主机发出报文。

ICMP Source Quench（ICMP 源抑制）报文的类型值为 4，其功能是完成数据流速率控制，当路由或目标主机发现数据源信息流过快时会发出这样的报文。

ICMP Redirection（ICMP 重定向）报文的类型值为 5，其功能是实现路由重定向，此功能只适合同一个局域网内有两台以上路由器的情况。ICMP 重定向报文在假消息攻击中有一定的应用，第 7 章将会对此进行进一步解释。

ICMP Address Mask Request/Reply（ICMP 子网掩码请求 / 应答）报文的类型值分别为 17和 18，其功能是查询目标主机的子网掩码信息。

ICMP Timestamp Request/Reply（ICMP 时间戳请求 / 应答）报文的类型值分别为 13 和14，其功能是查看目标的时间信息。Internet 是一个全球性网络，网络上的主机往往处于不同的时区，而时间戳请求和应答为我们提供了一种查询目标主机时间的方法。

ICMP Echo Request/Reply（ICMP 响应请求 / 应答）报文的类型值分别为 8 和 0，其功能是检查目标主机是否开机并正常运行 IP。

Windows 系统中的 Ping 程序命令使用的正是 ICMP Echo Request/Reply 报文。Ping 程序会向目标主机连续发送四个 ICMP Echo Request 报文，如果目标主机正常连接网络，没有防火墙阻塞 ICMP Echo 报文，目标主机就会回送 ICMP Echo Reply 报文。Ping 程序通过是否接收到 Reply 报文来判断是否能与目标主机正常通信。

各操作系统平台下都有 Ping 扫描工具，比如，UNIX 操作系统平台下的 Fping、Windows 操作系统平台下由 Rhino9 小组编写的 Pinger 等。

深入分析 ICMP 的目的并不是实现 Ping 扫描工具，对于多数网络安全问题来说，如果从数据包的收发角度考察，就可以找到其直接和本质上的来源。从协议的角度理解网络安全问题是常见同时也是重要的思路和方法。在后面的章节中，我们会经常从协议的角度讨论安全问题。

从上面对 ICMP 的讨论，可以很自然地想到利用 ICMP 收集更多的有关目标主机的信息。比如，利用 ICMP Address Mask Request/Reply 查询目标主机的子网掩码信息，利用 ICMP Timestamp Request/Reply 查看目标的时间信息。

可以完成上述 ICMP 查询的工具包括 Dave Anderson 编写的 Icmpquery、Hispahack 编写的 Icmpush 以及 Simple Nomad 编写的 Icmpenum 等。

需要注意的是，尽管根据 RFC（Request for Comment，Internet 标准草案）的定义，TCP/IP 协议栈应该支持各种类型的 ICMP 报文，但事实上，在各个操作系统实现 TCP/IP 时可能并没有完全遵循 RFC 的标准。这意味着，某些操作系统不一定会对 ICMP 子网掩码请求或是 ICMP 时间戳请求做出应答。

2. 其他类型的主机扫描

在很多高安全性的网络环境中，都安装了网络防火墙。防火墙能够对一般的主机扫描报文进行阻止和过滤，这给攻击者造成了一些障碍。然而，利用一些特别的技术手段，仍然可能探测到存活主机。

（1）构造异常的 IP 包头

向目标主机发送包头错误的 IP 包，如果目标主机存活，则会反馈 ICMP Parameter

Problem Error 报文。常见的伪造错误字段为 Header Length 和 IP Options。不同厂家的路由器和操作系统对这些错误的处理方式不同，返回的结果也不同。

（2）在 IP 头中设置无效的字段值

在向目标主机发送的 IP 包中填充错误的字段值时，如果目标主机存活，则会反馈 ICMP Destination Unreachable 信息，报文中代码域的值指明了错误的类型。

（3）构造错误的数据分片

当目标主机接收到错误的数据分片（如某些分片丢失），并且在规定的时间间隔内得不到更正时，将丢弃这些错误数据包，并向发送主机反馈 ICMP Fragment Reassembly Time Exceeded 报文，攻击者接收到这些报文，就会知道目标主机存活。

（4）通过超长包探测内部路由器

若构造的数据包长度超过目标系统所在路由器的 PMTU（Path Maximum Transmission Unit，路径最大传输单元）且设置禁止分片标志，该路由器会反馈 Fragmentation Needed and Don't Fragment Bit was Set 差错报文。攻击者通过这些信息，就可以探测到目标网络中的内部路由器。

（5）反向映射探测

该方法用于探测被过滤设备或防火墙保护的网络和主机。通过构造可能的内部 IP 地址列表，并向这些地址发送数据包，当目标网络路由器接收到这些数据包时，会进行 IP 识别并路由，对不在其服务范围的 IP 包发送 ICMP Host Unreachable 或 ICMP Time Exceeded 错误报文，没有接收到相应错误报文的 IP 地址可被认为在该网络中。

2.3.2　端口扫描

Internet 上的大部分服务都使用一种基于 TCP/IP 协议的客户机 / 服务器的模式。在这种模式下，服务器端在某个 TCP 或 UDP（User Datagram Protocol，用户数据报协议）的端口处于侦听状态，等待客户端程序发来的连接请求或数据，并做出相应的应答。因此，一个 Internet 的服务或程序必然会打开一个或多个 TCP 或 UDP 端口，反之，一个开放的 TCP 或 UDP 端口意味着可能存在一个 Internet 服务或程序。比如，访问 Web 通过服务器的 TCP 80 端口通信，访问 FTP 服务通过服务器的 TCP 21 端口通信，QQ 使用 UDP 8000 端口进行通信。

IP 地址可以在 Internet 上定位一台主机，在攻击者试图入侵一台主机时，必须发现可能访问该主机的通道，也就是端口。

端口扫描就是一种检查目标系统开放的 TCP 或 UDP 端口的信息收集技术。它的基本方法是向目标机器的各个端口发送连接的请求，根据返回的响应，判断在目标机器上是否开放了某个端口。端口扫描的直接结果就是得到目标主机开放和关闭的端口列表，这些开放的端口往往与一定的服务相对应，通过这些开放的端口，攻击者就能了解主机运行的服务，然后进一步整理和分析这些服务可能存在的漏洞，随后采取针对性的攻击。

1. Connect 扫描

对于所有基于 TCP 协议的应用层服务来说，其运作模式基本上是相同的。图 2-4 描述了使用 Socket 编程接口实现基于 TCP 连接的过程。客户端利用 Socket 向服务器端口发送一个 Connect 请求，如果服务器正常运行，Connect 将返回一个已建立的 TCP 连接。通过这个连接，客户端和服务器之间完成正常的数据交互。如果仅仅判断目标主机上的某个端口是否运行着一个服务，那么只需要用 Socket 向目标端口发送一个 Connect 请求，在连接建立后关闭这条连接即可。

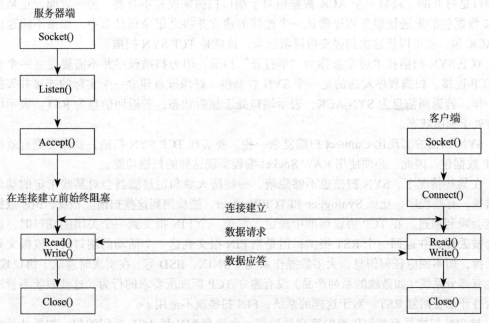

图 2-4　使用 Socket 编写基于 TCP 的应用

早期的扫描器（比如 UNIX 下的扫描工具 SATAN）采用的就是这种简单的端口扫描实现方法，这种方法也称为 TCP Connect。用户只需要创建一个套接字（Socket），调用 Connect 函数，目标主机就会对这个 Connect 请求做出响应。如果某个端口开放了一个服务，这个 Connect 请求就会成功地建立一个 TCP 连接；如果没有开放服务，连接就不会建立，并返回错误的原因。

使用 TCP Connect 进行扫描的优点是实现简单，几乎所有支持 TCP/IP 的操作系统都提供了 TCP Connect 调用的 API（Application Programming Interface，应用程序编程接口）函数，并允许以普通用户权限进行调用。这种方法的缺点是很容易被防火墙检测，也会被目标的操作系统或服务记录。

2. SYN 扫描和 FIN 扫描

为了使端口扫描的动作更加隐蔽、更加不易被目标觉察，在过去的几年中，攻击者对端口扫描技术进行了更为深入的研究，形成了一系列新颖的端口扫描技术。这些扫描技术的形式很多，但基本思想接近。它们的共同点是：扫描必须向目标发送某种数据包，而对于这种数据包，开放端口和关闭端口的响应是有差异的。另一个共同点是，这种数据包的发送和接收过程往往不同于正常的 TCP 数据的发送和接收过程。事实上，正常的 TCP 数据发送和接收总是存在着被目标主机记入日志的危险。

TCP Connect 的建立要经过三次握手过程，对这个过程进行研究就可以引申出一种新的扫描方式——TCP SYN 扫描。

TCP 三次握手实际上包含三次数据包的发送：客户端发送 SYN 包，服务器回送 SYN|ACK 包，客户端回送 ACK 包。这是正常的 TCP 连接过程，如果想和服务器进行正常数据通信也必须这样做。但对于端口扫描来说则不是这样。在对一个目标进行扫描时，我们并不需要等待一个连接完全建立。如果我们向目标的某个端口发送一个标志 SYN 置位的数

据包，而目标返回了一个标志 SYN、ACK 同时置位的数据包，那么就能够判断出目标的这个端口是打开的。最后一个 ACK 数据包对于端口扫描来说并不必要。另一方面，正是这个 ACK 数据包的发送使服务程序确认一个连接的建立并将之记录到日志中。如果不回送最后的 ACK 包，就可以使这次扫描变得隐蔽起来，这就是 TCP SYN 扫描。

TCP SYN 扫描技术通常被称为"半打开"扫描，因为扫描程序并不需要建立一个完全的 TCP 连接。扫描程序发送的是一个 SYN 数据包，好像准备建立一个实际的连接并等待反应一样。若返回信息为 SYN|ACK，表示端口处于侦听状态；若返回信息为 RST，表示端口没有处于侦听状态。

SYN 扫描的实现比 Connect 扫描复杂一些。要实现 TCP SYN 扫描，就需要更有效地控制 IP 数据包。因此，必须使用 RAW Socket 编程实现这样的扫描功能。

在某些情况下，SYN 扫描也不够隐蔽。一些防火墙和包过滤器会对某些指定的端口进行监视，有些程序，比如 Synlogger 和 TCPWrapper，能检测到这些扫描。相反，FIN 数据包可能会顺利通过。在 TCP 协议标准中规定，发送一个 FIN 报文到一个关闭的端口时，该报文会被丢掉，并返回一个 RST 报文；但是当 FIN 报文到达一个活动的端口时，该报文只是被丢掉，而不回应任何信息。大多数操作系统（UNIX、BSD 等）在实现时遵从了协议规范，但也有部分系统（如微软的系列产品）没有遵守 TCP 标准所要求的行为，这些系统不管端口是否打开都会回复 RST。对于这样的系统，FIN 扫描就不适用了。

与 FIN 扫描具有相似思路的实现是发送一个带有 FIN 和 ACK 标记的包，如果从某个端口返回的包的 TTL 值小于其他 RST 包，端口就可能是打开的。因为 IP 是一个基于路由的协议，每经过一次包的中转都会将 TTL 值减 1，所以当一个打开的端口收到一个包时，它会首先将 TTL 值减 1，若发来的包不是一个 TCP 的 SYN 包，就会返回一个 TTL 值比关闭端口小 1 的 RST 包。

FIN 扫描的优点是一般不会被目标操作系统或服务记录到日志，并且可以绕过某些简单的防火墙设置。Netstate 命令不会显示主机受到了扫描，因为 Netstate 命令只能显示 TCP 连接或连接的尝试。

它的缺点是需要使用 RAW Socket 来编程实现，实现起来相对比较复杂。而且，FIN 扫描并不对所有操作系统有效。对于不同的操作系统会有不同的结果，因而 FIN 扫描并不是一个可以完全信任的方法。

3. 其他端口扫描技术

为了避开防火墙的过滤，并且使扫描更加隐蔽，出现了其他端口扫描技术。下面将列举一些端口扫描技术，更多的内容可以参考扫描工具 Nmap 自带的文档。

（1）SYN + ACK 扫描

向目标主机发送 SYN 和 ACK 同时置位的 TCP 包，关闭的端口会返回 RST 包，而开放的端口会忽略该包。

（2）TCP XMAS 扫描

扫描器发送的 TCP 包头设置所有标志位，关闭的端口会响应一个同样设置所有标志位的包，开放的端口则会忽略该包而不做出任何响应。

（3）NULL 扫描

与 XMAS 扫描相反，NULL 扫描将 TCP 包中的所有标志位都置 0。当这个数据包被发送到基于 BSD 操作系统的主机时，如果目标端口是开放的，则不会返回任何数据包；如果目标端口是关闭的，被扫描主机将发回一个 RST 包。不同的操作系统有不同的响应方式。

（4）IP 分段扫描

IP 分段扫描本身并不是一种新的扫描方法，而是其他扫描技术的变种，特别是 SYN 扫描和 FIN 扫描。其原理是把 TCP 包分成很小的分片，从而让它们能够通过包过滤防火墙。不过，有些防火墙会丢弃太小的包，而有些服务程序在处理这样的包的时候会出现异常、性能下降或者错误。

（5）TCP FTP Proxy 扫描

在 FTP 协议中，数据连接可以与控制连接位于不同的机器上。例如，扫描内部网络主机可以利用 FTP 服务器连接目标主机指定的端口，从而判断目标主机是否打开了某个端口。利用 PORT 命令让 FTP 服务器与目标主机的指定端口建立连接。如果端口打开，则可以传输，否则返回 "425 Can't build data connection: Connection refused."。FTP 协议的这个缺陷还可以被用来向目标（邮件、新闻）传送匿名信息。这种方法的优点是可以穿透防火墙，缺点是速度比较慢，且有些 FTP 服务器禁止这种特性。

在所有的扫描工具中，Nmap 是最著名也是最强大的扫描工具，它提供了可运行在 Linux、Windows、MacOS 等多个操作系统上的版本。Nmap 不仅可用于探测主机的存活状态，还可以扫描目标主机开放的端口、操作系统类型等，更为重要的是，它提供了隐蔽、半隐蔽等多种扫描策略。可以说，Nmap 使用手册就是一本端口扫描的教科书。图 2-5 展示了 Nmap 的扫描结果。

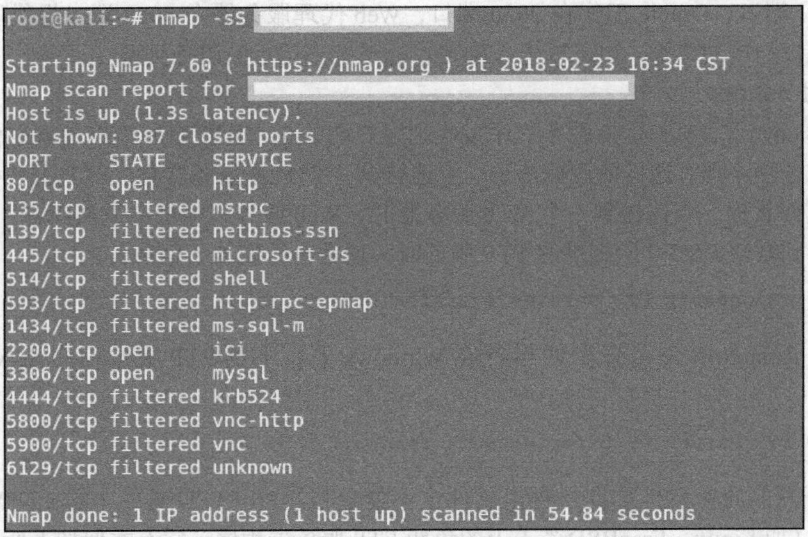

```
root@kali:~# nmap -sS

Starting Nmap 7.60 ( https://nmap.org ) at 2018-02-23 16:34 CST
Nmap scan report for
Host is up (1.3s latency).
Not shown: 987 closed ports
PORT      STATE     SERVICE
80/tcp    open      http
135/tcp   filtered  msrpc
139/tcp   filtered  netbios-ssn
445/tcp   filtered  microsoft-ds
514/tcp   filtered  shell
593/tcp   filtered  http-rpc-epmap
1434/tcp  filtered  ms-sql-m
2200/tcp  open      ici
3306/tcp  open      mysql
4444/tcp  filtered  krb524
5800/tcp  filtered  vnc-http
5900/tcp  filtered  vnc
6129/tcp  filtered  unknown

Nmap done: 1 IP address (1 host up) scanned in 54.84 seconds
```

图 2-5　Nmap 扫描结果

4. UDP 端口扫描

上面讨论的各种扫描技术实际上都是针对 TCP 端口的扫描技术。UDP 端口的扫描比 TCP 端口的扫描要简单得多，因为 TCP 是一种面向连接的流协议，而 UDP 则是一种无连接的数据报协议。

攻击者只需向目标主机的 UDP 端口任意发送一些数据，如果这个 UDP 端口是没有开放的，则会发回一个 "目标不可达" ICMP 报文。对于 UDP 端口扫描来说，这可能是目前唯一的方法。

2.3.3　系统类型扫描

除了目标主机开放的端口外，攻击者可能还想清楚地判断目标的操作系统类型和版本、应用程序的版本等。这样做有两个目的：首先，绝大多数安全漏洞都是针对特定系统和版本的，判断出目标的系统类型和版本信息有助于更加准确地进行漏洞利用；其次，了解目标的系统类型和版本信息也会给攻击者实施社会工程提供更多信息，使其诡计更加容易得逞。社会工程中最重要的一点就是得到攻击目标相关人员的信任，攻击者掌握的信息越多，就越容易做到这一点。

判断目标主机的系统类型和版本信息有一整套成熟的方法。可以说，除非安全人员或是主机使用者刻意并且有效地对主机进行伪装，否则攻击者想知道这些信息并不是什么难事。

1. 利用端口扫描的结果

操作系统往往提供一些自身特有的功能，而这些功能又很可能打开一些特定的端口。比如，Windows 打开 137、139、445 等端口，Linux 系统打开 512、513、514、2049 端口。因此，根据端口扫描的结果，攻击者就可以对目标主机的操作系统做出大致的判断。至于具体的系统版本信息，则需要配合其他一些信息加以确定，比如下面将要介绍的 Banner 和协议栈指纹。

各种应用程序通常也工作在特定的端口，比如 QQ 在 8000 端口进行监听，SQL Server 工作在 1521 端口，Oracle 工作在 2030 端口，Web 代理服务器在 8080 端口提供服务等。因此，通过端口扫描的结果，也可以大致确定目标系统中运行的服务类型。

2. 利用 Banner

所谓 Banner（旗标）是指服务程序接收到客户端的正常连接后所给出的欢迎信息。事实上，很多服务程序都有这样的旗标信息。当连接到一个 FTP 服务器时，FTP 服务程序会在连接成功后返回旗标。当连接到一个 Web 服务器时，Web 服务程序也会返回旗标。举例来说，当我们连接到微软 IIS 5.0 所提供的 FTP 服务时，通常会得到如下信息：

```
220 *** Microsoft FTP service (version 5.0)
```

再如，RhinoSoft 公司开发的运行在 Windows 平台下的 FTP 服务程序 Serv-U 的旗标如下：

```
Serv-U FTP Server v3.0 for WinSock ready...
```

公司开发的商业软件如此，自由软件也不能免俗。ProFTPD 是一个在 UNIX 平台或类 UNIX 平台（如 Linux、FreeBSD 等）上的免费 FTP 服务器程序，它有类似如下所示的旗标：

```
ProFTPD 1.2.0pre4 Server (ProFTPD)
```

利用这样的旗标，攻击者可以轻易地判断出服务程序的类型和版本，并进一步判断出目标的操作系统平台。或者，在旗标中就包含了对所运行操作系统的描述。其他的服务，比如 HTTP（Hypertext Transfer Protocol，超文本传输协议）、Telnet 也有类似的现象。图 2-6 展示了某大学 FTP 服务器的旗标信息。

3. TCP/IP 协议栈指纹

使用 TCP/IP 协议栈指纹进行操作系统识别是判断目标操作系统最为准确的一种方式。所谓的 TCP/IP 协议栈指纹，是指不同的操作系统在实现 TCP/IP 协议栈时，由于各种原因而导致的细节上的差异。

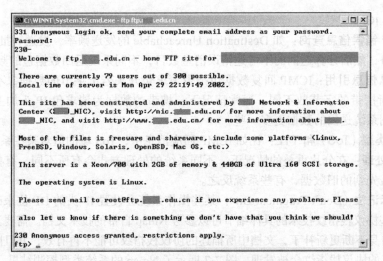

图 2-6　某大学 FTP 服务器的旗标信息

不同的操作系统在实现 TCP/IP 协议栈的时候，并不是完全按照 RFC 定义的标准来实现的。比如前面曾经提到过的 TCP FIN 扫描，在收到 TCP FIN 数据包时，不同的操作系统会有不同的处理方式。甚至在 RFC 中也没有对所有的问题给予精确的定义。多数 UNIX 操作系统在收到 FIN 包时，关闭的端口会以 RST 包响应，开放的端口则什么也不做。各种版本的 Windows 则不论端口是否打开，对于带有 FIN 标志的数据包，都会回复一个带有 RST 标志的数据包。对于端口扫描来说，这是不利的一面，因为这会导致结果未必正确。但对于操作系统判断来说，这倒是一个非常有意思的现象。事实上，也正是对这种现象的深入研究，才出现了更新颖、更准确的识别目标主机操作系统的方法——TCP/IP 协议栈指纹法。

如果把 TCP/IP 协议栈上的某个实现差异叫作 TCP/IP 协议栈的一个指纹特征的话，那么，目前所发掘出来并可能用来进行操作系统识别的指纹特征已经有很多。根据这些特征所处的数据包中的位置不同，可以把它们分为"TCP 指纹"和"IP、ICMP 指纹"。

（1）TCP 指纹

① FIN 探测：给一个开放的端口发送 FIN 包，有些操作系统有回应，有些则没有回应。

② BOGUS（伪造）标记位探测：对于非正常数据包的反应，比如，发送一个包含未定义 TCP 标记的数据包，不同的操作系统的反应是不一样的。

③ SYN 洪泛测试：如果发送太多的伪造 SYN 包，一些操作系统会停止建立新的连接，许多操作系统只能处理 8 个包。

④ TCP ISN 取样：寻找初始序列号之间的规律，不同操作系统的 ISN 递增规律是不一样的。

⑤ TCP 初始化"窗口"：不同的操作系统所使用的窗口值不同。

⑥ ACK 值：在正常情况下，ACK 值一般是确定的，但回复 FIN|URG|PSH 数据包时，不同的系统会有不同的反应，有些系统会发送回确认的 TCP 分组的序列号，有些会发回序列号加 1。

⑥ TCP 选项（RFC793 和更新的 RFC1323）：选项是可选的，当操作系统支持这种选项时，它会在回复包中设置，根据目标操作系统所支持的选项类型，可以判断其操作系统类型。

（2）IP、ICMP 指纹

① **ICMP 错误信息查询**：如 Destination Unreachable 的发送频率，发送一批 UDP 包给高端关闭的端口，然后计算返回的不可达错误消息数目，不同系统返回数据包的频率不同。

② **ICMP 信息引用**：ICMP 回复数据包携带请求包开头若干字节的数据，不同的系统返回的数据包所携带的字节数不同。通常情况下，携带的数据为请求包 IP 头加上 8 字节的数据，但是个别系统送回的数据更多一些。

③ **服务类型（ToS）和 TTL**：比如 ICMP 回应消息中，ToS 域的值对某些系统是特定的。

④ **碎片处理**：在分片重叠的情况下，不同系统的处理方式会有所不同，有些系统用后到的新数据覆盖先到的旧数据，有些系统反之。

⑤ **DF 标记位**（Don't Fragment Bit）：某些操作系统会设置 IP 头的 DF 位来改善性能。

关于这些协议栈指纹技术的具体细节可以参考 Nmap 自带的技术文档。需要注意的是，由于操作系统自身不断更新补丁，文档中所描述的协议栈指纹可能不再有效，并且随着技术的不断发展，更多的协议栈指纹会被发现。图 2-7 展示了 Nmap 的系统类型探测结果。

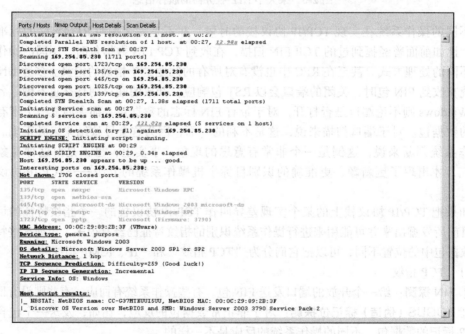

图 2-7　Nmap 系统类型探测结果

为了更好地隐藏攻击者的位置和扫描行为，可以采用以下措施加强扫描的隐蔽性。

1）**包特征的随机化**：包特征包括 IP 头中的 TTL 字段，TCP 头中的源端口、目的端口等字段。在正常的通信中，某主机收到的数据包一般是杂乱无章的，为了将扫描行为伪装成正常通信，可以将这些包特征随机化。

2）**慢速扫描**：许多入侵检测系统会统计某个 IP 地址在一段时间内的连接次数。当其频率超出设定的范围时，NIDS（Network Intrusion Detection System，网络入侵检测系统）就会告警。为了躲避这类检测，谨慎的攻击者会用很慢的速度来扫描对方主机。

3）**分片扫描**：将扫描数据包进行 IP 分片可以有效通过包过滤防火墙，并且不留下日志记录。

4）**源地址欺骗**：攻击者为了使自己的真实 IP 地址不被发现，在进行扫描时伪造大量含有虚假源 IP 地址的数据包同时发给扫描目标。因此，目标主机无法从这么多 IP 地址中判断真正的攻击者 IP 地址。

5）**使用跳板主机**：攻击者通过已经获取控制权的主机对目标主机进行扫描，可以有效隐蔽自己的真实 IP 地址。

6）**分布式扫描**：也称合作扫描，即一组攻击者共同对一台目标主机或某个网络进行扫描。他们之间可以进行扫描分工，例如，每个人扫描某几个端口和某几台主机，这样每个攻击者发起的扫描数较小，因此难以被发现。

2.4 漏洞扫描

得知目标主机的操作系统类型、探测到其开放的端口信息后，攻击者通常会猜测目标主机上可能运行的程序。例如，21 号端口打开，说明运行了 FTP 服务；23 号端口打开，说明运行了 Telnet 服务；80 号端口打开，说明运行了 Web 服务。对于一些非知名端口上运行的程序，可以通过查阅相关资料进行确认。一旦掌握了这些信息，攻击者就会利用漏洞扫描工具探测目标主机上的特定应用程序是否存在漏洞。

2.4.1 漏洞扫描的概念

漏洞又称脆弱性（Vulnerability），是指计算机系统在硬件、软件、协议的具体实现或系统安全策略上存在的缺陷或不足。系统漏洞也称为安全缺陷，一旦发现就可使用这个漏洞获得计算机系统的额外权限，导致攻击者能够在未授权的情况下访问或破坏系统，从而危害计算机系统的安全。

漏洞扫描是指基于漏洞数据库，通过扫描等手段对指定的远程或者本地计算机系统的安全脆弱性进行检测，从而发现可利用漏洞的一种安全检测（渗透攻击）行为。漏洞扫描既可被攻击者用于检测目标是否存在攻击途径，也可以被网络管理人员用于评估网络内系统的安全性能。

漏洞扫描可以通过以下两种途径检查目标系统是否存在漏洞：

1）通过端口扫描、系统类型扫描来明确目标系统的类型及开放的端口情况，并通过开放端口进一步确定对应的网络服务，将这些信息与网络漏洞扫描器提供的漏洞库进行匹配，查看是否有满足匹配条件的漏洞存在。

2）通过渗透测试的方法，也就是模拟黑客攻击的手法，对目标系统进行攻击性的安全漏洞扫描，若模拟攻击成功，则表明目标系统存在安全漏洞。

攻击者利用漏洞扫描可以发现操作系统、应用软件存在的安全隐患，从而为漏洞利用并最终获得目标系统的权限提供支持。

2.4.2 漏洞扫描的分类

漏洞扫描有多种分类方法，以扫描对象进行划分，可分为基于网络的漏洞扫描和基于主机漏洞的扫描。

1. 基于网络的漏洞扫描

基于网络的漏洞扫描是从外部攻击者的角度对目标网络和系统进行扫描，主要用于探测网络协议和计算机系统的网络服务中存在的漏洞。比如，Windows SMB 远程提权漏洞可以攻击开放了 445 端口的 Windows 系统并提升至系统权限；OpenSSL 的"心脏出血"（Heartbleed）漏洞可以使攻击者获得用户的私钥和证书。使用基于网络的漏洞扫描工具，能够监测到目标系统是否开放了这些服务并存在这些漏洞。一般来说，基于网络的漏洞扫描工具可以看作一种漏洞信息收集工具，它根据不同漏洞的特性构造网络数据包，然后发给网络中的一个或多个目标服务器，以判断某个漏洞是否存在。

2. 基于主机的漏洞扫描

基于主机的漏洞扫描是从系统用户的角度检测计算机系统的漏洞，从而发现应用软件、注册表或用户配置等存在的漏洞。基于主机的漏洞扫描器通常在目标系统上安装一个**代理**（Agent）或者**服务**（Service），以便能够访问所有的进程，这也使得基于主机的漏洞扫描器能够扫描安装的程序、运行的进程中存在的更多的漏洞。目前，大多数安全软件都具有基于主机的漏洞扫描功能，例如，360公司的安全防护中心在检测到系统中安装的软件存在漏洞时，会提供补丁下载功能进行修复。但是作为攻击者，如果想使用基于主机的漏洞扫描工具，必须先控制目标主机，才能够进一步安装工具进行扫描。

基于网络的漏洞扫描和基于主机的漏洞扫描各有优劣。基于网络的漏洞扫描在使用和管理方面比较简单，但是在探测主机系统内的应用软件的漏洞方面不如基于主机的漏洞扫描，而基于主机的漏洞扫描虽然能够扫描更多类型的漏洞，但是在管理和使用权限方面有更多的限制。

2.4.3　漏洞扫描器的组成

基于网络的漏洞扫描器一般由以下几个方面组成：

1）**漏洞数据库模块**：漏洞数据库包含各种操作系统和应用程序的漏洞信息，以及如何检测漏洞的指令。新的漏洞会不断出现，因此该数据库需要经常更新，以便能检测到新发现的漏洞。这一点非常类似于病毒库的升级。

2）**扫描引擎模块**：扫描引擎是扫描器的主要部件。根据用户配置控制台部分的相关设置，扫描引擎组装好相应的数据包，发送到目标系统，将接收到的目标系统的应答数据包和漏洞数据库中的漏洞特征进行比较，从而判断所选择的漏洞是否存在。

3）**用户配置控制台模块**：用户配置控制台与安全管理员进行交互，用来设置要扫描的目标系统，以及扫描哪些漏洞。

4）**当前活动的扫描知识库模块**：通过查看内存中的配置信息，该模块监控当前活动的扫描，将要扫描的漏洞的相关信息提供给扫描引擎，同时接收扫描引擎返回的扫描结果。

5）**结果存储器和报告生成工具**：报告生成工具利用当前活动扫描知识库中存储的扫描结果，生成扫描报告。扫描报告将告诉用户配置控制台设置了哪些选项，根据这些设置，在扫描结束后，就可以知道在哪些目标系统上发现了何种漏洞。

尽管漏洞扫描器使用起来相当方便，但真正的网络攻击者并不会在对一个具体目标发动攻击时采用它们。一方面，漏洞扫描器的报告并不一定可靠，用户会发现当利用漏洞扫描工具时，虽然能显示出很多目标漏洞，但真正可利用的却很少。另一方面，漏洞扫描器会向目标发送大量数据包，这样就很容易被目标的安全软件发现并检测，从而暴露攻击者，至少会引起目标网络管理员的警觉。漏洞扫描器更多的是应用到安全防护上，网络管理员或是安全专家在为网络制定安全策略前，通常会使用漏洞扫描器对网络进行安全评估。

目前，漏洞扫描器通常由安全公司或黑客组织编写。根据扫描器针对的漏洞不同，可分为专用漏洞扫描器及通用漏洞扫描器。专用漏洞扫描器专门扫描某个程序的漏洞，或者是专门扫描某类漏洞。例如，可用于扫描Windows RPC服务漏洞的RPCScan工具，专门针对Web应用程序漏洞的Burp Suite扫描工具。通用扫描工具可以扫描各种常见的漏洞，包括Web服务程序漏洞、FTP服务程序漏洞、SQL Server程序漏洞等。同时，通用漏洞扫描程序一般会包含口令猜测模块，用于对各种程序的口令进行猜测。通用漏洞扫描程序包括 Tenable Network Security 开发的 Nessus，俄罗斯安全组织 Safety-La（http://www.safety-lab.com）编写的 Shadow Security Scanner（SSS）以及"安全焦点"编写的 X-Scan 等。图 2-8 展示了 Shadow Security Scanner 的扫描结果，图 2-9 是某漏洞扫描器的扫描结果。

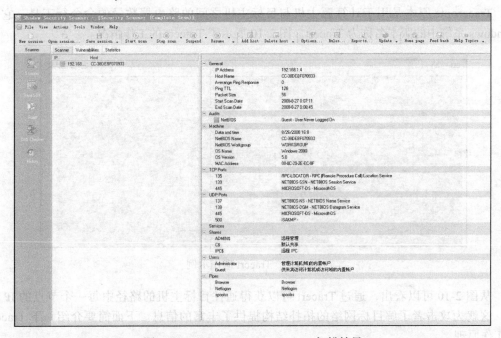

图 2-8　Shadow Security Scanner 扫描结果

图 2-9　某漏洞扫描器的扫描结果

2.5　网络拓扑探测

对于攻击者而言，掌握目标网络的拓扑结构，了解目标网络的设备类型，明确目标设备实体对应的地理位置，可以更好地指导其实施入侵行为。这就像在军事作战中，指挥官拥有战场的精确地图，就能够准确地部署兵力，重点打击要害据点。攻击者可以通过网络信息挖掘或者社会工程学的方法获取目标网络的拓扑结构，利用网络设备的多维特征探测网络设备的类型，通过网络实体 IP 地理位置定位技术确定目标设备的地理位置。除此以外，还有一些技术性的方法可以帮助攻击者尽可能还原目标网络的拓扑结构。

2.5.1　拓扑探测

通过主机扫描，攻击者可以确定目标网络中有哪些存活主机，然后再进一步确定这些存活主机的位置信息。如果攻击者要获得到达这些存活主机的路径信息或者路由级的拓扑信息，就需要其他一些技术手段。拓扑探测主要有基于 Traceroute 技术和基于 SNMP（Simple Network Manager Protocol，简单网络管理协议）两种方式。

1. Traceroute 技术

Traceroute 原本是用于计算源主机与目标主机之间的路由器数量的命令行工具，它在 Windows 系统中的版本名称为 Tracert。图 2-10 展示了 Tracert 的工作情况。

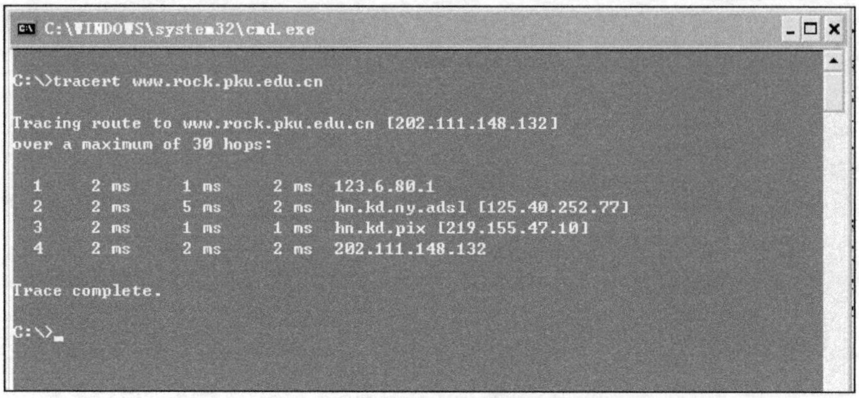

图 2-10   Tracert 应用示例

从图 2-10 可以看出，通过 Tracert 可以获得通往目标主机的路径中每一个节点的 IP 地址，这就为攻击者了解目标网络的拓扑结构提供了丰富的信息。下面简要介绍一下 Tracert 的工作原理。

Tracert 向目标主机依次发送一系列 UDP 数据包（缺省大小为 38 字节），并且这些 IP 包的 TTL（IP 包生存期）字段从 1 开始依次递增，根据 IP 数据包路由的规则，每经过一跳，交换设备都会将 TTL 字段减 1，一旦 TTL 字段减到 0，就会向源端送回 `ICMP Time Exceeded` 应答消息。UDP 包的端口则设置为一个不太可能用到的值（缺省为 33434），因此目标主机会向源端送回 `ICMP Destination Unreachable` 消息，指示端口不可达，Tracert 监听所有返回的 ICMP 报文，从而确定路径上每个节点的 IP 地址。

如果攻击者在目标网络中已经获取了一台主机的控制权，就可以将这台主机作为跳板（称之为跳板主机或者肉鸡），逐步探测网络中其他主机的路径信息，同时也可以通过查看跳板主机的路由表，获取路由信息。随着攻击者对目标网络渗透的逐步深入，结合之前获得的大量路由信息，攻击者就能够比较准确地还原出目标网络的拓扑结构图。

2. SNMP

简单网络管理协议（SNMP）是各种网络设备之间客户机/服务器模式的简单通信协议。路由器、交换机、打印机、主机等各种网络设备都可以成为 SNMP 系统中的服务器。SNMP 系统中的客户机往往是单独的一台计算机，轮询网络设备并记录它们返回的数据。

20 世纪 80 年代中期，由于当时绝大多数网络规模很小，因此网络管理通常使用 Ping、Traceroute、Tcpdump 以及类似的工具。1988 年，IETF（The Internet Engineering Task Force，国际互联网工程任务组）制定了 RFC1067 标准，提出了 SNMP，用于在大型的网络环境中管理各种网络设备。SNMP 提供的丰富信息对于攻击者来说是十分有用的。

SNMP 有两个基本的命令模式：Read 和 Read/Write。Read 是指可以通过 SNMP 观察设备的配置细节，而 Read/Write 表示管理员有权写入一些内容，例如路由器的配置文件。表

2-2 列出了一些基本网络设备的 Read、Read/Write 名称（Community String）。

表 2-2　常用设备的 Community String

设备	Read	Read/Write
Cisco	Public	Private
3COM	Public	Security
Ascend	Public	Write
Bay	Public	Private

利用 SNMP，可以很方便地看到一个网段的情况，包括机器名字、硬件信息、系统配置、路由表以及网络连接情况，当然这要在口令允许的情况下。利用默认的口令，可以很轻松地获得 Cisco 路由器的配置文件，或者上传经过修改以后的配置文件，这是因为如果 Cisco 支持 OLD-CISCO-SYS-MIB 的话，则允许通过 Read/Write 命令和 TFTP 装载配置文件。图 2-11 显示了通过 SNMP 获取的网络设备的各种信息。

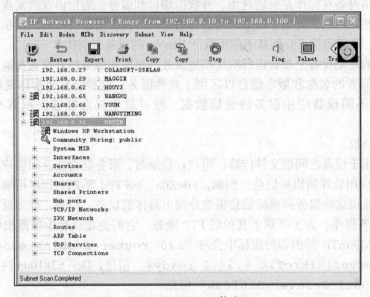

图 2-11　SNMP 信息

一旦攻击者获取了 SNMP 提供的信息，特别是路由器等网络交换设备的配置信息，就可以根据路由表还原出目标网络的拓扑结构图。

2.5.2　网络设备识别

据不完全统计，除了路由器、网站服务器和主机以外，接入互联网的网络设备已经超过 20 类，如智能手机、智能家电、工控设备等。除了通用的服务器和主机以外，其他各类网络设备普遍存在难以升级、缺乏管理的问题，而这些网络设备往往具有各种安全漏洞。对于攻击者而言，这些终端往往是突破网络的薄弱环节，通过扫描整个目标网络中的网络地址，发现存在的各种终端设备并获得各设备的系统和版本信息，将设备信息与漏洞信息进行关联，就能够清晰地反映出网络终端设备的分布情况和存在的脆弱点。因此，确定目标网络后，进一步探测和识别其中的网络设备类型显得尤为关键。

网络设备类型的识别方法主要有两种，一种是利用互联网上专用的设备搜索引擎进行判定，另一种是探测设备的多维特征形成指纹，通过与已知的指纹库进行比对来确定。

1. 利用专用的搜索引擎

目前，互联网上有一些专门用于搜索指定类型设备的搜索引擎，最具代表性的便是由 John Matherly 推出的 Shodan 搜索引擎。攻击者不仅可以利用 Shodan 确定目标设备的类型，还可以搜索目标设备上是否存在一些弱口令、SQL 注入等基础漏洞。Shodan 时刻对整个网络空间进行扫描，并维持着一个相当庞大的数据库，数据库中存储着它所能侦测到的所有网络设备信息，包括交换机、路由器、网络摄像头、网络打印机等。

国内的知道创宇公司开发的 ZoomEye 搜索引擎也支持互联网空间的设备搜索。ZoomEye 搜索引擎能够对包括 Web 服务器、路由器、交换机、网络摄像头、网络打印机、移动设备在内的 30 余种网络终端设备进行探测和识别。

二者之间的不同是，Shodan 侧重于从主机层面进行探测，而 ZoomEye 更侧重于从应用服务尤其是 Web 应用层面进行扫描和识别。

2. 基于设备指纹的设备类型探测

不同的网络设备在操作系统的选用、开放的端口和服务、通信协议的实现等方面都会存在差异，这些差异构成了可用于区分网络设备的指纹。由于前面已对端口扫描和操作系统识别进行了介绍，这里将重点介绍基于应用服务 Banner 的设备识别技术。

几乎所有的终端设备上都会运行应用层的服务，而应用服务的开发人员通常会向用户反馈自己开发的服务的名称和版本信息以区别于其他服务，这些信息通常体现在服务 Banner 中。通过分析不同设备应用服务的通信数据，便可从中提取能够表示其指纹的 Banner 数据。

（1）FTP 协议

FTP 主要用于设备之间的文件传输。用户在登录时，服务器会在返回客户的信息中包含用于表明 FTP 应用软件的旗标信息。例如，FileZila、vsFTPd 等 FTP 程序可部署在多种类型的设备上，因此用这些服务的旗标信息很难分辨出具体的设备。但是，许多设备厂商会开发自己的 FTP 服务程序，为了区别于其他的 FTP 服务，它们会在旗标中暴露出特定的终端设备信息，例如 MikroTik 路由器的旗标中会有 "`220 router-svabinskeho899-pater-inet FTP server(MikroTik 6.37.1 ready)`" 信息，Dell S2810dn 网络打印机的旗标中有 "`220 Dell Printer S2810dn`" 信息。

（2）SSH 协议

SSH 协议为远程登录会话和其他网络服务提供安全性的协议。SSH 协议会将所有通信的数据加密，从而避免被 "中间人" 窃取明文信息。用户用 SSH 协议登录远程设备时，首先通过 TCP 与服务器进行连接，然后双方协商使用的 SSH 协议版本，协商完成后双方进行算法和密钥的交换，之后所有的通信数据均通过协商的算法和密钥进行加密。其中，双方在协商 SSH 协议版本时，部分设备会包含设备类型的旗标信息。例如，采用了 iOS 操作系统的 Cisco 设备会包含 "`SSH-1.99-Cisco-1.25`" 信息。

（3）Telnet 协议

Telnet 协议是常用的远程登录协议，Telnet 服务的默认开放端口为 23。Telnet 通信分为三个步骤：通信双方首先建立 TCP 连接，然后双方进行协议协商以兼容双方不同操作系统带来的差异，协商成功后，双方通过口令认证进行通信。其中，双方协商时可能会交互一些带有设备 Banner 的信息，例如，中兴的 ZXR10 3928A 交换机会包含 "`Welcome to ZXR10 3928A Switch of ZTE Corpaoration`" 信息，HP 的某款打印机中会包含 "`HP Print password is not set`" 信息。

（4）HTTP 协议

HTTP 是 Web 服务的主要协议，它应用范围广，具有简单、灵活的优点。几乎所有 Web 服务器都使用 HTTP 进行数据传输，因此可以通过分析 HTTP 的回显 Banner 来探测出目标主机使用了哪些 Web 组件，甚至探测出更多关于 Web 服务器的信息。很多交换机、防火墙、网络打印机、路由器（特别是无线路由器）的厂商，为了方便用户管理和操作，也会使用 HTTP 来搭建 Web 服务，使用户可以通过 Web 页面来对终端设备进行操作。

大部分 Banner 可以通过获得 Web 网页的 GET 命令来了解，通过服务器返回的页面信息，特别是 HTTP 的头部信息，往往可以获得设备的 Banner。HTTP 头部信息包括 HTTP 的版本号、响应状态码、时间、HTTP 服务器的信息（包括使用的服务组件和操作系统信息）以及数据格式信息等。表 2-3 中显示了部分设备返回的 HTTP 头部信息。

表 2-3 部分网络设备的 Banner 信息

TP-Link WR740N 无线路由器	HTTP/1.1 401 N/A Server:Router Webserver Connection:close WWW-Authenticate:Baseic realm="TP-LINK Wireless Lite NRouter WR740N"
D-Link DCS-5300 网络摄像头	HTTP/1.1 401 Unauthorized WWW-Authenticate:Baseic realm="DCS-5300" Content-Type:text/html Transfer-Encodeing:chunked Server:D-Link Internet Camera Connection:close
天融信防火墙	HTTP/1.1 200 OK Date:Tue,01 May 2007:23:48:34 GMT Server:TOPSEC X-Frame_Options:SAMEORIGIN Last-Modified:Tue,01 May 2007 23:48:34 GMT

有些设备虽然无法从 HTTP 头部中获得 Banner 信息，但是可以进一步在 HTTP 的 Body 内容中检索到设备相关的 Banner 信息。除了以上四种应用协议以外，还有很多应用协议可用于辅助识别目标设备类型，例如 SNMP 协议以及第三方协议等。

2.5.3 网络实体 IP 地理位置定位

网络实体 IP 地理位置定位是指确定一个网络目标节点在某个粒度层次的地理位置，由于每一个直接与互联网相连的主机通常都可被一个唯一的 IP 地址标识，因此通常利用 IP 地址来寻找其地理坐标映射，也称为 IP 定位。网络实体 IP 地理位置定位技术可以通过已知数据库的查询和网络测量定位实现。

1. 基于查询信息的定位

基于查询信息的定位方法依据网络实体的主机名及所属机构的信息，通过查询相关的数据库得到其位置信息，如在 WhoIs 数据库中查询注册信息、解析规则的域名或主机名等。

当机构在 WhoIs 服务器注册域名信息时，提交的信息中包括 ISP、机构、用户名、电子邮箱、电话号码、通信地址等，那么从电话号码和通信地址就可以推断出地理位置。当查询的 IP 地址有相应的注册信息时，会向 IP 地址所属 RIR（Regional Internet Registry，地区性互联网注册管理机构）的 WhoIs 服务器发送查询请求，这也成为得到 IP 地址的地理位置信息的一种途径。此外，域名本身也可能会透露出主机的地理位置，如在国家顶级域名中就包含相应国家的名称代码，它包含两个英文字母，例如 .cn（中国）、.au（澳大利亚）。

除了 WhoIs 数据库以外，还有很多国内外的公司都在维护和发布将 IP 地址映射到地理位置的数据库，国外的有 MaxMind、IP2Location、Quova、Geobytes 及 Cqcounter 等，国内的数据库有 IP138、QQWry 及 IPcn 等。

基于查询信息的定位实现简单，不需要基础设施，对在已有数据中蕴含着地理信息的实体能够快速给出定位结果，但该算法的结果受限于注册信息的准确性，若登记信息错误或过时，得到的定位结果也是不可信的。此外，由于不是每一个 IP 地址都有对应的注册信息，很多情况下，都是一个 IP 段对应着一个位置，因此基于查询信息的算法通常只能得到粗粒度的定位结果。

2. 基于网络测量的定位

基于网络测量的定位方法主要通过探测源与目标实体的时延、拓扑或其他信息来估计目标实体的位置，得到的定位结果为一个单点或区域。

这里以利用时延进行 IP 地址定位为例，该方法认为网络实体之间的时延与距离具有相关性，因此可通过实体间的时延来估计两者之间的地理距离。为了保证定位的准确性，需要在互联网上部署多个地理位置可控的探测源，同时在互联网上寻找一些已经确定了地理位置的 IP 作为参考地标。首先，利用探测源向已知的地标和目标实体发送探测数据包，从而得到探测源与目标及探测源与地标之间的时延向量值，然后计算目标实体的时延向量与一组地标的时延向量之间的相似性，把与目标时延向量距离最短的地标作为目标实体的具体位置。

除了利用时延进行探测以外，拓扑信息实体间数据包的转发路径及该路径上的路由器信息也能反映出目标实体的位置，因此，结合目标寻径和目标实体所在网络的拓扑发现，可为目标实体的位置估计提供更多参考。随着大数据和机器学习技术的不断发展，IP 地址定位技术的精准度在不断提高，相应的数据库也日益丰富和具体，攻击者通过简单的数据库查询命令即可获得目标设备的具体位置。

2.6　本章小结

信息时代，工作、生活的各个方面都需要信息的支撑，可以说，没有信息来源就无法生存下去，因此正确、准确地掌握信息收集的方法是很重要的。本章从公开信息收集、网络扫描技术、漏洞扫描、网络拓扑探测四个方面对信息收集进行介绍。信息收集是一把双刃剑，一方面，它可以帮助用户找到有用的信息，使信息真正地为用户服务；另一方面，它也是攻击者对目标进行攻击的第一步，所以掌握信息收集的技术对防止攻击者入侵很重要。

2.7　习题

1. 哪些信息对攻击是有意义的？应该如何收集这些信息？
2. 什么是 Google Hacking？网站如何通过配置 robots.txt 来禁止搜索引擎的搜索？
3. 描述端口扫描在网络攻击中的作用，简要叙述扫描程序基本的实现方法，以及这种方法的优缺点。
4. 有哪些端口隐蔽扫描技术？它们各有什么优点和缺点？
5. 漏洞扫描的原理是什么？常见的漏洞扫描器由哪些组件构成？它们的作用是什么？
6. 什么是 TCP/IP 协议栈指纹？请给出 3 个以上可以辅助判断操作系统类型的 TCP/IP 指纹。
7. 简述 Tracert 的工作原理。
8. 简述设备类型探测的意义和方法。
9. 在阻止攻击者进行信息收集方面，你有什么好的方法？

第3章 口令攻击

身份认证是保护信息系统安全的第一道防线，口令是应用最为广泛的身份认证方法，用户系统和网络系统通常使用口令来限制未授权的访问。口令既是验证用户、对用户授予系统访问权的方法，也是用户登录系统的正常途径。从攻击者角度来看，口令攻击是入侵用户系统或网络系统的重要手段，只要攻击者能猜测出或者确定用户的口令，就能获得目标机器或者网络的访问权，并访问用户能访问到的所有资源。

3.1 概述

随着信息化进程的不断推进，人们的日常生活日益网络化，资产数字化趋势日益明显，身份认证逐渐成为保障用户信息安全的基本手段。口令的作用就是向系统提供唯一标识个体身份的机制，只给个体所需信息的访问权，从而达到保护敏感信息和个人隐私的目的。口令就像人们的网络身份证，用于保证信息世界的安全。攻击者则希望通过破解口令获得系统认证，从而进入系统，获得操纵系统的权限。为了避免入侵者轻易地猜测出口令，用户应该正确设置安全的口令，避免因使用不安全的口令而带来安全隐患。本章将从口令强度攻击、口令存储攻击及口令传输攻击等方面，详细介绍口令攻击技术。

3.1.1 口令和身份认证

口令认证是身份认证的一种手段，计算机一般会通过用户输入的用户名进行身份标识，通过访问者输入的口令鉴别其是否拥有该用户名对应的真实身份。在认证时，一般要经过如图3-1所示的过程。

图 3-1　网络认证过程

认证请求过程可以是用户向主机发送请求，也可以是一台计算机向另一台计算机通过网络发送请求。首先由请求方提出请求，经过双方的认证交互过程，最后由认证服务器确认认证是否成功。基于口令的认证是较为常见的一种形式，如用户到主机操作系统的认证过程如下：

1）用户将口令传送给计算机。

2）计算机完成口令单向函数值的计算。

3）计算机将单向函数值和机器存储的值加以比较。

其中，口令的安全性非常重要，拥有口令就相当于拥有了对应用户的身份，因此在口令的产生、传输和存储过程中都要保证口令不被泄露。

3.1.2　口令攻击的分类

口令分为静态口令和动态口令两类。静态口令是对用户进行身份认证的一种技术，指用户登录系统的用户名和口令是一次性产生，在使用过程中总是固定不变的。用户输入用户名和口令后，用户名和口令通过网络传输给服务器，服务器提取用户名和口令，与系统中保存的用户名和口令进行匹配，检查二者是否一致，从而实现对用户的身份验证。动态口令也叫一次性口令，它的基本原理是：在用户登录过程中，基于用户口令加入不确定因子，对用户口令和不确定因子进行单向散列函数变换，得到的结果作为认证数据提交给认证服务器。认证服务器接收到用户的认证数据后，把用户的认证数据和自己用同样的散列算法计算出的数值进行比对，从而实现对用户身份的认证。

虽然使用口令提高了用户登录系统时的安全性，但也产生了一个很大的安全问题。如果口令过于简单，则很容易被攻击者猜测出来；如果口令过于复杂，那么用户就需要记忆口令，但人类大脑的记忆能力有限，一般人只能记忆 5 ~ 7 个口令，因此难免出现在纸上记口令、多个地方重复使用同一个口令的现象，这些做法无疑会增加口令泄露的风险。

针对口令的攻击方式有很多种。根据攻击过程中是否利用用户个人信息，口令攻击可分为漫步攻击和定向攻击；依据攻击是否需要与服务器交互，可分为在线攻击和离线攻击。本书根据攻击者获取口令方式不同，将其分为针对口令强度的攻击、针对口令存储的攻击和针对口令传输的攻击。

（1）针对口令强度的攻击

在知道用户账号后，攻击者可能利用一些专门软件通过对目标口令不断地猜测、推断进行破解尝试，最终破解用户口令。为增强口令猜测的针对性，攻击者会利用与攻击对象相关的**个人信息**（Personal Information，PI），比如人口学相关信息（姓名、生日、年龄、职业、学历、性别等）、用户在不同应用中泄露的口令等，将这些信息生成各种可能口令并补充到字典中，生成独特的猜测字典，然后采用字典穷举法来破解用户的口令（详见 3.2 节）。这个破译过程完全可以由计算机程序自动完成，因而可以快速把上万条记录的字典里的所有组合都尝试一遍。

（2）针对口令存储的攻击

用户口令生成后，会以文件、缓存、数据库等形式保存在系统中。针对口令存储的攻击就是设法找到存放口令的文件。一旦找到存储的口令文件，如果存储的是明文口令，就可以直接使用；如果是加密的口令，就对其进行口令破解，得到用户的口令。现在，大多数系统存储口令的哈希值，用户输入的明文口令经过哈希函数计算后，再进行比对。如果可以获取到存储的哈希值，就能通过哈希搜索或利用彩虹表（详见 3.3 节）与口令哈希值进行比对，从而破解用户口令。

（3）针对口令传输的攻击

口令在认证过程中，需要用户与服务器双方的确认。针对口令传输的攻击方式就是在口令认证交互过程中，利用网络监听非法得到用户传送的口令。当前，仍有一些协议没有采用任何加密或身份认证技术，如在 TELNET、FTP、HTTP 等传输协议中，当用户账户和口令信息都是以明文格式传输时，攻击者利用数据包截取工具便可收集到账户和口令（详见 3.4 节）；如果口令在传输前经过哈希变换，攻击者仍然可以像攻击存储的哈希口令那样进行口令破解。

3.2　针对口令强度的攻击

针对口令强度的攻击要对目标口令通过不断地猜测、推断进行破解尝试，越简单的口令越容易被破解。

3.2.1　强口令与弱口令

理论上来讲，任何口令都不是绝对安全的，因为无论用户选择多么复杂的口令，它的取值只能是有限个数值中的一个，如果给一名破解者足够的时间，他总可以用穷举法把这个口令猜出来。但实际上，选择一个安全的口令可以提高系统的安全性，因为很少有攻击者有足够的耐心和时间去破解一个口令。

从技术的角度，口令保护的关键在于增加攻击者的时间代价。因此，攻击者总会选择先破解不安全的口令，而舍弃那些相对坚固的口令。

弱口令一般都是人为原因造成的，因为人们在创建口令时往往倾向于选择简单、有规律、容易记忆的口令，然而，这种口令安全性不高，为攻击者带来了很大的方便。

曾经有人做过一个调查，让一百名大学生写出两个口令，并告知他们这两个口令将用于电脑开机，非常重要，且将来使用率也很高，要求他们务必慎重考虑。测试结果如下：

- 37 人选择用自己姓名的汉语拼音全拼，如 wanghai、zhangli 等。
- 23 人选择用常用的英文单词，如 hello、good、anything 等。
- 18 人选择用计算机中经常出现的单词，如 system、command、copy、harddisk 等。
- 7 人选择用自己的出生日期，如 780403、199703 等。
- 21 人选择两个相同口令，接近相同的有 33 人。

可见，以上 85 人选择了极不安全的口令，这个比例是相当高的，而剩余的 15 人的口令也不是完全安全的，例如有的人选择了自己名字的拼音加上日期。只有 15 人中的少数人选择了比较安全的口令。

现在虽然很多系统有着较为齐全的安全防护设施，但往往因为管理员选择了简单的口令，使得整个网络系统的安全性大打折扣。例如，下面几种口令是不安全的：

- 与用户名相同的口令。例如，用户名为 test，口令也是 test。
- 常用的单词和数字。例如，hello、12345、12345678、Password 等。
- 与键盘位置相关的口令。例如，1qaz2wsx 等。
- 以年月日作为口令。很多人都用自己的生日做口令，认为这样的口令足够长，而且便于记忆。其实，对于攻击者来说，这种口令的猜解范围是很小的。以日期 20170518 为例，前两位可能选择的值有 19 或 20；第 5 位和第 6 位代表月份，有 12 个选择；第 7 位和第 8 位代表日期，有 31 个选择。因此，8 位的日期最多可能有 $2 \times 100 \times 12 \times 31 = 74400$ 种组合。

□ 使用 11 位手机号码。例如，13700108888。
□ 以流行文化以及体育名词作为口令。例如，starwars（星球大战）、football 等。
□ 使用用户名加后缀的口令相对可靠，但也不是完全安全的，尤其是常用的后缀，如 123、2000 等。

较为安全的口令应该不容易被发现规律，并且有足够的长度。对长度的要求随应用环境的不同而不同，应该使得攻击者在某个时间段内很难破解。虽然按照上述规则生成的口令安全性很高，但不便于记忆。为了在安全和易用之间寻求一种平衡，可以采用一些变通方法，比如：

□ 选择一个熟悉的英文单词，并做适当变形，如 sys@tem。
□ 依据键盘的位置转换口令，如键盘下移一行。

3.2.2　针对口令强度的攻击方法

针对口令强度攻击的方法主要是利用弱口令的特点进行攻击尝试，一般有强力攻击、字典攻击以及对这两种方法进行折中的组合攻击等几种方法。

（1）强力攻击

对于固定长度的口令，在足够长的时间内，总能穷举出它全部可能的取值，这只是时间问题。如果有速度足够快的计算机能尝试字母、数字、特殊字符所有的组合，将最终破解所有的口令，这种类型的攻击称为**强力攻击**。

单纯强力攻击的猜测顺序是由字符集的顺序决定的，每一位遍历所有的字符空间。入侵者可能尝试所有的字符组合方式，逐一模拟口令验证过程。例如，先从字母 a 开始，尝试 aa、ab、ac 等，然后尝试 aaa、aab、aac 等。一般应用程序都有自己的认证协议，由于使用的协议不同，口令攻击所使用的工具也是不一样的。比如，FTP 会使用专门的 FTP 口令攻击工具，Email 的口令攻击会使用专门的 Email 口令攻击工具，能否利用各种技术和方法来提高口令验证速度是判断这些工具设计好坏的关键。与扫描工具类似，口令自动猜测工具也使用缩短数据包时间间隔、多线程等技术来提高口令探测的速度。一个比较经典的口令探测工具是由俄罗斯攻击者编写的程序 Shadow Security Scanner。

（2）字典攻击

人们常使用有意义的字符作为口令，如常用的单词、缩写、名字等。字典攻击就是将使用概率较高的口令集中存放在字典文件中，通过不同的变异规则生成猜测字典。字典攻击和强力攻击的方法类似，区别在于尝试的口令取值并不是所有字符可能取值的集合，而是这个字典集里的可能取值。攻击者一般都拥有自己的口令字典，其中包括常用的词、词组、数字及其组合等，并在进行攻击的过程中不断充实、丰富自己的字典库，攻击者之间也经常会交换各自的字典库。使用一部有 1 万个单词的词典一般能猜测出系统中 70% 的口令。在多数系统中，和尝试所有的组合相比，字典攻击能在很短的时间内完成。图 3-2 演示了字典攻击的过程，图 3-3 显示了字典攻击的结果。

应对字典攻击最有效的方法就是设置合适的口令，强烈建议不要使用自己的名字或简单的单词作为口令，因为可作为名字的字符组合非常有限，一般都包含在字典中。目前，很多应用系统都对用户输入的口令进行了强度检测，如果输入了一个弱口令，系统会向用户发出警告。

（3）组合攻击

字典攻击只能发现字典里存在的单词口令，但速度很快。强力攻击能发现所有的口令，但是破解时间很长。很多管理员会要求用户使用字母和数字，用户的对策是在口令后面添加几个数字，如把口令 ericgolf 变成 ericgolf55。用户认为采用这样的口令，攻击者不得不使用强行攻击，实际上攻击者可以使用组合攻击的方法，即在字典单词尾部串接任意个字母和数字。这种攻击介于字典攻击和强力攻击之间，攻击效果显著。

图 3-2　字典攻击示例

IP地址	用户名	密码	应用程序
10.64.160.61		public	SNMP服务共同体串
10.64.160.81	anonymous	可匿名访问	FTP Server
10.64.160.82	anonymous	可匿名访问	FTP Server
10.64.162.1	sa	(空口令)	Microsoft SQL Server
10.64.162.10	sa	admin	Microsoft SQL Server
10.64.164.5	sa	(空口令)	Microsoft SQL Server
10.64.164.50	anonymous	可匿名访问	FTP Server
10.64.164.6	sa	(空口令)	Microsoft SQL Server
10.64.164.62	root	root	Telnet
10.64.164.62		public	SNMP服务共同体串
10.64.164.71		public	SNMP服务共同体串
139.106.21.1	sa	(空口令)	Microsoft SQL Server
139.106.21.100	anonymous	可匿名访问	FTP Server
139.106.21.100		public	SNMP服务共同体串
139.106.21.109	anonymous	可匿名访问	FTP Server
139.106.21.12	anonymous	可匿名访问	FTP Server
139.106.21.161	sa	(空口令)	Microsoft SQL Server
139.106.21.183		public	SNMP服务共同体串
139.106.21.200	DBSNMP	DBSNMP	Oracle服务RPT账号
139.106.21.200		(空口令)	Oracle tnslsnr 监听器
139.106.21.200		public	SNMP服务共同体串
139.106.21.25		(空口令)	Oracle tnslsnr 监听器
139.106.21.25	DBSNMP	DBSNMP	Oracle服务usdps账号

图 3-3　字典攻击结果

（4）撞库攻击

撞库是一种针对口令的网络攻击方式。攻击者通过收集在网络上已泄露的用户名、口令等信息，之后用这些账号和口令尝试批量登录其他网站，最终得到可以登录这些网站的用户账号和口令。

由于很多用户在不同的网站使用统一的用户名和口令，因此不管网站口令保存得有多好，一旦某个网站遭受拖（脱）库攻击，用户账号和口令的数据库泄漏，就有可能导致严重的撞库攻击。

　　提及"撞库"，就不能不提到"拖库"和"洗库"。在黑客术语里面，"拖库"是指攻击者入侵有价值的网络站点，把注册用户的资料数据库全部盗走的行为，因为谐音，也被称作"脱库"。在取得大量的用户数据之后，攻击者会通过一系列技术手段和黑色产业链将有价值的用户数据变现，这通常被称作"洗库"。最后黑客用得到的数据在其他网站上进行尝试登录，这种行为称作"撞库"。为记忆方便，很多用户经常在注册多个网站时使用统一的用户名和口令，从而给攻击者"撞库"带来诸多便利。

　　图 3-4 显示了撞库攻击过程以及在"拖库""洗库""撞库"三个环节所进行的活动。

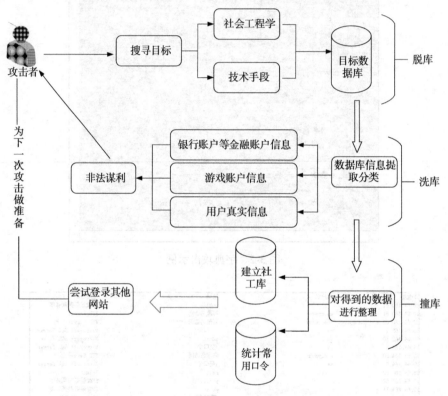

图 3-4　撞库攻击过程

　　随着攻击者从互联网收集泄露的账号和口令信息规模越来越大，生成字典表的命中率也越来越高。当攻击者尝试攻击一个网站新账号时，通常会用这个新账号到数据库里进行"碰撞"，查找与该账号相关的所有应用和口令，一旦查到结果再尝试进行登录。

　　可见，防止撞库已成为一场需要用户共同参与的持久战。

　　（5）彩虹表破解

　　口令往往采用哈希算法进行加密，口令破解技术的最新动向是预计算哈希表，从而减少生成哈希值进行比较的时间。彩虹表就是一种破解哈希算法的技术，也是一款跨平台密码破解器，主要用于破解 MD5、HASH 等多种密码。彩虹表技术基于内存－时间衡量方法，有效解决了字典攻击与强力攻击的弊端，通过以一定的存储空间来换取时间的方法，提高对散列值的破解效率。利用彩虹表，普通电脑甚至可以在 5 分钟内破解长度为 14 位且足够复杂的 Windows 账户密码。

彩虹表可以使用 RainbowCrack 或 Cain 来生成，表分割得越细，成功率就越高，生成的表体积也越大，所需时间也越长。常用的彩虹表工具有 Ophcrack、rcracki_mt、Cain、RainbowCrack 等。下面的图给出了采用 Ophcrack 破解口令的例子，首先加载 SAM 文件（见图 3-5），从 SAM（Security Account Manager，安全账号管理器）文件里面提取口令散列，最终破解口令（见图 3-6）。

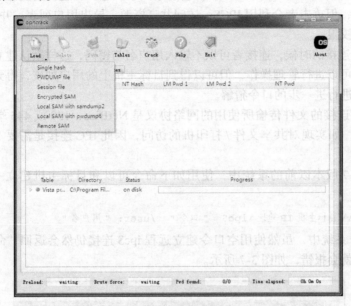

图 3-5　选择散列加载方式

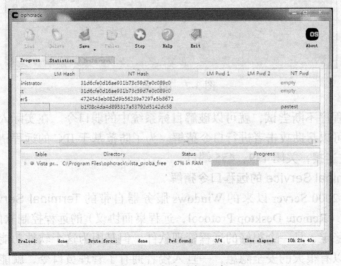

图 3-6　成功破解口令

3.2.3　Windows 系统远程口令猜解

Windows 系统提供了两种远程访问的方式，一种是通过 IPC（Inter-Process Communication，进程间通信）管道进行远程管理和文件共享，另一种是通过远程终端登录，它们都利用系统的用户名和口令进行远程身份认证。可以针对这两种访问方式进行远程口令猜解。

1. 基于 IPC 的远程口令猜解

IPC 是 Windows 进程间通信的一种方式，是系统的管理机制。Windows 系统启动的时候建立默认的命名管道，可以通过验证用户名和密码引用这些管道，进而得到远程命令执行和远程文件操作的权限。如果系统启用文件和打印共享，则所有的逻辑磁盘（c$，d$，e$……）和系统目录 Winnt 或 Windows（admin$）都会处于共享状态。上述机制设计的初衷是为了方便管理员的管理，但攻击者会利用 IPC$，访问共享资源，导出用户列表，并进行密码探测，从而获得更高的权限。

在建立 IPC 连接的时候，连接者可以不输入用户名与密码，这样默认建立的连接称为空连接。空连接不可以进行管理操作，但可以得到目标主机上的用户列表，得到了用户名，就可以针对用户名进行进一步的口令猜解。

远程的 IPC 连接的文件传输所使用的网络协议是 NetBios，139 或 445 端口开启表示应用 NetBios 协议，如实现对共享文件 / 打印机的访问，因此 IPC 连接是需要 139 或 445 端口来支持的。

在 Windows 7 版本以前的系统中，使用如下命令可以和目标主机建立一个合法的 IPC 连接：

```
net  use  \\ 目标主机 IP 地址 \ipc$  " 口令 "  /user:" 用户名 "
```

在 Windows 系统中，虽然使用空口令建立远程 ipc$ 连接仍然会返回"命令成功完成"，但继续进行操作就会报错，如图 3-7 所示。

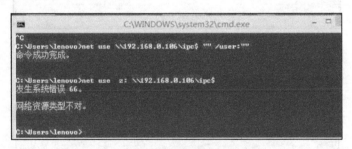

图 3-7　IPC 连接

攻击者通过程序不断尝试，就可以破解目标系统中的弱口令。在实际入侵过程中，有很多自动化的工具可以帮助攻击者进行口令猜解。为了防范基于 IPC 的远程猜解攻击，应禁止系统中的 IPC$ 空连接，关闭 139、455 端口。

2. 基于 Terminal Service 的远程口令猜解

自 Windows 2000 Server 以来的 Windows 服务器自带的 Terminal Service（终端服务，TS）是基于 RDP（Remote Desktop Protocol，远程桌面协议）的远程控制软件，它的速度快、操作方便，也很稳定，是一个很好的远程管理软件，但是因为这个软件功能强大而且只能通过口令保护，所以有很大的安全隐患，一旦入侵者拥有了管理员口令，就能够像操作本机一样操作远程服务器，终端服务默认在 3389 端口进行监听，它的存在使得攻击者将口令猜解作为一种重要的攻击方式，拥有口令的终端服务器称为 3389 肉鸡。

TSGrinder 是一个用于 TS 服务的暴力破解工具，它能够通过 TS 对本地 Administrator 账户进行字典攻击。TSGrinder 使用 TS 的 ActiveX 控件来进行攻击。尽管这个 ActiveX 控件经过特殊的设计可以拒绝对口令方法的脚本访问，但通过 C++ 中的 Vtable 绑定仍然可以访问 ImsTscNonScriptable 接口，这允许为该控件编写自定义的接口，于是攻击者就可以对

Administrator 账户进行口令猜测，直至猜测出口令。图 3-8 演示了 TSGrinder 的口令猜解过程，图 3-9 演示了使用远程桌面登录目标服务器的过程。

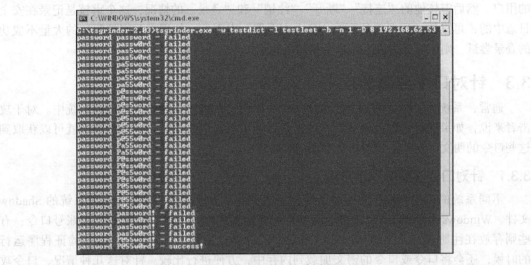

图 3-8　TSGrinder 口令猜解

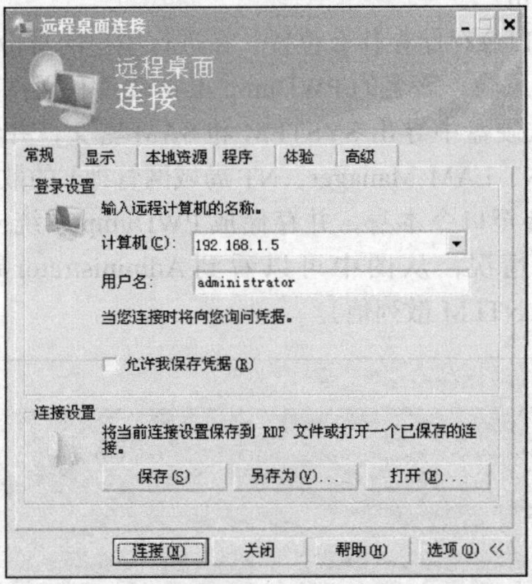

图 3-9　远程桌面登录目标服务器

默认情况下，TSGinder 搜索的是管理员的口令，可以用 -u 开关来指明猜测其他用户名的口令。当 TSGrinder 用在 Windows Vista 或 Windows 7 系统中时，需要把注册键值 HKEY_CURRENT_USER\Software\Microsoft\ Windows\Windows Error Reporting\Dont Show UI 设置为 1，以防止在试用每个口令后系统崩溃。最后，可以使用如下的脚本来尝试 credentials.txt 文件中的每一个口令，而不是让 TSGrinder 自己来执行。

```
C:\>FOR /F %i in (credentials.txt) do echo %i>a&tsgrinder -w a -u Administrator
-n 1 192.168.230.244>>out
```

要防止通过终端服务进行口令猜解，一方面要设置安全性较强的口令，另一方面要经常检查，从而发现口令猜解的尝试。以管理员身份可以进行终端服务登录的日志审核，在管理工具中打开远程控制服务配置（Terminal Service Configration），点击"连接"，右击想配置的 RDP 服务，选中书签"权限"，点击左下角的"高级"，加入一个 Everyone 组，这代表所有的用户，然后审核他的"连接""断开""注销"和"登录"的情况，这个审核是记录在安全日志中的，可以从"管理工具"→"日志查看器"中查看。如果有对终端服务的大量不成功的登录尝试，则可以认为发生了口令猜解的攻击。

3.3　针对口令存储的攻击

通常，系统为了验证的需要，都会将口令以明文或者密文的形式存放在系统中。对于攻击者来说，如果能够远程控制或者本地操作目标主机，那么通过一些技术手段就可以获取到这些口令的明文，这就是针对口令存储的攻击。

3.3.1　针对口令存储的攻击方法

不同系统的口令存储位置也各有不同，有些存放在文件中，比如 Linux 系统的 Shadow 文件，Windows 系统的 SAM 文件；有些存放在数据库中，比如 Oracle 数据库账号口令；有些则存放在注册表中，比如 Windows 平台下的许多应用软件。另外，在身份验证程序运行的时候，还会将口令或口令的密文加载到内存中，方便进行比较。针对这几种情况，口令攻击可以包括针对缓存口令的攻击、口令文件提取以及其他存储位置的口令攻击方法。

1. 针对缓存口令的攻击

在一个系统中，不论口令存储在什么位置，在进行用户的身份验证时，总要加载到内存中，这就存在口令泄漏的风险。著名的 PWDump 工具就是利用自身的内核文件系统驱动程序搜索系统内存，直接从硬盘中导出 SYSTEM 和 SAM 密文，并解密 LM（LAN Manager，局域网管理）与 NTLM（NT LAM Manager，NT 局域网管理）的散列值密文，获取 Windows 系统的用户口令散列值甚至口令本身，并存储成 PWDump 系统支持的文件格式。图 3-10 显示了 PWDump 的执行情况，从图中可以看到 Administrator 账号口令的 NTLM 散列（Windows 7 系统默认存储 NTLM 散列值）。

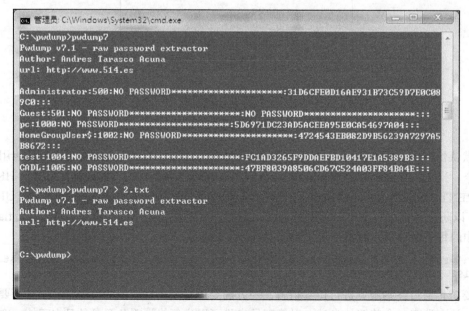

图 3-10　PWDump 获取系统账号和口令

除了 Windows 系统本身，很多应用程序在处理用户口令时，也可能存在口令泄露的问题。

此外，一些系统为了使用户的操作更加方便快捷，提供了口令记忆的功能，攻击者能够通过搜索内存空间的方法获得这些缓存的口令。比如，用户通过网页访问邮箱时，Windows系统会自动显示用户以前曾经输入过的用户名和口令，尽管口令在屏幕上显示的是"*"号，但真正的口令已经存在于内存中，攻击者通过搜索内存，就可以获得明文口令。

2. 针对口令文件的攻击

文件是口令存储的一种常见形式。比如，Windows 系统的账号和口令存放在 SAM 文件中，Linux 系统的账号和口令存放在 Shadow 文件中。尽管这些口令文件都以密文形式存放，但是一旦攻击者获得了这些口令文件，就可以通过离线暴力破解得到账号和口令信息，而且往往破解成功率很高。

需要注册的应用（如邮件、游戏、电商等）通常用数据库来存储用户账户和口令的哈希值，一旦攻击者入侵网站，存储用户账户和口令的文件就可能被窃取。通过对口令文件的攻击，就可以大量还原出用户的账户和口令明文。

还有一些邮箱账号和口令以文件形式存储在本地，如 Foxmail（这是一个邮件收发软件）的用户邮箱口令存放在相应账号目录下的 account.stg 文件中，攻击者一旦获取该文件就可通过工具进行破解。

3. 口令的其他存储位置

除了存储在缓存和文件中以外，口令还有一些其他的存放方式。

注册表是 Windows 系统特有的对象，很多应用程序会将口令存放在注册表中。Windows系统本身的账号和口令存放在注册表键值 HKEY_LOCAL_MACHINE\SAM 下。

有的人喜欢把 IE 浏览器的"分级审查"功能设置为开启并设置口令（方法为选择"Internet 选项→内容→分级审查"）。这样，在显示有 ActiveX 的页面时，就会出现"分级审查不允许查看"的提示信息，然后弹出口令对话框，要求用户输入监护人口令。如果口令不对，则停止浏览。这个口令存放在注册表的如下键值中，以密文的形式存放：

```
HKEY_LOCAL_MACHINE\SOFTWARE\Microsoft\Windows\CurrentVersion\Policies
\Ratings\Key
```

删除该键值，则会取消分级审查口令，也可以破解该键值中的密文还原出明文口令。

除了注册表，有一些应用程序会把口令存放在硬盘的某一个位置。比如还原精灵，它是一个磁盘恢复软件，用户在还原磁盘状态时，需要输入口令以验证其身份，这个口令就被存放在硬盘的某一个扇区中，由于还原精灵拦截了所有的磁盘访问操作，因此普通用户无法访问存放口令的扇区，从而保证了口令的安全性。如果攻击者能够绕过还原精灵的磁盘过滤驱动，就能够获得用户口令了。主板的 BIOS 口令存放位置与此类似，只不过不是存放在硬盘上，而是存放在 CMOS 中，并且是以加密的方式存放，攻击者通过读取 CMOS 就能够获取口令的密文，然后再通过离线暴力破解。

在开放的系统环境下，由于没有专用的安全硬件来保护，口令的存储和加密没有统一的标准，因此无法从根本上来保证口令的安全。

3.3.2　Windows 系统账号口令攻击

操作系统一般不存储明文口令，只保存口令散列，口令散列加密存储在注册表中，又设置了系统级的访问权限，所以很多人认为足够安全了。但实际上，许多系统中的口令存储位置几乎已经成为公开的秘密。比如，可以在如下几个位置找到 Windows 系统的口令散列：

1）注册表，位置在 HKEY_LOCAL_MACHINE\SAM，如图 3-11 所示。

2）SAM 文件，位置在 windows\system32\config\sam，如图 3-12 所示。

3）恢复盘中，位置在 windows\repair。

4）某些系统进程的内存中，如 WinLogon 进程，当用户以图形方式登录时，WinLogon 进程会调用 MSGINA.DLL 模块，将用户（包括超级管理员）的口令暂存到内存中。使用一个叫做 PasswordReminder 的小工具，就可以得到暂存在 cache 中的用户登录口令，当然在系统本地运行该工具需要有超级管理员权限。

Windows 系统使用**安全账号管理器**来管理用户账号。安全账号管理器是通过安全标识对账号进行管理的，安全标识在账号创建的同时创建，一旦账号被删除，安全标识也同时被删除。安全标识是唯一的，即使用户名相同，每次创建时获得的安全标识也完全不同。因此，一旦某个账号被删除，它的安全标识就不再存在了，即使用相同的用户名重建账号，也会被赋予不同的安全标识，不会保留原来的权限。

Windows 的 SAM 信息保存在 \system32\config\sam 目录下，SAM 就是 Windows 用户账户数据库，设置了严格的访问控制。SAM 文件是被 system 账号锁定的，即使利用 Administrator 账号也无法打开它。其实，SAM 文件中保存的就是注册表中 HKEY_LOCAL_MACHINE\SAM 键下的内容，该注册表通常是无法直接访问的（即使拥有 Administrator 权限）。另外，SAM 信息还保存在 windows\repair 目录下的 SAM_ 文件中，在系统崩溃时会将 SAM 文件备份在这里。如果在口令更新后系统没有崩溃过，则备份的文件不一定更新。SAM 数据库同时存放在系统注册表和系统文件中，存储位置分别如下：

- 系统注册表：HKEY_LOCAL_MACHINE\SAM\SAM
- 系统文件：C:\Windows\System32\config\SAM

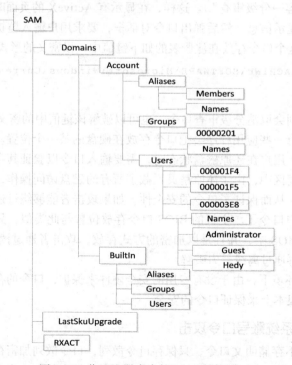

图 3-11　位于注册表中的 SAM 结构图

默认情况下，Windows 7 系统注册表中的 SAM 信息是被隐藏存放的，故无法使用系统自带的工具 regedit.exe 查看存储在系统注册表中的 SAM 信息。若要查看存放在注册表中的 SAM 信息，需要使用 PsTool 包中的 psexec.exe。在 SAM 文件中保存的并不是口令的明文，而是经过加密算法处理后的结果。早期的 Windows 使用两种算法来处理明文口令：LM 算法和更安全的 NTLM 算法，因此在 SAM 文件中存放着这两种算法的处理结果。采用这种方式的一个重要原因是为了保持不同系统之间用户身份验证的兼容性，但实际上却造成了安全上的问题。为了提升系统登录密码的安全性，Windows 7 摒弃了之前系统采用 LM 和 NTLM 两种加密机制对登录信息进行加密的模式，仅采用 NTLM 加密机制对用户的登录密码进行加密处理，并将加密后的散列值存放在 SAM 文件中。NTLM 主要利用 MD4 算法生成登录信息的散列值。

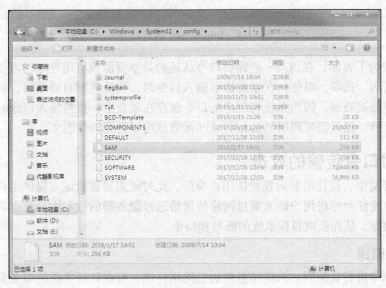

图 3-12　SAM 文件

NTLM 算法原理如下：
- 步骤 1：把口令转换成 Unicode 编码。
- 步骤 2：使用 MD4 算法对上一步得到的 Unicode 编码进行散列，得到 128 比特的散列结果，称之为 NTLM 散列。

假设明文口令是 "123456"，首先转换成 Unicode 字符串：

```
"123456" -> 310032003300340035003600
```

对所获取的 Unicode 串进行标准 MD4 单向散列，无论数据源有多少字节，MD4 固定产生 128 位的散列值，16 字节 310032003300340035003600 进行标准 MD4 单向散列得到 32ED87BDB5FDC5E9CBA88547376818D4，就得到了最后的 NTLM 散列。

虽然 NTLM 算法与 LM 算法相比有了较大进步，但围绕 Windows 口令提取和还原的攻击一直是安全研究的热点。

L0phtcrack 是一款有效的系统口令审核工具，该工具利用 Windows 操作系统口令加密算法的弱点，可以在较短时间内破解口令。如果在一台高端 PC 机（4 个 CPU）上进行强力口令攻击，对于有效的 LM 散列，可以在 5.5 小时内破解字母 – 数字口令，45 小时内破解字母、数字和部分符号口令，480 小时内破解字母、数字和全部符号口令，如图 3-13 所示。

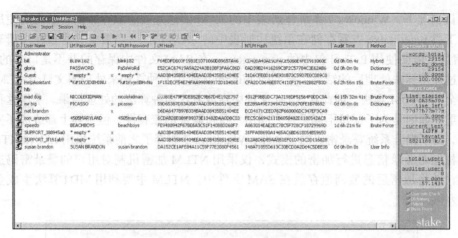

图 3-13   L0phtcrack 破解口令

许多用户为了方便，在访问一些需要口令认证的共享资源或应用程序时习惯选择系统提供的"保存密码"选项，以便每次系统提示输入口令时，系统能够自动填写。但采用这种方式，口令很容易被破解，因为系统将用户的口令保存在硬盘上，虽然输入口令时自动显示的仅仅是一串*号，但只需要调用 Windows API 函数就可以得到口令明文。

3.4   针对口令传输的攻击

在网络环境中，往往需要远程验证用户身份，此时就需要被验证方提供用户名和口令等认证信息，在验证程序将用户输入通过网络传送给远程服务器的过程中，攻击者可能通过网络截获相应数据，从而获取目标系统的账号和口令。

3.4.1   口令嗅探

在通过网络进行认证时，认证信息要通过网络传递，有些认证系统的口令是未经严格加密协议传送的"密文"，攻击者通过窃听网络数据，就很容易分辨出某种特定系统的认证数据，并提取出用户名，还原出口令。

在网络上截获认证信息的有效方法是进行嗅探攻击，特别是在局域网上，可以使用嗅探器获得流经同一网段的所有网络数据。嗅探器将系统的网络接口设为混杂模式，这样它就可以监听到所有流经同一以太网网段的数据包，而不管它的接收者或发送者是不是运行嗅探程序的主机。嗅探程序将用户名、口令和其他攻击者感兴趣的数据存入 log 文件，一段时间之后，攻击者再回到这里下载记录文件，如图 3-14 所示。这种攻击方法要求运行嗅探程序的主机和被监听的主机必须在同一个以太网段上，在外网主机上执行嗅探是没有效果的。另外，嗅探程序必须以管理员的身份运行，才能够监听到以太网段上的数据流。

网络嗅探器既可以是软件，也可以是硬件。嗅探器一旦在网络上安装，嗅探攻击就已经存在，因为这是一种被动的攻击方式，所以用户通常很难察觉。

3.4.2   键盘记录

由于口令一般都由用户通过键盘输入，因此可以通过监视记录用户键盘输入来获得口令，键盘记录也是一种有效的被动攻击方法。键盘记录有硬件截获和软件截获两种形式。

硬件截获是通过修改主机的键盘接口（PS/2 或 USB），使之在向主机传递 I/O 数据的同时，将信息发送给攻击者，这种方式要求攻击者修改硬件。

Protocol	Addr. IP src	Addr. IP dest	Port src	Port dest	SEQ	ACK	Size
TCP-> HTTP	123.14.235.205	202.108.5.180	3416	80	2193329401	0	70
TCP-> HTTP	202.108.5.180	123.14.235.205	80	3416	3680069371	2193329402	70
TCP-> HTTP	123.14.235.205	202.108.5.180	3416	80	2193329402	3680069372	62
TCP-> HTTP	123.14.235.205	202.108.5.180	3416	80	2193329402	3680069372	1025
TCP-> HTTP	202.108.5.180	123.14.235.205	80	3416	3680069372	2193330365	64
TCP-> HTTP	202.108.5.180	123.14.235.205	80	3416	3680069372	2193330365	1502

```
0340 4E 3D 63 79 61 6E 61 6C 79 73 74 3B 20 5F 6E 74   N=cyanalyst; _nt
0350 65 73 5F 6E 6E 69 64 3D 30 61 37 62 62 63 37 32   es_nnid=0a7bbc72
0360 37 36 31 63 66 61 33 35 33 30 36 64 30 35 33 62   761cfa35306d053b
0370 31 62 64 30 32 64 31 33 2C 30 7C 31 32 36 7C 3B   1bd02d13,0|126|;
0380 20 6E 74 65 73 5F 6D 61 69 6C 5F 66 69 72 73 74    ntes_mail_first
0390 70 61 67 65 3D 6E 6F 72 6D 61 6C 0D 0A 0D 0A 64   page=normal....d
03A0 6F 6D 61 69 6E 3D 31 32 36 2E 63 6F 6D 26 6C 61   omain=126.com&la
03B0 6E 67 75 61 67 65 3D 30 26 62 43 6F 6F 6B 69 65   nguage=0&bCookie
03C0 3D 26 75 73 65 72 3D 65 78 61 6D 70 6C 65 26 70   =&user=example&p
03D0 61 73 73 3D 68 65 6C 6C 6F 26 73 74 79 6C 65 3D   ass=hello&style=
03E0 2D 31 26 72 65 6D 55 73 65 72 3D 26 65 6E 74 65   -1&remUser=&ente
03F0 72 2E 78 3D 25 42 35 25 43 37 2B 25 43 32 25 42   r.x=%B5%C7+%C2%B
0400 43                                                 C
```

图 3-14 嗅探邮箱口令

大多数键盘记录是通过软件的方式，将操作者在使用电脑过程中曾经运行的程序、访问过的网站、输入的字母等都记录下来，再以各种形式（如电子邮件）发送给安装键盘记录工具的人。键盘记录通常作为木马功能的一部分，实现键盘记录后将结果发送给远程攻击者。其实现方法是通过监视操作系统处理键盘输入的接口，将来自键盘的数据记录下来，具体方法因不同系统而异。

键盘记录的好处就是在口令加密和传输之前就可以直接得到明文密码，因为键盘记录截获的是按键动作，所有的密码都是通过按键输入的。在 Windows 系统里，通常是通过在操作系统中安装钩子来截获系统消息实现键盘记录。钩子是 Windows 系统的窗口消息处理机制，可以处理键盘按键消息、鼠标按键和移动消息等。通过注册一段用以处理全局键盘消息的钩子程序，攻击者就可以在键盘消息到达目的窗口之前抢先截获，并在钩子函数中对截获的消息进行加工处理，还原出口令原文。

3.4.3 网络钓鱼

网络钓鱼（Phishing）是指攻击者利用欺骗性的电子邮件和伪造的 Web 站点，骗取用户输入口令以及其他身份敏感信息。

攻击者通常会将自己伪装成知名银行、在线零售商和信用卡公司等可信的 Web 站点，以获得受骗者的财务数据，如信用卡号、账户和口令等。如图 3-15 所示，Web 页面上显示的是指向银行网站的链接，但实际上指向了攻击者伪造站点的 IP 地址，用户点击该恶意链接将会转向攻击者伪造的银行网站。

图 3-15 虚假的银行网站链接

电子邮箱是我们重要的交流工具，用于日常通信、注册各类互联网账号等。电子邮箱中记载了很多重要的个人信息，因此也成为攻击者窃取信息进而获利的主要目标。下面通过一个例子来说明针对电子邮件账号的钓鱼攻击的原理。

攻击者首先会向目标发送电子邮件。为使目标用户信任该邮件，攻击者常常使用社会工程学的方法，如使用用户的邮件联系人作为发信人、使用用户好友的照片作为附件等。当用户点击邮件中的恶意链接后就会转到一个伪造的邮箱登录页面。页面地址栏的 URL 看上去和真实的账户登录网址非常相似，如图 3-16 所示。

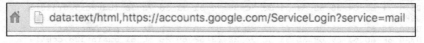

图 3-16　登录网址

页面内容看上去也完全就是邮箱正常的用户登录界面，如图 3-17 所示。

图 3-17　邮箱登录界面

事实上，当用户输入账号、密码完成登录后，也就意味着用户的账户已经被攻击者成功盗取。这种技术不仅限于钓取邮箱账户信息，还能用于从许多其他平台窃取凭证，在基本技术实现上，它的变化非常多样。

3.4.4　重放攻击

在信息系统中，通信的双方在使用口令进行身份验证时，为了防止嗅探攻击，通常不直接发送明文口令进行认证，而是利用口令，按照一定的认证协议和加密算法进行认证，但如果协议本身设计不周，就容易受到重放攻击的威胁。

所谓重放攻击，就是指攻击者记录当前的通信流量，以后在适当的时候重发给通信的某一方，达到欺骗的目的。

重放攻击有多种形式，常见的有简单重放和反向重放两种。简单重放就是攻击者监听通信双方的数据并记录下来，以后再重新发送，达到欺骗的目的。反向重放是指向消息发送者重放数据。当采用传统的对称加密方式时，反向重放攻击是可能实现的。因为消息发送者不能识别发送的消息和收到的消息在内容上的区别。下面以 SMB（Server Message Block，服务器消息块）协议为例，说明反向重放是如何工作的。

SMB 协议是一个用于不同计算机之间共享文件、打印机、通信对象等各种计算机资源的协议。各种操作系统基本上都对 SMB 协议进行了实现，在 Linux 中使用 Samba，在 Windows 系统中使用 NetBIOS。早期 SMB 协议使用明文口令进行身份验证，后来出现了 LAN Manager Challenge Response 机制 LM，企图在不泄露明文口令本身的情况下证明客户端确实拥有正确的口令，但它的加密强度太低，很容易被破解。于是，微软提出了 Windows NT Challenge Response 验证机制 NTLM，但由于挑战响应方式本身固有的弱点，导致这种认证仍然存在缺陷。

Windows 系统的 NTLM 认证过程如图 3-18 所示。

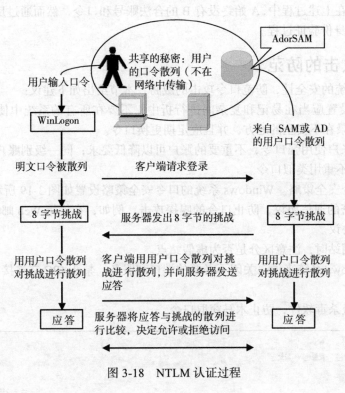

图 3-18　NTLM 认证过程

1）用户在客户机上提供用户名和口令，系统计算口令的 NTLM 散列值，然后把口令丢掉。

2）客户机以明文方式把用户名发送给服务器。

3）服务器产生一个 128 位随机数（称之为**挑战**，Challenge），并发送给客户机。

4）客户机用 NTLM 散列作为密钥，加密随机数，并把结果送回给服务器，产生**应答**（Response）。

5）服务器通过用户名从 SAM 数据库得到用户口令的 NTLM 散列，用这个值作为密钥加密 Challenge，并将加密后的结果和 Response 做比较，如果相等，则认证成功，否则认证失败。

上述认证机制称为"挑战 / 响应"方式（CR 方式）。通过分析可以看出，由于服务器提供的挑战数据没有时效要求，攻击者可以将这一挑战数据送回给服务器，让服务器自己计算响应值，即反向重放。具体过程如下：

1）主机 A 向主机 B 发出资源访问请求，B 向 A 返回一个挑战值 Challenge。

2）由于 A 没有 B 的合法账号，因此无法计算响应值 Response，此时 A 暂时将会话挂起，等待机会。

3）在某一时刻，B 向 A 发出了资源访问请求，于是 A 将前面获得的 Challenge 作为自己的挑战值发送给 B。

4）B 计算出 Response，返回给 A。

5）现在，A 拥有了正确的 Response，它可以继续进行在第一步中暂时挂起的会话，将响应值 Response 提交给 B，而这个值显然是正确的。

6）B 通过了 A 的身份验证，允许其访问自己的资源。

可以看到，在上述过程中，A 始终没有 B 的合法账号和口令，然而通过反向重放的方法，A 能够通过 B 的身份验证过程。

3.5 口令攻击的防范

为了提高系统的安全性，防范口令攻击的威胁，本节给出如下建议：

1）口令的设置应当在易记和复杂间进行折中，不要在所有的系统中使用相同的口令，也不要将口令记录在不安全的地方，并且应定期更换口令。

2）重要的账户使用强口令，不重要的账户可以降低要求；同一级别账户使用类似口令，不同级别账户绝不重用类似口令。

3）设置口令安全策略。Windows 系统的口令安全策略设置如图 3-19 所示。

4）采用加密的通信协议，防止口令的嗅探攻击。例如，在使用 Web 邮箱时，可以采用安全的 HTTPS 协议。

5）在访问网站时，注意区分是否为虚假站点。

6）对 Windows 系统来说，关闭不必要的端口和服务，禁止 IPC 空连接，可有效提升系统的安全性。

7）及时升级杀毒软件，防止木马窃取口令。

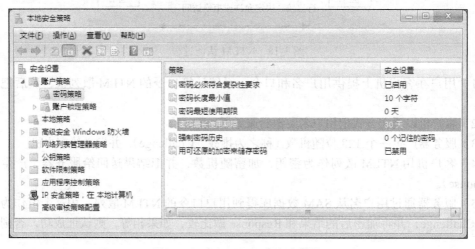

图 3-19　Windows 口令安全策略

3.6 本章小结

口令是访问控制的入口点，口令安全关系整个安全防御体系的有效性。一旦攻击者拥有用户的口令，就相当于拥有了相应用户的权限。每位用户往往有几十个甚至上百个账户，而人类记忆能力有限，用户应如何正确设置、管理自己的口令，避免因使用不安全的口令而带来安全隐患是值得重点关注的问题。本章从口令强度、口令存储和口令传输三个方面对常见的口令攻击技术和防范方法进行了介绍，最后给出了一些确保口令安全的建议。

3.7　习题

1. 口令攻击的主要方法有哪些？

2. 撞库攻击的基本原理是什么？搜集并分析近几年发生的有影响的脱库、洗库和撞库事件。

3. 一个安全的口令应该具备哪些特点？

4. 在 Windows 系统中，口令是如何存放的？

5. 简述 Windows 挑战和响应认证流程。

6. 重放攻击具有什么特点？什么是反向重放？

第 4 章 软件漏洞

软件漏洞的修补和挖掘一直是网络安全对抗领域的重点关注方向。如何有效发现未公开漏洞、修补已知漏洞、减少信息产品的安全缺陷，是保障信息系统安全稳定运行的重要手段。软件漏洞类型丰富多样，发现和利用方式也各异，结合操作系统运行和安全机制，掌握其漏洞触发及利用原理，有助于发现软件的潜在威胁。

4.1 概述

4.1.1 漏洞的概念

漏洞是指信息系统的硬件、软件、操作系统、网络协议、数据库等在设计上、实现上出现的可以被攻击者利用的错误、缺陷和疏漏。通俗地说，漏洞就是可以被攻击利用的系统弱点。本章将重点讨论软件漏洞。软件漏洞有多方面的属性，包括漏洞可能造成的直接威胁、漏洞利用的方式、漏洞的成因、漏洞严重性等。

漏洞分类是漏洞基础研究的一个重要领域，反映了研究者描述、刻画漏洞的不同视角，如漏洞的成因、利用漏洞技术、漏洞的作用范围等。常用的漏洞分类方法有以下几种：

1）针对安全操作系统研究而提出的漏洞分类方法。例如，RISOS 将漏洞分为 7 个类别，分别是：不完全的参数合法性验证、不一致的参数合法性验证、隐含的权限 / 机密数据共享、非同步的合法性验证 / 不适当的顺序化、不适当的身份辨识 / 认证 / 授权、可违反的限制和可利用的逻辑。

2）将安全性漏洞和软件错误结合在一起的漏洞分类方法。例如，Taimur Aslam 将漏洞主要分为编码错误和意外错误。

3）多维度分类方法。例如，Matt Bishop 从漏洞成因、时间、利用方式、作用域、漏洞利用组件数和代码缺陷六个维度对漏洞进行了分类。

4）广义漏洞分类方法。例如，Eric Knight 将漏洞分为社会工程、策略疏忽、逻辑错误和技术缺陷四类。

5）抽象分类方法。例如，麦特（Mitre）公司的通用缺陷列表 CWE 提供了一种从漏洞机制进行分类的方法，将漏洞分为十二大类，包括被索引资源的不当访问、随机不充分、相互作用错误、在资源生命周期中的不当控制、计算错误、控制流管理不充分、保护机制失效、不充分比较等。

漏洞攻击通常包含 3 个步骤，分别是**漏洞发现**（Vulnerability Discovery）、**漏洞分析**（Vulnerability Analysis）、**漏洞利用**（Vulnerability Exploit）。**漏洞发现**是指采用漏洞建模、代码扫描、测试管控等技术发现潜在的程序代码漏洞和系统安全机制漏洞。**漏洞分析**是指通过程序执行调试、上下文环境分析，定位并确认漏洞，记录漏洞发生的执行过程，便于进一步分析，对漏洞的可利用性做出判定。在分析漏洞时，通常需要借助概念验证（Proof of Concept, PoC）代码，以重现漏洞发生时的现场。**漏洞利用**是通过攻击元、有效载荷构造实现对不同系统漏洞的利用和漏洞利用保护机制的突破，并研究其稳定性和可靠性。漏洞利用代码通常称为 Exploit。

当漏洞被触发时，有可能篡改与执行流程相关的核心数据，导致难以预料的后果。从现象上来看，多数情况下漏洞触发会导致程序内存访问异常、执行异常；对于内核程序来说，会引起系统不稳定甚至崩溃，出现 BSOD（蓝屏）现象；如果精心构造数据，恶意利用者甚至可能控制程序的执行流程，执行注入的代码，导致系统控制权被窃。

漏洞可能会造成以下后果：以匿名身份直接获取系统最高权限、从普通用户提升为管理员用户、实施远程拒绝服务攻击等。

4.1.2　漏洞的标准化研究

国内外已经开展了很多漏洞标准化的相关研究工作，包括漏洞库建设、漏洞定义、分类描述等。美国政府支持的一个非盈利研发机构 Mitre 公司推出了公共漏洞和暴露（Common Vulnerabilities & Exposures，CVE）、通用缺陷枚举（Common Weakness Enumeration，CWE）等漏洞描述标准。

CVE 可视为一个字典表，为广泛认同的信息安全漏洞或者已经暴露出来的弱点给出一个公共的名称。截至 2018 年 9 月，CVE 共收录了 106477 个漏洞。使用共同的标识，可以帮助用户在各自独立的各种漏洞数据库和漏洞评估工具中共享数据。这就使得 CVE 成为安全信息共享的"关键字"。如果在一个漏洞报告中指明了漏洞的 CVE 编号，就可以快速地在任何其他 CVE 兼容的数据库中找到相应修补的信息，解决安全问题。

CWE 是一种包括类缺陷、基础缺陷和变种缺陷等多层次的体系。针对不同的用途设计了字典、开发和研究三种视图（View）。**字典视图**（Full Dictionary View）将所有的缺陷以字母表的顺序排列以供查阅；**开发视图**（Development View）是针对软件开发者的，该分类以软件开发周期为参照对缺陷进行分类；**研究视图**（Research View）是针对学术界人士的，该视图从一个内在性质等方面对缺陷进行分析分类。

4.2　典型的漏洞类型

4.2.1　栈溢出

栈溢出攻击的相关概念最早要追溯到 1972 年美国空军发表的一份研究报告《Computer Security Technology Planning Study》。在这份报告中，通过溢出缓冲区来注入代码这一想法被首次提出。下面是报告中对缓冲区溢出描述的原文：

In one contemporary operating system, one of the functions provided is to move limited amounts of information between system and user space.　The code performing this function does not check the source and destination addresses properly, permitting portions of the monitor to be overlaid by the user.　This can be used to inject code into the monitor that will permit the user to seize control of the machine.

栈溢出的概念虽然早就被提出，但直到 1986 年才出现了首次真实的攻击，Morris 蠕虫病毒利用了 UNIX 操作系统中 fingerd 程序的 gets() 函数导致的栈溢出来实现远程代码执行。它使得很多计算机崩溃，受感染的美国大学、NASA、军方及其他联邦政府机构损失了数百万美元，并且阻塞了 10% 的 Internet 通信。这一事件促使了卡内基·梅隆大学第一代**计算机应急响应组**（Comuter Emergency Response Team, CERT）诞生。

1996 年，Elias Levy（又名 Aleph One）在大名鼎鼎的 Phrack 杂志上发表了文章《Smashing the Stack for Fun and Profit》，从此栈溢出漏洞的利用技术被广泛知晓。

栈溢出这一概念从提出至今已经经过将近半个世纪，但程序员们依然会在这一看似简单的问题上栽跟头。栈溢出漏洞在路由器这类嵌入式设备中依然普遍存在，长亭安全研究实验室在 2016 年的 GeekPwn 中攻破了 10 款路由器，利用的大多数还是栈溢出漏洞。即便是经历了多年发展的 PC 端操作系统，也同样存在栈溢出。在 Pwn2Own 2017 上，来自美国的 Richard Zhu 找到了 MAC 操作系统中的栈溢出漏洞。

1. 系统栈结构

进程使用的操作系统内存一般可以划分为 4 部分，按照内存地址由低到高依次是：栈（Stack）、堆、数据段、文本（代码）段。

1）**栈**：由编译器自动分配释放，是用户存放程序临时创建的局部变量、函数参数等数据的地方。由于栈具有先进后出的特点，便于保存 / 恢复函数调用现场，因此可以把栈看成一个寄存、交换临时数据的内存缓冲区。栈是一种先进后出的数据结构。

2）**堆**：一般由程序编写人员分配释放，若编写人员不释放，程序结束时可能由操作系统回收，分配方式类似于链表。堆可以被看成一棵树，如堆排序。

3）**数据段**：用来存放程序中已初始化的全局变量的一块内存区域。

4）**代码段**：用来存放程序执行代码的一块内存区域。这里存放着由处理器直接执行的二进制代码。

每个进程有一个栈，这个进程中每个函数被调用时分别在栈中占用一段区域，称为**栈帧**（Stack Frame）。寄存器 esp 指向当前整个栈的栈顶，寄存器 ebp 指向当前栈帧的帧底。栈是相对于某个进程而言的，每个进程对应一个栈空间；栈帧则是相对于某个函数而言的，每个函数独占自己的栈帧空间。具体来说，栈是指存放某个进程正在运行函数的相关信息的内存区域。栈由栈帧组成，每个栈帧对应于一个未完成运行的函数，当前正在运行函数的栈帧总是在栈的顶部。每个函数栈帧包括 4 部分：前栈帧 ebp、临时局部变量、函数参数、返回地址，如图 4-1 所示。

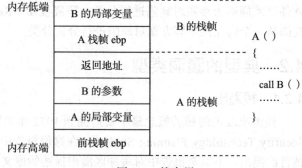

图 4-1　栈布局

栈在函数调用和返回时发挥着重要作用，用于维护函数调用的上下文。可以将数据压入栈内（push，入栈），也可以将栈内的数据弹出（pop，出栈），但是数据的进出必须遵守先进后出的规则，即先入栈的数据后出栈（FILO）。栈的地址是从高地址向低地址延伸的。压栈操作使栈顶的地址减小，而出栈会使栈顶的地址增大。

push eax 等价于下面的指令：

```
sub esp, 4;
mov dword ptr [esp], eax;
```

pop eax 等价于下面的指令：

```
mov eax, dword ptr [esp];
add esp, 4;
```

2. 函数调用机制

当发生函数调用的时候，栈空间会发生如下变化：

1）调用者函数把被调函数所需要的参数按照与被调函数的形参顺序相反的顺序（根据调用约定不同顺序会有差别）压入栈中，即从右向左依次把被调函数所需要的参数压入栈。假设被调用函数有 3 个参数，从右至左依次入栈，则代码如下：

```
push argument3
push argument2
push argument1
```

2）调用者函数使用 call 指令调用被调函数。call 指令完成两项操作：一是将返回地址（call 指令下一条指令地址）压入栈，二是跳转到被调用函数入口处。

call 被调用函数地址等价于下面的指令：

```
push 返回地址
jmp  被调用函数地址
```

3）此刻，转入被调函数执行。被调函数会先保存调用者函数的栈底地址 (push ebp)，然后进行栈帧切换，把调用者的栈顶切换成被调函数的栈底 (mov ebp,esp)。

```
push ebp
mov ebp, esp
```

4）在被调函数中，从 ebp 的位置处开始存放被调函数中的局部变量和临时变量，此时，栈顶指针 esp 和栈底指针 ebp 指向的是相同位置。接下来，就需要抬高栈顶为局部变量和临时变量开辟存储空间（sub esp, XXX）。这些变量的地址按照定义时的顺序依次减小，即这些变量的地址是按照栈的延伸方向排列的，先定义的变量先入栈，后定义的变量后入栈。

```
sub esp, XXX
```

当函数调用返回时，栈一般会发生如下变化：

1）降低栈顶，收回当前函数分配的存储局部变量和临时变量的存储空间。

```
add esp, XXX ;XXX 是为局部变量和临时变量分配的字节数
```

2）恢复栈帧，将当前保存的前栈帧栈底地址恢复。

```
pop ebp
```

3）被调函数执行完毕，执行 retn 指令，返回调用者函数执行。

```
retn ; 等价于 pop eip
```

3. 栈溢出原理

下面通过一个例子解释栈溢出的原理。

在下面代码中，第 5 行先调用函数 strcpy 将参数 argv[1] 指向的字符串复制到 name 数组中，然后第 6 行代码打印 name 数组中的内容。

```
1        #include<stdio.h>
2        #include"windows.h"
3        int main(int argc, char *argv[]){
4            char name[16];
5            strcpy(name,argv[1]);
6            printf("%s\n",name);
7            return 0;
8        }
```

main 函数被调用时栈的情况如图 4-2 所示。字符串的拷贝是从内存低端向高端一次进行的。由于 name 数组的大小只有 16 个字节，而在拷贝 argv[1] 指向的字符串之前，并没有检测该字符串的长度，如果该字符串的长度大于 16，则拷贝时就会覆盖 name 数组下方的栈空间。

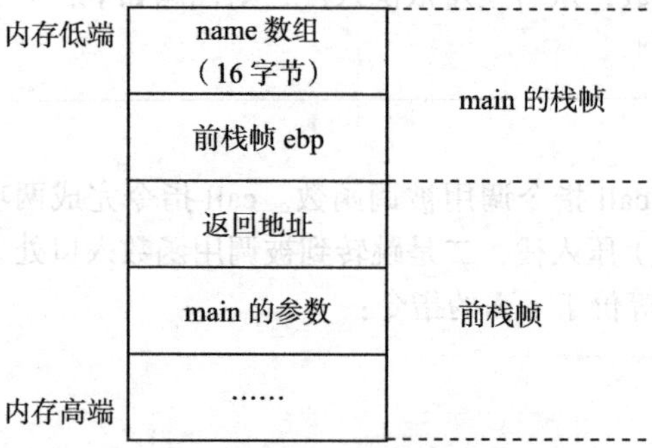

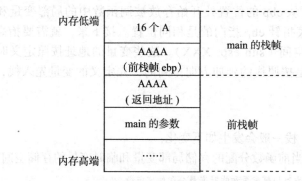

图 4-2   main 函数调用时的栈布局

拷贝 24 个大写字母 A 组成的字符串时，栈空间如图 4-3 所示，前栈帧的 ebp 和返回地址都会被大写字母 A 所覆盖。

图 4-3   字符串拷贝时的栈布局

当 main 函数执行完毕返回时，由于返回地址已经被大写字母 A 占据，就会出现如图 4-4 所示的错误，提示 "0x41414141" 地址不可读，因为 0x41 正是大写字母 A 对应的 ASCII 码。如果精心设置覆盖返回地址的字符串值，就可以控制程序跳转到其他代码空间执行。攻击者可以通过利用栈溢出漏洞，实现控制流劫持。

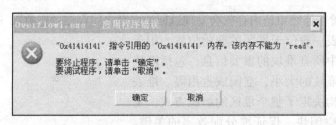

图 4-4　缓冲区溢出错误提示

4.2.2 堆溢出

Windows 的堆就是内存中的一块区域。微软没有公开 Windows 操作系统中堆管理的具体细节，因此，研究人员、黑客和技术爱好者对 Windows 堆的研究主要是靠逆向，也就是反汇编相关的堆管理模块来完成的。在 2002 年的黑帽大会（Black Hat）上，Halvar Flake 首次挑战了堆溢出，并揭示了堆中的一些重要的数据结构和算法，其后，David Litchfield 和 Matt Conover 也对堆进行了深入的研究。2008 年的 Xcon 会议上也出现了关于 Flashsky 的高级 Windbg 图形插件辅助堆溢出分析。

1. 堆的数据结构

栈空间是在程序设计时已经规定好如何使用以及使用多少的内存空间。典型的栈变量包括函数内部的普通变量、数组等。系统栈会根据函数中的变量声明自动在函数栈中给其预留空间，栈变量在使用的时候不需要再向系统申请。栈空间由系统维护，它的分配（如 `sub esp,XXX`）和回收（`add esp, XXX`）都由系统来完成，最终达到栈平衡。所有这些工作对程序员都是透明的。

一般而言，来自程序外部的输入数据由于其大小对于程序而言是未知的，因此需要使用动态方式按需分配。而所有可动态分配的空间则是由堆来管理的。堆的生长方向与内存的生长方向一致，满足由低到高的特性。

堆具备以下特征：

1）堆是程序运行时动态分配的内存。所谓动态是指所需内存的大小在程序设计时不能预先决定，需要在程序运行时参考用户的反馈。

2）堆在使用时需要程序员使用专用的函数进行申请，C 语言中的 malloc 等函数、C++ 中的 new 函数等都是常见的分配堆内存的函数。堆内存申请有可能成功，也有可能失败，这与申请内存的大小、机器性能和当前运行环境有关。

3）一般用一个堆指针来使用申请的内存，读、写、释放都通过这个指针来完成。

4）使用完毕后要通过堆释放函数（如 free、delete）回收这片内存，否则会造成内存泄漏。

现代操作系统在实现堆的时候一般采用堆块和堆表两类数据结构。之所以采用这样的数据结构，是因为在程序运行时，申请的堆内存是动态分配和释放的，会有频繁的节点插入、删除等操作。同时，因为堆的频繁申请、释放会导致整个堆内存空间的散乱无序。为了满足这些管理需求，就需要设计一套高效的数据结构来配合管理策略。

- **堆块**：堆区内存按不同大小组织成块，以堆块为单位进行标识，而不是传统的按字节标识。一个堆块包括两个部分：块首和块身。块首是一个堆块头部的几个字节，用来标识这个块首自身的信息，例如，大小、空闲或占用状态。块身是紧跟在块首后面的部分，也是最终分配给用户使用的数据区。注意，块管理系统返回的指针一般是块身的起始位置，连续申请内存就会发现返回的内存之间存在"空隙"，就是块首。

- **堆表**：堆表一般位于堆区的起始位置，用于检索堆区中所有堆块的重要信息，包括堆块的位置、堆块的大小、空闲或占用等。堆表的数据结构决定了整个堆区的组织方式，是快速检索空闲块、保证堆分配效率的关键。堆表往往不止一种数据结构，如平衡二叉树、双向链表等。

堆的内存组织如图 4-5 所示。

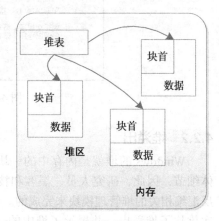

图 4-5 堆的内存结构

2. Windows 系统堆的管理

（1）Windows 系统堆表

根据 Windows 操作系统已公开的堆结构及其管理细节的资料，技术人员已部分掌握堆的相关信息。

对于管理系统来说，响应程序的内存使用申请就意味着要在"杂乱"的堆区中辨别哪些内存是正在被使用的，哪些内存是空闲的，并最终"寻找"到一片"恰当"的空闲内存区域，以指针形式返回给程序。在 Windows 操作系统中，已占用的堆被使用它的程序索引，而堆表只索引所有处于空闲态的堆块。其中最重要的管理结构由 2 个堆表组成：空表和快表。

- 空表

图 4-6 展示了空表结构，用于进行空闲堆的管理。空闲堆块的块首包含一对指针，这对指针用于将空闲堆块组织成双向链表。从图中可以看出，该结构由一个含有 128 个单元的数组和相应的双向链表组成。其中，数组 free[0] 管理的是大于 1024 字节的堆块；数组 free[2] 管理的是 $2 \times 8 = 16$ 字节大小的堆块。以此类推，数组 free[i]（$0 < i \leqslant 127$）管理的是 $i \times 8$ 字节大小的堆块。

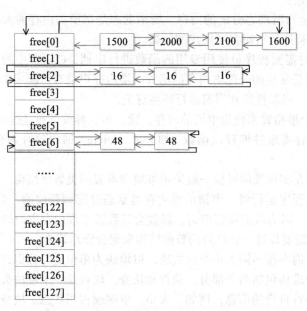

图 4-6 堆内存结构

● 快表

快表是 Windows 为实现加速分配而采用的一种堆表。之所以称为快表，是因为这类单向链表中不会发生堆块合并（其中空闲堆块块首被置为占用态，以防止堆块合并）。快表也有 128 条，组织结构与空表类似，只是堆块按单链表组织，而且每条快表最多只有 4 个节点，如图 4-7 所示。

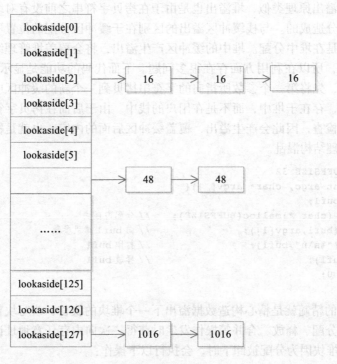

图 4-7　堆内存结构

（2）Windows 系统堆的操作

Windows 系统堆的操作包括分配、释放和合并。分配与释放是由程序执行的，堆的合并是由堆管理系统自动完成的。

1）堆的分配

堆的分配包括快表分配、普通表分配和零号空表（free[0]）分配。

● **快表分配**：寻找到大小匹配的空闲堆块，把它从堆表中卸下，最后返回一个指向堆块块身的指针给程序使用。

● **普通空表分配**：首先寻找最优的空闲块分配，若失败，则寻找次优的空闲块分配。

● **零号空表分配**：按照大小升序链接不同的空闲块，寻找最优结果。

注意，当空表中找不到最优的堆块时，会进行次优分配，即按照请求的大小从大块中精确分割出一块进行分配，然后为剩下部分重新标注块首，链入空表。

2）堆块释放

堆块释放是指将堆块状态改为空闲，链入相应的堆表。所有的释放块都链入堆表的末尾。

3）堆块合并

堆块合并发生于空表。经过反复的申请与释放，堆区会产生很多内存碎片。若堆管理系统发现两个空闲堆块彼此相邻，就会进行堆块合并。堆块合并包括将两个块从空表中卸下、合并堆块、调整合并后大块的块首信息、将新块重新链入空表。

关于堆块操作需要注意的是：①快表空闲堆块被置为占用态，所以不会发生堆块合并操作；②快表只有精确分配时才会分配；③分配与失败优先使用快表，失败时才使用空表。

3. 堆溢出原理

和栈缓冲区溢出原理类似，堆溢出也是由于在拷贝字符串之前没有对缓冲区边界进行检查或者检测不充分造成的。与栈缓冲区溢出的区别在于缓冲区分配的位置不同，一个是在栈中分配，另一个是在堆中分配。堆中的缓冲区产生溢出，将会覆盖堆管理结构，而无法覆盖函数的返回地址，所以在利用方面存在很多问题。下面代码的功能是显示第一个参数的值。但是在显示之前，先将第一个参数所指向的字符串拷贝到一个新的缓冲区中，这个新的缓冲区是动态申请的，存在于堆中，而不是在用户的栈中。由于后面在拷贝字符串之前没有对字符串的长度进行检查，因此会产生溢出，覆盖缓冲区后面的内容，也就是覆盖下一个堆块的块首，造成堆管理结构混乱。

```
#define  BUFFSIZE 32
int main(int argc, char* argv[ ]){
    char *buf1;
    buf1 = (char *)malloc(BUFFSIZE);    // 分配内存块
    strcpy(buf1,argv[1]);               // 向 buf1 拷贝参数
    printf("%s\n",buf1);                // 打印 buf1
    free(buf1);                         // 释放 buf1
    return 0;
}
```

堆溢出利用的精髓就是精心构造数据溢出下一个堆块的块首，改写块首的前向指针和后向指针，然后在分配、释放、合并等操作发生时获得一次向内存任意地址读写任意数据的机会。当被覆盖的堆块因为分配被卸下时，会执行以下操作：

```
node->prior->next=node->next;
node->next->prior=node->prior;
```

如图 4-8 所示，堆溢出发生时，非法数据可以覆盖某个块首的前驱指针（node->prior）和后继指针（node->next），利用 node->prior->next=node->next 就可以把伪造的 node->next 指针值写入伪造的 node->prior->next 所指的地址中去，从而实现向内存中任意地址写入 4 字节任意数据，即 DWORD SHOOT。

利用向任意内存地址写入 4 个字节数据可以实现以下控制流劫持：

1）**内存变量**：修改能影响程序执行的重要标志变量，如更改身份验证函数的返回值。

2）**代码逻辑**：修改代码段重要函数关键逻辑，如程序分支处的判断逻辑。

3）**函数返回地址**：堆溢出也可以利用 DWORD SHOOT 更改函数返回地址。

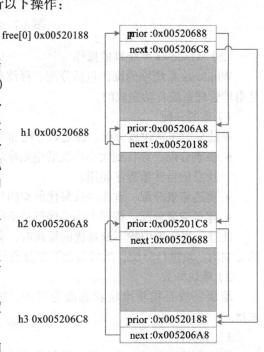

图 4-8　空闲双向链表示意图

free[0] 0x00520188

prior :0x00520688
next :0x005206C8

h1 0x00520688
prior:0x005206A8
next :0x00520188

h2 0x005206A8
prior:0x005201C8
next :0x00520688

h3 0x005206C8
prior:0x00520188
next :0x005206A8

4）**攻击异常处理**：程序产生异常，Windows 转入异常处理机制，包括 SEH 等。

5）**函数指针**：如 C++ 的虚函数调用。改写这些指针后，函数调用往往就可以劫持进程。

6）**PEB 中线程同步函数入口地址**：每个进程 PEB 存放着一对同步指针，指向 RtlEnterCriticalSection() 和 RtlLeaveCriticalSection()，并且被 ExitProcess() 函数调用。

4. 堆保护机制

在 Windows 2000~Windows XP SP1 平台下，堆管理系统只考虑了完成分配任务和性能因素，没有考虑安全问题，因此容易被攻击者利用进行溢出攻击。在后续的 Windows 版本中，陆续加入了新的保护机制，堆的结构也发生了变化。下面对两种主要的保护机制——堆基址随机化和页保护机制进行介绍。

（1）堆基址随机化

堆随机化的目的是确保堆基址不可被预测。每当堆被建立时，会将一个随机值加到堆基址上。Windows 7 系统在函数 RtlCreateHeap() 中会产生一个 64k 对齐的随机值加到堆基址上。每次程序运行时，保证堆基址都不相同。

虽然进行了随机化，但由于保持 64k 对齐，实际变化空间还是有限。因此，有可能通过暴力猜测的方法预测堆基址。另一种可能的攻击思路是：设法使得堆基址附加上随机值后的值超出堆空间而溢出，这将导致随机数置零，随机化机制失效。但是这种情景比较难实现。原因是攻击者很难控制传进 HeapCreate() 函数的参数，若想达到溢出，需要申请很大的内存，这样很可能导致 NtAllocateVirtualmemory() 函数申请失败。

（2）页保护机制

如果一个堆块溢出可以覆盖邻近的堆块，那么也可以覆盖下一个 UserBlock。在 Windows 7 中，UserBlock 可以分配在连续的内存空间，这就意味着两个不同大小的 UserBlock 可能是相邻的。如图 4-9 所示。

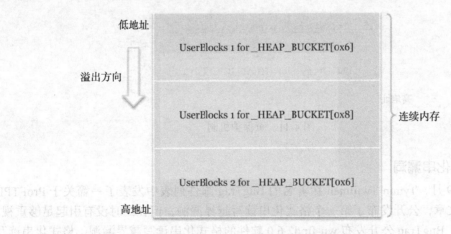

图 4-9　Windows 8 连续分配的 UserBlocks

如图 4-10 所示，包含 0x30 块的 UserBlock 紧邻包含 0x40 块的 UserBlock，如果一个 0x30 的块溢出，就可以覆盖下一个 UserBlock 的 _HEAP_USERDATA_HEADER 结构。

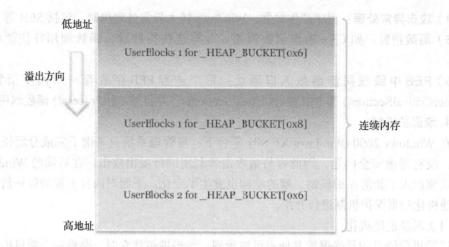

图 4-10　_HEAP_USERDATA_HEADER 结构被覆盖

Windows 8 通过随机索引堆块来解决 UserBlocks 内的溢出覆盖。同时，注意 UserBlocks 间的覆盖。Windows 8 在 UserBlocks 的末尾加入保护页（Guard Page）来防止覆盖到下一个 UserBlocks 结构，如图 4-11 所示。

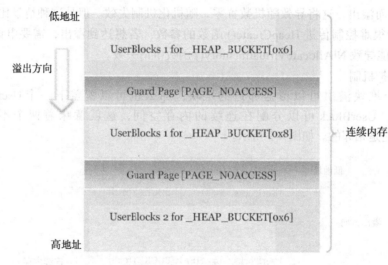

图 4-11　页保护机制

4.2.3　格式化串漏洞

1999 年 9 月，Tymm Twillman 在著名的 BugTrag 邮件列表中发表了一篇关于 ProFTPD 软件漏洞的文章，公开发布了第一个格式化串读写越界漏洞，但在当时没有引起足够重视。2000 年 6 月，BugTraq 公开发布 wu-ftpd2.6.0 软件的格式化串读写越界漏洞，格式化串读写越界漏洞的危害开始引起重视。格式化串读写越界漏洞出现的历史虽然比较短，但攻击者可以利用这些漏洞进行远程攻击，并能够向任意地址写任意内容，因此格式化串读写越界攻击是非常致命的。

1. 格式化串的栈结构

所谓格式化串，就是在 print 系列函数中按照一定的格式对数据进行输出，既可以输出到标准输出，也可以输出到文件句柄、字符串等，对应的函数有 printf、fprintf、sprintf、snprintf、vprintf、vfprintf、vsprintf、vsnprintf 等。格式化串漏洞是软件使用格式化字符串作为参数，且该格式化字符串来自外部输入。下面以 printf 函数为例，阐明格式化串漏洞的原理。

printf 函数的一般形式为 printf("format",输出表列)，其第一个参数就是格式化字符串，用来告诉程序以什么格式进行输出。

语句 `printf("a=%d,b=%d\n",a,b)` 的作用是将参数 a、b 以十进制数形式输出，其存储于栈的结构如图 4-12 所示。

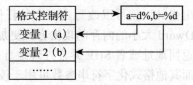

图 4-12　格式化操作的栈结构

2. 格式化串漏洞的原理

正常情况下，printf 函数是这样使用的：

```
char str[100];
scanf("%s",str);
printf("%s",str);
```

也许代码编写者的目的是打印一段字符（如"hello world"），但是 `printf("%s",str)` 也时常写成 `printf(str)`。如果这段字符串来源于外部用户可控的输入，则该用户完全可以在字符串中嵌入格式化字符（如 %s、%x、%n 等）。但由于 printf 允许参数个数不固定，故 printf 会自动将输入的字符串参数 str 当作格式化字符，而用其后内存中的数据匹配 format 参数。

以图 4-13 为例，假设调用 printf(str) 时栈的情况如下：

1）如图 4-13a 所示，如果 str 是"hello world"，则直接输出"hello world"。

2）如图 4-13b 所示，如果 str 是 format，比如"%p, %p, %p"，就将 str 作为格式化字符，则输出就是偏移 1、偏移 2 和偏移 3 处的十六进制数据，导致栈中数据泄露。

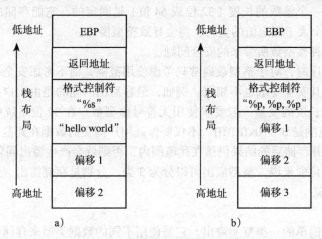

图 4-13　格式化溢处栈布局示例

通过组合变换格式化字符串参数，除了可以读取任意偏移处的数据，还可以利用 %n 向任意偏移处写数据，从而达到利用格式化字符串漏洞的目的。

格式化参数 %n 的作用是将 %n 之前 printf 已经打印的字符个数赋值给偏移处指针所指向的地址位置，比如下列代码，最后一个 printf 打印输出"The offset was 4"，4 表示的就是字符串"235"（x 变量加上空格符）的长度。

```
int main(int argc, char* argv[])
{
    int pos, x = 235, y = 93;
    printf("%d %n%d/n", x, &pos, y);
    printf("The offset was %d/n", pos);
    return 0;
}
```

由图 4-13 的例子可知，可以使用格式化字符串的漏洞修改栈中内存单元。只要构造出指针，就可以改写内存中的任何数值。和栈溢出的地毯式轰炸不同，这种一次改写一个 Dword 大小的内存的攻击方式更加精准而致命。一般来说，利用格式化串漏洞修改的指针是返回地址或者 SHE 异常处理地址。%n 是通过格式化字符串漏洞改变程序流程的关键方式，而其他格式化字符串参数可用于读取信息或配合 %n 写数据。

4.2.4 整型溢出

国内外研究人员很早就开始关注整型溢出漏洞。最早的整型溢出漏洞是 2000 年发现的 CVE-2000-1219 漏洞（GCC/G++ -ftrapv 编译选项整型溢出）。目前整型溢出漏洞已成为威胁软件安全的第二大类漏洞。

1. 整型的概念

在计算机中，整型是一个特定的变量类型。在不同的 CPU 系统上被编译处理后，整型和指针的尺寸一般是相同的。例如，在 32 位（比如 x86）的系统中，一个整数是 32 位；而在 64 位（比如 SPARC）的系统中，一个整数是 64 位。本书中所谈到的例子是在 32 位的系统环境和 32 位的整数，并且用十进制来表示它。

但是因为这样还无法表示负数，所以需要一种机制仅仅用位来代表负数，即通过一个变量的最高位来决定正负。如果最高位置 1，这个变量就被解释为负数；如果置 0，这个变量就解释为正整数。因此，通常在高级语言中都有有符号整型（int）和无符号整型（unsigned int）之分。总之，一个整数的长度（32 位或 64 位）是固定的，它能存储的最大值也是固定的，当尝试存储一个大于固定值的值时，将会导致整型溢出。

下面讨论这两种整型数所带来的安全问题。

程序员编写程序时，对于整型数通常只考虑使用范围，而不考虑安全要求。实际上，不同用途的整型数，其安全要求也不相同。例如，最容易出问题的是由用户提交的用作长度变量的整型数。用作长度的变量一般要求使用无符号整型数。在 32 位系统中，无符号整型数（unsigned int）的范围是 0 ～ 0xffffffff。不仅要保证用户提交的数据在此范围内，还要保证对用户数据进行运算并存储后的结果仍然在此范围内，否则就会产生溢出问题。

从溢出原因的角度来说，整型溢出可以分为 3 类，分别是存储溢出、运算溢出和符号溢出。下面将分别阐述。

2. 存储溢出

存储溢出是最简单的一类整型溢出，它是使用不同的数据类型来存储整型数造成的。例如下面这段代码：

```
int len1=0x10000;
short len2 =len1; //len2=0x0000
```

由于 len1 和 len2 的数据类型不同，长度也不同，len1 是 32 位，而 len2 是 16 位，因此进行赋值操作后，len2 无法容纳 len1 的全部位，导致了与预期不一致的结果，即 len2 等于 0。

上面是长类型的变量赋给短类型变量引起的问题，把短类型变量赋给长类型变量同样存在问题，例如以下这段代码：

```
int len1= -1; //len1=0xffffffff
short len2 =1; //len2=0x0001
len1=len2; //len1=0xffff0001= -13
```

上面代码的执行结果并非总是如预期的那样使 len1 等于 1，在很多编译器中编译结果是使 len1 等于 0xffff0001，实际上就是一个负数。这是因为当 len1 的初始值等于 0xffffffff 时，把 short 类型的 len2 赋值给 len1 时只能覆盖其低 16 位，这就造成了安全隐患。

3. 运算溢出

运算过程中造成的整型溢出是最常见的，很多著名漏洞都是由这种整型溢出所导致的。它的原理很简单，就是对整型变量进行运算过程时没有考虑到其边界范围，造成运算后的数值超出了其存储空间，例如下面伪代码：

```
bool func(char *userdata, short datalength)
{
char *buff;
...
if(datalength != strlen(userdata))
return false;
datalength = datalength*2;
buff = malloc(datalength);
strncpy(buff, userdata, datalength)
...
}
```

其中，userdata 是用户提交的字符串，datalength 是用户提交的字符串长度。func 函数的作用是首先保证用户提交的字符串长度和字符串的实际长度一样，然后分配一块 2 倍于用户提交字符串大小的缓冲区，再把用户字符串数据拷贝到这个缓冲区当中。这看起来应该是没有任何安全问题的，但实际上，程序员仅仅考虑了对字符串数据的安全要求，却没有考虑作为整型数的长度变量的数据类型的表示范围。

具体来说，datalength*2 以后可能会超出 16 位 short 整型数的表示范围，造成 datalength*2<datalength。假如用户提交的 datalength = 0x8000，正常情况下 0x8000 × 2 = 0x10000，但是当把 0x10000 赋值给 short 类型变量时，最高位的 1 会因为溢出而无法表示，这时结果成为 0x8000 × 2 = 0。也就是说，在上面的例子程序中，如果用户提交的 datalength>=0x8000，那么就会发生溢出。

4. 符号溢出

前面说过，整型数分为有符号整型数和无符号整型数，符号也可能引发安全方面的隐患。一般对长度变量都要求使用无符号整型数，但如果程序员忽略了符号，在进行安全检查和判断的时候就可能出现意想不到的情况。

2002 年发现的 Apache chenked-encoding 漏洞就是有符号数比较所导致的，下面这段代码是可能出问题的地方：

```
len_to_read = (r->remaining > bufsiz) ? bufsiz : r->remaining;
len_read = ap_bread(r->connection->client, buffer, len_to_read);
```

在这个例子里，bufsiz 是指示缓冲区剩余空间的有符号数，r-remaining 是 off_t 类型的有符号数，直接从请求里指定块（chunk）的大小。变量 len_to_read 的值计划取 bufsiz 或 r-remaining 两个中的最小一个，但如果 bufsiz 被赋值为负数，它可能绕过检查。当负数传给 ap_bread 时，会变成非常大的正数，从而导致很大范围的 memcpy。

至今，在软件里依然可以看到这类漏洞。在遇到用有符号整型来表征字符串长度时，应注意仔细审计。

4.2.5 释放再使用（UAF）

近几年，各种应用软件和操作系统组件频繁曝出**指针释放再使用**（Use After Free, UAF）漏洞。2005 年 12 月，第一个 UAF 漏洞 CVE-2005-4360 被发现。当时并没有直接命名为"Use After Free"，仅以远程拒绝服务归类，但它确实属于 UAF 漏洞。自 2008 年开始，CVE 数据库中的 UAF 漏洞的条目以超过每年翻一番的速度增长。而在各类黑客大赛中，各国的安全团队也经常利用 UAF 漏洞攻破包括 IE、Chrome 和 Safari 在内的主流浏览器客户端。和许多其他更加耳熟能详的漏洞（如缓冲区溢出漏洞和整型溢出漏洞）相比，UAF 漏洞在某些方面的危害更为巨大。UAF 漏洞的原理可简单概括为两步：生成悬垂指针和使用悬垂指针。

1. 悬垂指针

在计算机编程领域，悬垂指针是一类不指向任何合法的或者与其类型相称的对象的指针。如果指针所指向的对象被释放或者回收，但是对该指针没有作任何修改，以至于该指针仍旧指向已经回收的内存地址，那么这时该指针便称为悬垂指针。

悬垂指针指向的内存空间被回收后会被添加进空闲堆表或位于栈顶之上，操作系统按需操作并使用这些内存空间。如果操作系统将这部分已经释放的内存重新分配给另一个指针，而原来悬垂指针因为没及时置空而被再次引用，其后果是难以预期的。因为对应的内存空间可能是完全不同的内容，或者未被分配，亦或已经另作他用，无法完成程序原本期望的行为。尤其是，如果程序试图对内存空间进行写操作，可能导致完全不相关的数据被破坏，从而造成难以察觉的漏洞。

下面是悬垂指针的例子。

```
#include<iostream>
#include <windows.h>
using namespace std;
int *p=NULL;
void fun()
{
int i=10;
p=&i;
}
void main()
{
fun();
cout<<"*p= "<<*p<<endl; // 输出 *p=10，因为 p 依然指向变量 i 的内存空间
Sleep(1000);
cout<<"*p= "<<*p<<endl;// 此时，fun 函数执行后 1 秒，fun 函数中的 i 变量的栈空间被释放，输
出 *p 的值将不可预测
}
```

从上例可见，fun 运行完一秒之后，p 成为悬垂指针，而原来 fun 函数栈帧中为局部变量 i 分配的临时存储空间在 fun 函数执行完成后即收回，另做它用。当 p 在某一时刻（如 1 秒）后再次使用，该内存空间内容将不可控。

2. UAF 漏洞原理

上节中给出了栈空间释放导致悬垂指针生成的例子。在 UAF 漏洞利用过程中，更多的情况下是因为堆管理机制使用不当造成的。每个堆缓冲区都有生命期，从它们被分配开始，到通过 free 或零字节 realloc 释放它们为止。在它们被释放后，任何试图写入堆缓冲区的操作，都可能引起内存恶化，最终导致执行任意代码。

当指向堆缓冲区的指针保存在不同的内存区域时，如果释放它们中的一个，或者指向堆缓冲区不同偏移的指针被使用，但原来的缓冲区却被释放了，那么这时最有可能发生 UAF

漏洞。这类漏洞会引起未知的堆恶化，但一般在开发过程中就能根除。2003 年 5 月发现的 Apache 2 psprintf 漏洞就是 UAF 的例子，活动的内存节点被意外释放后，又被 Apache 的 malloc-like 分配例程分发。

4.2 节中介绍的堆溢出是通过重写下一堆块的块首实现，UAF 的利用操作与堆溢出不同。需要一个指向堆块的地址时，先申请（如 malloc），再释放（如 free），在释放操作之后再次使用。当这些被释放了的堆块被利用时，就可能会出现控制进程执行的机会。下面就是一个 UAF 漏洞的例子。

```
#include<stdio.h>
#define size 32
int main(int argc, char **argv){
    char *buf1;
    char *buf2;
    buf1 = (char*) malloc(size);
    printf("buf1: 0x%p\n", buf1);
    free(buf1);  // 释放 buf1, 使得 buf1 成为悬挂指针
    buf2 = (char *) malloc(size);  // 分配 buf2 "占坑" buf1 的内存位置
    printf("buf2: 0x%p\n\n", buf2);  // 对 buf2 进行内存清零
    memset(buf2, 0, size);
    printf("buf2: %d\n", *buf2);
    // 重引用已释放的 buf1 指针, 但却导致 buf2 值被篡改
    printf("==== Use After Free ===\n");
    strncpy(buf1, "hack", 5);
    printf("buf2: %s\n\n", buf2);
    free(buf2);
}
```

通过这段代码可以大概总结 UAF 的利用过程。

1）申请一段空间，并将其释放，释放后并不将指针置为空，因此这个指针仍然可以使用，这个指针简称为 buf1。

2）申请空间 buf2，在释放（free）buf1 内存后，再次申请（malloc）同样大小的指针会把刚刚释放的内存分配出来，使得 buf2 指向的空间为刚刚释放的 buf1 指针的空间。

3）再次引用 buf1，导致 buf2 的值被篡改，实现内存改写。

4.3　溢出漏洞利用的原理

4.3.1　溢出攻击的基本流程

溢出攻击的基本流程包含 4 个阶段，分别是注入恶意数据、溢出缓冲区、控制流重定向、执行有效载荷。

1. 注入恶意数据

恶意数据是指用于实现攻击的数据，它的内容将直接影响攻击流程中后续活动能否顺利进行。恶意数据可以通过命令行参数、环境变量、输入文件或者网络数据注入被攻击系统或软件目标。

2. 溢出缓冲区

制造缓冲区溢出的前提条件是发现系统潜在的或软件中可被利用的缓冲区溢出隐患。可被利用是指该隐患在特定的外部输入条件作用下，可导致缓冲区溢出的发生。溢出缓冲区的关键是定位产生缓冲区溢出的代码位置。

3. 重定向控制流

控制流重定向是指将系统从正常的控制流程转向非正常控制流程的途径，传统做法是改

写位于堆栈上的函数返回地址来改变指令流程，并借助 NOP 指令提高重定向的成功率。除此之外，其他可用于控制流重定向的方法有：

1）改写被调函数栈上保存的调用函数栈的栈基址。

2）改写指针。例如，在 Linux 系统中，借助 ELF 文件格式的特性改写过程链接表 (PLT)、析构函数段 (.dtor)、全局偏移表 (.got) 中的函数指针，可以改变控制流程。此外，改写数据指针、虚函数指针 (VPTR)、异常处理指针也可以改变控制流程。

3）改写跳转地址，当跳转指令执行时实现控制流重定向。

4）覆盖异常处理结构，通过接管异常处理来实现接管控制流。

4. 执行有效载荷

当控制流被成功地重定向到攻击程序所在位置时，攻击程序得以运行。这里攻击程序专指真正实现攻击的代码部分，也称为有效载荷 (Payload)。在攻击中，有效载荷可能以可执行的二进制代码形式放置在恶意数据中，这种用于产生命令解释器——shell 的有效载荷称为 Shellcode。此外，有效载荷也可能是已经存在于内存中的代码，相应的攻击技术称为 Arc Injection。

4.3.2　溢出利用的关键技术

根据溢出基本流程的划分可知，溢出利用的关键点包括溢出点定位、覆盖执行控制地址、跳转地址的确定、Shellcode 定位和跳转。

1. 溢出点定位

溢出点定位是指针对缓冲区溢出漏洞确定发生溢出的指令地址（简称溢出点），并可以在跟踪调试环境中查看与溢出点相关的代码区和数据区的具体情况，据此对溢出攻击字符串做出合理的安排。

溢出点的定位对于不同的缓冲区溢出漏洞往往采取不同的有针对性的方法，主要包括尝试与动态跟踪相结合的方法，具体问题具体分析。有两种常用方法：一是探测法，二是反汇编分析法。

（1）探测法

探测法就是不分析溢出成因，对目标程序进行黑盒测试，输入一定的数据，并结合调试器查看程序执行的错误情况和地址跳转情况，由此掌握输入的哪个位置最终覆盖了函数的返回地址。

例如，将 "01234567890123456789AAAABBBBCCCCDDDD" 作为图 4-2 中的参数输入时，程序就会产生如图 4-14 所示的异常数据。该图表明串的第 20 个字节，也就是 "AAAA" 的位置覆盖了函数返回地址。这种方法适用于一些简单的情况，即程序对输入的数据没有进行复杂的转换和处理，这样输入的数据在产生异常后仍然能在异常数据中体现出来。

（2）反汇编分析法

通过对反汇编代码的分析可以直接定位溢出点。下面给出在一个有溢出漏洞的程序中溢出点附近的相关代码：

```
004113C8    mov      eax,dword ptr [ebp+0Ch]
004113CB    mov      ecx,dword ptr [eax+4]
004113CE    push     ecx
004113CF    lea      edx,[ebp-18h]
004113D2    push     edx
004113D3    call     @ILT+165(_strcpy) (4110AAh)
```

其中，调用 strcpy 函数的地方就是溢出点所在的位置，查看其上下文相关的指令，就可以知道字符串拷贝的源缓冲区和目标缓冲区在栈中的相对位置，这里 [ebp-18h] 所在的位置就是要拷贝的目标缓冲区。再判断得到栈帧中的函数返回地址的相对位置，以及源缓冲区和用户输入数据的相对关系，从而得出如何输入数据，或者怎样构造输入数据才能用恰当的数据覆盖函数的返回地址，精确地定位溢出点。

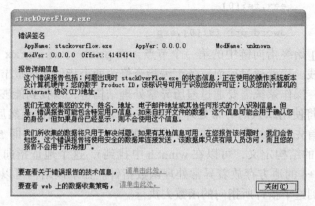

图 4-14　Windows 的异常提示对话框的相关数据

2. 覆盖执行控制地址

为了控制程序执行流程，需要覆盖相应的内存单元。一般情况下可以考虑栈中保存的 EIP 指针、覆盖函数指针变量、覆盖异常处理结构等。程序在执行函数完成后会返回到 EIP 所指向的地址执行，因此覆盖返回地址就可以控制程序的执行流程。函数指针是一种特殊的变量类型，常用于多态、多线程、回调等场合。通过覆盖函数指针的内容，可以在函数指针被调用时实现对程序执行流程的控制。

3. 覆盖异常处理结构

Windows 结构化异常处理是一种对程序异常的处理机制，它把错误处理代码与正常情况下所执行的代码分开。Windows 系统检测到异常时，执行线程立即被中断，处理从用户模式进入内核模式，控制交给异常调度程序，由它负责查找处理异常的方法。

如图 4-15 所示，异常处理结构链按照单链表的结构进行组织，链中所有节点都生存在用户栈空间。每个异常处理结构链中的节点由两个字段组成，第一个字段是指向下一个节点的指针，第二个字段是异常处理函数的指针。

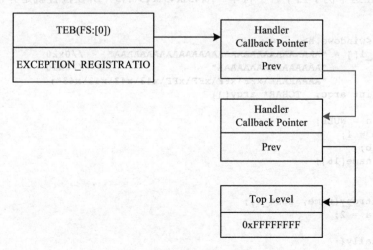

图 4-15　异常处理结构链

异常处理结构链的插入操作采用头插法，当有新的结构加入链中时，通常会看到类似下面的代码片段：

```
push            xxxxxxxx
mov             eax,fs:[0]
push            eax
mov             dword ptr fs:[0],esp
```

其中，`fs:[0]` 始终指向链中的第一个节点，而 `push xxxxxxxx` 所做的工作就是把处理函数指针压入栈。接着通过后面三条汇编指令修改两个指针，完成节点的插入操作。当线程中发生异常时，操作系统需要通过遍历异常处理结构链，以找到能够对异常进行处理的节点，如果找不到将使用默认的异常处理，弹出一个出错的对话框，然后中止进程的执行。遍历时，操作系统首先找到线程环境块 TEB 指向的第一个内存单元（即 `fs:[0]`）中所包含的地址（关于 TEB 的结构定义，可以在 winnt.h 中找到），这个地址指向异常链的第一个节点，而在这个地址 +4 的地方存放着异常处理函数指针。如果该结构可以处理该异常，操作系统就会自动跳转到这个指针所指向的函数去执行。

当这个函数无法对异常进行处理的时候，再找到上一层的异常处理指针来处理。如果所有的异常处理函数都无法处理这个异常，那么系统将使用默认异常处理指针来处理异常情况。链中最后一个节点就是默认异常处理节点，其函数指针指向 _except_handler3，prev 指针为 0xFFFFFFFF，标志链表的末尾。

现在来谈谈如何在溢出的时候利用异常结构获得执行控制权。在溢出利用的时候，大多数情况下都会因溢出破坏栈。如果遇到栈受到保护的情况，如采用随机数填充废弃的栈或者在执行 ret 指令前填充随机值等，就会导致程序在执行到 ret 指令之前就产生错误，从而转向异常处理。因此，如果溢出仅仅依靠覆盖 ret 地址的手段来控制跳转，有时候根本无法达成预期的目标。这时候就需要采用覆盖异常处理结构的方法来控制跳转，因为异常处理结构是程序执行过程中另一个隐蔽的流程。

下面的代码是一个溢出程序的实例。虽然这个程序在 strcpy 函数位置存在着缓冲区溢出，但由于程序使用了异常处理，使得即使溢出后覆盖了函数返回地址，但在还没有执行到函数返回的时候，就由溢出处理函数接管程序流程了。在这个函数里，定义了自身的异常处理。异常处理结构位于堆栈当中，如果恰当地覆盖异常处理函数的指针，也会使程序跳转到设置的位置。在这个例子当中，字符串 " \x43\x43\x43\x43" 所在位置就是异常处理结构的位置。

```
#include <windows.h>
char test_1[] = "AAAAAAAAAAAAAAAAAAAAAAAAAAAAAAAA"      //0x20
                "AAAAAAAAAAAAAAAA"                       //0x10
                "AAAAAAAA\xFF\xFF\xFF\xFF\x43\x43\x43\x43";
int main(int argc, _TCHAR* argv[])
{
    int* a = NULL;
    int b = 1;
    a = &b;
    char name[16];
    __try
    {
        strcpy(name, test_1);
        *a = 2;
    }
    __finally{
        puts( " in finally " );
```

```
    }
  }
```

在覆盖异常处理结构的时候，目的是覆盖前面提到的 push　xxxxxxxx 所在的堆栈中的位置，也就是异常结构处理函数的地址。可以采用覆盖 ret 一样的策略，一次覆盖一片，增大成功的几率。在覆盖 ret 的时候，大部分情况下采用 jmp esp 指令地址。覆盖异常处理结构当然也可以这么做，但大多数人还是喜欢结合寄存器来跳转。当执行到调用异常处理函数指针的时候，ebx 会指向栈中该指针地址 −4 的位置（有时候是 edi，有时候是 esi），也就是异常处理结构的节点指针位置。所以只要在系统中找到 call ebx，或者 jmp ebx 的地址来填充就可以了，这样程序指令就会按照预想的顺序去执行该指针地址 −4 位置的指令。栈中该位置采用 0x59515868 的值进行填充（当然也可以采用 0xEB06EB06）。转换成汇编程序如下：

```
59    pop     ecx
51    push    ecx
58    pop     eax
68    push    xxxxxxxx
```

0x68 指令就是 push 一个 32 位的值到栈，目的是跳过 32 位的 call ebx 指令地址，使得指令能够顺利执行到 Shellcode。整个 Shellcode 串的构造如下：

```
[NOP…NOP][59515868][call ebx addr]…[59515868][call ebx addr] [Shellcode]
```

4. 跳转地址的确定

为了确定合适的跳转地址，首先要选取使用的跳转指令，然后根据跳转地址选择的基本规律在合适的范围内进行搜索。

（1）跳转指令的选取

跳转指令的选取依赖于溢出时的寄存器上下文。通常 esp 指向当时的 Shellcode 所在的位置。因此，溢出时最常见的是 jmp esp 指令。当 ebx、ecx 指向 Shellcode 附近时，也可以选择 call ebx，call ecx。

（2）跳转指令的搜索范围

跳转指令搜索的范围可以是进程代码段、进程数据段、系统**动态链接库**（Dynamic Link Library，DLL）、PEB/TEB 等。

（3）跳转指令地址的选择规律

在跳转指令地址的选择上有如下一些规律：① 选择代码页里的地址。不受任何系统版本及补丁版本的影响，但受语言区域选择的影响。② 应用程序加载自己的 DLL 文件。取决于具体应用程序，可能会相对通用，也有可能出现程序本身版本的不同，以及在各种发行版本的 Windows 下加载基址不同而导致的跳转地址不通用。③ 系统未改变的 DLL 文件。特定发行版本里不受补丁版本的影响，但不同语言版本加载其地址可能会不同。

5. Shellcode 定位和跳转

栈溢出一般是由于拷贝过长字符串造成的，目标缓冲区一般存在于进程堆栈中，而且在缓冲区后面一般都会有函数的返回地址。如果由于溢出覆盖了函数的返回地址，可将其改为其他的值，那么在函数返回之后，就会跳转到修改后的地址去执行。比如，将函数的返回地址改成 addr1，而 addr1 处是一条"jmp　esp"指令，则在函数正常返回之后，将跳转到 addr1 处执行，也就是执行"jmp　esp"指令。这是一条长跳转指令，执行完之后将跳转到进程堆栈中执行。但由于溢出时已经覆盖了堆栈的内容，堆栈中的内容是可以自己控制的。可以在堆栈中加入完成某种功能的 Shellcode，从而控制程序转到该 Shellcode 执行，最终实现溢出攻击。

例如，对于 4.3.2 节中覆盖异常处理结构溢出的示例代码，可以构造如下的参数：

```
| 16个A | BBBB| jmp addr | Shellcode |
```

溢出发生的时候，main 函数的返回地址将被改为"`jmp addr`"，该地址是系统地址空间中的一个地址，该地址存放有一条"`jmp esp`"指令。当 main 函数返回之后，就会转到该地址执行，也就可以转到堆栈中执行。而由于堆栈中存放的是完成特定功能的 Shellcode，因此就可以成功控制程序跳转到 Shellcode 执行了。

关于跳转地址，可以选取系统用户空间中的任何一个地址。但由于需要作为函数的参数，因此其中不能含有"0"字节，堆栈地址一般都含有"0"，所以不能使用；由于数据区中的跳转地址经常会发生变化，所以一般很少使用；用的最多的就是系统 DLL 中的地址、进程代码段中的地址，或者进程 PEB 和 TEB 结构中的地址。

成功的溢出利用必须做到可靠。溢出利用的可靠性通常包括通用性和稳定性两个方面。通用性指的是溢出利用过程尽可能不受操作系统语言版本、补丁版本以及 hotfix 等因素的影响，可以成功地完成。稳定性指的是溢出利用过程尽可能不导致任何可疑现象的产生，以免引起用户的察觉。这些可疑现象包括进程退出、系统崩溃、CPU 占用率异常、服务频繁重启等，甚至包括主机防火墙、网络 IDS 的绕过等技巧。

4.4　漏洞利用防护机制

4.4.1　GS 编译保护机制

使用 C 或者 C++ 编写的程序经常发生缓冲区溢出问题，主要原因有三点：一是 C 语言的指针能够直接访问内存中的数据，尽管功能很强大，但存在极大的安全隐患；二是程序员的疏忽导致出错；三是编译器通常不提供防御功能。第一个原因是语言自身特点的问题，只要是 C 语言就存在这种隐患，第二个问题可以通过提高安全意识避免，而第三个问题就与各编译器厂商对安全特性的支持有关。

为了减少缓冲区溢出带来的威胁，各大软件厂商都提出了基于探测的防护方法。Immunix 公司的 Crispen Cowan 创建了一种称为 StackGuard 的 Canary（金丝雀）保护的有趣方法，这是最早提出栈保护思想的系统。其基本原理是修改 C 编译器 GCC，编译时，在函数返回地址之前插入一个数值，以便将一个"探测"值插入到返回地址的前面。在任何函数返回之前，它检查这个值以确保探测值没有改变。如果攻击者在栈溢出攻击时改写返回地址，探测器的值就可能改变，系统就会相应地中止执行。该方法可以有效防止缓冲区溢出修改函数返回地址，但无法防止缓冲区溢出通过改写其他内存区域来攻击系统。从某种意义上说，Canary 方法开启了漏洞利用与缓解的对抗。

IBM 的 SSP（Stack Smashing Proctector）是 StackGuard 的方法的一种变化形式。从 2003 年 5 月的发布版本开始，由于对安全性高度关注而广受赞誉的 OpenBSD 在整个发行套件中使用了 SSP。在桌面版系统领域，2005 年，RedHat 也在其发行版的 GCC 中引入了 SSP。

像 StackGuard 一样，SSP 使用一个修改过的编译器在函数调用中插入一个探测器以检测堆栈溢出。不过，它给这种基本的思路添加了一些有趣的变化，即在 StackGuard 方法的基础上，对存储局部变量的位置进行重新排序，并复制函数参数中的指针，将它们置于所有数组之前。数组变量放在最后，复制函数指针到数组变量之前，这样，发生溢出时，溢出数据不能覆盖到函数指针和局部变量，从而增强了 SSP 的保护能力，因为缓冲区溢出不会修改指针值。默认情况下，它不会检测所有函数，而只是检测确实需要保护的函数，比如字符串拷贝函数。从理论上讲，这样会削弱保护能力，但是这种默认行为改进了性能，同时仍然能够防止大多数问题。考虑到实用的因素，SSP 以独立于体系结构的方式使用 GCC 来实现，从而使其更易于运用。如果使用 GCC 的编译选项 -fstack-protector-all (ALL Functions)，则该保护机制可应用于所有函数。

微软基于 StackGuard 的成果，添加了一个编译器标记（/GS）来实现其 C 编译器中的探测器。Visual Studio C++ 编译器支持缓冲区保护选项，即 GS 选项。配置了 GS 选项后，编译器会加入检查代码，保护返回地址和其他重要的栈中的与过程调用有关的元数据。GS 保护并不能消除漏洞，但是能够极大地提高漏洞利用的难度。Windows 系统在 XP SP2 后采用随机 Canary 方法保护系统文件。在实现过程中，Visual Studio 2002 开始引入 / GS 保护选项 1.0 版本，对 stack 进行了类似的保护。例如，在 Visual Studio 2008 中可以通过菜单中的 " project → Property Pages → Configuration Properties → C/C++ → Code Generation → Buffer Security Check" 进行设置。

4.4.2　SafeSEH 机制

Windows 是以 SEH 节点链表的形式来组织和管理异常处理结构的，其结构如图 4-16 所示。

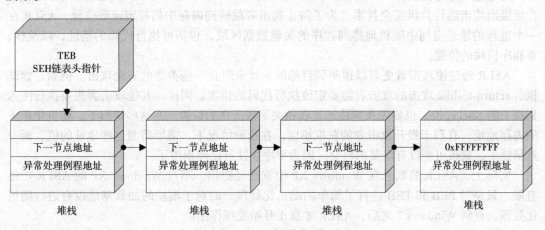

图 4-16　SEH 节点链表结构图

在 SEH 节点链表中，每个节点都包含两部分：下一节点地址和异常处理例程地址，SEH 节点在内存中按从低到高的次序排列，每个节点分布在栈中的不同区域，一般是在函数的局部变量之后。最后一个节点的下一节点地址为 0xFFFFFFFF，异常处理例程为系统默认例程。当程序发生异常时，系统从链表头部开始搜索第一个节点并执行例程 a，如果例程 a 表示不能处理该异常时（返回 EXCEPTION_CONTINUE_SEARCH），系统继续搜索下一个节点并执行例程 b，依此类推，直到最后一个节点为止。

SafeSEH 在程序调用异常处理函数之前，对要调用的异常处理函数进行一系列有效性校验，当发现异常处理函数不可靠时将终止异常处理函数的调用。SafeSEH 的实现需要操作系统与编译器的双重支持，二者缺一都会降低 SafeSEH 的保护能力。

4.4.3　DEP 机制

Windows 和 Linux 系统通过采用平面内存模型，实现了页面级的保护，而不是段级的保护。在早期的系统中，X86 CPU 上的页表项中只有一位用来描述页面的保护属性。如果该位被设为 1，页面就是可写的，否则，页面就只能被读。由于页表项中没有专门的 CPU 位来控制可执行属性，那么系统中所有的页面都被 CPU 认为是可执行的。

数据执行保护（DEP）是软硬件相结合的技术。当 DEP 开启时，系统会将多个内存页的属性标记为不可执行，当程序试图执行位于不可执行页面（堆、栈及内存池等）上的代码时，就会触发访问违规异常。程序就转而处理异常，或者直接将进程终止。2000 年，Linux 最先引入 DEP 机制，并在 2004 年发布的内核 2.6.8 版本中默认启用。Windows 则是在 XP SP2 及其后续产品中提供了相应支持。

细粒度页面级的 DEP 离不开硬件的支持，2004 年前后，Alpha、PPC、PA-RISC、SPARC、SPARC64、AMD64、IA64 都提供了页执行比特（bit）位。也就是说，在页表项中增加一位，这一位就是众所周知的 NX 位，即不可执行位（No Execute），对该位的使用需要操作系统的支持。例如，Intel/AMD 64 位处理器引入 NX/AVP 的新特性，Windows XP SP2 与 Linux Kernel 2.6 及以后版本都支持 NX，配合操作系统有效地提高系统的安全性。

4.4.4　ASLR 机制

地址空间分布随机化（Address Space Layout Randomization，ASLR）是一种用于阻止缓冲区溢出攻击的计算机安全技术。为了防止攻击者跳转到内存中的特定函数位置，ASLR 在一个进程的地址空间中随机地排列程序的关键数据区域，包括可执行代码的基址，以及栈、堆和库模块的位置。

ASLR 通过使攻击者更难以预测到目标的地址来阻止一些类型的安全攻击。例如，尝试执行 return-to-libc 攻击的攻击者需要定位执行代码的位置。同样，其他攻击者想要执行注入到栈上的 Shellcode，也要先找到栈地址和相关函数所在的位置。在这些情形下，随机化相关的内存地址，有利于提升攻击者的获取难度。在这种情况下，需要猜测这些地址的值，而一旦猜错了，就很可能没有恢复的机会，因为程序往往就已经崩溃了。

实际上，ASLR 的概念在 Windows XP 中就已经提出，不过 Windows XP 的 ASLR 功能有限，只是对 PEB 和 TEB 进行了简单的随机化处理，而对于模块的加载基址没有进行随机化处理，直到 Windows 7 之后，ASLR 才真正开始发挥作用。

ASLR 的实现需要程序自身和操作系统的双重支持。支持 ASLR 的程序会在它的 PE 头中设置 IMAGE_DLL_CHARACTERISTICS_DYNAMIC_BASE 标识来说明其支持 ASLR。微软从 Visual Studio 2005 SP1 开始加入 /dynamics 链接选项，只要在编译程序时启用 /dynamics 选项，编译好的程序就会支持 ASLR。ASLR 的随机化包含映像随机化、堆栈随机化、PEB 与 TEB 随机化。

ASLR 机制使得系统加载可执行模块的基地址随机化、不可预测，它需要系统和被加载对象同时支持才能生效，目前的 Windows、Linux、FreeBSD 等主流操作系统都采用了该技术。

4.5　本章小结

软件漏洞是网络攻防领域广泛关注的热点技术。本章从漏洞相关概念入手，阐述了漏洞的危害性和标准化研究；然后，重点阐述了 5 类经典的漏洞类型及其触发原理；接着，以溢出类漏洞为切入点，描述了漏洞利用的一般方法；最后，从安全防御角度介绍了 4 种对抗漏洞利用的机制。

4.6　习题

1. 简要说明栈溢出的原理。
2. 以 Windows 操作系统为例，说明堆溢出原理。
3. 描述格式化串在内存中的布局，并以此说明格式化串溢出的原理。
4. 简述整型溢出漏洞中运算溢出和符号溢出的原理。
5. 描述悬垂指针的概念及 UAF 漏洞原理。
6. 简要说明溢出攻击的基本流程，并说明每个步骤中涉及的关键技术。
7. 为了对抗漏洞利用攻击，有哪些安全机制被使用？试论述其原理。

第5章 Web应用攻击

Web 应用已经非常普遍，在人们的日常生活中起到越来越重要的作用，越来越多的信息在 Web 应用中存储、处理和传递。随着 Web 应用的日益发展，Web 应用攻击事件也越来越多。Web 应用攻击已经成为一种常见的网络攻击方式，本章将简要介绍 Web 应用的基本原理、典型 Web 应用攻击技术的原理和防御方法。

5.1 概述

Web 技术由 Tim Berners-Lee 提出，并于 1990 年实现了第 1 版的 Web 服务器、浏览器和 HTTP 协议，从此，Web 技术不断发展并得到越来越广泛的应用。Web 应用是指基于 Web 技术实现的各种应用程序，如网上购物、电子银行、博客、论坛等。Web 应用的核心要素包括 Web 服务器、Web 客户端、HTTP 协议等，Web 应用的攻击也主要围绕这些核心要素展开。

5.1.1 Web 应用的基本原理

Web 应用的基本原理如图 5-1 所示，核心部分包括 Web 服务器、Web 客户端和 HTTP 协议。其中 Web 服务器存放 Web 客户端要访问的信息（主要以 Web 网页形式存在），Web 客户端一般使用浏览器来获取 Web 服务器的信息并展示出来，而 HTTP 协议用于 Web 客户端和 Web 服务器之间的信息交互。

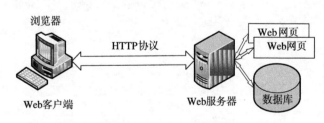

图 5-1 Web 应用基本原理

1. Web 网页

Web 网页位于 Web 服务器上，用于展示信息，一般采用 HTML（Hypertext Markup Language，超文本标记语言）编写。HTML 是一种标记语言，其主要功能是对文档的各个部分进行标记，以指定文档显示的格式或方式。

（1）HTML 文档基本格式

HTML 文档一般包括首部（head）和文档体（body），Web 网页的例子如图 5-2 所示。首部中包含一组标签 <title></title>，用于指定浏览器显示 Web 网页时的标题，本例中为"测试标题"；通过指定首部中的标签 <meta> 的 charset 属性值来设置字符编码方法，本例中使用的编码方式为"utf-8"。文档体包含了一组标签 <h1></h1>，指定以 h1 标题格式在浏览器中显示内容"Web 网页示例"。

```
<html>
  <head>
    <title>测试标题</title>
    <meta charset="utf-8">
  </head>
  <body>
    <h1>Web 网页示例</h1>
  </body>
</html>
```

图 5-2　Web 网页例子

图 5-2 中的 Web 网页例子的显示效果如图 5-3 所示，其中标题为"测试标题"，主体内容为"Web 网页示例"。

（2）表单

当 Web 客户端向 Web 服务器提交数据时，往往要使用表单标签 <form>。一个表单中的所有控件都必须在 <form> 标签的内容中指定，<form> 标签的一般格式如图 5-4 所示。

图 5-3　Web 网页例子效果图

```
<form action=" " method=" ">……</form>
```

图 5-4　form 标签的一般格式

其中，action 属性指定提交表单时的数据处理程序，method 属性指定数据递交的方法，如 GET 或 POST 方法等。

表单中常用的控件有文本输入、下拉选项框、按钮等。

- 文本输入控件用于输入文本，如用户名、密码等。文本输入控件是通过标签 <input>来创建的，一般格式如图 5-5 所示。其中，type 属性值指定为 text（如果是密文输入，则 type 属性值指定为 password），name 属性用于指定传递数据时的变量名，value 属性用于记录文本输入的内容。

```
<input type="text" name="" value=""/>
```

图 5-5　文本输入控件的一般格式

- 下拉选项框控件允许用户从下拉菜单中选择一项。下拉选项框控件是通过标签 <select> 来创建的，一般格式如图 5-6 所示。其中 name 属性用于指定传输数据时的变量名。标签 <option> 用于描述一个选项元素，value 属性用于记录所选选项的值。

```
<select name="">
 <option value=""> option1 </option>
 <option value=""> option2 </option>
 ......
</select>
```

图 5-6　下拉选项框控件的一般格式

- 按钮控件通常用于提交表单数据或复位表单数据等。按钮控件也是通过标签 <input> 来创建的，一般格式如图 5-7 所示。其中，type 属性用于指定按钮的类型，设置为 submit 或 button 时表示提交数据，设置为 reset 时表示清除表单中已经输入的数据。value 属性用于记录按钮上的文字。

```
<input type= "" value= ""/>
```

图 5-7　按钮控件的一般格式

图 5-8 给出一个表单的例子，其中包含文本输入控件、下拉选项框和按钮控件，展示的效果如图 5-9 所示。

```
<html>
<head>
 <title> 表单 </title>
 <meta charset="utf-8">
</head>
<body>
  <h1> 表单 - 登录模拟界面 </h1>
  <form action= "t2.php" method= "GET">
    <p> 您的名字:
    <input type= "text" name= "name" value= " 您的名字 "/></p>
    <p> 您的密码:
    <input type= "password" name= "pass" value= " 您的密码 "/></p>
    <p> 您的身份:
    <select name= "role">
      <option value= " 老师 "> 老师 </option>
      <option value= " 学生 "> 学生 </option>
      <option value= " 辅导员 "> 辅导员 </option>
    </select> </p>
    <input type= "reset" value= " 清除输入 "/>
    <input type= "submit" value= " 登录系统 "/>
  </form>
</body>
</html>
```

图 5-8　表单例子

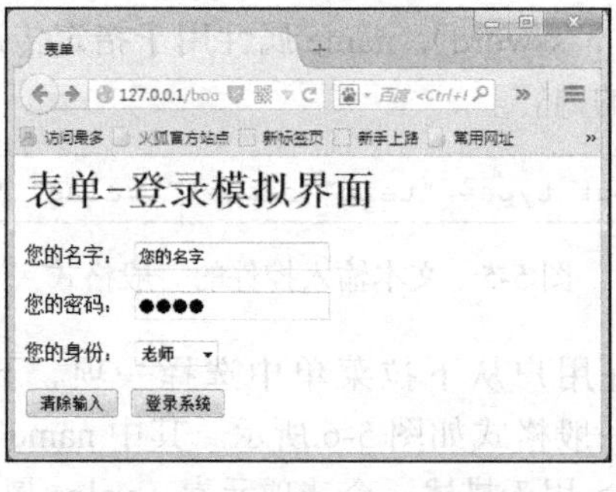

图 5-9　表单例子的效果图

（3）统一资源定位符

统一资源定位符（Uniform Resource Locator，URL）用来标识 Web 网页在互联网上的位置。URL 的一般格式如图 5-10 所示，其中 http 字段指明采用 HTTP 协议访问 Web 网页；<user>: <password> 字段用于指定访问 Web 服务器需要的用户名和口令；<host> 字段用于指明 Web 服务器的域名或 IP 地址；<port> 字段用于指明 Web 服务器的访问端口；<path> 用于指定 Web 网页在 Web 服务器上的访问路径；<query> 用于指定查询所附带字段；<frag> 用于指定 Web 网页中特定的片段。

```
http://<user>:<password>@<host>:<port>/<path>?<query>#<frag>
```

图 5-10　URL 的一般格式

例如，若 Web 网页对应的文件 t1.html 位于 Web 服务器 127.0.0.1 根目录下的 books 目录，则其 URL 表示如图 5-11 所示。

```
http://127.0.0.1/books/t1.html
```

图 5-11　URL 示例

（4）静态网页和动态网页

静态网页是指内容固定，不会根据 Web 客户端请求的不同而改变的 Web 网页。静态网页一般使用 HTML 编写，以文件的形式存放在 Web 服务器上。早期的 Web 网页都是静态网页，一般没有后台数据库的支持。

动态网页是相对于静态网页而言的，是指内容会根据时间、环境或用户输入的不同而改变的 Web 网页。动态网页一般需要脚本语言和后台数据库的支持，常用的脚本语言有 PHP、JSP、ASPX 等，常用的后台数据库有 MySQL、SQL Server、Oracle 等。

2. Web 服务器

Web 服务器也称为 WWW（World Wide Web，万维网）服务器，主要功能是以 Web 网页形式提供网上信息浏览服务，当用户访问的 Web 网页不存在时，则返回 "404 Not Found" 错误。常见的 Web 服务器有 Apache、IIS（Internet Information Services，互联网信息服务）、Tomcat、Nginx 等。

Apache HTTP Server（简称 Apache）是 Apache 软件基金会开发的开源 Web 服务器，支持跨平台应用（包括 UNIX、Windows、Linux 等），可移植性好，是当前最受欢迎的 Web 服务器之一。Apache 的官方网址是 http://httpd.apache.org，它有源码格式和二进制格式，用户可以根据运行的平台选择合适的版本安装运行。

IIS 是微软公司开发的 Web 服务组件，包括 Web 服务器、FTP 服务器、NNTP（Network News Transport Protocol，网络新闻传输协议）服务器和 SMTP（Simple Transfer Protocol，简单邮件传输协议）服务器。在 Windows 系统下，可以通过 "控制面板→添加 / 删除程序→添加 / 删除 Windows 组件" 的操作来启动 IIS 安装配置，然后选择安装 "Internet 信息服务（IIS）"，安装完成后就可以使用 IIS Web 服务器了。

Tomcat 是 Apache、Sun 和其他一些公司及个人共同开发的开源 Web 服务器，支持 Servlet 和 JSP。Tomcat 是基于 Java 语言开发 Web 应用时的首选 Web 服务器，它可以作为 Apache 服务器的一个扩展，也可以独立安装运行。Tomcat 的官方网址是 http://tomcat.apache.org，它有源码格式和二进制格式，用户可以根据运行的平台选择合适的版本安装运行。

Nginx 是由俄罗斯软件工程师伊戈尔赛·索耶夫开发的，它既是一个 Web 服务器，也是一个 IMAP/POP/SMTP 服务器。Nginx 多在 NUNIX/Linux 系统上部署，在 Windows 系统上也有移植版本。Nginx 的官方网址是 http://nginx.org，它有源码格式和二进制格式，用户可以根据运行的平台选择合适的版本安装运行。

此外，不少商业 Web 服务器应用也非常广泛，如 IBM 公司开发的 WebSphere、Oracle 公司开发的 WebLogic 等。

3. 浏览器

浏览器用于从 Web 服务器上获取信息，并根据信息格式展示信息内容，是用户使用 Web 应用程序的必备应用软件。当前，用户应用得比较多的浏览器有 Chrome、Firefox、IE 等。

Google Chrome（简称 Chrome）是一款由 Google 公司开发的浏览器，支持各种平台（如 Windows、OS X、Linux、Andriod、苹果 iOS 等），在 Google 官方网站上可以免费下载最新版本的 Chrome 浏览器。

Mozilla Firefox（简称 Firefox）是一款开源的浏览器，支持多种平台（如 Windows、OS X、UNIX、Linux 等），可以免费下载使用，其官方网址是 http://www.firefox.com.cn。

Microsoft Internet Explorer（简称 IE）是微软公司开发的一款浏览器，2015 年，微软放弃了 IE 品牌，转而在 Windows 10 上以 Microsoft Edge 取代了 IE。

此外，还有很多国产的浏览器，如猎豹、360 浏览器等，由于这些浏览器考虑到了中国用户的需求，因此它们的用户数量也不少。

4. HTTP 协议

1991 年，HTTP 0.9 版本发布，该版本功能非常简单，只支持 GET 方法，Web 服务器只能回应 HTML 格式的字符串。1996 年，HTTP 1.0 版本发布，该版本功能得到了极大加强，支持 GET、POST 和 HEAD 方法，同时可以传输任意格式的内容，还增加了首部信息来提高通信的灵活性。1997 年，HTTP 1.1 版本发布（对应 RFC 2616），该版本是当前流行的 HTTP 协议版本，其功能更为完善，本章将以 HTTP 1.1 版本为基础来介绍 HTTP 协议。

HTTP 协议用于 Web 客户端和 Web 服务器之间的信息交互，采用请求 / 响应模式，主要包括请求 / 响应两种报文。

HTTP 协议请求报文的格式如图 5-12 所示，包括请求行（Request-Line）、请求首部信息和消息主体。请求行是单独的一行，以回车换行（CRLF）与请求首部隔开，该行内容包括请求方法（Method）、请求的 URI（Uniform Resource Identifier，统一资源标识符）和 HTTP 协议版本（它们之间使用空格 SP 隔开），主要的请求方法包括 GET、POST、HEAD、PUT、DELETE、TRACE、OPTIONS、CONNECT 等；请求首部信息包括通用首部（general-header）、请求首部（request-header）和实体首部（entity-header），各首部通过回车换行（CRLF）隔开；消息主体（message-body）用于传输请求时的附带数据，如 POST 数据等。

```
Request =Method SP Request-URI SP HTTP-Version CRLF
*(( general-header
 | request-header
 | entity-header ) CRLF)
CRLF
[ message-body ]
```

图 5-12　HTTP 请求报文格式

HTTP 协议响应报文格式如图 5-13 所示,包括状态行(Status-Line)、响应首部信息和消息主体。状态行是单独的一行,以回车换行(CRLF)与响应首部信息隔开,该行包括 HTTP 协议版本、状态码和原因(它们之间使用空格 SP 隔开);响应首部信息包括通用首部(general-header)、响应首部(response-header)和实体首部(entity-header),各首部通过回车换行(CRLF)隔开;消息主体(message-body)用于传输响应数据,如返回的 HTML 文档内容等。

```
Response = HTTP-Version SP Status-Code SP Reason-Phrase CRLF
*(( general-header
| response-header
| entity-header ) CRLF)
CRLF
[ message-body ]
```

图 5-13 HTTP 响应报文格式

使用 Firefox 浏览器访问 URL=http://127.0.0.1/books/t1.html 时的请求报文如图 5-14a 所示,响应报文如图 5-14b 所示。

```
GET /books/t1.html HTTP/1.1
Host: 127.0.0.1
User-Agent: Mozilla/5.0 (Windows NT 6.1; WOW64; rv:29.0) Gecko/20100101
Firefox/29.0
Accept: text/html,application/xhtml+xml,application/xml;q=0.9,*/*;q=0.8
Accept-Language: zh-cn,zh;q=0.8,en-us;q=0.5,en;q=0.3
Connection: close
If-Modified-Since: Fri, 19 Jan 2018 01:31:24 GMT
If-None-Match: "11a00000002041e-92-5631709d9a85d"
```

a)HTTP 请求报文示例

```
HTTP/1.1 200 OK
Date: Wed, 31 Jan 2018 01:29:13 GMT
Server: Apache/2.2.25 (Win32) PHP/5.4.34
Last-Modified: Wed, 31 Jan 2018 01:29:09 GMT
ETag: "11a00000002041e-92-5640867e66c3d"
Accept-Ranges: bytes
Content-Length: 146
Connection: close
Content-Type: text/html

<html>
  <head>
    <title> 测试标题 </title>
    <meta charset="utf-8">
  </head>
  <body>
   <h1> Web 网页示例 </h1>
  </body>
</html>
```

b) HTTP 响应报文示例

图 5-14 HTTP 请求报文与响应报文

当 Web 客户端请求 Web 服务器的资源时,如果 Web 服务器上有该资源,则响应该请求,否则返回错误信息或提示信息。

HTTP 协议是无状态协议，也就是说，如果 Web 客户端两次访问同一 Web 网页，Web 服务器也不知道这个情况。然而，在有些情况下，需要 Web 服务器记录 Web 客户端的访问状态（如记录用户的登录状态），这个过程称为会话（Session），现在一般采用 Cookie 技术实现会话功能，HTTP 会话机制将在 5.4 节中详细介绍。

5.1.2　Web 应用攻击的类型

Web 应用攻击技术伴随着 Web 技术的发展而层出不穷，这也影响到 Web 应用的发展。根据攻击目标的不同，Web 应用攻击可以分为 Web 客户端攻击、Web 服务器攻击和 HTTP 协议攻击。

1. Web 客户端攻击

该类攻击的目标是访问 Web 服务器的系统或用户，典型的攻击方式有**跨站脚本攻击**（Cross-Site Scripting，简称 XSS 攻击）、网络钓鱼和网页挂马等。

XSS 攻击是指攻击者输入特定的数据，这些数据会变成在用户浏览器程序中运行的 JavaScript 脚本或 HTML 代码以达到攻击者意图，在 5.2 节中将详细介绍其攻击原理及预防方法。

网络钓鱼是指攻击者先仿造与目标网站（如银行网站）相似的假网站，然后引诱用户去访问，并收集用户输入的敏感信息（如用户名 / 密码等）。

网页挂马是指攻击者将恶意脚本隐藏在 Web 网页中，当用户浏览该网页时，恶意脚本将在用户不知情的情况下执行，下载并启动木马程序。

2. Web 服务器攻击

该类攻击的目标是 Web 服务器，典型的攻击方式有网页篡改、代码注入攻击、文件操作控制攻击等。

网页篡改是指攻击者在非授权的情况下修改 Web 网页的内容，修改的网页可能是静态 Web 网页，也可能是动态 Web 网页。网页篡改方式包括文件操作类方式和内容修改类方式。文件操作类方式就是攻击者用自己的 Web 网页文件替换 Web 服务器上的 Web 网页，或在 Web 服务器上创建新的网页；内容修改类方式就是对 Web 网页文件的内容进行增、删、改等非授权操作。

代码注入攻击是指攻击者的输入数据影响了 Web 应用程序的执行语义，改变了程序预期执行结果或数据变成了执行代码并被执行，简称注入攻击。根据代码注入的方式和影响的后果不同，代码注入攻击又分为 SQL 注入攻击、程序代码注入攻击、命令注入攻击和数据注入攻击等。其中 SQL 注入攻击是非常常见、影响巨大的一种 Web 攻击方式，5.3 节将详细介绍 SQL 注入攻击的基本原理及防范方法。

文件操作控制攻击是指攻击者能够影响 Web 应用中的文件操作。根据文件操作方式的不同，文件操作控制攻击又分为文件上传 / 下载漏洞攻击、文件泄露攻击、文件包含攻击、路径遍历攻击、文件读写控制攻击等。

3. HTTP 协议攻击

该类攻击的目标是 HTTP 的相关数据，典型攻击方式有 HTTP 头注入攻击、HTTP 会话攻击等。

HTTP 头注入攻击是指攻击者通过控制 HTTP 头部信息实施的 Web 攻击方式，如 Cookie 注入攻击、HTTP 重定向攻击、CRLF 注入攻击等。

HTTP 会话攻击是指攻击者利用 HTTP 会话机制的漏洞实施的 Web 攻击方式，在 5.4 节中将详细介绍其基本原理与防范方法。

Web 应用攻击的种类非常多，由于篇幅限制，本章中只重点介绍 XSS 攻击、SQL 注入攻击、HTTP 会话攻击等。

5.2　XSS 攻击

跨站脚本攻击（Cross-Site Scripting，XSS 攻击）出现在 20 世纪 90 年代。由于跨站脚本攻击的缩写和**层叠样式表**（Cascading Style Sheets，CSS）的缩写一样，为了防止混淆，故缩写成 XSS 攻击。起初大家对 XSS 攻击的危害认识不足、重视不够，经过 20 多年的演化发展，XSS 的攻击效果日益显著。2005 年，世界上第一个 XSS 蠕虫出现，大家才认识到 XSS 攻击的威力，XSS 攻击开始受到大家的重视。OWASP TOP 10 在 2017 年将 XSS 攻击列入十大威胁中的第七位，同时也指出 XSS 攻击是 OWASP TOP 10 中普遍性很高的问题，有近 2/3 的 Web 应用中存在 XSS 攻击漏洞。

5.2.1　XSS 攻击的基本原理

XSS 攻击是由于 Web 应用程序对用户输入过滤不足，使攻击者输入的特定数据变成了 JavaScript 脚本或 HTML 代码而导致的。

存在 XSS 攻击漏洞的 Web 应用示例如图 5-15 所示。

```
<html>
  <head>
  <title>XSS 示例程序 </title>
  </head>
  <body>
 <h2>XSS 示例程序 </h2>
  <form action="t3.php" method="post">
    请输入您的名字：
   <input type="text" name="name" size="25">
   <input type="submit" value="递交 ">
   </form>
   </body>
</html>
<?php
if(!empty($_POST['name']))
{
   $name=$_POST['name'];
   setcookie("T2Cookie","1234567890",time()+3600*24);
   print(" 欢迎您，".$name);
}
?>
```

图 5-15　存在 XSS 漏洞的 Web 应用示例

该 Web 应用接收用户输入的用户名，设置 Cookie 值后显示出欢迎信息，其运行效果如图 5-16 所示。

由于该 Web 应用没有对用户输入的用户名信息进行过滤，并且用户名信息直接输入在页面上，因此存在 XSS 攻击。攻击者通过在"请输入您的名字"输入框中输入"<script> alert ('haha');</script>"，就会弹出对话框，攻击效果如图 5-17 所示，也就是说，攻击者输入的数据变成了可以执行的 JavaScript 代码，这是典型的 XSS 攻击。

图 5-16　XSS 示例程序运行效果图

图 5-17　XSS 攻击效果图

除了注入 JavaScript 代码外，XSS 攻击还可以注入 HTML 代码，从而改变 Web 网页的展示效果。如果攻击者在图 5-16 所示的示例的输入框中输入如图 5-18 所示攻击代码，则 Web 网页效果如图 5-19 所示，可见，攻击者输入的数据变成了 HTML 代码，并在 Web 网页中显示出来了。

```
<br> 请先登录银行系统，E-bank
<form>
 username:
 <input type="text"/><br>
 password:
 <input type="password"/><br>
 <input type="submit" value="login"/>
</form>
```

图 5-18　HTML 代码注入攻击代码

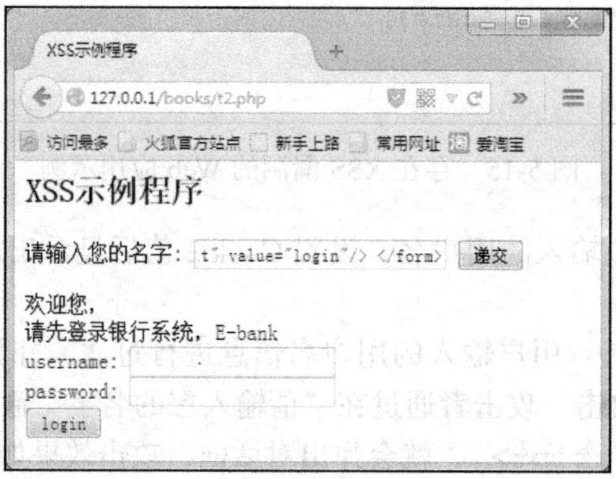

图 5-19　HTML 代码注入攻击效果

5.2.2　XSS 攻击的主要类型

根据 Web 应用程序对注入的 JavaScript 或 HTML 代码处理方式以及 XSS 攻击触发时机的不同，XSS 攻击可以分为反射型、存储型和 DOM 型。

1. 反射型

反射型 XSS 攻击（Reflected Cross-site Scripting）也称为非持久型 XSS 攻击，是指攻击者输入的攻击脚本直接返回到被攻击者的浏览器，图 5-17 所示的攻击示例就是反射型 XSS 攻击。这类 XSS 攻击比较多见，常见的方式就是在 URL 中附带恶意脚本，如"`http://www.example.com/test.php? user= <script> alert('haha') </script>`"。

2. 存储型

存储型 XSS 攻击（Stored Cross-site Scripting）也称为持久型 XSS 攻击，是指攻击者输入的攻击脚本存储于 Web 服务器，当被攻击者浏览包含攻击脚本的 Web 网页时，攻击脚本将会被执行，从而引发攻击。存储型 XSS 攻击一般出现在网站的留言、评论或日志等位置，当被攻击者浏览这些信息时，存储的 XSS 脚本就会执行。

3. DOM 型

DOM（Document Object Model，文档对象模型）是浏览器对 Web 网页文档及内容的抽象表示模型，简单地说，就是将 HTML 文档看成一个树形结构。DOM 型 XSS 攻击是指攻击者利用 Web 网页中 JavaScript 代码的逻辑漏洞而执行攻击脚本的 XSS 攻击，如 Web 网页中的 JavaScript 代码直接使用 URL 中参数，并且没有过滤或消毒，则可能存在 DOM 型 XSS 攻击。

5.2.3　XSS 漏洞的利用方式分析

XSS 漏洞会引发针对 Web 客户的多种攻击，下面介绍主要的利用方法。

1. Cookie 窃取

通过 JavaScript 代码访问 document.cookie 即可获取当前服务器的 Cookie 信息。例如，针对图 5-15 中的 XSS 漏洞示例，如果攻击者输入攻击代码"`<script> alert (document.cookie); </script>`"，则会得到 Cookie 信息，如图 5-20 所示。攻击者获取 Cookie 信息后，就有可能借助 Cookie 以被攻击者身份和服务器建立会话，进一步完成各种恶意操作。

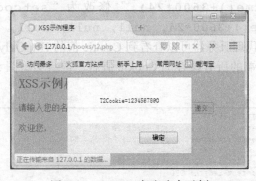

图 5-20　Cookie 窃取攻击示例

2. 会话劫持

会话 ID 由 Web 客户端提供给服务器以表示同一个会话，一般采用 Cookie 方式或

URL方式传递。会话数据则一般保存在Web服务器，用于Web应用程序之间的信息传递。会话劫持是指攻击者利用XSS攻击，冒用合法者的会话ID进行网络访问的一种攻击方式。

3. 网络钓鱼

通过利用XSS攻击，攻击者可以执行JavaScript代码动态生成网页内容或直接注入HTML代码，从而产生网络钓鱼攻击。和传统的网络钓鱼攻击相比，通过XSS攻击实施网络钓鱼具有更强的隐蔽性。如图5-19所示，攻击者在网页中添加了银行E-bank登录界面信息，如果用户不认真甄别界面的真实性，则可能导致重要信息的丢失。

4. 信息刺探

利用XSS攻击，可以在客户端执行一段JavaScript代码，因此，攻击者可以通过这段代码实现多种信息的刺探，如访问历史信息、端口信息、剪贴板内容、客户端IP地址、键盘信息等。

5. 网页挂马

将Web网页技术和木马技术结合起来就是网页挂马。攻击者将恶意脚本隐藏在Web网页中，当用户浏览该网页时，这些隐藏的恶意脚本将在用户不知情的情况下执行，从而下载并启动木马程序。

6. XSS蠕虫

XSS蠕虫是指利用XSS攻击进行传播的一类恶意代码，一般利用存储型XSS攻击。XSS蠕虫的基本原理就是将一段JavaScript代码保存在服务器上，其他用户浏览相关信息时，会执行JavaScript代码，从而引发攻击。

5.2.4 XSS攻击的防范措施

XSS攻击的主要防范措施有HttpOnly属性、安全编码等。

1. HttpOnly属性

HttpOnly是Cookie值的一个属性，用于防止Cookie值被窃取。该属性由微软公司提出并在IE6 SP1中实现，现在已经成为浏览器支持的标准功能。HttpOnly属性防范XSS攻击的基本思想就是不允许JavaScript代码读取Cookie值，即如果Cookie值的HttpOnly属性被指定为true，则JavaScript代码读取Cookie值时会失败。

如果将图5-15所示PHP程序中的Cookie值设置代码" `setcookie("T2Cookie","1234567890", time()+3600*24);`"修改为" `setcookie("T2Cookie","1234567890", time()+3600*24, null, null, null, true);`"，则再访问该PHP程序时，通过Web代理服务器可以查看到Cookie值的HttpOnly属性为true，如图5-21所示。当清空Web客户端的所有缓存的Cookie值后，重新实施图5-20中所展示的Cookie窃取，则攻击将失败。

```
HTTP/1.1 200 OK
Date: Wed, 06 Sep 2017 00:52:29 GMT
Server: Apache/2.2.25 (Win32) PHP/5.4.34
X-Powered-By: PHP/5.4.34
Set-Cookie: T2Cookie=1234567890; httponly
Content-Length: 290
Keep-Alive: timeout=5, max=99
Connection: Keep-Alive
Content-Type: text/html
```

图5-21 HttpOnly属性示例

2. 安全编码

从 XSS 攻击的基本原理可以看出，XSS 攻击一般要输入一段 JavaScript 代码或 HTML 代码。如果对攻击者的输入数据进行编码，消除数据中的一些敏感的特殊字符，如 <、> 等，使攻击者输入的数据无法变成有效的 JavaScript 代码或 HTML 代码，就可以消除部分 XSS 攻击行为。PHP 语言中针对 XSS 攻击的安全编码函数有 htmlentities 和 htmlspecialchars 等，这些函数对特殊字符的安全编码方式如下：小于号（<）转换成 &lt、大于号（>）转换成 &gt、与符号（&）转换成 &amp、双引号（"）转换成 &quot、单引号（'）转换成 &#39。

5.3　SQL 注入攻击

随着 Web 2.0 时代的到来，越来越多的 Web 应用将信息存放在后台数据库中，这些数据库中的信息极易引起攻击者的兴趣。SQL 注入攻击是攻击 Web 应用后台数据库系统时常使用的技术手段，自 20 世纪 90 年代末出现以来，一直是 Web 攻击技术领域研究的热点之一。由于 Web 攻击事件层出不穷。在 2017 OWASP TOP 10 中，包含 SQL 注入攻击在内的注入攻击排名第一，说明了 SQL 注入攻击的普遍性和危害的严重性。

5.3.1　SQL 注入攻击的基本原理

数据库操作一般通过 SQL 语句实现，如 SELECT 语句等。Web 应用进行数据库操作时，往往将用户提交的信息作为数据操作的条件，如根据用户输入的用户名 / 密码查询用户数据库等。也就是说，需要在数据库操作中嵌入用户输入的数据，如果对这些数据验证或过滤不严格，则可能改变本来的 SQL 语句操作的语义，从而引发 SQL 注入攻击。

1. SQL 语句

常用的 SQL 语句有 SELECT、INSERT、UPDATE 和 DETELE 等。SELECT 语句是 SQL 注入中经常出现的语句，本章将介绍该语句的一般用法，其他语句的用法读者可以参考相关资料。本节介绍 SQL 注入攻击所涉及的数据库操作均使用示例数据库 sqltest，数据库 sqltest 的生成文件如图 5-22 所示，该数据库中只有一个表 users，用于存放用户 ID、用户名和用户密码。

```
drop database if exists sqltest;
create database sqltest;
use sqltest;
create table users(id int primary key,name char(50),pass char(50));
insert users values (3001, 'fanxiaorui', 'rui001');
insert users values (3002, 'liuxiaoxiao', 'xiao002');
insert users values (3003, 'zhangqiang', 'qiang003');
insert users values (3004, 'lijiabao', 'bao004');
insert users values (3005, 'wangjiaxuan', 'xuan005');
insert users values (3006, 'wuxiaojie', 'jie006');
```

图 5-22　数据库 sqltest 的生成文件

SELECT 语句用于从数据库中选出所需要的数据，一般格式如图 5-23 所示。其中，"表名"表示数据的来源，如表 users；"字段名"表示所选择的列，如列 id、name 和 pass 等；"条件"表示选择数据的条件，关键字 WHERE 或关键字 LIKE 均可用来指明选择条件，这里使用关键字 WHERE；order 用于返回数据的排序，排序的依据可以是列名（如根据 id）或列序号 i（如第 2 列），默认情况下是按照升序排序；limit 限制返回数据的行数，即从 m 行开始最多返回 n 行。要注意的是，不同的数据库系统或同一数据库系统的不同版本，对于 order 和

limit 的先后顺序在语法上的要求不一样。本章中示例语句默认使用的数据库系统是 MySQL 5.7.19，SELECT 语句的示例如图 5-24 所示。

```
SELECT 字段名 FROM 表名 WHERE 条件 order by i limit m,n
```

图 5-23　SELECT 语句的一般格式

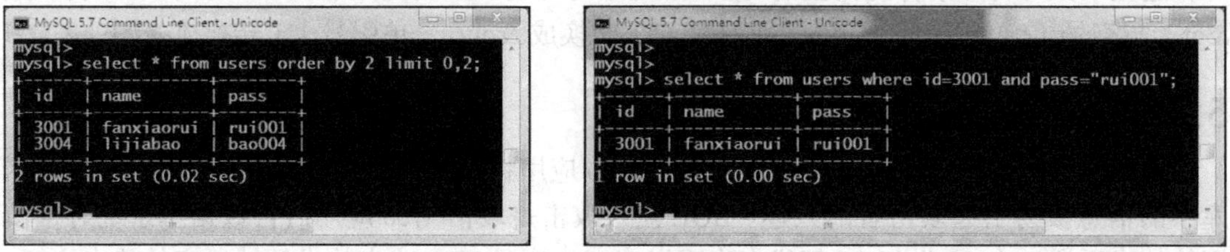

图 5-24　SELECT 语句示例

2. PHP 程序执行 SQL 语句

PHP 语言集成了 SQL 语句执行功能，通过调用相关函数即可方便地实现数据库操作。PHP 程序操作数据库的基本过程包括连接数据库、选择数据库名、构造 SQL 语句、执行 SQL 语句和获取 SQL 语句执行结果等。图 5-25 中的代码展示了验证用户 ID/ 密码时的数据库操作过程。

```php
1    <?php
2     $id=$_GET['id'];
3     $pass=$_GET['pass'];
4     $db=mysql_connect('127.0.0.1','root','123456');
5     mysql_select_db('sqltest',$db);
6     $query="select * from users where id=$id and pass='".$pass."'";
7     $result=mysql_query($query,$db);
8     $value=mysql_fetch_array($result);
9     if(empty($value))  print("user/password error! <br>");
10    else printf("ID:%s,  Name:%s <br>",$value[0],$value[1]);
11   ?>
```

图 5-25　PHP 程序执行 SQL 查询示例

用户通过 GET 方式输入的 ID（$_GET['id']）和密码（$_GET['pass']）被保存在变量 $id（第 2 行）和 $pass（第 3 行）中。PHP 中的 mysql_connect 函数可以连接数据库系统（第 4 行），输入参数包括数据库宿主机的 IP 地址、用户和密码等；mysql_select_db 函数（第 5 行）可以选择 Web 应用相应的数据库，这里选择的数据库名为 sqltest；变量 $query 存储了一条构造的 SELECT 语句（第 6 行），该 SELECT 语句查询的表为 users，栏目为所有列（表示为 *），条件为 id/pass 与用户输入的 ID/pass 相同；mysql_query 函数（第 7 行）实现 SQL 语句执行，执行结果以对象的形式保存；mysql_fetch_array 函数（第 8 行）获取 SQL 语句操作后的数据结果，并以数组的形式保存。

当输入 URL=http://127.0.0.1/books/t5.php?id=3001&pass=rui001 访问图 5-25 的示例时，输入的 ID 为 3001，密码为 rui001，用户 ID 和密码正确，则访问的效果如图 5-26 所示。如果 ID 或密码不对，则访问效果如图 5-27 所示，返回"user/password error!"。

图 5-26　ID 和密码正确的效果图

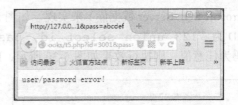
图 5-27　ID 或密码不正确的效果图

3. SQL 注入漏洞

SQL 注入漏洞来源于构造 SQL 语句时的拼接，如果拼接过程中使用了用户输入数据，并且没有有效地过滤或消毒，则可能存在 SQL 注入漏洞。如图 5-25 中的第 6 行语句（`$query="select * from users where id=$id and pass='".$pass."'";`），该语句在构造 SELECT 查询时，将用户输入的 ID（$id）和密码（$pass）拼接成查询条件，本意是根据用户输入的 ID 和密码进行查询。当用户输入 ID/ 密码为 3001/rui001 时，构建的 SQL 查询语句为"`select * from users where id=3001 and pass='rui001'`"，执行效果则如图 5-26 所示。但是，如果用户输入特殊的字符，则可能改变 SQL 语句期望的语义，如用户输入的 ID 为"3001 -- "，密码为任意字符，则构建的 SQL 查询语句为"`select * from users where id=3001 -- and pass= '*******'`"（****** 表示任意字符串）。这条语句执行时，只要用户名正确就会验证通过，执行效果如图 5-28 所示。显然，用户输入改变了 SQL 语句期望的语义，从而导致了 SQL 注入攻击。

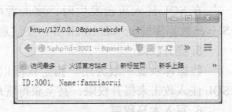
图 5-28　SQL 注入示例图

5.3.2　SQL 注入的利用方式分析

SQL 注入攻击应用比较广泛，主要的利用方式包括以下几种。

1. 绕过身份鉴别机制

很多 Web 应用程序将用户注册的信息（如用户名、密码等）保存在数据库中，当用户登录时，根据用户提交的用户名 / 密码等信息查询数据库以核对合法用户身份。如果存在 SQL 注入漏洞，则攻击者可以轻松绕过身份鉴别机制登录系统，图 5-28 展示的就是典型示例。

2. 识别数据库系统

识别 Web 应用后台数据库系统对于攻击者来说很重要，这是攻击者实施后续攻击的重要基础。攻击者识别数据库系统的主要方法有以下几种：

1）利用 SQL 语句执行错误信息得到数据库系统信息。也就是说，在错误信息没有屏蔽的条件下，PHP 程序执行 SQL 语句时若发生错误，就会显示错误信息，其中可能包含数据库系统信息。如图 5-25 所示的 PHP 程序执行 SQL 查询示例，若用户输入 ID 为"30011"，则会返回如图 5-29 所示的错误信息，其中的 `mysql_fetch_array` 函数为 MySQL 数据库系统的专有函数，表明后台数据库系统是 MySQL 数据库。

2）利用 SQL 注入漏洞执行特定的函数或操作以识别特定数据库系统，如 version 函数、字符串链接操作等。

3. 提取数据库中的数据

提取数据库中的数据是 SQL 注入攻击中常用的利用方式，一般采用 SQL 语句中的 UNION 操作（所有数据库都支持）或执行多条语句（只有部分数据库支持多条语句执行，如

Microsoft SQL Server 数据库）来实现。如图 5-25 所示的 PHP 程序执行 SQL 查询示例，若输入 ID 为"123 union select id, pass, name from users -- &pass=aaa"，密码为任意值，则执行效果如图 5-30 所示，ID/ 密码字段的值 3001/rui001 被提取出来。

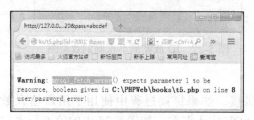

图 5-29   根据函数名识别数据库

图 5-30   UNION 操作提取数据效果图

把数据库中所有数据都提取出来的过程称为"拖库"，这是攻击者的重要攻击目标之一，使用 UNION 操作也可以实现"拖库"的目标。在"拖库"过程中，数据库中的系统表非常有帮助，如 MySQL 中的 information_schema 库等，通过查询系统表，可以很快了解数据库系统中所有数据库名、表名、列名等。

4. 执行命令

在 SQL 注入攻击发生时，攻击者可以调用数据库中的函数来执行系统命令，如 SQL Server 数据库的 xp_cmdshell 等，要注意的是，有些数据库系统可能并不支持执行系统命令。

5. 提升权限

数据库系统一般为用户指定权限以控制其对信息的访问。但是，攻击者可能通过利用 SQL 注入攻击来提升权限，甚至获得管理员权限。

6. 写入木马程序

攻击者利用 SQL 注入攻击可以进行写数据操作，从而可以将木马程序（如一句话木马）写入服务器的文件中，最终实现远程控制。

5.3.3   SQL 注入攻击的类型

用户输入的数据如果被 Web 应用程序接收并用于拼接 SQL 语句，就可能导致 SQL 注入攻击发生，那么该用户数据输入的位置就是 SQL 注入点。根据 SQL 注入点类型不同，SQL 注入可以分为字符型 SQL 注入、数字型 SQL 注入。另外，有些 SQL 注入攻击过程有错误信息输出，而有些 SQL 注入攻击没有错误信息输出。根据 SQL 注入过程中是否显示错误信息，SQL 注入又可以分为基于错误信息 SQL 注入和 SQL 盲注入。

1. 字符型 SQL 注入

字符型 SQL 注入是指 SQL 注入点的类型为字符串，典型的字符型 SQL 注入点如图 5-31 所示，其中 $name 变量为注入点，其类型是字符串类型。

```
$query="select * from table where name='".$name."'";
mysql_query($query,$db);
```

图 5-31   字符型 SQL 注入点示例

进行字符型 SQL 注入时，一般需要使用引号（单引号或双引号）来满足 SQL 语句的引号闭合语法要求，然后使用注释符号使后面的 SQL 语句失效。在图 5-16 所示的例子中，输入"xx' or 1=1 -- "可以实现 SQL 注入攻击，其中"xx"为任意输入值，"--"为注释符。

2. 数字型 SQL 注入

数字型 SQL 注入是指 SQL 注入点的类型为数字（如整型），典型的数字型 SQL 注入如图 5-32 所示，其中 \$id 变量为 SQL 注入点，其类型是整型。

```
$query="select * from table where id=$id";
mysql_query($query,$db);
```

图 5-32　数字型 SQL 注入点示例

和字符型 SQL 注入不同的是，数字型 SQL 注入利用时不需要使用引号来闭合。图 5-16 所示的例子中，输入 "8 or 1=1 --" 即可以实现 SQL 注入攻击，其中的 "8" 可以修改为任意的数字。

3. 基于错误信息 SQL 注入

基于错误信息 SQL 注入是指通过网页上显示的错误信息获取有用信息，以便实现进一步的 SQL 注入攻击。

如图 5-25 中的示例程序，如果输入 URL=http://127.0.0.1/books/t5.php?id=3001' &pass=abcdef，则会出现报错信息，如图 5-33 所示。

图 5-33　SQL 查询错误信息示例

在出错的信息中出现了函数名 mysql_query_array()，这是 PHP 语言操作 MySQL 数据库的一个函数，因此，可以推断后台数据库为 MySQL 数据库系统。

4. SQL 盲注入

为了防止基于错误信息的 SQL 注入，很多 Web 应用会将错误信息关闭，也就是通过网页无法看到 Web 应用执行过程中的错误信息。SQL 盲注入就是在没有错误信息提示的情况实现 SQL 注入的方法。

如果将图 5-25 示例程序稍做修改，在程序的第一行增加代码 error_reporting(0)，则所有错误信息都不会显示了。当输入 URL=http://127.0.0.1/books/ t6.php?id=3005 &pass= xuan005 时，Web 应用程序显示登录成功，如图 5-34 所示，如果将其中的 ID 的值修改为 3005'，其他不变，则用户名 ID/ 密码错误，显示 user/password error!，如图 5-35 所示，此时就没有出现 Web 应用程序出错信息了。

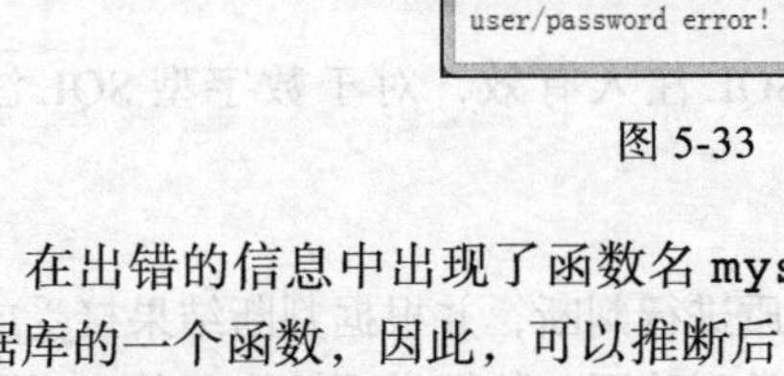

图 5-34　登录成功界面

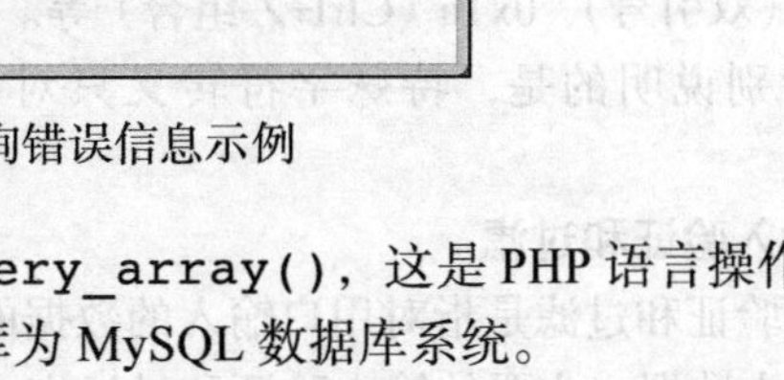

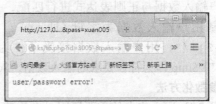

图 5-35　登录失败界面

典型的 SQL 盲注入一般使用布尔值、时间函数等。

基于布尔值的 SQL 盲注入就是在输入值中增加布尔表达式（真值为 0 或 1），从而判断可能存在的 SQL 注入点和可能的有效注入代码。针对上述修改，如果将其中参数修改为 id=3005 and 1=1&pass=xuan005，会显示登录成功；如果将其中的 1=1（真值为 true）修改为 1=2（真值为 false），则会显示登录失败。根据页面响应的不同，攻击者就可以判断 id 参数是一个 SQL 注入点。

基于时间的 SQL 盲注入就是使用一些时间函数，如用于指定 Web 应用程序中止一段时间的 sleep 函数。针对上述修改，如果将其中的参数修改为 id=3005 and sleep(5) &pass=xuan005，则 Web 应用会等待大约 5 秒钟后显示登录失败，因此可以判断 id 参数是一个 SQL 注入点。

5.3.4　防范措施

SQL 注入攻击的防范措施主要包括特殊字符转义、输入验证和过滤、参数化方法等。

1. 特殊字符转义

根据 SQL 注入攻击原理，攻击者在实施 SQL 注入攻击过程时往往需要输入一些特殊的字符（如引号等）以改变 SQL 语句的语义。针对这一特性，对 SQL 注入攻击的防范可以采用转义的方式实施，即将一些特殊的字符进行变换处理。PHP 中主要的转义函数有 addslashes、mysql_escape_string、mysql_real_escape_string、mysqli_escape_string、mysqli_real_escape_string 等，这些函数的转义处理方式就是在特殊字符前加上一个反斜杠（\），包括的特殊字符有 0x00（ASCII 0，即 NULL 字符）、\r（回车符）、\n（换行符）、\（反斜杠）、'（单引号）、"（双引号）、0x1a（Ctrl+Z 组合）等。

要特别说明的是，特殊字符转义只对字符型 SQL 注入有效，对于数字型 SQL 注入无效。

2. 输入验证和过滤

输入验证和过滤是指对用户输入的数据的某些性质进行判断，并根据判断结果接受或拒绝用户输入数据。主要的输入验证和过滤方式有数据类型验证、数据类型转换和基于正则表达验证过滤等。

数据类型验证即验证数据的类型，如 PHP 语言中的 is_numeric 函数用于验证输入数据是否是数字，针对图 5-25 中的示例，对输入变量 id 使用 is_numeric 判断该输入是否是数字，如果不是数字则程序终止，这样就可以防止针对输入变量 id 的 SQL 注入了。

数据类型转换是指对变量进行强制转换，如 PHP 语言的 settype 函数将变量强制转换为指定的类型，针对图 5-25 中的示例，如果对输入变量 id 使用 settype 函数将类型设置为"int"，则可以防止针对输入变量 id 的 SQL 注入了。

基于正则表达式验证过滤就是用正则表达式表示能够接受或拒绝用户输入数据，然后将用户输入数据与正则表达式进行匹配，一旦匹配成功则接受或拒绝用户输入数据。例如，限制用户输入数据为字母（即 a ~ z，A ~ Z），则对应的正则表达式为 $pat="/ [a-zA-Z]+/"，用户输入数据接受条件为 preg_match($pat, $con, $tmp) 返回 true，其中 $tmp 即为符合要求的输入数据，$con 则为用户输入数据。

3. 参数化方法

引发 SQL 注入攻击的重要原因是在构建 SQL 语句时将用户输入数据嵌入 SQL 语句中，并且用户数据变成了 SQL 语句的一部分或者能够影响 SQL 语句的语义。简单地说，就是用户输入数据变成了可以执行的 SQL 命令。

参数化方法针对这一原因实施防范，即严格限定用户输入数据的性质，使得它在嵌入 SQL 语句后，不会变成可以执行的 SQL 命令。参数化方法的基本实现过程一般采用占位符或绑定变量的方式，图 5-36 是 PHP 语言实现的一种参数化方法的示例。

```php
1   <?php
2   $id=$_GET['id'];
3   $pass=$_GET['pass'];
4   $db=new mysqli("127.0.0.1","root","123456","sqltest");
5   $query="select * from users where id=? and pass=?";
6   $cmd=$db-> prepare($query);
7   $cmd->bind_param("ss",$id,$pass);
8   $cmd->bind_result($id,$name,$pass);
9   $cmd->execute();
10  $cmd->store_result();
11  $cmd->fetch();
12  $count=$cmd->num_rows;
13  if($count == 0){ exit( "user/password error! <br>"); }
14  if($count == 1){ printf("ID:%s,  Name:%s <br>",$id,$name);  }
15  ?>
```

图 5-36　PHP 实现的参数化方法示例

图 5-36 中的第 5 行中的符号 "?" 用于构造 SQL 语句时进行占位；第 7 行中，通过 bind_param 函数将变量 $name 和 $pass（两个变量都为字符串类型，表示为 "s"）绑定到 SQL 语句的命令 $cmd 中。通过测试可以发现，图 5-25 示例程序中存在的各种 SQL 注入问题，在这里都已经不存在了。

5.4　HTTP 会话攻击及防御

HTTP 在设计之初没有考虑到会话问题，而现在的 Web 应用几乎都包含会话。HTTP 的会话机制是后来增加的，会话管理机制存在先天不足，并一直伴随着 HTTP 会话管理技术的发展而不断变化、更新，其中比较经典的 HTTP 会话攻击技术有预测会话 ID、窃取会话 ID、控制会话 ID、跨站请求伪造攻击等。2017 OWASP TOP 10 将 HTTP 会话攻击的具体效果体现在身份认证失效上，并给出了第二的排名，表明了 HTTP 会话攻击的危害性。

5.4.1　HTTP 会话的基本原理

HTTP 是无状态协议，也就是说，即使 Web 客户端两次访问 Web 服务器上同一 Web 网页，Web 服务器的响应也不会有任何区别。但是，在有些情况下，同一 Web 客户端访问 Web 服务器上有关联关系的 Web 网页时，需要记录访问状态信息。例如，系统管理员和普通用户的登录界面是同一网页，但是登录成功后看到的操作 Web 网页不一样，这就需要 HTTP 记录登录用户的身份。会话就是为记录 Web 客户端和 Web 服务器之间交互过程中的状态而设计的。Web 客户端可能需要访问一系列 Web 服务器上的 Web 网页，以完成一次特定的任务，这一系列的 Web 网页访问过程称为一次会话。

一次会话包括会话 ID 和变量集。会话 ID 用于标识一次会话，一般是一个随机序列，以保证两次会话不会是同一个 ID。会话变量集是一组保存在 Web 服务器端的变量，记录会话过程中的一些信息。HTTP 会话的基本原理如图 5-37 所示。

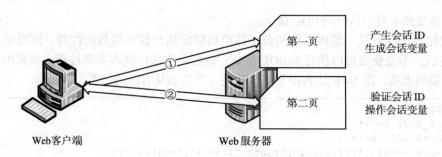

图 5-37　HTTP 会话的基本原理

假设用户需要访问"第一页"和"第二页"才能完成一个任务，那么，Web 客户端在请求"第一页"时，Web 服务器就会产生一个会话 ID 并传递给 Web 客户端，同时，根据 Web 应用的需要，Web 服务器可以创建会话变量集，这些变量不传递给客户端，而是保存在 Web 服务器的内存中。Web 服务器向 Web 客户端传递会话 ID 时，可以将其作为一个 Cookie 值传递过去，如果客户端禁止使用 Cookie，也可以作为 URL 的参数在 Web 网页之间传递。具体传递方式的选择，由 Web 服务器来控制。

Web 客户端在请求"第二页"时，会递交会话 ID，验证通过后，可以访问"第二页"的内容，同时，"第二页"Web 应用程序才可以操作会话变量集中的变量。

5.4.2　HTTP 会话的示例

图 5-38 是一个简易的网上银行模拟系统 E-bank 的界面，登录成功后，会显示用户的余额和转账功能，如图 5-39 所示。

图 5-38　E-bank 登录界面

图 5-39　用户操作页面

　　假设 E-bank 系统存在两个账户 Alice（账户为 1001，密码为 123456）和 Bob（账户为 1002，密码为 123456）。

　　E-bank 系统包括用户登录、余额信息及转账界面、转账操作、退出登录状态等模块，其流程和实现程序关系如图 5-40 所示。

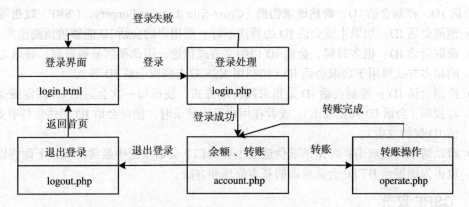

图 5-40　E-bank 系统功能模块及关系

　　当用户登录成功后，就建立了一个会话（Session），同时有一组会话变量，其含义如下：

　　1）$ _SESSION['id']：用户账户号码。

　　2）$ _SESSION['user']：用户登录名。

　　3）$ _SESSION['pass']：用户登录密码。

　　4）$ _SESSION['num']：用户账户余额。

　　E-bank 系统的核心功能由转账操作模块 operate.php 完成，其主要工作过程就是将相应金额的资金从转出账户转入到目标账户，核心代码实现如图 5-41 所示。

```php
<?php
  session_start();  // 开启会话
  if(empty($_SESSION['user'])) { // 登录状态判断，如果没有登录，跳转到登录界面
    print("Pleas login......");
    header("Location: index.html");
    exit();}
  $from_id=$_SESSION['id'];    // 转出账户号码
  $from_num=$_SESSION['num'];  // 转出账户余额
  $to_id=$_POST['id'];     // 目标账户号码
  $num=$_POST['num'];      // 转账金额
  $from_num=$from_num-$num;    // 计算转账后的转出账户余额
  $db=mysql_connect("127.0.0.1","root","123456");
  mysql_select_db("ebank",$db);
  $query="select * from users where id=".$to_id;
  $result=mysql_query($query);
  $value=mysql_fetch_array($result);
  $to_num=$value[3];     // 目标账户余额
  $to_num=$to_num+$num;
  $query="update users set number=".$from_num." where id=".$from_id;
  mysql_query($query);
  $_SESSION['num']=$from_num;
  $query="update users set number=".$to_num." where id=".$to_id;
  mysql_query($query);
  header("Location: account.php");
?>
```

图 5-41　E-bank 系统转账功能模块核心代码

5.4.3　HTTP 会话攻击

在 HTTP 会话机制中，会话 ID 的信息至关重要，目前的 HTTP 会话攻击都是以会话 ID 为核心，一旦攻击者能够得到或控制会话 ID，攻击者就可以伪装成合法用户访问 Web 应用程序，这个过程称为会话劫持。主要的 HTTP 会话安全问题和攻击方法包括：预测会话 ID、窃取会话 ID、控制会话 ID、**跨站请求伪造**（Cross-Site Request Forgery，CSRF）**攻击**等。

- 预测会话 ID：如果生成会话 ID 的算法不好，则用户的会话 ID 能够被预测出来。
- 窃取会话 ID：很多时候，会话 ID 以明文方式传递，因此很容易被窃取，窃取 Cookie 的很多方式可用于窃取会话 ID（如利用 XSS 攻击窃取会话 ID 等）。
- 控制会话 ID：控制会话 ID 是指采用特定方式，使得每一次会话的 ID 固定或受攻击者控制（会话 ID 固定攻击）；或者在用户退出登录时，使得会话 ID 仍然保持有效（会话 ID 保持攻击）。
- 跨站请求伪造攻击：跨站请求伪造攻击在 HTTP 会话攻击中经常出现，下面将以这种攻击为例展示 HTTP 会话攻击的基本原理和方法。

5.4.4　CSRF 攻击

Web 应用系统通过会话 ID 来认定 Web 访问请求是否来自合法用户，这样的认证机制存在漏洞，即攻击者如果冒充合法用户发起 Web 访问请求，Web 应用系统则无法甄别该请求的合法性。CSRF 攻击正是利用这一特性，通过社会工程学的欺骗攻击，冒充合法用户发起 Web 访问请求（浏览器访问同一站点会自动附带所有相关的 Cookie，会话 ID 有可能就是一个 Cookie 值），从而实施网络攻击。CSRF 攻击过程包括五个基本步骤，如图 5-42 所示。

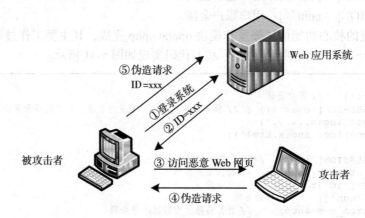

图 5-42　CSRF 攻击基本原理

1）被攻击者使用其合法账户登录 Web 应用系统。

2）Web 应用系统在验证账户信息后，登录成功，并给被攻击者返回一个会话 ID=xxx，以表示登录成功状态信息。

3）被攻击者在未退出 Web 应用系统的情况下，访问攻击者所控制的恶意 Web 网页。

4）攻击者在返回的 Web 网页中嵌入恶意脚本，这段脚本能够发起对 Web 应用系统的 HTTP 请求。

5）恶意脚本在被攻击者的浏览器上执行，发送伪造的 HTTP 请求到 Web 应用系统，同时自动捎带会话 ID=xxx，请求操作成功。

针对 E-bank 系统进行 CSRF 攻击的目标通常是冒充合法用户执行 operate.php 中的转账

功能代码，从代码实现过程来看，实现转账不但需要递交目标账户号码、转账金额，还需要登录用户的会话 ID，也就是说需要合法用户处于登录状态，因此会话 ID 的获取是 CSRF 攻击的难点和关键点。

根据 CSRF 攻击的基本原理，针对 E-bank 的攻击过程步骤如下：

1）用户 Alice 登录系统。

2）在用户 Alice 处于登录状态下，引诱其访问恶意网页（如通过即时通信软件发送恶意链接），恶意网页代码如图 5-43 所示。

```html
<html>
 <head>
  <title>A very funny game</title>
  <script language ="JavaScript">
     function postinfo(){
     var xhr=new XMLHttpRequest();
     xhr.open("post","http://127.0.0.1/ebank/operate.php",false);
     var params="id=1002 &num=100 &submit=Submit";
     xhr.setRequestHeader("Content-Type", "application/x-www-form-urlencoded");
     xhr.setRequestHeader("Content-length", params.length);
     xhr.setRequestHeader("Connection", "close");
     xhr.send(params);
    }
  </script>
 </head>
<body>
 <p>A very funny game!</p>
 <p>Enjoy!!!</p>
 <form name="myform">
  <input type="button" value="Click Here!!" onclick="postinfo()">
  </form>
 </body>
</html>
```

图 5-43　恶意网页代码

3）用户 Alice 点击恶意按钮。用户访问恶意网页时，界面如图 5-44 所示，当用户点击按钮 "Click Here" 时，就会执行函数 postinfo，该函数发起一个 AJAX（Asynchronous JavaScript and XML）请求，请求的对象是银行转账操作 operate.php，请求的方法是 POST，请求的参数包括转账目标账户 ID（id=1002）和转账金额（num=100）。用户 Alice 的点击将使 CSRF 攻击成功，完成攻击者期望的转账操作。

图 5-44　恶意网页界面

5.4.5 防范措施

HTTP 会话攻击的防范方式依据攻击方法的不同而有所不同。下面是几种针对 HTTP 会话攻击的常用防范措施：

- **预测会话 ID 攻击**：通常，开发者自己实现会话管理机制时，容易出现会话 ID 被预测的问题。因此，为防范预测会话 ID 攻击，建议采用编程语言内置的会话管理机制，如 PHP 语言、Java 语言的会话管理机制等。
- **窃取会话 ID 攻击**：根据不同的窃取会话 ID 方法，采取不同的防范措施。例如，针对基于 XSS 攻击实施的会话 ID 窃取攻击，可以采用 HttpOnly 属性来防范。
- **会话 ID 固定攻击**：支持**会话采纳**（Session Adoption）的 Web 环境，存在会话 ID 固定的风险比较高。因此，应尽可能采用非会话采纳的 Web 环境或对会话采纳方式进行防范。
- **会话 ID 保持攻击**：对于会话 ID 保持攻击，主要的防范措施就是确保会话 ID 不能长期有效，如采用强制销毁措施或用户登录后更改会话 ID 等。
- **CSRF 攻击**：防范的措施主要包括验证码、请求来源检查、增加参数的不可预测性等。

5.5 本章小结

本章介绍了 Web 应用基本原理、Web 应用典型攻击原理和防范措施。Web 应用一般包括三个部分，即 Web 客户端、Web 服务器以及 HTTP 协议。Web 应用攻击的目标一般也针对这三个组成部分展开，如 Web 客户端攻击中的 XSS 攻击、Web 服务器攻击中的 SQL 注入攻击、HTTP 会话攻击中的 CSRF 攻击等。Web 应用安全防范措施除了本章介绍的技术措施之外，用户的安全意识也非常重要，如不要点击来源不明的网络链接等。

5.6 习题

1. Web 应用一般包括哪些组成部分？各部分的基本功能是什么？
2. Web 应用的攻击主要包括哪些类型？请分别举几个典型例子。
3. XSS 攻击主要包括哪些类型？这些类型的主要区别是什么？
4. 根据 Web 应用的基本原理，分析 XSS 攻击发生的原因是什么。应如何防范 XSS 攻击？
5. 请简要描述 SQL 注入攻击的基本过程。
6. 分析 SQL 注入攻击的几种典型利用方式，并编写相应实例程序进行验证。
7. SQL 注入攻击的主要类型有哪些？
8. SQL 注入攻击的主要防范措施有哪些？
9. 根据参数化方法的原理，编写 SQL 查询相关应用示例，并检验其对于 SQL 注入攻击的有效性。
10. 简要说明 HTTP 会话的基本原理。
11. 针对 HTTP 会话的主要攻击方法有哪些？如何预防这些攻击？
12. 根据 CSRF 攻击的原理，重现针对 E-bank 系统的 CSRF 攻击过程。

代码是指可以由计算机解读并执行的指令集合，执行不同的代码可以完成不同的功能。然而，当软件工程师花费大量的时间编写有用代码的同时，攻击者也会故意编制对网络或计算机系统产生威胁或潜在威胁的代码，这些代码统称为**恶意代码**（Malicious Code）。

第6章 恶意代码

6.1 恶意代码概述

无论从政治、经济，还是军事角度，恶意代码都是信息安全面临的首要问题。恶意代码利用电子邮件、系统漏洞等多种手段在主机间疯狂传播，会造成巨大的经济损失。从 1998 年 CIH 病毒造成数十万台计算机受到破坏，到 2004 年以"震荡波"等为代表的恶意代码造成 1690 亿美元的经济损失，再到 2017 年全球多地爆发"WannaCry"勒索病毒，无不体现出恶意代码的巨大危害。在 2005 年以前，恶意代码的设计和使用者主要以个人和团体为主，其影响主要集中在经济方面。但是，从 2006 年开始，恶意代码作为网络武器开始用于国家之间的对抗，例如，2010 年用于攻击伊朗核电站的"震网"病毒、2015 年底造成乌克兰电网断电事件的"Black Energy"等，背后都有国家政府操控的影子。

近年来，恶意代码的数量呈现爆炸式增长的趋势。据国内某安全公司统计，PC 端每年新增的恶意代码数量以数亿甚至数十亿计。图 6-1 给出了 2012 ～ 2017 年新增恶意代码的统计数据。

此外，随着移动互联网的普及，使用网络的人群不断增加，近年来以智能终端为平台的恶意代码也呈现爆发式增长。包括中国互联网应急响应中心等在内的多家机构在其报告中指出，移动互联网将成为恶意代码快速增长的新疆场。

恶意代码经过 20 多年的发展，不仅数量上暴增，其破坏性、隐蔽性、感染性等也有不同程度的增强。

图 6-1　近年来新增恶意代码的样本统计

6.1.1　恶意代码的发展历程

恶意代码的发展伴随着计算机系统和互联网发展的整个过程，从其诞生到现在大致经历了如下阶段：

（1）恶意代码的产生阶段

恶意代码的产生阶段通常认为在 1986 ～ 1989 年之间，这个时期出现的恶意代码主要以计算机病毒为主，是计算机病毒的萌芽和滋生期。这个时期，计算机安全专家 Fred Cohen 给出了计算机病毒的定义，即病毒是一段附着在其他程序上的、可以自我繁殖的程序代码，复制后生成的新病毒同样具有感染其他程序的功能。这个定义延用至今。当时计算机的操作系统主要为 DOS，而且大多处于单机运行环境，因此病毒没有大量流行，流行病毒的种类也很有限，病毒的清除工作相对容易。

这一时期出现的典型病毒有：

1）1986 年出现的第一个 PC 病毒 Brain virus（巴基斯坦研究人员编写的病毒），它感染了 Microsoft 的 DOS 操作系统。该病毒只感染软盘引导，其主要目标是当时主流的 DOS 系统和早期的 Windows 系统。

2）1988 年 11 月泛滥的 Morris 蠕虫，它使 6000 多台计算机（占当时 Internet 上计算机总数的 10% 以上）瘫痪，造成严重的后果，引起世界范围内信息安全专家的关注。

（2）恶意代码的初级发展阶段

恶意代码的初级发展阶段可以认为在 1989 ～ 1991 年之间，它是计算机病毒由简单发展到复杂、由单纯走向成熟的阶段。在这个阶段，计算机开始广泛使用，但是 DOS 操作系统仍为主流操作系统，因此病毒仍然以 DOS 操作系统的引导扇区和可执行文件为目标，但是在自我保护、隐藏、特征变形等方面比前一阶段有了长足的进步。

这一时期的典型病毒有：

1）1989 年发现的 Ghostball 病毒，它被认为是首个能够同时感染 COM 文件和引导扇区的复合型病毒。

2）1990 年出现的第一个为了逃避反病毒系统采用多态技术的"1260"病毒，这种病毒在每次运行时都会变换自己的表现形式，从而开启了多态病毒代码的序幕，多态、变形的概念对当前的恶意代码仍有着巨大影响。

（3）恶意代码的成熟发展阶段

恶意代码的成熟发展阶段可以认为在 1992 ～ 1995 年之间，"多态性"病毒或"自变形"病毒成为该阶段恶意代码的主流。所谓"多态性"或"自变形"是指病毒在传染时，感染到宿主程序中的病毒片段是可变的，使得每个样本的特征不同，从而能够对抗传统的基于特征码的病毒检测方法。

这一阶段的典型病毒有：

1）1992 年，**病毒构造集**（Virus Construction Set）发布，这是一个简单的工具包，用户可用此工具定制恶意代码。

2）1994 年，国内出现了多态病毒"幽灵"，该病毒每次感染产生不同的代码，增加了检测难度。

（4）恶意代码的互联网爆发阶段

从上世纪 90 年代开始，随着互联网的普及，计算机病毒的流行突破了地域限制，通过互联网进行更加迅速的传播。此外，各类新型开发工具的出现（如 Word 中的宏、JavaScript、Java 等）使得恶意代码的类型更加多样，出现了诸如木马、逻辑炸弹、Rootkit 等新的类型。代码攻击的目标也不再局限于可执行文件，应用软件、操作系统内核甚至 BIOS 都成为攻击目标。恶意代码采用的技术与操作系统的关系更加紧密，无论是自保护、隐藏还是对抗安全软件的水平都有了长足的进步。

这一阶段的典型恶意代码有：

1）1995 年，首次发现宏病毒。宏病毒使用 Microsoft Word 的宏语言实现，感染 doc 文件，此类技术很快便波及其他程序中的宏语言。

2）1998 年，黑客组织发布 Back Orifice 工具，该工具允许用户通过网络远程控制 Windows 系统。

3）1998 年，一种特殊的 CIH 病毒造成数十万台计算机受到破坏，该病毒每月 26 日发作，是第一个破坏硬件的病毒。

4）1999 年，Knark 内核级 Rootkit 发布。Knark 包含一个用于修改 Linux 内核的完整工具包，攻击者可以有效地隐藏文件、进程和网络行为。

5）1999 年，Melissa 病毒大爆发，该病毒通过 E-mail 附件快速传播而使 E-mail 服务器和网络负载过重，它还能够将敏感的文档在用户不知情的情况下按地址簿中的地址发出。

6）2000 年 5 月，爆发"爱虫"病毒，之后还出现了 50 多个变种病毒。它们通过微软 Outlook 电子邮件传播，邮件主题为"I LOVE YOU"，包含一个附件。该病毒仅一年时间共感染了 4000 多万台计算机，造成大约 87 亿美元的经济损失。

7）2001 年 8 月，"红色代码"蠕虫利用微软 Web 服务器 IIS 4.0 或 5.0 中 Index 服务的安全漏洞，攻破目标机器，并通过自动扫描方式传播蠕虫，在互联网上大规模泛滥。

8）2003 年，Slammer 蠕虫在 10 分钟内导致互联网 90% 的脆弱主机受到感染。同年 8 月，"冲击波"蠕虫爆发，它利用 DCOM RPC 缓冲区溢出漏洞攻击，在 8 天内导致全球用户损失高达 20 亿美元之多。

9）2004 ～ 2006 年，"震荡波""狙击波""魔鬼波"等恶意代码利用电子邮件和系统漏洞对网络主机进行疯狂传播，不但造成系统的不稳定，还能接受黑客的远程控制命令，使黑客能够获取用户机器中的敏感信息。

10）2006 年底出现了"熊猫烧香"病毒，该病毒将受感染计算机的文件图标改为"熊猫烧香"，可通过局域网传播，导致网络瘫痪。

（5）恶意代码的专业综合阶段

恶意代码的专业综合阶段可以认为是从 2006 年或者更早的时间开始。在这一阶段，开始出现用于网络战的恶意代码。这些恶意代码由国家、政府等机构组织大量人力、物力和财力研发而成，具有针对性强、隐蔽性强、包含多个未公开漏洞等特点。它们针对的目标更加明确，通常以政府或军用网络为目标，攻击对象不仅包括传统的桌面操作系统，还包括专业的工业控制系统；传播不再随机扩散，而是采取定向传播方式；采用模块化构造，具备持续更新的能力；通过采用新的自我保护技术不断提升对抗杀毒软件的能力。

这一阶段的典型恶意代码主要有：

1）2010 年 6 月，针对伊朗核电站的首款网络战武器"震网"蠕虫，使核电站中大量用于铀浓缩的离心机停止工作，造成巨大损失。

2）2012 年 5 月，卡巴斯基监测到"火焰"蠕虫 Worm.Win32.Flame 在中东地区发作，其大小超过 100MB，编写复杂，以窃取情报为目的。

3）2015 年 12 月，被称为"Black Energy"的恶意代码攻击了乌克兰电网，造成乌克兰境内大面积停电。

4）2017 年 4 月，被称为"WannaCry"的勒索软件在全球范围内感染了大量用户。该恶意代码利用了**美国国家安全局**（National Security Agency，NSA）泄露的未公开漏洞"Eternal Blue"（永恒之蓝）进行传播，造成至少 150 个国家的 30 万用户被感染，损失高达 80 亿美元。

恶意代码从计算机诞生起，一直伴随着硬件、软件的变化在不断发展和演变，将来也必将持续发展下去。从目前的情况来看，恶意代码将有以下发展趋势：

1）**种类多元化**：恶意代码的种类更加多元，而种类之间的界限越来越模糊。

2）**目标多样化**：攻击的平台种类越来越宽泛，除了传统的 Windows 系统外，还包括苹果的 iOS 系统、移动终端的 Android 系统等。

3）**技术复杂化**：恶意代码的自我保护手段更加复杂，隐蔽性越来越强；实现的技术不仅包括应用层面，还包括操作系统、硬件设备层面。

6.1.2　恶意代码的定义与分类

恶意代码（Malware 或 Malicious Code）是指以存储媒体和网络为介质，从一台计算机系统传播到另一台计算机系统，未经授权破坏计算机系统功能的程序或代码。维基百科关于恶意代码的定义如下：恶意代码是指在未经授权情况下，以破坏软硬件设备、窃取用户信息、扰乱用户正常使用为目的而编制的软件或代码片段。

由定义可知，只要对信息系统的完整性、可控性、可用性等安全特性造成破坏或构成潜在威胁的代码或程序均可归为恶意代码。目前，恶意代码主要包括如下类型：

- 计算机病毒（Computer Virus）
- 特洛伊木马（Trojan Horse）
- 网络蠕虫（Worms）
- 逻辑炸弹（Logic Bomb）
- 内核工具（Rootkit）
- 流氓软件（CrimeWare）
- 恶意广告（Dishonest Adware）
- 僵尸网络（Botnet）
- 网络钓鱼（Phishing）
- 其他类型的恶意代码

现有恶意代码的数目和种类繁多，因此很难给出每类恶意代码的准确定义，但每一类恶意代码均有其自身的特点。以下介绍几种主要的恶意代码。

1. 计算机病毒

计算机病毒是指能实现自我复制的程序或可执行代码，这些程序或代码可以破坏计算机的功能或者毁坏数据，影响计算机的正常使用。若某些代码将其自身的副本添加到文件、文档或磁盘驱动器的启动扇区来进行复制，则认为它是病毒。病毒在其自身复制时可能会损坏数据、消耗系统资源并占用网络带宽。

计算机病毒有很多种分类方法。按操作系统类型可分为 DOS 病毒、Windows 病毒、UNIX 病毒等；按病毒的破坏程度可分为恶性病毒和良性病毒；按传播方式可分为单机病毒和网络病毒；按病毒的感染形式可分为引导型病毒、文件型病毒、Win32 病毒、宏病毒、脚本病毒和混合型病毒等。

计算机病毒一般包括三个部分：初始化部分、感染部分和功能部分。初始化部分主要完成病毒运行的准备工作，例如把病毒自身加载到内存、设置病毒的触发条件等。病毒的感染可分为本地感染和网络感染。本地感染主要是指对本地磁盘和文件进行感染，使病毒能在本地长时间存活并发挥其作用；远程感染主要通过网络和移动存储介质来实现，使病毒在网络中传播，对主机和网络造成更大的影响。计算机病毒的功能主要体现在操作系统无法使用或者损坏用户数据。

2. 特洛伊木马

特洛伊木马简称木马，该词源于《荷马史诗》中记载的古希腊神话故事"特洛伊木马记"。在计算机领域，特洛伊木马被认为是隐藏在系统中的一段具有特殊功能的恶意代码。

特洛伊木马是一种基于远程控制的攻击者工具。传统木马程序常使用 C/S（客户端 / 服务器）结构，木马的控制端（常被称为用户端或客户端）是对服务器端进行远程控制的一方；木马的服务器端则是被远程控制的一方。

木马具有以下功能：

（1）收集密码或密码文件

收集密码是特洛伊木马的基本功能之一。借助木马，攻击者能够轻松地窃取系统管理员以及其他用户的登录口令、邮箱口令、网页口令和数据库口令等。木马还可以获得屏幕保护程序口令、共享资源口令和绝大多数在对话框中出现过的口令信息。另外，木马也可以窃取 Cookies 中暂存的个人资料、缓存中浏览过的网页和访问网页时输入的个人信息。

（2）收集系统关键信息

获取系统关键信息也是木马的主要功能之一，这些信息包括目标计算机名称、工作组、当前用户、系统路径、操作系统信息、物理及逻辑磁盘信息等多项系统数据。

（3）远程文件操作

木马程序提供了远程文件操作功能，使攻击者能够窃取远程主机上的机密文件。一般的木马程序都可以进行文件的创建、上传、下载、复制、删除、重命名、设置属性、建立 / 删除文件夹和运行指定文件等操作。

（4）远程控制

远程控制功能包括远程关机、远程重新启动计算机、远程运行 CMD 以及创建、暂停和终止远程进程。此外，远程控制还包括远程访问注册表，进行浏览、增删、复制、重命名主键和读写键值等操作。一些恶意木马还会控制服务器端的鼠标、锁定系统热键和锁定注册表。

（5）其他功能

木马还可以截获当前屏幕的显示和记录键盘输入。有的木马带有嗅探器，能够捕获和分析流经网卡的每一个数据包。攻击者可以利用木马设置系统后门，即使木马被清除，攻击者仍可以利用设置的后门方便地闯入系统。

木马与病毒的根本区别在于木马的隐蔽性。攻击者希望借助木马隐蔽地控制系统，而并不希望它自动地复制和传播，增大被发觉的可能性。另外，木马一般不主动传播，具有病毒所不具备的远程控制功能。

木马程序在短短的十几年里发展极为迅速，已经从早期单纯记录用户口令的简单程序发展成为复杂的远程控制程序，同时木马也越来越隐蔽、功能越来越强大。

3. 网络蠕虫

网络蠕虫是一种智能化、自动化的攻击程序或代码，通过网络从一台主机传播到另外一台主机，它能够自动扫描和攻击网络上存在安全漏洞的主机。

蠕虫具有主动攻击、行踪隐蔽、利用漏洞、造成网络拥塞、降低系统性能、产生安全隐患、反复性和破坏性等特征。

蠕虫的攻击行为分为四个阶段：信息收集、扫描探测、攻击渗透和自我推进。信息收集阶段主要完成对本地和目标节点主机的信息汇集；扫描探测主要完成对具体目标主机服务漏洞的检测；攻击渗透利用已发现的服务漏洞实施攻击；自我推进完成对目标节点的感染。

蠕虫和病毒的根本区别在于它们的存在形式。计算机病毒是一段代码，能把自身添加到其他程序（包括操作系统组件）上；病毒不能独立运行，需要由它的宿主程序运行来激活它。蠕虫则强调自身的主动性和独立性，是通过网络传播，并能够独立地实施主动攻击的恶意代码。

4. Rootkit

Rootkit 是攻击者用来隐藏自己的踪迹和保留管理员访问权限的工具集，出现于 20 世纪 90 年代初的 UNIX 系统上。"Root"指 UNIX 的 Root 用户，"kit"表明 Rootkit 并不是单一的程序，而是一系列工具的集合。最初，Rootkit 只针对 UNIX 系统和 Sun OS，随着 Windows 平台的广泛使用和对 Windows 系统的深入研究，Rootkit 也进入了 Windows 操作系统。

Rootkit 的重要功能之一是对攻击的痕迹进行隐藏，包括隐藏文件和目录、隐藏注册表键或键值的真实内容、隐藏进程、隐藏网络连接及隐藏 Rootkit 本身。

Rootkit 按运行模式可分为用户级 Rootkit 和内核级 Rootkit。用户级 Rootkit 在用户模式下运行，通过替换系统关键组件，如系统查看文件 / 进程列表的程序，或者更改用户态程序的输出实现木马或后门的隐藏。内核级 Rootkit 则深入系统的内核，在内核模式下运行。内核级 Rootkit 的破坏性更大，当一个系统的内核受到破坏后，系统上的可执行文件乃至系统内核本身都变得不可信任。

著名的用户级 Rootkit 有 Windows 系统下的 Hacker Defender，内核级 Rootkit 包括 Linux 系统下的 Knark、Windows 系统下的 NT Rootkit、Fu Rootkit 等。

6.1.3 恶意代码的攻击模型

恶意代码的行为表现各异，破坏程度千差万别，但基本作用机制大体相同，整个作用过程分为 6 个部分：

① 入侵系统：入侵系统是恶意代码实现其恶意目的的必要条件。

② 维持或提升现有特权：恶意代码的传播与破坏必须通过盗用用户或者进程的合法权限才能完成。

③ 隐蔽策略：为了不让系统发现恶意代码已经入侵系统，恶意代码会通过改名、删除源

文件或者修改系统的安全策略来隐藏自己。

　　④ 潜伏：恶意代码入侵系统后，等待达到一定的条件，并具有足够的权限时，就发作并进行破坏活动。

　　⑤ 破坏：恶意代码具有破坏性，其目的是造成信息丢失、泄密，破坏系统完整性等。

　　⑥ 传播和感染：重复①至⑤对新的目标实施攻击过程，进行恶意代码传播和感染。

　　恶意代码的攻击模型如图 6-2 所示。

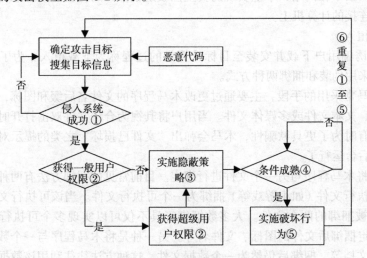

图 6-2　恶意代码的攻击模型

不同恶意代码的攻击过程可以映射到恶意代码攻击模型中多个部分或全部：

- 计算机病毒行为主要包括①④⑤⑥。
- 网络蠕虫主要包括①②⑤⑥。
- 特洛伊木马主要包括①②③⑤。
- 逻辑炸弹主要包括①④⑤。
- 用户级 Rootkit 主要包括①②③⑤。
- 内核级 Rootkit 主要包括①③⑤。

其他恶意代码行为也可以映射到模型中的相应部分。但是，①和⑤是必不可少的。

6.2　恶意代码的关键技术

6.2.1　恶意代码入侵技术

　　在当前的信息社会，信息共享是不可阻挡的发展趋势，而信息共享引起的信息流动成为恶意代码入侵的常见途径。例如，下面是几种可能造成恶意代码入侵的情况：从 Internet 上下载的程序本身就可能含有恶意代码，接收已经感染恶意代码的电子邮件，利用光盘、软盘或 U 盘给系统安装携带恶意代码的软件，攻击者故意将恶意代码植入系统等。

　　恶意代码常用的入侵机制包括：

　　（1）可移动介质

　　此机制最初借助于软盘，后来借助移动存储设备。利用可移动介质进行传输和感染的速度并不像基于网络的恶意代码那样快，但因为系统之间需要交换数据，故安全威胁始终存在，而且难以完全消除。

移动介质植入利用主机配置中存在的缺陷或者漏洞，实现介质中的恶意代码的加载和复制。例如，Autorun 病毒的原理就是利用 Windows 的默认配置支持光盘和移动介质的自动播放功能，通过修改根目录中的 autorun.inf 配置文件实现病毒的自动加载运行。

（2）网络共享

一旦为计算机提供了通过网络彼此共享文件的机制，就会为恶意代码编写者提供途径来传播恶意代码。由于在网络共享上实现的安全性级别很低，因此会导致恶意代码传播到大量通过网络相互连接的计算机上。

（3）下载植入

木马通过诱骗用户下载并安装至目标计算机的过程称为下载植入。为了获得用户的信任，木马可以采用伪装和捆绑两种方式。

伪装是木马常采用的手段，主要通过更改木马程序的文件名后缀和图标，将自身伪装为一个合法程序、文本文件或多媒体文件。当用户将其视为合法文件双击打开时，木马就会安装到系统中。有时为了更具欺骗性，木马会弹出"文件已损坏"之类的提示对话框，但实际上木马已经在后台运行了。

捆绑是指将木马程序与另一个文件进行绑定。目前常见的捆绑方法有两种。一种是将木马与另一个可执行文件（如小游戏等）捆绑为一个可执行文件。当该可执行文件执行时，实际上是运行了被捆绑的两个文件。大多数捆绑工具不仅可以实现多个可执行文件的捆绑操作，还可以指定捆绑后文件的图标、文件名等。另一种是将木马程序与一个数据文件进行捆绑，如 Office 文档等，捆绑后仍然为一个数据文件。这种方法往往利用该数据文件类型对应的执行程序中存在的漏洞，当存在漏洞的程序打开了捆绑后的数据文件，就会执行嵌入其中的木马。

（4）网页植入

对于网站的网页，有可能通过挂马、嵌入恶意控件等方式实现恶意代码的植入。

网页挂马是指恶意代码表面上伪装成普通的网页文件或是将恶意代码直接插入正常的网页文件中，当用户访问时，网页木马就会利用对方系统或者浏览器的漏洞自动将配置好的木马下载到用户电脑上自动执行。常见的网页挂马方式包括利用 iframe 框架进行挂马、JavaScript 脚本挂马、图片伪装型挂马、钓鱼网页挂马等。需要说明的是，网站挂马的植入效果与用户浏览器是否存在可被利用的漏洞有直接关系，如果用户的浏览器没有执行漏洞，则恶意代码很难成功植入。

ActiveX 控件是可以在应用程序和计算机上重复使用的程序对象。ActiveX 控件以小程序的形式下载装入网页，也可以用在一般的 Windows 和 Macintosh 应用程序环境中。因此，攻击者可以将下载木马的功能用 ActiveX 控件实现并插入网页，只要用户在打开网页时选择了安装，就会自动从指定服务器上下载木马并运行。

（5）电子邮件

由于电子邮件可以很容易地同时发送给大量接收者，并且攻击者可以很好地隐藏自己的信息，这使得电子邮件成为一种非常有效的恶意代码传播方式。借助社会工程学方法，攻击者可以哄骗用户打开电子邮件附件，达到感染恶意代码的效果。因此，许多恶意代码都使用电子邮件作为它们的传播机制。这种恶意代码在受感染的计算机上搜索电子邮件地址，通过宿主机上安装的邮件处理程序（如 Microsoft Outlook Express）或自身内置的**简单邮件传输协议**（Simple Mail Transfer Protocol，SMTP）引擎，将其自身作为邮件发送给其他用户。

（6）远程利用

恶意代码可能试图利用服务或应用程序中的特定漏洞来进行复制，此行为常常可以在蠕虫中见到。例如，2017 年 4 月流行的 "WannaCry" 勒索软件，就是利用了被称为 "永恒之蓝" 的漏洞，该漏洞为长期存在于 Windows 系统的 SMB 协议的零日漏洞，影响的操作系统版本从 Windows XP 一直到 Windows 10，破坏性巨大。

6.2.2　恶意代码隐蔽技术

提高恶意代码在目标系统中的生存能力，是恶意代码设计和实现的重要目标。隐蔽技术则是实现这个目标的关键技术之一。

1. 文件隐蔽

让用户无法察觉和搜索到恶意代码的文件，是恶意代码隐蔽首先要解决的问题。文件的隐蔽通常可以采用如下手段实现。

（1）伪装为系统文件

将文件伪装为系统文件是文件隐蔽的常见方法，它将文件名伪装为与系统文件名或常用第三方软件类似的名称。如果普通用户不仔细分辨，很难区分两个文件名。例如，为了伪装为系统程序 services.exe，可以将文件命名为 service.exe。除了将文件名伪装得有迷惑性以外，有些木马还会将自己置于和系统文件相同的目录，以及修改为相同的属性来增强迷惑性。虽然伪装后的木马文件具有一定程度的迷惑性，但是有经验的用户还是能分辨出它与系统文件之间的不同。从技术角度看，这种方法只能算是欺骗，并没有实现真正的隐藏。

（2）躲藏到不明显的目录

防止用户发现的另一种方式是将代码复制到用户不太关注的目录中。众所周知，大多数恶意代码为了启动方便，会将自身复制到 Windows 系统目录 System32 或是磁盘的根目录中，然而这些目录通常被杀毒软件和用户所监视。为此，一些恶意代码选择将文件隐藏到用户很少访问的目录中去，例如，在一些 Program Files 目录中创建多达几十级的目录，或者直接将文件存放到系统回收站中。

（3）替换系统动态链接库

对于 DLL 类型的恶意代码，一般有两种文件隐藏途径：一种是使文件名与系统 DLL 完全相同，但是为了抢先启动，会放置在更高优先级的搜索路径中；另一种是把系统 DLL 改名，同时把自己复制到系统 DLL 所在的目录并替换它。当然，为了保持原有功能，还需要和系统 DLL 具有相同的导入表并在实现过程中调用系统 DLL 相关函数。此外，在实际操作过程中，还要考虑规避操作系统对系统 DLL 采用的保护机制。

（4）设置为隐藏属性

文件隐藏的目的是让用户看不到或者搜索不到文件，因此利用文件的隐藏属性是一种简便的方法。只要将文件属性设置为隐藏，那么用户在默认的情况下是看不到隐藏文件的。Windows 操作系统就是通过将一些关键的系统文件设置为隐藏来防止用户误删或被病毒感染的。文件隐藏属性可以使用 attrib 命令来设置：

```
attrib +H filename
```

其中，filename 为恶意代码文件的绝对路径。虽然操作系统默认情况下不会对用户显示隐藏文件，但是如果用户设置了文件夹选项的 "显示隐藏文件、文件夹和驱动器"，则会将包括隐藏属性的所有文件显示出来，如图 6-3 所示。为了应对这种情况，大多数恶意代码会将注册表键值 [HKEY_LOCAL_MACHINE\Software\Microsoft\windows \CurrentVersion\

explorer\Advanced\Folder\Hidden\SHOWALL]CheckedValue 设置为 0（即隐藏，为 1 表示显示），对应的文件夹选项为"不显示隐藏的文件、文件夹或驱动器"，并定时检查，一旦发现该值被修改则会设置回来。

图 6-3　显示隐藏属性的文件

（5）利用驱动程序隐藏文件

通过设置隐藏属性进行文件隐藏属于隐藏中较为低级的方法，如果用户注意到文件夹选项中的隐藏选项无法按自己意愿设置时，这种方式基本上就暴露了。更高级的隐藏方式是利用文件系统过滤驱动型木马，它们通过挂钩 Ring 0 层的文件操作函数，篡改由操作系统层传递的消息，最终实现对指定文件或目录的隐藏。

（6）运行期间删除文件

更为隐蔽的一种方式是文件在运行时自我删除，让用户无迹可查。这类恶意代码在运行后的第一件事情就是利用批处理等脚本删除自身文件，此时程序已经在内存中运行，因此文件主体的删除并不影响其原有功能的执行。但是，为了保证下次开机仍然能够启动，程序需要在运行期间监控关机事件。一旦发现关机事件，则将程序再由内存写入到磁盘。

这种方式虽然能在运行的过程中隐藏其文件主体，但是也存在致命的缺陷：一旦遇到断电等突发事件，计算机系统来不及进入正常关机的过程，程序将无法截获关机事件，使得文件无法写回磁盘从而导致下次无法运行。

2. 进程隐蔽

恶意代码在目标系统中以进程、线程、驱动等形式运行。安全检测软件除了对存储在磁盘的静态文件加以扫描外，还会对运行中的程序进行检测。恶意代码为了躲避检测工具的扫描分析，必须对进程也采取隐蔽措施。

与隐蔽文件相似，进程隐藏思路也分为两种：一种是让系统管理员无法看见进程或者即使看到也会忽略恶意代码进程；另一种是恶意代码不采用进程，而是以更细粒度的方式运行。进程隐藏的主要方法包括：

（1）进程名伪装

进程名伪装技术实际上与文件伪装一脉相承，伪装为系统文件的恶意代码一旦运行，在任务管理器中将以伪装后的进程名（即文件名）显示。对于用户而言，如果不知道哪些是合法程序，就很难识别伪装的进程。

（2）进程信息篡改

为了在任务管理器中不显示进程，恶意代码还可以采用**钩子**（hooking）技术实现隐藏。在 Windows 操作系统中，任务管理器是通过调用 Windows 的 PSAPI 或 ToolHelp 提供的 API 接口实现进程的枚举，如果能够在内核返回枚举结果给任务管理器之前拦截并修改，删除其中有关恶意代码的进程信息后再传递，那么任务管理器得到的就是一个不含恶意代码的进程列表。利用应用层的 API hooking 技术挂钩 EnumProcess() 等函数就可以实现这个目标。

（3）利用 DLL 实现隐藏

利用 DLL 实现隐藏是指将恶意代码设计为 DLL 的形态，然后将其作为一个线程注入其他应用程序（可以是系统进程，也可以是常见的第三方软件的进程）的地址空间。对于只能显示进程的任务管理器来说，是无法检测内存空间是否包含木马 DLL 的。

DLL 只是木马的存储形态，利用 DLL 隐藏恶意代码进程的方法包括：

● **用系统自带的工具加载 DLL**

Windows 系统提供了运行 DLL 文件命令行工具 Rundll32.exe，其用法为：

```
Rundll32.exe  MyDll.dll  MyFunc()
```

其中，MyDll.DLL 是恶意代码的实体文件，MyFunc() 是其具体功能函数。系统管理员通过进程列表只能看到 Rundll32.exe 进程，而并不知道其加载的 DLL 是否为木马。

● **替换系统 DLL**

替换系统 DLL 是指设计一个与目标系统 DLL 具有相同导出表的 DLL 木马，所有导出函数的功能都是截获与该函数相关的消息，并将正常的调用转发给原系统 DLL。使用时将原系统 DLL 更名，并用 DLL 木马替代原系统 DLL。

例如，Windows 的 Sockets 的函数都存放在 wsock32.dll 中，因此在替换时需编写一个名为 wsock32.dll 木马，并将系统的 wsock32.dll 重命名为 wsockold.dll。wsock32.dll 木马只做两件事：一是遇到正常的 Socket 函数调用，就直接转发给 wsockold.dll；二是遇到事先约定的特殊请求就调用木马功能并处理。这样，只要控制者通过 Socket 远程传入约定的特殊请求，就可以控制 wsock32.dll 完成木马的各项操作。

● **利用系统服务**

把 DLL 形态的恶意代码注册为系统服务是另一种隐身方法。众所周知，Windows 系统中的更新、远程管理等功能均以服务的方式运行。由于服务程序众多，如果将每个服务都写为一个独立的进程，势必会导致 Windows 的进程过多而不利于管理。因此，Windows 系统中的各个服务通过调用统一的服务接口和框架实现，文件实体为 DLL，受到**服务控制管理器**（Services Control Manager，SCM）的统一管理和控制，在操作系统启动时由 svchost.exe 进程按顺序加载。

除了系统自己的服务以外，第三方应用软件也可以利用服务接口实现独立的功能，恶意代码也不例外。按照 SCM 的管理要求，编程实现一个新的 Windows 服务时，首先要利用 CreateService() 向 SCM 注册一个新的服务，然后在 ServiceMain() 中实现服务的具体功能，同时利用 ServiceHandler() 处理外部控制消息。

- **远程线程插入**

DLL 形态的恶意代码还可以采用另一种更有优势的进程隐蔽技术——动态嵌入技术。所谓动态嵌入技术是指将自己的代码嵌入正在运行的进程。Windows 系统中的每个进程都有自己的私有内存空间，一般不允许其他进程对私有内存空间进行操作，但实际上，仍然可以利用一些手段进入并操作进程的私有内存。在窗口钩子，如 Hook 函数、挂接 API、远程线程等动态嵌入技术中，最常用的是远程线程技术。

远程线程技术是指通过在一个运行的进程中创建远程线程的方法进入该进程的地址空间。在 Windows 系统中，除了可以用 CreateThread() 在本进程中创建线程，还可以通过 CreateRemoteThread() 在另一个进程内创建新线程，而且创建的线程可以共享远程进程的地址空间。此时，创建一个远程线程，进入远程进程的内存地址空间，就拥有了该远程进程的权限，进而可以启动一个 DLL 木马，甚至随意篡改该进程的数据。如果可以利用远程线程技术启动木马 DLL，也可以事先将一段代码复制到远程进程的内存空间，然后通过远程线程启动这段代码。

（4）Rootkit 隐藏

当前的恶意代码技术中，Rootkit 技术发展迅猛。由于 Rootkit 本身的隐蔽功能强大，因此其他类型的恶意代码引入和借鉴了 Rootkit 技术。Rootkit 的实现方法很多，这里主要介绍内核级 Rootkit 隐藏技术。

内核级 Rootkit 隐藏技术分为两类：一是**劫持内核执行路径**（Execution Path Hooking）；二是**直接更改系统内核对象**（Direct Kernel Object Manipulation，DKOM）数据结构。

- **执行路径劫持技术**

通常情况下，用户层应用程序向系统发出请求，其执行路径如下：

1）用户层的应用程序调用子系统中导出的函数，这些函数由 NtDll.dll 中的 Native API 函数提供支撑。

2）Native API 通过一个陷入指令（INT 2Eh）进入内核模式，从**中断描述符表寄存器**（Interrupt Descriptor Table Register，IDTR）中读出**中断描述符表**（Interrupt Descriptor Table，IDT）的地址。通过查找 IDT，得到相应的软中断处理程序，即系统服务调度程序。

3）系统服务调度程序定位本线程控制块指明的**系统描述符表**（System Descriptor Table，SDT），确定使用的**系统服务表**（System Service Table，SST），以分派号为索引查找 SST 中的 Service Table 数组，获得系统服务例程入口点地址并调用。

4）系统服务例程完成功能。如果需要访问设备，则利用 I/O 管理器提供的接口创建一个 **I/O 请求包**（I/O Request Package，IRP）并将之送到对应驱动程序，由驱动程序完成相应工作。

根据以上执行路径中劫持点的不同，执行路径劫持技术可分为中断劫持、SDT/SST 替换、System Service API 劫持、过滤驱动等类型。

- **直接内核对象修改技术**

为了保存系统本次开机生存期内的动态数据，系统在内核地址空间保存了一些仅供内核组件使用的数据结构。通常为了快速查找和管理，系统以链表的形式组织这些数据。用户程序请求相关信息时，最终是请求了这些链表中存储的信息。因此，可以不修改执行路径，而直接将内核内部链表中的某些表项脱链或者更改表项内容来实现隐藏。

直接内核对象修改技术就是在用户态进程获取到信息之前篡改内核数据，以达到隐藏文件、进程等的目的。

　　下面以进程隐藏为例说明该技术的实现原理。

　　不管是任务管理器还是其他第三方的进程枚举工具，通常调用系统提供的 PSAPI 或 ToolHelp32 库的 API，进程枚举实际上由系统服务 ZwQuerySystemInfomation 完成。

　　其函数声明如下：

```
NTSTATUS
ZwQuerySystemInfomation (
IN SYSTEM_INFORMATION_CLASS SystemInformationClass,
IN OUT PVOID SystemInformation,
IN ULONG SystemInformationLength,
OUT PULONG ReturnLength OPTIONAL
);
```

　　当 SystemInformationClass 的参数值为 SystemProcessesAndThreadsInformation，即请求进程与线程信息时，SystemInformation 缓冲区将返回系统中关于进程和线程的信息。返回的信息是 SYSTEM_PROCESSES 结构的链表。劫持 ZwQuerySystemInfomation 对应的系统服务是目前最常用的一种 Rootkit 进程隐藏技术。如图 6-4 所示，篡改系统服务返回的信息，就是在原始的系统服务调用结束后，对返回缓冲区进行分析过滤，摘除需隐藏的进程的信息。

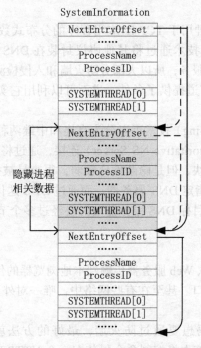

图 6-4　SystemInformation 缓冲区篡改示意图

　　该系统服务最后利用内核变量 PsActiveProcessHead 对进程 EPROCESS 块的 ActiveProcessLinks 链表进行遍历，拷贝每一个 EPROCESS 的相关信息到 SystemInformation 缓冲区中，通过遍历 EPROCESS 结构实现进程枚举。实验证明，ActiveProcessLinks 域与进程的运行无关。因此，从 ActiveProcessLinks 链中摘下要隐藏进程的 EPROCESS，在不影响进程运行的情况下实现进程隐藏。

　　从 PsActiveProcessHead 开始，通过 ActiveProcessLinks 域遍历链表，对每一个 EPROCESS 结构中的 ImageFileName 或 ProcessId 进行判断，如果判断为隐藏进程，则将该 EPROCESS 结构从链表中摘除，从而达到隐藏进程的目的。如图 6-5 所示。

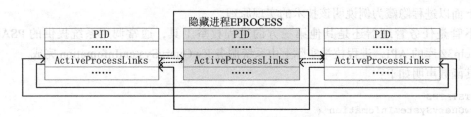

图 6-5　EPROCESS 链表篡改示意图

Rootkit 隐藏技术还能实现注册表信息的隐藏、本地连接与端口的隐藏等。

3. 通信隐蔽

恶意代码程序有很多种通信方式，其中以 TCP 和 UDP 最为常见。TCP 方式利用 Winsock 与目标机的指定端口建立连接，然后在该连接上进行数据传递，但是由于这种方法的隐蔽性比较差，因此容易被一些工具软件查看到。比如，使用 netstat 命令就可以查看当前的活动 TCP 和 UDP 连接。

为了解决这些问题，现在很多恶意代码采用以下几种通信方式实现隐藏。

（1）DNS 隧道

域名系统（DNS）是一种用于 TCP/IP 应用程序的分布式数据库，它提供主机名字和 IP 地址之间的解析。DNS 隧道技术通过将其他协议封装在 DNS 协议中传输建立通信。因为 DNS 是一个必不可少的网络服务，所以大部分防火墙和入侵检测设备很少会过滤 DNS 流量，这就给 DNS 作为一种隐蔽信道提供了条件，进而可以利用它实现诸如远程控制、文件传输等操作。

DNS 隧道（DNS Tunneling）技术可以分为直连和中继两种。直连就是客户端直接和指定的目标 DNS 服务器（Authoritative NS Server）连接，通过将数据编码封装在 DNS 协议中进行通信，这种方式的速度快，但是隐蔽性比较弱，很容易被探测到。另外，限制比较高，因为很多场景下不允许自己指定 DNS 服务器。而通过 DNS 迭代查询实现的中继隧道更为隐秘，但同时因为数据包到达目标 DNS 服务器前需要经过多个节点，所以速度上较直连方式慢很多。

（2）HTTP 隧道

HTTP 是用于将超文本从 Web 服务器传输到本地浏览器的传输协议。在多数情况下，防火墙总是尽可能少地打开端口。甚至在有些网络中，唯一对外开放的端口就是 80 端口，这也是 HTTP 协议使用的端口。

这种情况下，恶意代码想要通过防火墙，最好的方法就是使用 **HTTP 隧道**（HTTP Tunneling）技术。这个技术首先将控制命令封装在一个 HTTP POST 请求中，再由处在防火墙内的 Web 服务器上的 CGI 应用程序（例如一个 Servlet）来处理请求。Servlet 恢复原始的控制命令并执行，然后将结果插入 HTTP 响应流中。多数防火墙在对 HTTP 协议的报文进行识别与过滤时，往往只对其 POST、GET 等命令的头进行识别，而放行其后的所有报文。因此如上过程将被防火墙解释为对一个 Web 页面的常规请求，并不能发现其中隐藏有恶意的通信流量。

（3）ICMP 隧道

ICMP 协议主要用来向 IP（和高层协议）提供网络层的差错和流量控制情况，返回关于网络问题的诊断信息。ICMP 木马通过修改 ICMP_ECHOREPLY 包的包头结构，在其选项数据域中填写木马的控制命令和数据。因为 ICMP 包由系统内核或进程直接处理,不通过端口,所以不会占用任何端口,难以被发觉。它的另一个优点在于可穿透防火墙。目前,大部分防火墙会阻拦外部通向内部的连接,而 ICMP_ ECHOREPLY 包用来携带用户进行 ping 操作得到的返回信息,所以它往往不会出现在防火墙的过滤规则中,于是可以顺利地穿透防火墙,从而极大地提高了攻击的成功率。图 6-6 给出了 ICMP 的报文格式。

0	7 8	15 16	31
类型(0或8)	代码(0)	校验和	
标识符		序列号	
选项数据			

图 6-6   ICMP 报文格式

由于 ICMP 报文中的标识符和序列号字段由发送端任意选择,因此 ICMP 包中的标识符、序列号和选项数据等部分都可用来秘密携带信息。

4. 启动方式隐蔽

一些恶意代码(特别是木马)希望在系统每次重新开机运行时能够顺利加载,从而再次获得系统的控制权。而且,木马更希望其启动方式能够尽量隐蔽,不易被用户发现。

(1)利用系统文件启动

在操作系统的配置文件中可以设置系统启动后自动加载的程序。此外,操作系统还专门为程序自启动提供了启动目录。

1)启动目录。

木马程序可以将快捷方式建立在启动目录中,系统在启动时会自动运行木马。启动目录所在位置为" C:\Windows\start menu\Programs\startup"。也可以通过修改注册表项实现指定启动目录,其所在注册表项为:

```
HKEY_CURRENT_USER\Software\Microsoft\Windows\CurrentVersion\Explorer\Shell
Folders Startup="C:\windows\start menu\programs\startup"
```

2)配置文件 Win.ini 文件。

Win.ini 在早期的 Windows 操作系统中是用于控制用户窗口环境的参数(如窗口边界宽度、系统字体等),木马可以在 Wini.ini 文件的 [windows] 字段下通过 load 和 run 进行设置。一般情况下,命令行 load= 和 run= 后面是空白的,有些木马会在此处添加其文件名。一旦添加,系统在启动时将自动运行。如木马文件为 trojan.exe,则可以在 Win.ini 中如下设置:

```
run=c:\trojan.exe
load=c:\trojan.exe
```

3)配置文件 system.ini 文件。

system.ini 文件也是早期 Windows 启动过程中重要的配置文件,主要包含整个系统启动时要加载的程序(如显示卡驱动程序等),可以通过对其内容的设置实现加载木马的目的。具体方法为在 system.ini 的 [boot] 字段下的 Shell=explorer.exe 后面添加设置。默认情况下,Shell= 后面的文件名是 explorer.exe,但是有些木马会将 explorer.exe 改为木马程序名。另外,在 system.ini 中 [386enh] 字段中," driver=path\ 程序"也可被木马利用。在 system.ini 中,[mic]、[drivers]、[drivers32] 三个字段具有加载驱动程序的作用,也可以成为增添木马程序的场所。

4)配置文件 winstart.bat。

winstart.bat 是早期 Windows 启动后能够自动加载运行的文件。它在大多数情况下为应用程序及 Windows 自动生成,在执行了 Win.com 并加载了多数驱动程序之后开始执行(可通过启动时按 F8 键再选择逐步跟踪启动过程的方式来验证)。

5）配置文件 wininit.ini。

在早期的 Windows 系统中，一个可执行文件如果正在运行或某个库文件（*.dll、*.vxd、*.sys 等）正在被打开使用，则不能被改写或删除。因此，如果需要对这些文件进行改写，就必须在 Windows 保护模式下进行，于是 Windows 就提供了基于 wininit.ini 文件的一个机制来完成这个任务。只要将待修改的文件按一定格式写入 wininit.ini，则 Windows 在重启时，将在 Windows 目录下搜索 wininit.ini 文件并遵照该文件指令执行删除、改名、更新的工作，完成任务后，将删除 wininit.ini 文件本身，继续启动。所以，wininit.ini 文件中的指令只会被执行一次，枚举目录时也通常看不到它。

木马程序可以在 Windows 目录中创建 wininit.ini 文件，并在其中的 [rename] 字段进行如下设置，即可用 trojan.exe 替换 filename.exe 文件，如下所示：

```
[rename]
filename=trojan.exe
```

（2）利用注册表启动

Windows 注册表中有许多可以设置程序自启动的项，这些项分为三类：一是操作系统初始化时的注册表自启动项；二是注册的系统服务；三是初始化时需要加载的动态链接库。

1）注册表启动项。

注册表启动项中所加载的程序都会在系统启动后自动加载和运行。常被木马利用的启动项包括：

```
[HKLM\Software\Microsoft\Windows\CurrentVerion\Run]
[HKLM\Software\Microsoft\Windows\CurrentVerion\RunOnce]
[HKLM\Software\Microsoft\Windows\CurrentVerion\RunOnceEx]
[HKLM\Software\Microsoft\Windows\CurrentVerion\RunServices]
[HKCU\Software\Microsoft\Windows\CurrentVerion\Run]
[HKCU\Software\Microsoft\Windows\CurrentVerion\RunOnce]
[HKCU\Software\Microsoft\Windows\CurrentVerion\RunOnceEx]
[HKCU\Software\Microsoft\Windows\CurrentVerion\RunServices]
[HKCU\Software\Microsoft\windows NT\windows]load=
[HKCU\Software\Microsoft\windows NT\winlogon]load=
[HKCU\Software\Microsoft\windows NT\windows]load=
[HKCU\Software\Microsoft\windows NT\winlogon]load=
[HKLM\Software\Microsoft\windows NT\CurretVersion\windows]load=
[HKCU\Software\Microsoft\windows NT\CurretVersion\winlogon] shell=
[HKU\.DEFAULT\Software\Microsoft\Windows NT\CurrentVersion\ Windows]run=
[HKU\.DEFAULT\Software\Microsoft\Windows NT\CurrentVersion\ winlogon]
HKU\.DEFAULT\Software\Microsoft\Windows NT\CurrentVersion\run]
[HKCU\SOFTWARE\Microsoft\Windows\CurrentVersion\Policies\Explorer]
[HKCU\SOFTWARE\Microsoft\Windows\CurrentVersion\Policies\System]
[HKCU\SOFTWARE\Microsoft\Windows\CurrentVersion\Policies\Network]
```

2）系统服务。

木马也可以注册为系统服务。系统服务通常无界面，并在用户登录前加载。注册为服务的木马会在注册表以下位置添加项名为服务名的注册表项：

```
[HKLM\SYSTEM\ControlSet001\Services]
[HKLM\SYSTEM\ControlSet002\Services]
[HKLM\SYSTEM\CurrentControlSet\Services]
```

3）DLL 启动项。

形态为动态链接库的木马可以利用注册表提供的初始化加载 DLL 的项实现加载，常见的注册表项有：

```
[HKLM\SYSTEM\CurrentControlSet\Control\Session Manager\ KnownDLLs]
[HKLM\SOFTWARE\Microsoft\Windows NT\CurrentVersion\Windows] AppInit_Dlls
```

除了以上注册表项外，随着对注册表认识的不断深入，还会有更多可以实现程序自启动的项和键值被挖掘出来。

（3）利用劫持技术实现启动

木马可以通过修改注册表、快捷方式或 PE 文件等方式代替指定目标文件的启动，这称为利用劫持技术实现的启动。常见的用于木马启动的劫持技术包括文件类型劫持、映像劫持、路径劫持、快捷方式劫持等。需要注意的是，无论是哪种劫持技术，木马均需要实现对被劫持程序的调用。

1）文件类型劫持。

在注册表 HKCR 和 HKLM 的"\Software\CLASSES"项下包含许多子项，每一个子项对应一种文件类型，子项中的各项用于建立文件类型和打开该类型的可执行文件的关联。木马程序替换指定类型的关联文件，从而实现在打开该类型文件时启动。

常见的被木马程序劫持的文件类型包括 EXE、TXT、JSFILE 等，以 EXE 所在键值为例，该键值位置如下：

```
[HKCR\exefile\shell\open\command]( 默认 )=""%1" %*"
[HKLM\SOFTWARE\Classes\exefile\shell\open\command] ( 默认 )=""%1" %*"
```

在以上注册表项中，键值"%1"表示双击时打开的程序默认为自身，%* 表示该程序带的参数。通常情况下，木马会将键值替换为"trojan.exe %1 %*"，这样在双击该类型文件时就会启动木马 trojan.exe。同时，为了不让用户发觉木马的执行，trojan.exe 会在实现过程中调用默认的处理程序打开原文件，从而保证原有程序的启动。需要指出的是，随着文件类型不断丰富，被木马关注的关联注册表项也会随之增加。

2）映像劫持。

映像劫持（Image File Execution Options，IFEO）原本是为解决程序由于系统兼容性引发的错误而给管理员提供的一个配置程序运行环境的接口。程序运行环境设置保存于注册表项 HKEY_LOCAL_MACHINE\SOFTWARE\Microsoft\Windows NT\CurrentVersion\Image File Execution Options 中。该功能主要在调试程序时使用。

当一个可执行程序位于 IFEO 的控制中时，它的内存分配根据该程序的参数来设定，而 Windows NT 架构的系统能通过这个注册表项使用与可执行程序文件名匹配的项目作为程序载入时的控制依据，最终得以设定一个程序的堆管理机制和一些辅助机制等。出于简化原因，IFEO 使用忽略路径的方式来匹配它所要控制的程序文件名，所以程序无论放在哪个路径，只要名字没有变化，它都能在 IFEO 控制下运行。

映像劫持的本质是木马程序通过在注册表中添加目标程序的 Debugger 键值，达到用户试图启动目标程序时启动木马程序的目的。例如，木马 trojan.exe 要替换 QQ.exe 的执行，就可以在注册表中添加如下键值：

```
[HKEY_LOCAL_MACHINE\SOFTWARE\Microsoft\Windows NT\CurrentVersion\Image File
Execution Options\MsMpEng.exe]Debugger="%SystemRoot%\system32\trojan.exe"
```

3）路径劫持。

在 Windows 系统中，当应用程序调用 DLL 时，会按照特定的顺序搜索一些目录以确定 DLL 的完整路径。根据 MSDN（Microsoft Developer Network，微软开发者网络）文档的约定，如果 DLL 未在注册表项"HKLM\System\CurrentControlSet\Control\SessionManager\

knowndlls"中声明,则程序在使用 LoadLibrary、LoadLibraryEx、ShellExecuteEx 等函数从DLL 中加载 API 函数时,系统会依次从以下 6 个位置查找所需要的 DLL 文件(Windows7 以后会根据 SafeDllSearchMode 配置而稍有不同)。

- 应用程序 EXE 所在目录
- 系统目录
- 32 位系统目录
- Windows 目录
- 当前目录
- PATH 环境变量中的各个目录

所谓路径劫持,发生在系统按照顺序搜索这些特定目录时,攻击者只将与目标 DLL 具有相同文件名的木马 DLL 置于更为优先的路径中,就能够欺骗系统优先加载木马 DLL,从而实现"劫持"。当然,为了保证系统的原有功能不受损害,木马 DLL 除了要和替换的系统 DLL 具有相同文件名外,还需要和其保持同样的导出表,并在实现过程中保留对原系统DLL 导出函数的功能。

4)快捷方式或网址劫持。

劫持快捷方式是另一种木马常见的启动方式。常见的快捷方式劫持包括劫持桌面快捷方式、劫持浏览器网址等。

劫持桌面快捷方式是指通过修改桌面已有的快捷方式,使其打开程序变更为木马程序。该方式的实现比较简单,首先搜索桌面所在目录,找到所有的快捷方式图标;其次修改快捷方式的属性,将其"目标"和"起始位置"变更为木马程序和其所在的路径。修改后的快捷方式在双击时会启动木马程序。

有些木马程序不一定会劫持桌面快捷方式,而是直接在桌面创建指向木马程序的快捷方式图标,这些图标往往与浏览器或常用的应用软件相同,具有很强的迷惑性。劫持桌面快捷方式的检测也比较容易,用户只需要右键打开快捷方式检查其属性,如果发现打开的程序被篡改就说明已经被植入了木马。

木马采用的劫持网址可以让用户在打开浏览器快捷方式时自动跳转到包含木马程序的恶意网页,利用浏览器存在的漏洞自动下载和运行。实现劫持网址的方式有很多,最常见方法是修改浏览器打开的默认网址,即将注册表项 [HKCU\Software\Microsoft \Internet Explorer\Main] 中"start page="项改为恶意网页;更为高级的方法是通过修改快捷方式为"lnk"类型的打开程序,正如前面讲到的文件类型劫持,也可以添加新注册表项 [HKCR\lnkfile\shell\open\command],使其打开的程序为木马程序或是用 wscript.exe 打开的恶意脚本。

劫持网址的方式比劫持桌面快捷方式更为隐蔽,仅仅通过查看快捷方式属性并不能发现异常。

5)API 劫持。

API 劫持是指通过替换系统和应用程序的 DLL 文件,让系统启动指定的木马程序。例如,拨号上网的用户必须使用 Rasapi32.dll 中的 API 函数来进行连接,攻击者就会制作一个具有相同导出表的同名 DLL 替换这个 Rasapi32.dll,替换之前先将 Rasapi32.dll 改为其他文件名(如 Rasapi321.dll),当用户的应用程序调用 Rasapi32.dll 中的 API 函数,木马就会先启动,然后调用 Rasapi321.dll 的原有函数完成这个功能。

API 劫持与路径劫持相似,两者都是 DLL 型的木马,但是实现的思想却不一样。API劫持是在目标 DLL 路径上直接替换目标 DLL,而路径劫持是在系统中存在两个不同路径下相同文件名的 DLL。需要指出的是，随着 Windows 系统安全性的加强，操作系统对于系统 DLL 采用多重手段防止篡改和删除，例如签名校验和备份对比，因此 API 劫持技术趋向于替换应用软件的 DLL。

6.2.3　恶意代码生存技术

主动式传播的恶意代码由于其传播和感染动作，很难保证本身的隐蔽性。一旦被用户察觉或被杀毒软件锁定特征码，则自身的生存就会受到威胁。因此，恶意代码需要通过多种手段提高其在目标系统中的生存能力，对抗安全软件的检测。当前广泛采用的对抗手段主要有反逆向分析技术、加密技术、代码混淆技术、反动态调试技术等。

1. 反逆向分析技术

逆向技术是将二进制程序翻译成汇编甚至更高级语言程序的过程。恶意代码采用反逆向技术可以提高自身的防破译能力和伪装能力，增加检测与清除恶意代码的难度。

常用的反逆向技术分为静态和动态两类。

（1）静态反逆向技术

静态反逆向技术主要防止分析人员利用工具对代码进行正确的反汇编和反编译，主要包括以下几类：

- **加壳**。"壳"是一段用于保护软件不被非法修改或反编译的代码，它们附加在原始程序中，当程序执行时先于原代码得到控制权，然后在执行过程中对原代码进行解密或解压缩操作，将原代码还原到内存中并将控制权交还给代码继续执行。加壳后的程序在磁盘中一般是以加密形式存在的，因此在未脱壳的情况下，反汇编工具无法得到原程序正确的反汇编代码。

- **对程序代码分块加密执行**。为了防止程序代码通过反汇编进行静态分析，程序代码以分块的密文形式装入内存，在执行时由解密程序进行译码，某一段代码执行完毕后立即清除，保证分析者在任何时刻不可能从内存中得到完整的执行代码。

- **伪指令法**。伪指令法是指在指令流中插入"垃圾指令"，或者在不可能被执行到的代码区间插入"数据"，使得静态反汇编无法得到全部正常的指令，不能有效地进行静态分析。

- **跳转表伪造法**。跳转表是反汇编器确定程序控制流程和分支函数指令开始位置的一个重要结构。跳转表伪造法将跳转表中的真实目标地址隐蔽在若干虚假的地址表中，并利用函数进行统一封装。在执行时根据函数参数的不同找到真实目标地址，在静态反汇编时由于无法得到具体的参数值，继而无法确定目标地址，也就无法以该目标地址为指令首地址进行反汇编。

- **虚拟机保护技术**。虚拟机保护技术是指将代码翻译为机器和人都无法识别的一串伪代码字节流，在具体代码执行时再对这些伪代码进行翻译解释，逐步还原为机器码并执行。从本质上讲，虚拟机指令集是对 x86 汇编指令系统进行了一次封装，将原始的 x86 指令集转换为另一种表现形式。这些虚拟机指令只能由虚拟机的解释器进行解释并执行，其形态与 x86 汇编机器码完全不同，因此即使用 OllyDbg 等工具进行反汇编分析，看到的也是一堆无意义的代码。

（2）反动态跟踪技术

反动态跟踪技术主要让分析人员在对目标代码进行动态调试时产生中断、异常或者代码退出等。主要的反动态跟踪技术有：

- **禁止跟踪中断**。针对调试分析工具运行系统的单步中断和断点中断服务程序，恶意代码通过修改中断服务程序的入口地址实现反跟踪目的。
- **禁用输入和输出**。通过禁止键盘输入和屏幕显示，破坏各种跟踪调试工具运行的必需环境。
- **检测调试环境终止运行**。检测跟踪调试时和正常执行时的运行环境、中断入口和时间的差异，根据这些差异采取一定的措施，实现反跟踪目的。
- **其他反跟踪技术**。如指令流队列法和逆指令流法等。

2. 加密技术

加密技术是恶意代码自我保护的一种手段，加密技术和反跟踪技术的配合使用，使得分析者无法正常调试和阅读恶意代码，也无法获得其稳定的特征串。

从加密的内容上划分，加密技术分为信息加密、数据加密和程序代码加密三种。大多数恶意代码对程序体自身加密，另有少数恶意代码对被感染的文件加密。

3. 代码混淆技术

利用代码混淆技术可以使恶意代码具有多种形态，即同一种恶意代码具有多个不同样本，使基于特征的检测工具无法识别它们。随着这类恶意代码的增加，反病毒软件病毒库的体积快速增长，漏报率增加。

常见的代码混淆技术主要包括以下几种。

（1）垃圾代码插入

垃圾代码插入是指在原始代码中插入不影响原始代码功能的垃圾代码。垃圾代码分为可执行垃圾代码和不可执行垃圾代码。可执行垃圾代码是指那些能够正常执行但不改变程序功能的代码，例如 NOP 空指令、指令序列 PUSH REG / MOV REG, 12345678 / POP REG 等就是垃圾代码；不可执行垃圾代码是指那些插入到原始代码中，但永远不会被执行到的代码，不可执行垃圾代码可以是任意指令或数据，例如可将数据插入到 JMP 指令和其下一条指令之间。

（2）寄存器重命名

寄存器重命名是指替换指令中的所使用的寄存器。如图 6-7 所示，将图 6-7a 中指令 1 和 2 的 edi 替换为 esi，指令 3 和 4 中的 esi 替换为 edi，指令 4 和 5 中的 ecx 替换为 ebx，得到图 6-7b。

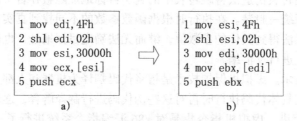

```
1 mov edi,4Fh            1 mov esi,4Fh
2 shl edi,02h            2 shl esi,02h
3 mov esi,30000h         3 mov edi,30000h
4 mov ecx,[esi]          4 mov ebx,[edi]
5 push ecx               5 push ebx
       a)                      b)
```

图 6-7　寄存器重命名示例

（3）指令乱序

指令乱序是指在不影响程序执行结果的前提下改变原指令在代码中出现的位置，指令乱序包括跳转法和非跳转法。跳转法通过在代码中引入跳转指令，改变原有指令的相对位置；非跳转法则是交换无相关性的前后指令位置，从而改变原有指令的排列顺序。两者的本质区别在于跳转法并未改变程序执行顺序，而非跳转法不仅改变了指令原来的排列顺序，而且改变了其执行顺序。

（4）等价指令替换

等价指令替换就是将代码中的指令替换为与之功能等价的其他指令或指令序列。根据替换指令与原指令的长度变化，又可将等价指令替换分为如下几类：

- 等长指令替换

等长指令替换是将原代码替换为与其等价且长度相等的指令序列。例如，将指令 XOR REG, REG 变换为 SUB REG, REG；将寄存器 REG1 和寄存器 REG2 进行互换；将 JMP 指令和 CALL 指令进行变换等。

- 指令压缩

指令压缩将目标指令序列压缩为更精短的同义指令。指令压缩会改变代码原有长度，因此在使用时需对代码中涉及的跳转指令进行重定位操作。例如，指令 MOV REG, 12345678 / ADD REG, 87654321 变换为指令 MOV REG, 99999999；指令 MOV REG, 12345678 / PUSH REG 变换为指令 PUSH 12345678 等。

- 指令扩展

指令扩展技术把每一条汇编指令进行同义扩展，所有压缩技术变换的指令都可以采用扩展技术实施逆变换。扩展技术变换的空间远比压缩技术大得多，有的指令可能有几十种甚至上百种的扩展变换。扩展技术同样会改变代码的长度，需要对代码中的跳转指令进行重定位。

（5）重编译技术

采用重编译技术的恶意代码中携带源码，需要自带编译器或者由操作系统提供编译器进行重新编译，这种技术既实现了变形的目的，也为跨平台的恶意代码的出现打下了基础。尤其是各类 UNIX/Linux 操作系统，系统默认配置有标准 C 的编译器。宏病毒和脚本恶意代码是典型的采用这类技术进行变形的恶意代码。

6.3　恶意代码的防范技术

目前，恶意代码防范技术主要分为基于主机的恶意代码防范技术和基于网络的恶意代码防范技术。

6.3.1　基于主机的恶意代码防范技术

1. 基于特征的扫描技术

基于特征的扫描技术是目前检测恶意代码的常用技术，主要基于模式匹配的思想。扫描程序工作之前，必须先建立恶意代码的特征文件，根据特征文件中的特征串，在扫描文件中进行匹配查找。用户通过更新特征文件更新扫描软件，查找最新版本的恶意代码。这种技术广泛地应用于目前的反病毒引擎中。其工作流程如图 6-8 所示。

通过文件类型检测模块对文件类型进行判断，这是对恶意代码进行分类的前提。对于压缩文件，还要先解压缩，再将解压出来的文件重新交给类型检测模块处理。要考虑一个递归的解压缩模块，处理多重和混合压缩等问题。

对于非压缩类型的对象，按照类型的不同分为 4 种不同的处理方式：

1）对于可执行文件，首先通过一个外壳检测模块，判断是否经过 ASPACK、UPX 等目前流行的可执行文件加壳工具处理。这个脱壳模块也是递归的，直到不再需要脱壳处理为止，最后交给二进制检测引擎处理。

2）对于文本类型文件，主要进行脚本病毒检测。目前有 VBScript、JavaScript、PHP
和 Perl 等多种类型的脚本病毒，这要先交给语法分析器去处理，再将语法分析器的结果交
给检测引擎进行匹配处理。有些反病毒软件的宏病毒检测是交给脚本处理引擎完成的，通过
Office 预处理器提取出宏的 Basic 源码，之后交给语法分析器。

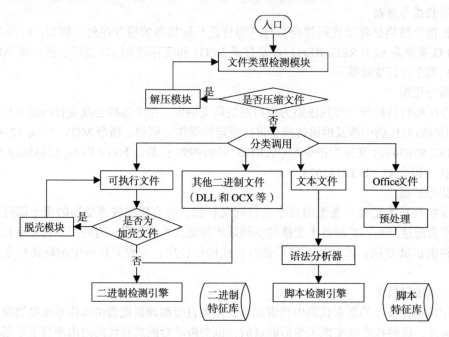

图 6-8　基于特征的恶意代码扫描技术工作流程

目前，基于特征的扫描技术主要存在两方面的问题：

- 它是一种特征匹配算法，不能很好地处理加密、变形和未知的恶意代码。
- 需要用户不断升级更新检测引擎和特征数据库，不能预警恶意代码入侵，只能做事后
  处理。

2. 校验和

校验和是一种保护信息资源完整性的控制技术，例如散列值和循环冗余码等。只要文件
内部有一个比特发生了变化，校验和的值就会改变。未被恶意代码感染的系统首先会生成检
测数据，然后周期性地使用校验和法来检测文件的改变情况。运用校验和法检查恶意代码有
三种方法：

1）在恶意代码检测软件中设置校验和法。对检测的对象文件，计算其正常状态的校验
和并将其写入被查文件或检测工具中，然后进行比较。

2）在应用程序中嵌入校验和法。将文件正常状态的校验和写入文件中，每当应用程序
启动时，比较现行校验和与原始校验和，实现应用程序的自我检测。

3）将校验和程序常驻内存。每当应用程序开始运行时，自动比较、检查应用程序内部
或别的文件中预留的校验和。

校验和可以检测未知恶意代码对文件的修改，但也有两个缺点：

1）校验和实际上不能确认文件是否被恶意代码感染，它只是查找变化，即使发现恶意
代码造成了文件的改变，校验和法既无法将恶意代码消除，也不能判断究竟被哪种恶意代码
感染。

2）恶意代码可以使用多种手段欺骗校验和法，使之认为文件没有改变。

3. 行为检测技术

行为检测技术又称为主动防御技术，指的是根据恶意代码执行时展现的行为特征来判别其是否具有可疑行为。该技术有两种主要的检测方法，一种是通过监控运行环境发现可疑行为，例如通过监控 Windows 的注册表自启动、文件的自我复制、创建网络连接和互斥量等恶意代码通常具有的行为来判断；另一种是将已知的恶意行为归一化后形成行为特征，再通过代码执行时提取的行为进行比对来检测，例如 API 调用序列、指令序列等均可表示为行为特征。

4. 沙箱技术

沙箱技术是指根据系统中每一个可执行程序的访问资源，以及系统赋予的权限建立应用程序的"沙箱"，限制恶意代码的运行。每个应用程序都运行在自己的受保护的"沙箱"之中，不能影响其他程序运行。同样，这些程序的运行也不能影响操作系统的正常运行，操作系统与驱动程序也存活在自己的"沙箱"之中。

对于每个应用程序，沙箱都为其准备了一个配置文件，限制该文件能够访问的资源与系统赋予的权限。Windows XP 以后的操作系统版本提供了一种软件限制策略，隔离具有潜在危害的代码。这种隔离技术其实也是一种沙箱技术，可以保护系统免受通过电子邮件和 Internet 传染的各种恶意代码的侵害。这些策略允许选择系统管理应用程序的方式：应用程序既可以被"限制运行"，也可以"禁止运行"。通过在"沙箱"中执行不受信任的代码与脚本，系统可以限制甚至防止恶意代码对系统完整性的破坏。

6.3.2　基于网络的恶意代码防范技术

由于恶意代码具有较高的复杂性和行为不确定性，因此恶意代码的防范需要综合应用多种技术，包括恶意代码监测与预警、恶意代码传播抑制、恶意代码漏洞自动修复、恶意代码阻断等。目前基于网络的恶意代码防范技术可以分为基于数据特征的恶意代码检测技术、基于流量分析的恶意代码检测技术、云安全技术等。

1. 基于数据特征的恶意代码检测技术

基于数据特征的恶意代码检测首先要建立特征规则库，对网络内的数据包或者数据流的分析是通过在这段数据包中验证规则库的特征来实现的。其中，特征码主要包括协议类型、端口号、特征串等。著名的 Snort 检测系统就是采用这样的架构。

2. 基于流量分析的恶意代码检测技术

当恶意代码采用加密隧道、代码混淆等技术消除数据包中的特征后，基于数据特征的检测技术就无能为力了，但是基于流量分析的恶意代码检测技术并不会受到影响。基于流量分析的恶意代码检测技术往往与入侵检测技术相结合，利用异常检测技术对恶意代码产生的异常流量进行检测。基于流量分析的检测首先要构造正常行为模型，而且假设异常行为和正常行为完全不相同，每当出现访问情况，将有访问时的测量结果和正常行为模型数据对比；最后进行判断，若出现明显的不同即可判断是异常行为，进而触发警告，采取措施解决问题。目前，机器学习技术和大数据技术得到空前发展，因此利用机器学习的方法分析网关截获的大量流量数据，为基于流量分析的恶意代码检测技术提供了更有力的支持。基于流量分析的检测并不关心具体入侵行为，因此具有很好的通用性，还能检测出某些未知攻击行为。

3. 云安全技术

云安全是云计算理论在安全领域的应用，融合诸多新兴技术，如网格计算、并行处理技术、未知病毒行为判断技术等，通过互联网将用户和杀毒软件厂商的服务器集群进行连接，形成一个庞大的防毒杀毒系统，对用户机器中软件的异常行为进行监测，从中获取恶意代码的特征信息并向服务器端传送，服务器端对其进行分析处理后再向各个客户端发送处理该类恶意代码的解决方案。

云安全将原先客户端的分析计算工作转移到了服务器端，这要求服务器端必须拥有快速响应客户端请求与快速分析处理可疑文件的能力。为提高分析查杀的准确率，服务器端拥有多个快速分析引擎、庞大的特征库以及行为分析等多种分析技术。当用户访问网络信息时，云安全客户端首先将用户访问信息提交给服务器进行安全评估，服务器快速响应分析后迅速将解决方案发送至客户端，客户端再根据解决方案提示用户该网络信息是否安全；当用户执行本地扫描时，客户端将可疑文件样本提交至服务器进行分析以得到解决方案。

6.4　本章小结

本章分析了恶意代码使用的关键技术，并介绍了基于主机的恶意代码防范技术和基于网络的恶意代码防范技术。由于恶意代码对网络安全影响巨大，因此只有掌握当前恶意代码的实现机理，不断跟踪最新技术，加强对未来恶意代码趋势的研究，才能在恶意代码问题上取得先机。然而，仅依靠各种恶意代码防范技术并不能完全解决恶意代码的威胁，用户必须提高自身安全意识，了解安全常识，掌握基本的恶意代码防范方法，才能减少恶意代码的侵害。

6.5　习题

1. 恶意代码的定义是什么？列举常见的恶意代码类型。
2. 简述恶意代码攻击模型。
3. 恶意代码的关键技术包括哪几个方面？
4. 恶意代码的主要传播方式有哪些？
5. 恶意代码通常对自己的痕迹如何进行隐藏？
6. 简述远程线程插入技术原理。
7. 列举常见的恶意代码启动项。
8. 简述当前恶意代码防范技术。
9. 思考主机用户如何防范恶意代码的攻击？

Chapter

7

010101010101010101010101
0101010101010110101010101
0101010110101010101010101
01010101010101010101010
010101010110101010101010
010101010101010101010

第 7 章 假消息攻击

假消息攻击是指攻击者利用网络协议的脆弱性或策略配置的缺陷，通过发送虚假的网络数据包，达到窃取敏感信息、欺骗认证过程、实施拒绝服务等目标的一种攻击方式。随着网络防护技术的发展，特别是防火墙技术与补丁自动更新的广泛应用，攻击者直接突破主机变得越来越困难。因此，攻击者的思路往往是先获取内网中某台主机的控制权，再对内网中其他主机进行渗透。假消息攻击是攻击者实施内网渗透的一种重要手段。

本章将主要讨论假消息攻击及其防范。首先，概述假消息攻击的基本概念；其次，介绍假消息攻击的基础技术网络嗅探；最后，介绍在各个网络协议层中，假消息攻击的方法以及相应的防范措施。

7.1 概述

7.1.1 TCP/IP 的脆弱性

TCP/IP 起源于 20 世纪 60 年代末美国政府资助的分组交换网络研究项目，到 20 世纪 90 年代发展成为计算机之间常用的组网形式。它是一个真正的开放系统，也被称为互联网的基础。在设计的初期，设计者们只是想办法将遍布在全世界的各个孤立的计算机连接在一起，而并没有考虑到其中可能存在的安全问题。在这个设计原则下，TCP/IP 被分为数据链路层、网络层、传输层和应用层，每一层负责不同的功能，具有相应的协议。

以用户使用浏览器浏览 Web 服务器的过程为例，我们观察用户在使用 Internet 时，计算机和网络系统底层运作的细节。

首先，用户在浏览器地址栏输入 URL，该 URL 将以请求数据包的形式发送到网络上，而发送的网络数据不仅仅包含 URL，还包括 TCP 报文头部、IP 包头和 MAC（Media Access Control，媒体访问控制）帧头。这些头部数据由操作系统按照各层次的协议规范进行封装而成，由上而下逐层封装的过程如下：

（1）TCP层封装

TCP报文头部分包括源端口、目的端口、TCP标志、TCP选项等内容。在这里，源端口是操作系统为应用程序随机指派的，目的端口一般指定为80，因为Web服务默认使用80端口提供服务。最后还要设置TCP标志位为SYN、SYN+ACK、ACK或PUSH等。

（2）IP层封装

IP包头部分包括源IP地址、目的IP地址、IP标志等内容。源IP地址由操作系统根据自身IP地址设置来确定，目的IP地址通过DNS解析来确定。应用程序调用DNS解析程序，将URL请求中包含的目的Web服务器的域名解析为目标的IP地址。

（3）MAC层封装

MAC帧头部分包括源MAC地址、目的MAC地址以及上层协议类型等内容。源MAC地址为当前通信网卡的MAC地址，目的MAC地址如何确定呢？如果所访问的Web服务器位于局域网内，那么目标MAC地址就应该是服务器的MAC地址。如果Web服务器位于外部网络，则数据包应该首先传输给网关，再由网关向外部网络转发，所以目的MAC地址应该是网关的MAC地址。

操作系统首先使用主机路由表来完成路由选择过程，确定数据包应该发送给网关还是直接发送给（内部网络中的）Web服务器；然后，借助ARP（Address Resolution Protocol，地址解析协议）缓存解析网关或Web服务器对应的MAC地址。在Windows操作系统中，route print命令可显示主机路由表信息，arp –a命令可显示主机的ARP缓存。

上述数据包封装过程决定了数据能否正确、安全地送达目标。如果这一过程中的DNS解析、路由决定、ARP解析等关键环节发生问题，就会给整个数据传输带来安全威胁。遗憾的是，如第1章所述，TCP/IP协议在设计时缺乏有效的数据加密机制和身份鉴别机制，于是攻击者可通过伪造身份，实施假消息攻击来破坏正常的数据通信过程，达到获取权限、窃取信息等目的。

7.1.2　假消息攻击的模式和危害

假消息攻击可能发生在主机发送和接收数据的各个环节，分为主动攻击和中间人攻击两种模式。

主动攻击是指攻击者利用网络协议中存在的脆弱性，主动向被攻击主机发送一些经过篡改和伪造的数据包，以达到窃取信息、身份欺骗、拒绝服务等目的。针对不同的TCP/IP协议栈层次可分为以下几类：

- 针对数据链路层的攻击，例如ARP欺骗攻击。
- 针对网络层的攻击，例如ICMP路由重定向攻击。
- 针对传输层的攻击，例如IP欺骗攻击。
- 针对应用层的攻击，例如DNS欺骗攻击。

中间人攻击（Man-in-the-Middle Attack，MITM）是一种"间接"的入侵攻击，是指攻击者介入通信双方的信道中，以中间人的身份转发双方的通信数据，达到既能够获取也能够篡改通信内容的目的。通过中间人攻击可以绕过一些协议认证机制的保护，例如，针对NTLM（NT LAN Manager）协议的中间人攻击可以绕过口令验证；而针对SSL（Secure Sockets Layer，安全套接层）协议的中间人攻击可以伪造证书从而绕过身份验证。

假消息攻击会导致数据窃取和拒绝服务的后果。窃取数据是指在未获得通信双方的信任许可的情况下，通过嗅探、篡改信任凭据等方式，非法获得通信数据。典型的窃取数据包括攻击者通过假消息攻击使得自己处于通信双方的中间位置，从而窃取到通信双方的敏感信息，包括明文的用户名、口令等。对加密协议（如 SSL 协议），攻击者可以篡改通信双方的协商数据，获得加密的密钥，或迫使一方使用明文方式传输敏感信息。

假消息攻击也可以应用在拒绝服务攻击中。攻击者通过向目标主机发送伪造的数据包，如将源地址伪造成一个不存在的地址，使得目标主机尝试与不存在的主机通信，从而导致网络连接断开。攻击者也可以向目标主机发送大量的伪造数据包，增加目标主机的处理负担，耗尽目标主机的内存资源和带宽资源，从而使目标主机失去响应。

7.2　网络嗅探

网络嗅探（Sniffer）是一种对网络流量进行数据分析的手段，常用于网络安全领域，也可用于网络业务分析领域，一般是指使用嗅探程序对网络数据流进行截获与分析。在假消息攻击过程中，常需要实时地获取网络数据以构建足以"乱真"的虚假数据包，因此网络嗅探是假消息攻击的基础技术。本节将重点介绍网络嗅探技术。

7.2.1　网络嗅探的原理与实现

以太网与电话线路不同，以太网是共享通信信道的，共享意味着计算机能够接收到发送给其他计算机的信息。为了深入理解嗅探的原理，首先介绍网卡及局域网的基本工作原理。

1. 网卡及局域网的工作原理

网卡收到传输来的数据时，网卡驱动程序先分析数据包头部的目的 MAC 地址，根据驱动程序设置的接收模式判断是否应该接收，如果接收就产生中断信号通知 CPU 进行接收处理；如果不接收就直接丢弃。CPU 得到中断信号后产生中断，操作系统会根据中断程序地址调用驱动程序接收数据，之后放入系统堆栈以方便操作系统处理。

数据在网络中是以"帧"为单位进行传递的。当应用程序需要向网络发送数据时，首先会准备好相应的应用层数据，然后由操作系统为数据"装配"上正确的 TCP 报文头和 IP 包头，最后由 NIC（Network Interface Card，网络适配器）设备"装配"好帧头发送到通信介质上，最终到达目的主机。数据包到达目的主机后执行相反的解包过程：首先由网络接口设备处理帧头，再由操作系统"剥去"IP 头和 TCP 头，并将之交给相应的应用程序。

通常，局域网中同一个网段的所有网络接口都有能力访问在物理媒介上传输的所有数据，而每个网络接口都有一个硬件 MAC 地址。MAC 地址共 48 比特，每个网络接口都需要并且会有一个全球唯一的 MAC 地址。在局域网内，主要通过 ARP 和 RARP 协议对 IP 地址与 MAC 地址进行相互转换。

网卡一般有以下四种工作模式：

- **广播模式**：该模式下的网卡能够接收网络中的广播信息。
- **组播模式**：设置在该模式下的网卡能够接收组播数据。
- **普通模式**：在这种模式下，只有目的网卡才能接收该数据。
- **混杂模式**：这种模式下，网卡能够接收一切通过它的数据，而不管该数据是否是传给它的。

正常情况下，网卡只处于广播模式和普通模式。

在物理介质上传送数据时，共享设备与交换设备在处理数据的方式上存在区别，下面重点介绍这两种环境下的嗅探：共享网络下的嗅探和交换网络下的嗅探。

2. 共享式局域网中的嗅探

共享式局域网主要使用同轴电缆或 Hub（集线器）连接，其网络拓扑基于总线方式，物理上是广播的。由于目前以同轴电缆方式连接的网络已逐渐淡出历史舞台，因此本节重点讲述以 Hub 连接的共享式局域网环境下的嗅探。

（1）共享式局域网嗅探

在共享式局域网中，当一个数据包到来时，Hub 先接收数据，然后把它接收到的数据发送到其他所有接口。因此，两台主机在共享式局域网通信时，其他主机上的网卡也能收到两台主机间传输的数据。

在共享式局域网中，同一个网段的所有网络接口都有能力访问在物理媒体上传输的所有数据。每个网络接口有一个唯一的 MAC 地址，此外，每个网络至少还有一个广播地址（代表所有的接口地址）。在正常情况下，一个合法的网络接口应该只接收满足以下两个条件的数据帧：数据帧的目的 MAC 地址与网络接口自身的 MAC 地址相匹配；或者数据帧的目的 MAC 地址是广播地址。但是，如果将局域网中某台机器的网络接口设置为混杂模式，那么它就可以捕获网络上所有的报文和帧。共享式局域网的嗅探就是基于这种原理实现的。

下面看一个简单的例子。假设现在有这样一个网络环境：三台主机通过 Hub 进行连接，Hub 通过路由器连接外部网络（如图 7-1 所示）。其中 FTP 服务器提供日常文件下载；网管主机通过管理员账户和口令可以远程登录和维护 FTP 服务器；嗅探主机是一台普通用户主机，只能以普通用户的权限下载 FTP 服务器中指定的文件。假设现在网络管理员要通过网管主机维护 FTP 服务器，他将向服务器发送一个 FTP 命令进行登录，那么这个命令在 Hub 连接的共享式网络中的传递过程如下：首先在网管主机上，管理员输入账户和口令，经过应用层的 FTP 协议、传输层 TCP 协议、网络层 IP 协议、数据链路层及网卡驱动程序的层层封装，最后账户和口令以帧的形式发送到物理层的介质。接下来，数据帧将传送到 Hub 上，由 Hub 向除了管理员主机接口外的其他接口进行广播。FTP 服务器和嗅探主机都接到了这个消息，FTP 服务器的网卡检测收到的帧后发现其目的地址与自己的地址匹配，于是接收该帧并送往操作系统进行处理。嗅探主机收到该消息后，网卡也进行相同的解析与匹配，但是由于目的地址不同而选择将该帧抛弃。在这个例子中，如果嗅探主机上的用户对管理员的账户和口令很好奇，想知道该口令到底是什么，那么他只需将主机 C 的网卡置于混杂模式，并对接收到的数据帧进行分析就可以了。这就是最简单的网络嗅探。

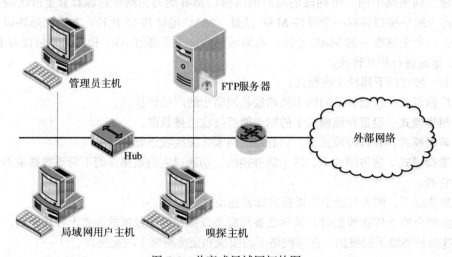

图 7-1　共享式局域网拓扑图

（2）嗅探器的组成

一个嗅探器至少应具有以下基本功能：

- 能够将网卡工作模式设置为混杂模式。
- 能够捕获所有流经网卡的数据包。
- 能够正确地分析数据包。

因此，嗅探器程序通常都会包含网络数据驱动、协议解码和缓冲区管理三个模块。有些功能强大的商业嗅探器程序还包括网络流量实时分析模块、包的编辑和传输模块等。其中，网络数据驱动模块是一套捕捉网络数据包的函数库，这套函数库工作在网络分析系统模块的最底层，作用是从网卡取得数据包或者根据过滤规则取出数据包的子集，再转交给上层分析模块。从协议上说，这套函数库从链路层接收一个数据包，至少将其还原至传输层以上，以供上层分析。协议解码模块将底层提交上来的数据按照 TCP/IP 协议模型，对网络数据从下至上地进行分析，将它们按照网络层次逐层剥去协议头部，并分析出每一层数据的含义。例如，分析出数据是 DNS 协议，还是 HTTP 协议。接下来，再根据 DNS 或 HTTP 分析出每一个字节所包含的意义。当网络捕获速度大于协议分析的速度时，缓冲区管理模块负责将捕获的网络数据存放到临时的缓冲区中，等待协议解码模块来提取。缓冲区大小设置得是否恰当将直接影响到嗅探器的性能，如果设置过小，就会造成丢包现象；如果设置过大，会造成系统资源的浪费，还会影响嗅探器的工作效率。

3. 交换网络中的嗅探

交换网络是使用交换机组建的局域网，所有数据包都通过交换机进行数据转发。

（1）交换机的工作原理

与 Hub 简单地把接收到的数据帧直接发送到所有端口（除了数据来源端口外）不同，交换机检查每一个经过的数据包的目的 MAC 地址，并选择相应的物理端口进行转发。交换机内存中保存着主机 MAC 地址与物理端口对应关系的 MAC-端口映射表，只允许目标物理地址匹配成功的数据包通过交换机。

当交换机从某一端口收到一个帧时（广播帧除外），将对 MAC-端口映射表执行两个动作：一是如果该帧的目的 MAC 地址未出现在映射表中，将该帧发送到所有其他节点（源节点除外），相当于该帧是一个广播帧，并把该 MAC 地址加到表中，这样以后就知道该 MAC 地址在哪一个节点；二是如果该帧的目的 MAC 地址已在映射表中，则将该帧发送到对应的端口，不必像 Hub 集线器那样将该帧发送到所有端口。此外，若帧的目的 MAC 地址对应的端口与该交换机接收到该帧的端口相同，则将该帧抛弃。

下面来看一个例子。假设一台局域网内交换机映射表如表 7-1 所示，当交换机从接口 1 收到数据包后，先从数据包中得到源 MAC 与目的 MAC，然后查询 MAC-端口映射表。若目的 MAC 对应的接口也是接口 1，则将该数据包抛弃。否则，将该包转到目的 MAC 对应的接口。

表 7-1　交换机接口映射表

MAC Address	Interface
00-03-D0-3F-54-E1	1
00-03-D0-3F-22-32	2
00-03-D0-3F-21-52	3
……	……
00-03-D0-3F-20-23	7

由于交换机是根据映射表和数据包的物理地址进行转发的，因此可以有效地避免网络广播风暴，减少数据被嗅探的可能。

（2）交换型网络的嗅探原理

随着交换机价格越来越低廉，现在的网络基本上很少采用 Hub 进行连接，而是采用交换机连接或交换机与 Hub 混合连接。在了解交换机的工作原理后，可能有人会认为，既然交换机采用基于 MAC- 端口映射的数据帧转发机制，那么即使有意嗅探的人将主机接入交换网络中，将网卡的混杂模式打开，也无法嗅探到发往其他主机的数据。但事实并非如此，如果在交换型网络中能使本不应到达的数据包到达本地，那么就能在交换型网络下进行嗅探。

下面介绍几种在交换网络中实现嗅探的方法。

● MAC 洪泛

MAC 洪泛是指向交换机发送大量含有虚构 MAC 地址和 IP 地址的 IP 包，使交换机无法处理大量的信息，致使交换机进入所谓的"打开失效"模式，也就是开始了类似于 Hub 的工作方式，向网络上所有的机器广播数据包。

前面在介绍交换机的工作原理时提到过，交换机根据自身的 MAC －端口映射表，通过数据包中的目的 MAC 地址判断出应该把数据发送到哪一个端口上。这个映射表的更新可能是动态也可能是静态的，这和交换机的厂商和型号有关。对于某些交换机来说，它维护的是一个动态映射表，并且表的大小是有上限的。对于这种交换机，只要向其发送大量虚构的 MAC 和 IP 地址的 IP 包，就会使交换机在短时间内无法处理如此多的信息，从而不得不采用广播模式来传送所有经过的数据包。在这种情况下，嗅探就变得和在共享式局域网环境下一样容易。

● MAC 欺骗

如前所述，交换机需要维持一张 MAC- 端口映射表。映射表一般是交换机通过学习构造出来的，学习过程如下。

交换机取出每个数据包的源 MAC 地址，通过算法找到相应的位置：如果是新地址，则创建地址表项，填写相应的端口信息、生命周期时间等；如果此地址已经存在，并且对应端口号也相同，则刷新生命周期时间；如果此地址已经存在，但对应端口号不同，一般会改写端口号，刷新生命周期时间；如果某个地址项在生命周期时间内没有被刷新，则将因超时而被删除。

MAC 欺骗同 MAC 洪泛类似，攻击者通过将源 MAC 地址伪造为目标主机的源 MAC 地址，并将这样的数据包通过交换机发送出去，这使得交换机不断更新它的 MAC- 端口映射表，让交换机相信攻击者主机的 MAC 地址就是目标主机的 MAC 地址，从而使交换机把本应发送给目标主机的数据包发送给攻击者。

● ARP 欺骗

ARP 欺骗是目前交换型网络中常用的一种嗅探方式。攻击者通过对网关和目标主机进行 ARP 欺骗，就可以截获两者之间的通信数据，从而达到在交换式局域网中嗅探的目的。关于 ARP 欺骗的原理和具体实现将在 7.3 节中详细阐述。

7.2.2　网络嗅探与协议还原

嗅探器的重要作用之一就是将协议还原，即将网络数据根据协议规范重新还原成可读的协议格式。例如，浏览器与网页服务器之间的网页数据传输，是将一个完整的网页页面分割为多个 IP 包传输，嗅探器在得到这些 IP 包之后，可以根据 HTTP 协议将它们组合为一个完整的网页页面。协议还原和这三个阶段密切相关。

1. 主机封包

在局域网中，数据包的传递是经过层层封装的。按照 TCP/IP 协议模型和协议标准，如果要传输一段应用层数据，需要在传输之前分别加上 TCP 报文头、IP 包头和 MAC 帧头，如图 7-2 所示。

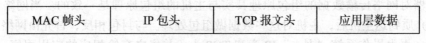

| MAC 帧头 | IP 包头 | TCP 报文头 | 应用层数据 |

图 7-2　数据包的封装

它们分别和图 7-3 中的 TCP/IP 协议栈的各个协议层相对应。

| 数据链路层 | 网络层 | 传输层 | 应用层 |

图 7-3　TCP/IP 协议层

给应用层数据加上不同的协议层包头的过程就是封包的过程。封包过程通常由主机完成，在一个主机系统中，不同协议层的任务是由不同的组件完成的。当数据包从一个主机送出时，应用层会首先准备好相应的应用层数据，而后由操作系统为数据"装配"正确的 TCP报文头和 IP 包头，最后由网络接口设备"装配"好帧头发送到通信介质上，如图 7-4 所示。

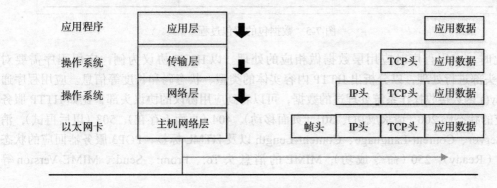

图 7-4　数据包的封装过程

以上是应用层数据的封包过程，实际上应用层数据本身也是有封装过程的，如 HTTP 应用层数据中包含 HTTP 头部和 HTTP 内容实体，应用层的处理软件在处理完用户数据后，就要准备应用协议的协议头部，比如 HTTP 命令 GET、PUT，消息头 User-Agent、Accept、Accept-Language 等，POP3（Post Office Protocol-Version 3，邮局协议 – 版本 3）命令 User、Pass、List、Retr 等，MIME（Multipurpose Internet Mail Extensions，多用途互联网邮件扩展）的消息头 To:、From:、Send:、MIME-Version 等内容。

2. 嗅探器抓包

若一段应用层数据比较长，如超过 1440 字节，主机会将这段数据封装成多个数据包来发送，每个数据包都包含完整的协议头部，并在各个协议头部中设置相应的标识信息来确定这些数据包的顺序，以保证数据的完整性。

当嗅探器对网络进行监听，尤其是在网络流量较大时，通过网卡监听到的通常是一串无序的数据包。嗅探器可能会监听到各种协议的数据包。例如，在数据链路层有 ARP 协议，网络层有 IP 协议等，传输层有 TCP、UDP 等协议。嗅探器还可能会监听到不同主机之间通信的数据包，如主机 A 和主机 B 之间、主机 A 和主机 C 之间的数据包，还有许多广播包等。嗅探器通常不区分这些数据，统统交给上层的协议解码模块处理，由它完成组包工作。

3. 嗅探器组包

嗅探器对网络传输数据的组包原理其实与主机的组包原理是一致的。当网络传输数据通过通信介质到达主机后，主机对这些数据做组包处理。与封包相反，首先由网络接口设备处理帧头，再由操作系统"剥去"IP 头和 TCP 头，并将之交给相应的应用程序，如图 7-5 所示。

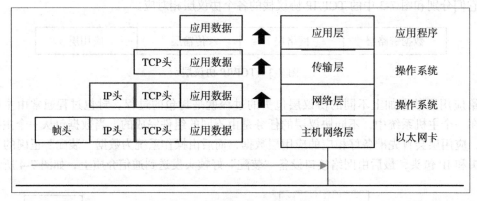

图 7-5　数据包的解包过程

此时，应用程序对应用层数据做相应的处理。以 HTTP 协议为例，应用程序需要对 HTTP 头部进行处理，以分析出 HTTP 内容实体的类型、状态码和长度等信息。应用程序通过 Recv() 函数接收操作系统处理过的数据，可以看到应用协议的协议头部，比如 HTTP 服务器回应的状态码 200（请求成功）、301（页面移动）、404（页面不存在）、503（以后再试），消息头 Server、Content-Language、Content-Length 以及 HTML 标签，POP3 服务器回应的状态码 220（Ready）、250（命令成功），MIME 的消息头 To:、From:、Send:、MIME-Version 等内容。

主机的组包过程是由操作系统完成的，对于嗅探器而言，由于它监听到的数据都是原始的没有经过组包的网络数据，因此它也需要对这些数据进行组包。但嗅探器无法通过操作系统来完成这个过程，只能自己完成。

我们以一次网页邮箱的登录过程为例，说明如何在嗅探器中进行组包，还原 HTTP 协议，从而得到用户登录邮箱的用户名和口令的。

首先，用户在 IE 浏览器中打开网页邮箱的登录界面，并输入用户名 abcd 和口令 1234，如图 7-6 所示。

图 7-6　网页邮箱登录页面

当用户点击"登录"按钮后，IE 浏览器将网页数据封包，通过通信介质传给网页服务器，其中包含用户邮箱的登录名和口令。这些数据会被嗅探器监听到，如图 7-7 所示。

MAC source addr	MAC dest. addr	Protocol	Addr. IP src	Addr. IP dest	Port src	Port dest	SEQ	ACK	Size
00:09:6B:CD:7B:0E	00:0A:EB:AA:12:7F	TCP-> HTTP	uni-60166aa003f	202.108.33.40	1746	80	2395942456	0	78
00:0A:EB:AA:12:7F	00:09:6B:CD:7B:0E	TCP-> HTTP	202.108.33.40	uni-60166aa003f	80	1746	3467722727	2395942457	66
00:09:6B:CD:7B:0E	00:0A:EB:AA:12:7F	TCP-> HTTP	uni-60166aa003f	202.108.33.40	1746	80	2395942457	3467722728	54
00:09:6B:CD:7B:0E	00:0A:EB:AA:12:7F	TCP-> HTTP	uni-60166aa003f	202.108.33.40	1746	80	2395942457	3467722728	960
00:0A:EB:AA:12:7F	00:09:6B:CD:7B:0E	TCP-> HTTP	202.108.33.40	uni-60166aa003f	80	1746	3467722728	2395943363	60
00:0A:EB:AA:12:7F	00:09:6B:CD:7B:0E	TCP-> HTTP	202.108.33.40	uni-60166aa003f	80	1746	3467722728	2395943363	1474
00:0A:EB:AA:12:7F	00:09:6B:CD:7B:0E	TCP-> HTTP	202.108.33.40	uni-60166aa003f	80	1746	3467724148	2395943363	1474
00:09:6B:CD:7B:0E	00:0A:EB:AA:12:7F	TCP-> HTTP	uni-60166aa003f	202.108.33.40	1746	80	2395943363	3467725568	54
00:0A:EB:AA:12:7F	00:09:6B:CD:7B:0E	TCP-> HTTP	202.108.33.40	uni-60166aa003f	80	1746	3467725568	2395943363	1474
00:09:6B:CD:7B:0E	00:0A:EB:AA:12:7F	TCP-> HTTP	uni-60166aa003f	202.108.33.40	1746	80	2395943363	3467726988	54
00:0A:EB:AA:12:7F	00:09:6B:CD:7B:0E	TCP-> HTTP	202.108.33.40	uni-60166aa003f	80	1746	3467726988	2395943363	1474

图 7-7　邮箱登录过程的嗅探

嗅探器首先按协议类型对这些数据包进行过滤，将我们所关心的 HTTP 协议分离出来，这主要通过查看 MAC 帧头的 Type 字段、IP 包头的 Protocol 字段以及 TCP 报文头的目标端口号来实现；接着按源 IP 地址和目标 IP 地址对这些数据包进行过滤，这通过查看 IP 包头的源 IP 地址和目标 IP 地址来实现。如图 7-8 所示。

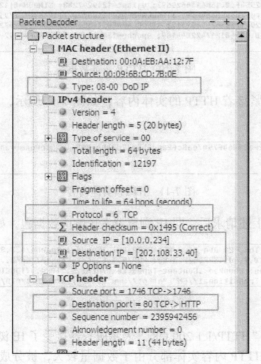

图 7-8　IP 包头解析

接下来，按照 TCP 协议规范对过滤后的数据进行排序，这主要是通过分析 TCP 报文头的 SEQ 字段和 ACK 字段实现。TCP 协议规定，通信双方的 SEQ 和 ACK 值必须满足一定的关系，即 SEQ 值由自己提出，ACK 值必须等于对方 SEQ 值 + 上次接收数据的大小。三次握手时例外，ACK 值等于对方 SEQ 值 +1。根据这个逻辑关系，可以对数据包按先后顺序排序。接着分离出其中与 HTTP 协议无关的 TCP 的三次握手、ACK、FIN 等数据包，这通过分析 TCP 报文头的 Flag 标志实现，如图 7-9 所示。

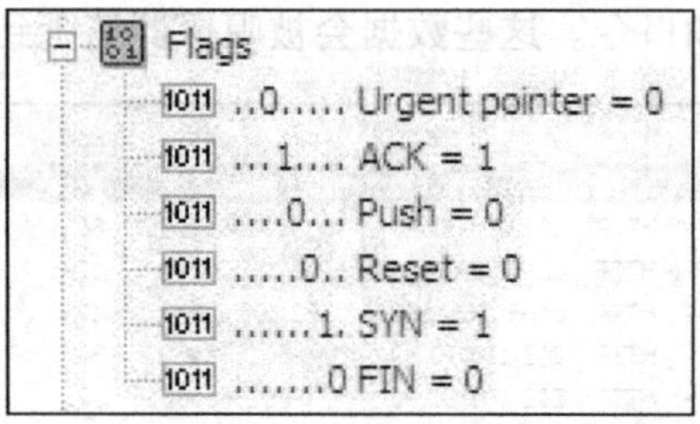

图 7-9　TCP 包头解析

最后，对过滤后的数据按照 HTTP 协议进行分析，图 7-10 为 HTTP 头部数据。HTTP 协议规定，客户端向服务器提交表格数据时要在 HTTP 头部使用"POST"标识，如图 7-10 开始部分用方框标注的部分，HTTP 头部的其他标识的意义请参考相关资料，这里不再一一说明。

```
POST /hd/signin.php HTTP/1.1..Accept: */*..Referer: http://www.sina.com.cn/..Accept-Language:
zh-cn..Content-Type: application/x-www-form-urlencoded..Accept-Encoding: gzip, deflate..User-
Agent: Mozilla/4.0 (compatible; MSIE 6.0; Windows NT 5.1; Maxthon; .NET CLR 2.0.50727)..Host:
login.sina.com.cn..Content-Length: 54..Connection: Keep-Alive..Cache-Control: no-cache..Cookie:
np=3; userId=C5CYx6rg55msiQmEwT7smRn8ZQmdWSm3WR1EBWuR9UmsB;
vjuids=2ab82d1a.11b24b2554f.0.16b6114629d97; vjlast=1219297243; SINAGN=0|1217904724928;
SINA_NEWS_CUSTOMIZE_city=%u65B0%u4F59; SINAGLADNEWS=1218372077|1218381227914;
SINAGLADNEWSS=1218458029|1218467556921|2; SINAGLADNEWST=1219233943|1219297237333;
SINAGLOBAL=123.6.93.110.308401217422044189; Apache=123.14.88.251.58661219297192612;
loginType=freemail;
```

图 7-10　HTTP 头部数据

在 HTTP 头部之后紧接着 HTTP 的实体内容，如图 7-11 所示，其中方框部分即用户登录邮箱的用户名和口令。

```
ULOGIN_IMG=d7261f6a04c2ee30064f7507ea8cf2accfb5a77d74bee868....username=abcd&password=1234&entry
=freemail&act=1
```

图 7-11　HTTP 实体内容

网页服务器在收到上述请求后，向 IE 浏览器发送响应数据包，如图 7-12 所示。

```
HTTP/1.1 200 OK..Date: Thu, 21 Aug 2008 05:42:22 GMT..Server: Apache/1.3.33 (Unix) PHP/5.1.5
mod_ssl/2.8.24 OpenSSL/0.9.8d..X-Powered-By: PHP/5.1.5..Set-Cookie: np=3..Connection:
close..Transfer-Encoding: chunked..Content-Type: text/html....1089..<!DOCTYPE html PUBLIC
"-//W3C//DTD XHTML 1.0 Transitional//EN" "http://www.w3.org/TR/xhtml1/DTD/xhtml1-
```

图 7-12　HTTP 响应包

其中，方框部分的"HTTP/1.1 200 OK"表示服务器接受了 IE 浏览器提交的数据，响应状态码为 200。随后的 HTTP 内容实体部分由于数据量较大，被分成了多个数据包。嗅探器按照先后顺序将这些数据包一一合并，最后得到完整的网页内容。

通过以上步骤，嗅探器进行了一系列协议解码和组包动作，还原了一次登录网页邮箱的全过程，并从中获取了期望的信息。由此可见，协议还原的过程就是依照各层协议的规范对多个数据包进行解码和组包的过程。

7.2.3　嗅探器的检测与防范

1. 嗅探器的检测

嗅探器的检测有一些通用的方法，比如通过网络通信丢包率进行检测，通过一些网络管理软件，比如常用的 Ping 命令，可以粗略了解当前网络的丢包情况。如果用户的网络结构正常，而又有 20%～30% 数据包丢失以致数据包无法顺畅地到达目的地，就可能是由于嗅探器拦截数据包导致的。也可以通过网络带宽使用情况进行检测，因为通过某些网络设备可以实时了解目前网络带宽的分布情况。如果网络中某台主机长时间占用较大的带宽，那么这台主机就有可能被用于嗅探监听。

共享式局域网中的嗅探器往往是通过将网络接口设置为混杂模式来实现。可以通过以下方法检测共享式网络中的嗅探器：

1）检测嗅探器发出的数据包：如果某个嗅探器程序只具有接收数据的功能，那么它不会发送任何包；但如果某个嗅探器程序还包含其他功能，它通常会发送包，比如，为了发现与 IP 地址有关的域名信息而发送 DNS 反向查询数据。

2）检测主机对"特殊"数据的响应：设置成混杂模式的网络接口对某些数据的反应会与单播模式的网络接口有所不同。我们的目标是构造一些可以通过软件过滤，但不能通过硬件过滤的数据包，比如伪广播地址和多播地址的数据包。通过构造特殊的数据包，就可能检测到嗅探器的存在。

举一个简单的例子。我们可以在局域网使用 ARP 广播轮询网内所有 IP 的 MAC 地址，正常的 ARP 广播使用全 1 的广播 MAC 地址，但我们在发送时，使用一个非广播地址。这样的一个 ARP 请求不会被任何正常主机应答，因为 MAC 地址不匹配，但使用嗅探器的主机将会响应这样的查询。

交换式局域网中的嗅探器往往通过 ARP 欺骗来达到嗅探的目的。因此，可以采用检测 ARP 欺骗的方法来检测这类嗅探器。ARP 欺骗的检测将在 7.3 节中详细阐述。

2. 嗅探器的防范

通过以下防御措施可以减少或消除嗅探器对网络数据的威胁。

（1）网络分段

嗅探器只能在当前网络段上进行数据捕获，因此将网络分段得越细，嗅探器能够收集的信息就越少。有三种网络设备是嗅探器不能跨过的：交换机、路由器、网桥。

早期建立的内部网络使用 Hub 集线器来连接多台工作站，这为嗅探器提供了攻击便利。因此，不使用 Hub 而用交换机来连接网络，就能有效地避免一个工作站接收任何与之无关的数据。

对网络进行分段可以隔离不必要的数据传送，比如，可以通过在交换机上设置**虚拟局域网**（Virtual Local Area Network，VLAN），一般将 20 个工作站分为一组，定期人为地对每段进行检测，从而发现异常数据传递。

网络分段只适合中小型规模的网络，对于有 500 个工作站的网络，若这些工作站分布在 50 多个部门中，那么完全的分段成本是很高的。因此产生了一种新的技术——**私有虚拟局域网**（Private Virtual Local Area Network，PVLAN），PVLAN 的应用对于保证接入网络的数据通信的安全性是非常有效的，用户只需与自己的默认网关连接，一个 PVLAN 不需要多个 VLAN 和 IP 子网就能提供具备第 2 层数据通信安全性的连接。PVLAN 的功能可以保证同一个 VLAN 中的各个端口相互之间不能通信，但可以穿过 Trunk 端口，这样，即使是同一 VLAN 中的用户，相互之间也不会受到广播的影响，从而防止局域网中其他主机对局域网通信数据的嗅探。

（2）会话加密

另一种解决方案是会话加密，这种方案的重点不在于关注数据是否被嗅探，而是要想办法使攻击者无法解析嗅探到的数据。这种方法的优点明显，即使攻击者嗅探到了数据，也无法解读这些数据。常用的加密算法有 AES（Advanced Encryption Standard，高级加密标准），常用的安全协议有 Kerberos 协议、SSH 协议等。

（3）使用静态的 ARP 缓存

该措施主要是对基于 ARP 欺骗的嗅探进行防范。在重要的主机或者工作站上设置静态的 ARP 缓存，比如 Windows 系统使用 arp 命令设置、在交换机上设置静态的 IP-MAC 对应表等，可以防止利用欺骗手段进行嗅探。

除了以上三种措施，还应重视重点区域的安全防范。这里说的重点区域，主要是针对嗅探器的放置位置而言。入侵者要让嗅探器发挥较大功效，通常会把嗅探器放置在数据交汇集中的区域，比如网关、交换机、路由器等附近，以便捕获更多的数据。因此，对于这些区域应该加强防范，防止这些区域中存在嗅探器。

7.3　ARP 欺骗攻击

位于数据链路层的 ARP 欺骗被用于许多攻击手段中，例如交换式网络环境中的嗅探、中间人会话劫持攻击等。

7.3.1　ARP 欺骗的原理与应用

要理解 ARP 欺骗的原理，首先要了解 MAC 地址的概念。

以太网卡的 MAC 地址是一组 48 比特的二进制数，这 48 比特由两个部分组成，前面的 24 比特分配给网卡的生产厂商；后面的 24 比特是一组序列号，由厂商自行进行指派，这 24 比特被称为 OUI（Organization Unique Identifier，组织唯一标识符），从而确保没有任何两块网卡的 MAC 地址是相同的。事实上，OUI 的真实长度只有 22 比特，剩下的两个比特中一个比特用来标识是否是广播或者多播地址，另一个比特用来分配本地执行地址（一些网络允许管理员针对具体情况再分配 MAC 地址）。

所有的操作系统都提供查询本机 MAC 地址的命令，例如 Windows 下的 ipconfig 和 Linux 下的 ifconfig 命令可用于完成此项工作；Solaris 用"arp"或者"netstat –p"命令实现这一功能。下面是在 Linux 下运行 ifconfig 的显示结果，其中显示本机的 MAC 地址是 08:00:17:0A:36:3E。

```
eth0 Link encap:Ethernet HWaddr 08:00:17:0A:36:3E
inet addr:192.0.2.161 Bcast:192.0.2.255 Mask:255.255.255.0
UP BROADCAST RUNNING MULTICAST MTU:1500 Metric:1
RX packets:1137249 errors:0 dropped:0 overruns:0
TX packets:994976 errors:0 dropped:0 overruns:0
Interrupt:5 Base address:0x300
```

1. ARP 协议和数据包格式

以太网设备并不识别 32 位 IP 地址，而是使用 48 位 MAC 地址传输以太网数据包。因此，在以太网中传输数据时必须把目的 IP 地址转换成目的 MAC 地址。地址解析协议（ARP）就是用于实现 IP 地址与对应的 MAC 地址相互转换的协议。

图 7-13 给出了 ARP 数据包的包格式。**硬件类型**（Hardware Type）字段指明发送方的硬件接口类型，以太网类型的值为 1；**协议类型**（Protocol Type）字段指明发送方提供的高层协议类型，IP 协议为 0x0806；Operation Code 域用来区分这个包是 ARP 或 RARP 协议的请求包或应答包，其中 ARP 请求为 1，ARP 响应为 2，RARP 请求为 3，RARP 响应为 4。ARP 数据包中最重要的是两对 IP-MAC 地址的映射对，在 ARP 请求中，Sender Hardware/Protocol

Address 和 Recipient Hardware Protocol Address 为已填充域，而 Recipient Hardware Address 写入全 0；在 ARP 应答中，四个选项均为已填充。

硬件类型（16 比特）	
协议类型（16 比特）	
硬件地址长度	协议地址长度
操作码（16 比特）	
发送方硬件地址	
发送方 IP 地址	
接收方硬件地址	
接收方 IP 地址	

图 7-13　ARP 数据包格式

2. ARP 的工作过程

ARP 的工作主要由 ARP 请求 / 应答过程来完成。当主机通过路由选择确定了在数据链路层应该将数据包交给谁后，主机使用 ARP 解析过程来确定目标的 MAC 地址。ARP 程序首先在本地主机的缓存中寻找匹配的 MAC 地址，如果找到地址，就提供此地址，以便让此包转换成相应的格式，传送到目的主机；如果未找到，ARP 程序就在网上广播一个特殊格式的消息，看哪个机器知道与这个 IP 地址相关的 MAC 地址，与这个 IP 地址相符的主机首先更新本地主机的 ARP 缓存，然后发送 ARP 响应包回应其 MAC 地址。

图 7-14　ARP 协议的工作过程

如图 7-14 所示，当 A 需要与 B 进行通信时，它会在局域网内发送一个 ARP 请求广播包，所有主机都将收到这个包，只有 B 发现 A 所请求的是自己的 MAC 地址，于是构造 ARP 应答回复给 A。

事实上，并不是每次对 IP 地址的解析都是通过 ARP 请求和应答来完成的。ARP 请求是一种广播包，为了提高网络的效率，在每个主机中通常缓存着本网络 IP 地址和 MAC 地址的映射表，即 ARP 缓存。该缓存帮助主机在需要时将 IP 地址映射为 MAC 地址，或是将 MAC 地址映射为 IP 地址，从而提高网络的效率。除了使用 ARP 缓存外，为了避免在局域网中发送过多的 ARP 广播报，ARP 协议还采取了另外两个措施提高网络效率：

1）响应 ARP 请求的主机会缓存请求者的 MAC 和 IP 映射。

2）主动的 ARP 应答会被视为有效信息而被目的主机接受。

3. ARP 欺骗的实现

发送伪造的发送者 MAC 地址的 ARP 请求，或者发送伪造的发送者 MAC 地址的 ARP 应答，这两种行为都将使接收到 ARP 包的主机自动更新其 ARP 缓存，记录错误的 MAC-IP 地址映射。事实上，ARP 欺骗就是基于这个原理实现的。

在交换式局域网环境中使用 WireShark 之类的嗅探工具除了抓取到自己的包以外，是不能看到其他主机的网络通信的，但是可以利用ARP欺骗达到嗅探的目的。

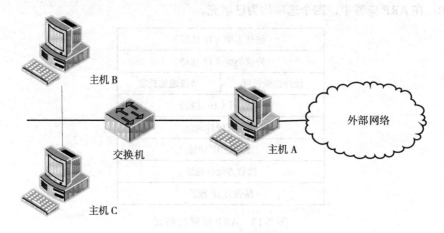

图7-15　交换式局域网拓扑图

如图7-15所示，三台主机位于一个交换网络的环境中，其中A是网关，各设备的主要信息如下：

- A：IP地址192.168.0.1，MAC地址AA:AA:AA:AA:AA:AA
- B：IP地址192.168.0.2，MAC地址BB:BB:BB:BB:BB:BB
- C：IP地址192.168.0.3，MAC地址CC:CC:CC:CC:CC:CC

在局域网中，主机B和主机C都是通过网关A连接互联网。假设攻击者的系统为主机B，即192.168.0.2，它希望监听到主机C向外的通信数据，那么就可以利用ARP欺骗来实现。原理如下：

主机A是局域网的网关，局域网中每个节点都要通过它向外通信。主机B想要监听主机C的通信，需要先使用ARP欺骗，让主机C认为它就是主机A，这个时候它发送一个IP地址为192.168.0.1、物理地址为BB:BB:BB:BB:BB:BB的ARP响应包给主机C，主机C会把发往主机A的包发往主机B。同理，还要让主机A相信它就是主机C，向网关A发送一个IP地址为192.168.0.3、物理地址为BB:BB:BB:BB:BB:BB的ARP响应包。

除完成上述ARP欺骗，主机B还需要转发主机A和主机C之间传输的数据包。这样，主机C与外部网络通信的数据就被"透明"的主机B一览无余了。

4. ARP欺骗的危害

ARP欺骗可能导致的危害包括ARP欺骗用错误的MAC–IP地址映射污染主机的ARP缓存，使目标主机丧失与某IP主机的通信能力。如果将欺骗应用于目标主机与网关之间，会导致目标主机无法连接外部网络。ARP欺骗还可用于交换式局域网的嗅探中，攻击者在目标主机与网关之间建立一条通信通道，将自身伪造成目标主机的网关，从而可以嗅探或篡改通信的全部数据。另外，处于底层的ARP欺骗也是实现其他高层协议欺骗手段的基础，如中间人攻击和拒绝服务攻击等。

7.3.2　ARP欺骗的防范

防范ARP欺骗的方法包括以下几种：

1）建立DHCP服务器，所有客户机的IP地址及其相关主机信息只能从网关取得；给每个网卡绑定固定唯一IP地址；保持网内的主机IP-MAC的对应关系。

2）建立 MAC 数据库，把网内所有网卡的 MAC 地址记录下来，每个 MAC 和 IP、地理位置均装入数据库，以便及时查询备案。

3）网关关闭 ARP 动态刷新的过程，使用静态路由，使得攻击者无法用 ARP 欺骗攻击网关，确保局域网的安全。

4）网关监听网络安全，对局域网内的 ARP 数据包进行分析。ARP 欺骗攻击的数据包一般有以下特点：一是以太网数据包头的源地址、目标地址和 ARP 数据包的协议地址不匹配；二是 ARP 数据包的发送和目标地址不在自己网络的 MAC 数据库内，或者与自己网络的 MAC 数据库 MAC-IP 映射不匹配。

5）使用 VLAN 或 PVLAN 技术，将网络分段，从而将 ARP 欺骗的影响范围降至最小。

7.4 ICMP 路由重定向攻击

位于网络层的 ICMP 路由重定向攻击与 ARP 欺骗类似，都可以改变数据包的传输目的地，用于窃取信息和中间人攻击，但实现方式和影响范围不同。

7.4.1 ICMP 路由重定向的原理

ICMP 重定向报文是 ICMP 控制报文中的一种。当路由器检测到一台机器使用非优化路由的时候，它会向该主机发送一个 ICMP 重定向报文，请求主机改变路由，路由器也会把初始数据包向它的目的地转发。

在某些网络结构中存在可通过多条路由到达同一目的地的问题。如图 7-16 所示，主机 1 想要和主机 2 通信，那么它有两个选择：一是通过路由器 A 到达主机 2，二是通过路由器 B 和 C 达到主机 2。显然，第一种方法比第二种方法少一次路由转发，应该是首选路由。但是，如果主机 1 的路由策略是第二条路由，那么当数据包刚刚到达路由器 B 时，路由器 B 会向主机 1 返回一个 ICMP 重定向报文。该报文通知主机 1：要想和主机 2 通信，最快的方法不是通过我，而是通过路由器 A。于是，主机 1 会改变路由策略，选择路由器 A 作为转发路由。

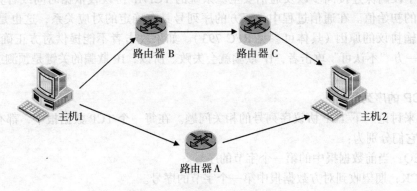

图 7-16 多路由的网络拓扑图

由此可见，ICMP 重定向报文可以强迫主机改变原有的路由策略，使得本来发往网关的数据包转发到其他主机上。TCP/IP 协议实现中规定主机接收 ICMP 重定向报文需要满足以下条件：

1）新路由必须是主机直达的。

2）重定向包必须来自主机去往目的主机的当前路由。

3）重定向包不能通知主机用自己做路由。

4）被改变的路由必须是一条间接路由，即主机必须通过路由才能与目的主机通信。

ICMP 重定向报文没有设置身份认证，任何主机都可以假冒路由器发送该报文，使得 ICMP 重定向攻击非常容易实现。如图 7-16 所示，主机 A 想要和主机 B 通信，那么局域网中的任一台主机都可以假冒路由器向主机 A 发送 ICMP 重定向报文，通知主机 A 选择自己作为转发路由，从而窃取和篡改主机 A 与主机 B 之间通信的全部数据。

在实际攻击中，主机许可接收的 ICMP 重定向包其实有很多限制条件，这些条件使 ICMP 重定向攻击的范围被限定在局域网中，用来改变目标主机与外界主机的一对一路由。

7.4.2　ICMP 路由重定向的防范

对于 ICMP 路由重定向攻击，可以采取配置操作系统拒收 ICMP 重定向报文的方法来防御：

1）在 Linux 下，可以通过在防火墙上拒绝 ICMP 重定向报文或者修改内核选项重新编译内核来拒绝接收 ICMP 重定向报文。

2）在 Windows 下，可以通过防火墙和 IP 策略拒绝接收 ICMP 报文。

7.5　IP 欺骗攻击

IP 欺骗攻击位于传输层，通过伪造 IP 包头中的源或目的 IP 地址字段，达到伪造身份、窃取信息、拒绝服务等攻击目的。

7.5.1　IP 欺骗与 TCP 序列号猜测

IP 欺骗攻击的重点是伪造 IP 包头中的源或目的 IP 地址字段，这对基于 IP 地址进行身份验证的网络协议来说，实现起来十分简单，如 UDP。但对于 TCP 则存在问题，因为直接修改该字段会导致 TCP 通信无法建立，准确地说，是无法完成 TCP 连接的三次握手。根据 TCP/IP 中的规定，使用 TCP 进行通信的双方各需要提供一个序列号值，TCP 协议使用这两个序列号字段确保连接同步以及通信安全。系统的 TCP/IP 协议栈依据时间或者算法随机产生序列号的初始值。在通信过程中，双方的序列号具有确定的对应关系，这也是 TCP 成为可靠的传输协议的原因（具体可参见 RFC 793）。如果攻击者不能提供对方正确的序列号，被欺骗的一方"不认可"攻击者，IP 欺骗就会失败。所以，IP 欺骗的关键是预测或获得正确的序列号。

1. TCP 的序列号

现在来讨论一下 TCP 协议序列号的相关问题。在每一个 TCP 数据报中，都有两个序列号字段，它们分别为：

- SEQ：当前数据报中的第一个字节的序号。
- ACK：期望收到对方数据报中第一个字节的序号。

假设服务器和客户端双方需要进行一次连接，服务器发送的数据报中的相关字段为：

- S_SEQ：将要发送的下一个字节的序号。
- S_ACK：将要接收的下一个字节的序号。
- S_WIND：接收窗口。

客户端发送的数据报中的相关字段为：

- C_SEQ：将要发送的下一个字节的序号。
- C_ACK：将要接收的下一个字节的序号。

- C_WIND：接收窗口。

它们之间必须符合下面的条件：

C_ACK ≤ S_SEQ ≤ C_ACK + C_WIND

S_ACK ≤ C_SEQ ≤ S_ACK + S_WIND

不能满足以上条件的数据报会被丢弃，并且由对方返回一个 ACK 包，其中包含期望的序列号。

TCP 是基于 IP 建立的面向连接的、可靠的字节流。一个攻击者可以通过发送伪造的源 IP 地址来实施欺骗，但要让被欺骗者接受伪造的数据报，S_SEQ 和 S_ACK 字段必须正确。

2. TCP 数据交换

在正常的 TCP 数据交换中，一方会发送一个或者多个 TCP 数据报；另一方则不时地发回一个 TCP 数据报，其 TCP 头带有 ACK 标志，通知发送者发出的数据报已收到。在连接建立期间，双方还互通各自接收缓冲区的大小。TCP 利用发送数据报 TCP 头中的窗口域传送可用的缓冲空间，告诉发送者在接收缓冲区填满之前还能发送多少数据；当接收方的程序排空接收缓冲区时，窗口域中的数目就相应增加。确认号说明了期望接收的数据字节的最低序号，确认号加上窗口域中的数字值正好说明接收时将放在输入缓冲区中的数据字节的最大序号。

3. 伪造的 TCP 数据报

要想将一个伪造的数据报成功地插入到现有的 TCP 连接中，攻击者只需要估计合法发送者分配给下一发送数据字节的序列号，这时需要考虑以下三种情况：估计值正好等于下一序列号、估计值小于序列号、估计值大于序列号。

1）如果攻击者知道或者成功地猜出下一发送字节的精确序列号，则攻击者就能伪造一个 TCP/IP 数据报，其包含的数据将被放置在接收者输入缓冲区的可用位置。如果伪造的数据报迟于合法数据报到达，其包含的数据少于合法数据报，则接收方将完全丢弃该伪造的数据报。但是，如果伪造的数据报包含的数据多于合法数据报，则接收者仅仅丢弃前面序号重叠的一部分数据，伪装数据报中序列号大于早到的合法数据报中数据的那部分将被接收方放在输入缓冲区中。如果伪造的数据报早于合法数据报到达，则合法数据报将会被接收方丢弃（至少部分丢弃）。

2）如果攻击者猜测的序列号低于发送的下一个序列号，那么伪造的 TCP 数据报中的前面部分数据肯定不会放在接收者的输入缓冲区。然而，如果伪造数据报包含足够多的数据，那么接收方将把伪造数据报后面的数据放入其输入缓冲区。

3）如果攻击者猜测的序列号大于发送的下一个序列号，接收方将认为这是没按顺序到达的数据，会把它放在输入缓冲区中。伪造数据报后面部分一些数据字节的序列号也许不适应当前窗口尺寸，因此，接收方将丢弃他们。稍后，合法数据报到达，将填补下一期望序列号与第一个伪装数据字节之间的空隙。

4. 基于嗅探伪造 TCP 数据报

当服务器和客户端通信时，攻击者如果想要伪造客户端向服务器发送一个满足条件的 TCP 数据报，就必须先获得服务器发给客户端的 TCP 序列号值。如果攻击者能够在客户端与服务器的通信链路之间的某处进行嗅探（比如攻击者和通信的某一方处于同一个局域网中），就可以轻松获得 TCP 的序列号值。如果这条链路上的节点比较多，攻击者就有可能在多个节点上进行嗅探，而不仅仅是在发送伪造 TCP 数据报的主机上嗅探。一旦攻击者获得通信双方数据报中的序列号值，就可以构造出满足条件的虚假的 TCP 数据报，从而替代通信的一方和另一方进行通信。

5. 基于猜测伪造 TCP 数据报

如果攻击者无法嗅探到服务器和客户端之间的通信数据，那么只能采取猜测 TCP 序列号值的方法来构造满足条件的 TCP 数据报。早期的操作系统存在 ACK Number 随机性不强的问题，攻击者可以通过远程探测观察 ACK Number 的生成规律，准确预测下一次握手的 ACK Number 变化范围。具体来说，操作系统由一个简单的随机数生成器产生系统启动之后的第一次连接初始序列号值，并按照某种固定的次序产生下一次连接的初始序列号。攻击者可以采用采样的方法来估计 TCP 序列号值，比如攻击者每隔一定的时间与服务器建立一次 TCP/IP 连接，就可以获得服务器的初始 TCP 序列号值的样本。通过使用一些较好的分析算法，就可以将下一个时间周期内可能出现的初始序列号值缩小到一个很小的范围内。如果能做到这一点，攻击者就可以在之前的采样连接之后立刻以其他主机的身份向服务器发起 TCP 连接，接着估计出服务器返回第二次握手数据报中可能的序列号值，之后攻击者再发出第三次握手以完成连接。为提高成功的命中率，第三次握手可能不仅仅是一个数据报，而是根据采样分析算法产生的大量的数据报。

但是，现代操作系统采用了强随机算法，每一次握手的 ACK Number 存在 40 亿个可能值，使得猜测变得极为困难。研究者发现，通过边信道攻击可以部分绕过强随机算法的防护，例如，2016 年，研究者发现 Linux 操作系统在实现 RFC 5961 规范时存在边信道漏洞，允许攻击者猜测出互联网上任意两台指定版本 Linux 主机 TCP 通信使用的 ACK Number。

7.5.2　IP 欺骗防范

减少 IP 欺骗威胁的第一种方法是在终端会话变成不活动状态之前立刻注销登录，并且仅在需要时启动终端会话，非活动状态的终端会话最容易被拦截利用。

第二种方法是使用基于加密的终端协议。这样，即使攻击者伪造出其他主机的 IP 地址和服务器建立了连接，也无法伪造出合法的上层通信数据。

第三种方法是采用完全随机的初始序列号生成算法，初始序列号必须是不可预测的，并完全从 40 多亿范围内选出。这种方法对防范基于猜测伪造 TCP 数据报的攻击十分有效。

最后，几乎所有的网络欺骗都依赖于目标网络的信任关系。在基于 IP 的网络中，这是通过 IP 地址来实现的。因此，如果要防止 IP 地址欺骗，最好的方法就是对整个 IP 数据包采用加密技术，包括 IP 头和 TCP 头，防止攻击者嗅探出 TCP 连接的序列号。

7.6　DNS 欺骗攻击

DNS 欺骗攻击位于应用层，通过篡改 DNS 响应包内容，在用户访问域名时重定向到其他恶意 IP 地址。

7.6.1　DNS 欺骗的原理与实现

1. DNS 域名系统

DNS（Domain Name Service）是域名系统的缩写，负责将文本形式的网络域名转换为可访问的 IP 地址。用户提出网络域名查询请求后，DNS 服务器将从其数据库获得所需的数据并做出响应。

DNS 域名空间是一种树状结构，包括根、一级域名、二级域名、多级子域名和主机名，如图 7-17 所示。

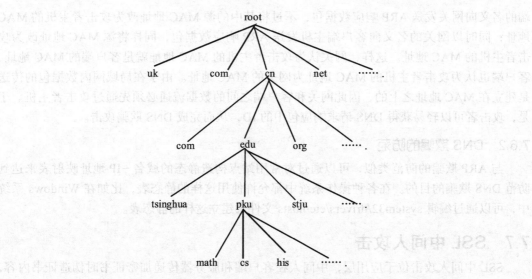

图 7-17 DNS 域名空间的树型结构

2. DNS 查询

当 DNS 客户机向 DNS 服务器提出查询请求时，每个查询信息都包括两部分：一是指定的 DNS 域名，要求使用完整名称；二是指定查询类型，既可以指定资源记录类型又可以指定查询操作的类型。例如，指定的名称为一台计算机的完整主机名称"hostname.example.microsoft.com"，指定的查询类型为该名称的 IP 地址，可以理解为客户机询问服务器"你有关于计算机的主机名称为 hostname.example.microsoft.com 的 IP 地址记录吗？"当客户机收到服务器的回答信息时，便可获得查询名称对应的 IP 地址。

DNS 的查询解析可以通过多种方式实现：客户机利用缓存中记录的信息直接回答查询请求；DNS 服务器利用缓存中的记录信息回答查询请求；DNS 服务器通过查询其他服务器获得查询信息并将它发送给客户机，这种查询方式称为递归查询。另外，客户机通过 DNS 服务器提供的地址直接尝试向其他 DNS 服务器提出查询请求，这种查询方式称为反复（迭代）查询。

3. DNS 欺骗的原理与实现

我们首先来分析域名解析的整个过程。客户端以特定的标识（即 ID）向 DNS 服务器发送域名查询数据报，在 DNS 服务器查询之后以相同的 ID 给客户端发送域名响应数据报。这时，客户端会将收到的 DNS 响应数据报 ID 和自己发送的查询数据报 ID 加以比较。如果匹配，则表明接收到的正是自己等待的数据报；如果不匹配则把它丢弃。假如攻击者能够伪装 DNS 服务器提前向客户端发送响应数据报，那么客户端的 DNS 缓存里域名所对应的 IP 就是攻击者提供的 IP 地址，客户端在访问期望的域名时就会被重定向到攻击者提供的 IP 地址。

成功实施这种 DNS 欺骗的条件有两个：一是攻击者发送的 DNS 响应数据报中的 ID 必须与 DNS 请求中的 ID 相匹配；二是伪装的 DNS 响应数据报在真实的 DNS 服务器发送的响应数据报之前到达客户端。

当攻击主机与 DNS 服务器或被攻击主机处于同一个局域网时，可以通过 ARP 欺骗来实现可靠而稳定的 DNS 欺骗。下面我们详细讨论这种情况。

首先进行 DNS ID 欺骗的基础是 ARP 欺骗，也就是在局域网内同时欺骗网关和客户端主机（也可能是欺骗网关和 DNS 服务器，或欺骗 DNS 服务器和客户端主机）。攻击者以客户端的名义向网关发送 ARP 响应数据包，不过将其中的源 MAC 地址改为攻击者主机的 MAC 地址；同时以网关的名义向客户端主机发送 ARP 响应数据包，同样将源 MAC 地址改为攻击者主机的 MAC 地址。这样，网关认为攻击者主机的 MAC 地址就是客户端的 MAC 地址，客户端也认为攻击者主机的 MAC 地址为网关的 MAC 地址。由于在局域网内数据包的传送是建立在 MAC 地址之上的，因此网关和客户端之间的数据流通必须先通过攻击者主机。于是，攻击者可以轻易获得 DNS 请求响应包中的 ID，从而完成 DNS 欺骗攻击。

7.6.2 DNS 欺骗的防范

与 ARP 欺骗的防范类似，可以通过对常用站点构造静态的域名 –IP 地址映射表来达到防范 DNS 欺骗的目的。在各种操作系统中都允许使用这样的静态表，比如在 Windows 系统中，可以通过编辑 system32/drivers/etc/hosts 文件来建立这样的静态表。

7.7 SSL 中间人攻击

SSL 中间人攻击位于应用层，中间人在客户端和服务器传递加密证书时伪造证书内容，以合法证书与服务器通信，并以伪造证书与客户端通信，从而可以解密出双方通信数据的明文。

7.7.1 SSL 中间人攻击的原理与实现

1. SSL 协议概述

SSL 协议是 Netscape 公司设计的一种安全通信协议。它主要对服务器和客户端进行身份认证，并为通信数据加密，从而为网络数据传输建立一条安全的连接通道。对于 SSL 的加密通道，即使攻击者处于中间人位置，在不知道密钥的情况下也无法解密其中的明文。而密钥的获取依赖于服务器的私钥，所以一般的中间人攻击无法应对 SSL 协议。但是，通过中间人攻击技术可以伪造证书，以较大概率骗过用户，从而完成通信数据的解密。

SSL 的工作过程分为两个阶段：SSL 握手阶段和数据加密传输阶段。在握手阶段，SSL 协议完成以下工作：

1）加密网络上客户端和服务器之间的传输数据，即保证数据的机密性。

2）验证信息传送过程是否被人改动，即保证数据的完整性。

3）使用非对称密钥算法，通过数字证书来验证服务器的身份，必要时也验证客户端的身份。

之后握手过程结束，客户端和服务器端的数据被分成一系列经过保护的记录进行传输。SSL 对计算机之间的整个会话进行加密，在建立连接过程中采用非对称加密密钥，在会话过程中使用对称加密密钥。

2. SSL 中间人攻击的过程

假设 A 是 SSL 用户，S 是 SSL 服务器，B 是中间人攻击者，SSL 中间人攻击的过程如下：

1）A 和 S 建立 SSL 连接，在协商过程中，B 收到 A 的连接请求，立即转发该数据包以连接 S。

2）A 对 S 进行服务器鉴别，并交换密钥，B 此时能获得 S 发送的数字证书 C1，于是伪造一份证书 C2，并发给 A。C2 的构造方法如下：将 C1 中的信息（包括证书版本、ID 号、所有人名字、有效期等）提取出来，以相同的信息生成自签名的证书 C2，同时，将证书发行人的 OU 字段写入一个空格。之所以写入空格，是因为空格在证书的属性窗口里是透明的，用户从中无法看出与原证书的区别。但 SSL 客户端程序能够识别出证书来自不可信任的机构，提示用户是否接受这个证书。一般情况下用户会选择接受。

3）此时 SSL 中间人攻击环境建立。完成证书转发后，A 根据 C2 中包含的密钥与 B 建立传输通道，而 B 根据 C1 中的密钥与 S 建立传输通道，此时 B 既能够解密来自 A 的密文，也能够解密来自 S 的密文，从而完成 SSL 中间人攻击。

7.7.2 SSL 中间人攻击的防范

伪造证书的 SSL 中间人攻击存在较为明显的攻击痕迹，用户只需要仔细查看证书的来源和属性就可以发现证书来自不可信任的机构，从而拒绝这次连接。然而，并不是所有的合法网站的证书都具有可信任机构的签名，用户难以简单地从证书来源判断网站的合法性，这给攻击者带来了可乘之机。由于 SSL 中间人攻击只是替换证书内容而不改变网页网址，即使是使用了安全机构提供的网址白名单数据库，或手动给浏览器添加白名单网址也无法检测攻击。因此，最好的防范方法还是尽量不要打开证书来源不可信的网址。

7.8 本章小结

由于 TCP/IP 协议设计和实现上的脆弱性，假消息攻击成为网络渗透重要的攻击手段。本章按网络协议层次重点介绍了假消息攻击中的网络嗅探、ARP 欺骗、ICMP 路由重定向、IP 欺骗、DNS 欺骗和 SSL 中间人攻击。实际上，假消息攻击还包括许多攻击方法，如 HTTP 中间人攻击、SMB 协议欺骗等，并且每一种攻击方法都在不断改进升级，对网络协议安全造成了严重的威胁。

7.9 习题

1. TCP/IP 协议存在哪些脆弱性？为什么存在这些脆弱性？
2. 假消息攻击可分为哪几类模式？
3. 共享式局域网和交换式局域网的区别是什么？
4. 说明网络嗅探的基本原理和使用范围。
5. ARP 协议的弱点是什么？ARP 欺骗是如何利用弱点来实现的？
6. ICMP 重定向攻击的局限性是什么？
7. ARP 欺骗和 ICMP 重定向攻击的区别和用途是什么？
8. 为什么以伪造的源 IP 地址向其他主机发起 TCP 连接是不能成功的？
9. 造成 DNS 欺骗的根源是什么？
10. 通过中间人攻击伪造 SSL 证书，关键是要伪造证书的哪些内容？会留下哪些攻击痕迹？

第8章 拒绝服务攻击

拒绝服务（Denial-of-Service，DoS）攻击是一种常见的攻击方式。网络犯罪分子可通过拒绝服务攻击对大型互联网公司进行敲诈勒索；黑客组织可通过拒绝服务攻击吸引公众关注并借以表达自己的观点主张；甚至一些组织机构会将拒绝服务攻击作为致瘫对手网络的一种重要对抗手段。拒绝服务攻击，特别是目前已成为主流的**分布式拒绝服务**（Distributed Denial-of-Service，DDoS）攻击，具有易实施、难防范、难追踪的特点，是攻击者实施破坏性攻击时的有效方法之一。

本章主要讨论拒绝服务攻击及其防御方法。首先，概述拒绝服务攻击的基本概念，以及拒绝服务攻击的主要危害；其次，介绍典型拒绝服务攻击技术，重点讨论这些攻击技术破坏服务可用性的基本原理；接下来介绍分布式拒绝服务攻击，特别是分布式攻击效能放大的方法手段；最后，介绍拒绝服务攻击的检测与防范。

8.1 概述

在互联网发展早期，拒绝服务攻击就曾被一些黑客用来展示其技术能力。随着现代社会对互联网的依赖程度不断提高，拒绝服务攻击的危害逐渐凸现，一系列的拒绝服务攻击案例使其得到了安全界的广泛关注。2000 年，网名为 Mafiaboy 的 16 岁少年黑客对包括雅虎、eBay 和亚马逊在内的大型网站发动分布式拒绝服务攻击，造成这些公司遭受巨大商业损失；2002 年，全球根域名服务器遭受分布式拒绝服务攻击，导致 13 台根域名服务器中的 9 台瘫痪；2010 年，由于 Visa、MasterCard、PayPal 等金融机构中止了对"维基解密"的服务，黑客组织"匿名者"对这些公司发动拒绝服务攻击；2016 年，网络服务提供商 Dyn 的域名服务受到攻击者通过 Mirai 僵尸网络发动的分布式拒绝服务攻击，Netflix、Twitter、Spotify 和 Reddit 等众多著名网站受到攻击影响而无法访问。

这些攻击事件展示了拒绝服务攻击的危害及其可能带来的巨大影响。近年来，拒绝服务攻击的频率、规模和复杂度不断增加。根据拒绝服务攻击防护厂商 Arbor Networks 统计，2016 年上半年平均每周会发生 124 000 起拒绝服务攻击事件；规模最大的攻击流量达到 579Gb/s，较 2015 年提高 73%；流量超过 100Gb/s 的攻击达到 274 起。对于防御方而言，拒绝服务攻击已成为威胁网络安全的顽疾。

8.1.1 基本概念

广义而言，**拒绝服务攻击**泛指一切导致目标服务不可用的攻击手段，包括对物理环境、硬件、软件等各个层面所实施的破坏。在网络安全相关研究中，论及拒绝服务攻击时多数指其狭义的内涵，即攻击者通过攻击网络节点、网络链路或网络应用，致使合法用户无法得到正常服务响应的网络攻击行为。

在拒绝服务攻击中，攻击者主要利用软件漏洞、协议缺陷或是消耗服务资源的方法来达到破坏服务可用性的目的。采用前两种方式，软件漏洞与协议缺陷是攻击的前提，攻击者需要掌握目标服务的软件漏洞或是协议缺陷方能实施有效的攻击；而采用后一种方式，攻击者必须要消耗目标服务正常运行所需要的网络带宽、存储空间、运算时间等资源，攻击者需要有大量的攻击资源才能够达到拒绝服务的水平。目前，资源消耗型的拒绝服务攻击更为常见，特别是僵尸网络（Botnet）技术的发展和运用，使得攻击者往往可以操纵规模可达数百万的网络节点来发动分布式拒绝服务攻击。

拒绝服务攻击的直接危害往往是某台服务器的服务可用性被破坏，使得正常用户无法访问。拒绝服务攻击的间接危害则视被攻击服务的重要程度而定。为了取得更好的攻击收益，产生更大的攻击影响，攻击者通常会选择重要程度高、应用更加广泛的目标作为攻击的对象，比如根域服务器、域名解析服务器、大型门户网站、政府官方网站、大型网络电商平台等。

8.1.2 拒绝服务攻击的分类

依据攻击作用机理的不同，拒绝服务攻击可分为漏洞型拒绝服务攻击、重定向型拒绝服务攻击和资源消耗型拒绝服务攻击。

1. 漏洞型拒绝服务攻击

漏洞型拒绝服务攻击指利用软件实现中存在的漏洞，致使服务崩溃或者系统异常。可导致拒绝服务的软件漏洞非常常见。2014 年 11 月，微软发布了 Winshock 破窗漏洞的安全更新 MS14-066（CVE-2014-6321）。部分披露的攻击代码表明，利用该漏洞可导致 Windows Server 服务崩溃或者系统异常。一般而言，攻击者利用软件漏洞可能实现的攻击效果包括信息泄露、拒绝服务、远程代码执行等，其中拒绝服务是一个相对常见和容易达到的目标。Ping of Death 攻击、Teardrop 攻击、Land 攻击等都是针对 TCP/IP 协议具体实现的漏洞，通过发送一个或多个特定的报文，达到拒绝服务的效果。

相比重定向型拒绝服务攻击和资源消耗型拒绝服务攻击，漏洞型拒绝服务攻击的效果更加"可靠"，也更加"脆弱"。说它"可靠"，是因为只要目标服务确定存在漏洞，就可一击而中；说它"脆弱"，则是因为一旦相关厂商发布了补丁进行修复，就能解决漏洞所导致的拒绝服务问题。

与应对漏洞导致的其他安全问题一样，应对漏洞型拒绝服务攻击主要依赖厂商和网络管理人员两方面的共同努力。厂商应当及时发现漏洞并及时发布漏洞的安全更新。在攻击者发现漏洞前发现漏洞，在攻击者利用漏洞前发布安全更新，是厂商应当承担的安全责任。另一方面，很多厂商及时发布了补丁程序，但常常因为网络管理人员没有足够的意识，不主动关心漏洞信息，未及时安装安全更新，而给攻击者留下可乘之机。因此，网络管理人员应及时使用安全更新修复漏洞。

2. 重定向型拒绝服务攻击

重定向型拒绝服务攻击指利用网络协议的设计缺陷，通过修改 ARP 缓存、DNS 缓存等网络关键参数，使目标传输的数据被重定向至错误的网络地址，从而无法进行正常的网络通信。例如，在局域网中，通过发送 ARP 欺骗报文可使主机通信所依赖的 IP-MAC 映射表被"污染"，进而导致其无法与其他主机进行正常的通信。通过修改主机 Hosts 文件，或是成功实施 DNS 欺骗，也可以破坏正常的域名解析过程，从而达到拒绝服务的目的。

重定向型拒绝服务攻击通过篡改网络服务所依赖的关键参数信息达到拒绝服务的目的。网络关键参数的修改、配置往往需要特殊条件或一定权限。比如，在 ARP 欺骗和 DNS 欺骗这两个例子中，需要攻击者已经获得被攻击对象的访问权限，或至少与被攻击对象处于同一个局域网中。

本质上，重定向型拒绝服务攻击利用的是网络协议设计时在安全性和易用性之间所做的折中，从协议本身的角度尚难以根除。目前，除了防止攻击者具备实施攻击的条件外，重定向型拒绝服务攻击的预防主要通过使用静态 ARP 表、静态 DNS 缓存等牺牲网络的灵活性和易用性的方法来实现。此外，防火墙、入侵检测等安全机制也可以帮助管理员及时发现此类拒绝服务攻击。

3. 资源消耗型拒绝服务攻击

资源消耗型拒绝服务攻击通过大量的请求占用网络带宽或系统资源，从而导致服务可用性下降甚至丧失。在客观条件的限制下，网络服务所依赖的各类资源，如网络带宽、计算、存储等必然是有限的。资源消耗型攻击利用大量无用的流量或是伪造的请求来消耗有限的服务资源，使得正常用户服务质量降低，甚至完全无法得到服务响应。例如，SYN 洪泛攻击通过向目标主机发起大量伪造的 TCP 连接请求，消耗目标主机可用的 TCP 连接资源，达到拒绝服务的目的。

多数情况下，资源消耗型攻击是通过模仿正常的用户行为实现的。从这个角度来看，资源消耗型拒绝服务攻击比前两类拒绝服务攻击更容易，因为它无须目标服务存在漏洞或是满足特定的攻击条件。但另一方面，要使资源消耗型攻击达到攻击者的预期，往往需要攻击者本身具有可观的资源。目前已知成功的资源消耗型攻击案例中，攻击者通常调度数十万乃至数百万网络节点同步发起请求，以期达到拒绝服务攻击的效果。

一旦攻击者掌握了足够规模的资源，资源消耗型拒绝服务攻击的防范就变得很困难。本质上，资源消耗型拒绝服务攻击的攻防对抗是攻防双方可用资源的对抗。针对资源消耗型拒绝服务攻击目前尚没有特别有效的防范措施，隐藏服务真实地址、拓展主机服务资源、辨识攻击源并加以过滤等措施可起到一定程度的缓解作用。

8.2 典型拒绝服务攻击技术

从攻击者的角度来看，拒绝服务攻击通常有两个基本的问题需要考虑：一是采用何种方式影响服务的可用性；二是如何调度更多攻击资源，放大攻击效果。本节首先介绍传统的拒绝服务攻击方式，接着讨论目前主流的洪泛式攻击和研究活跃的低速率攻击，重点分析这些攻击影响服务可用性的基本原理。下一节将讨论分布式拒绝服务攻击技术，分析攻击者放大攻击效果的常用方法。

8.2.1　传统的拒绝服务攻击

自拒绝服务攻击诞生以来，出现过多种不同的攻击技术，以下列出一些出现时间较早的漏洞利用型拒绝服务攻击技术。如前所述，漏洞利用型攻击可以通过更新相关安全补丁来防范。有趣的是，导致这些攻击的漏洞有时会变换形式再度出现在其他系统或软件中，使得这些看似"古老"的攻击技术如同幽灵般再次出现在大家面前。

1. Ping of Death

Ping of Death 主要针对存在漏洞的 Windows 95、WinNT、Linux 2.0.x 等系统，通过向其发送超长的 IP 数据包导致目标系统拒绝服务。

根据 TCP/IP 的规范，IP 数据包在其首部中使用了 2 字节（16 位）来标记 IP 数据包总长度。因此，一个包的长度最大为 65 535（$2^{16}-1$）字节。在 Ping of Death 攻击中，攻击者借助分片重组技术，迫使目标接收长度大于 65 535 字节的数据包。存在安全漏洞的目标主机在处理这样的超长数据包时，会由于缓冲区空间不足而出现缓冲区溢出问题，进而导致拒绝服务。

在 Ping of Death 攻击中，分片重组是攻击实现的关键。互联网传输链路因底层接口等原因会存在**最大传输单元**（Maximum Transmission Unit，MTU）限制。IP 协议的分片重组机制可以将数据报分成足够小的片段以通过那些最大传输单元小于该数据报原始大小的链路。在分片时，每个分片各自拥有完整的 IP 包头，其源地址、目的地址等大部分内容均和最初的包头相同，只是通过偏移（offset）字段指明该分片数据在完整数据中的位置偏移。随后各分片将相互独立地转发到目的地，在目的地再将这些分片重组为完整的 IP 包。在 Ping of Death 攻击中，攻击者会直接构造分片的 IP 报文。由于 IP 包头的偏移字段的长度为 13 位，即 IP 分片的最大偏移值可为 65 528（$(2^{13}-1)*8$）字节，因此攻击者可以构造出重组后总长度最大为 65 528+MTU 字节的 IP 数据包交由目标处理。当存在漏洞的主机收到攻击者构造的重组后长度大于 65 535 字节的包时，由于自身的服务程序无法处理过大的包，就会引起系统崩溃、挂起或重启。

目前，所有的操作系统开发商都对导致 Ping of Death 攻击的漏洞进行了修补和升级，因此，Ping of Death 攻击几乎已经找不到用武之地。不过，2013 年出现 Ping of Death IPv6 攻击，其思想与 Ping of Death 如出一辙，只不过类似问题转移到了 IPv6 协议中。

2. TearDrop

TearDrop 攻击利用了 IP 包的分片重组在多个操作系统协议栈中实现时存在的漏洞，该攻击主要影响 Windows 3.1x、Windows 95 和 Windows NT，以及早于 2.0.32 和 2.1.63 版本的 Linux 操作系统。如上文所述，IP 数据包在网络传递时可以分片。在攻击时，攻击者会发送两段（或者更多）数据包分片，将第一个包的偏移量设为 0，长度为 N，设置第二个包的偏移量小于 N。为了重组这些偏移地址重叠的数据包分片，存在漏洞的 TCP/IP 堆栈会分配超乎寻常的巨大资源，从而造成系统崩溃。由于操作系统的更替和补丁更新，TearDrop 攻击基本绝迹。但和 Ping of Death 攻击一样，与导致 TearDrop 攻击类似的安全漏洞 2009 年再度出现在微软安全公告 MS09-050 中。Windows Vista 和 Windows 2008 的早期版本的 SMB v2 协议实现存在安全问题，如果攻击者向运行 Server 服务的计算机发送特殊构造的 SMB 数据包，可能导致拒绝服务甚至允许远程代码执行。由于漏洞成因与 TearDrop 相似，该漏洞被称为 SMB TearDrop。

3. WinNuke

WinNuke 也称为带外传输攻击，这是一种向运行 Windows 操作系统的主机发送超量数据的攻击方式。攻击者向目标主机的目标端口（通常是 53、113、137、138、139）发送带外数据，目标主机在处理带外数据时会出现挂起或者重新启动等异常现象。WinNuke 攻击主要影响 Windows 95、Windows NT、Windows 2000 等操作系统。安装 Microsoft 的相关安全更新可以防范这类攻击。

4. Land 攻击

1997 年，网名为 m3lt 的黑客发布了一段名为 land.c 的小程序。根据程序作者的描述，攻击者只需向目标发送一个伪造的 TCP SYN 报文，将此报文的源地址和目的地址设置为目标主机的地址，源端口和目标端口设置为目标某个开放的 TCP 端口，就可以导致 Windows 95 机器死锁。后续的测试表明，不仅 Windows 95 系统无法正确处理该异常报文，而且其他一大批操作系统，包括 Windows NT、FreeBSD 2.2.5、SunOS 4.1.3，甚至多款 Cisco 路由器在接收到此报文后，也会产生不同程度的拒绝服务效果。后来，根据最初发布的这段程序的名称，该类攻击被命名为 Land 攻击。与防范其他漏洞利用型的攻击一样，防范 Land 攻击主要通过更新安全补丁来实现。此外，由于 Land 攻击具有明显的攻击特征，因此还可以使用防火墙过滤源 IP、源 TCP 端口和目标 IP、目标 TCP 端口相同的报文来防范。Land 攻击问题曾于 2003 年再次出现在 Windows XP SP2 和 Windows Server 2003 操作系统中。

5. 乒乓攻击

与前述的几种拒绝服务攻击不同，乒乓攻击（又称为振荡攻击）是一类资源消耗型攻击的统称。乒乓攻击设法在两个能够产生自动响应的网络服务间建立起通信联系，将第一个网络服务的输出作为第二个服务的输入，第二个服务的响应输出作为第一个服务的输入，如此循环往复，两个网络服务间会产生大量的无用报文，从而消耗资源导致拒绝服务。乒乓攻击的一个典型实例是 Echo/CHARGEN 攻击。Echo 服务用于测试 IP 网络的往返时延，默认运行于 TCP/UDP 的 7 号端口。对任何接收到的 UDP 报文，Echo 服务会将接收的报文原样返回。CHARGEN（Character Generator Protocol，字符发生器协议）服务同样用于测试目的，默认运行于 TCP/UDP 19 端口。对任何接收到的 UDP 报文，CHARGEN 服务会反馈随机的字符。假设有 A、B 两台主机，其中 A 主机运行 CHARGEN 服务，B 主机运行 Echo 服务。攻击者通过下面的方式就可轻易实现对 A、B 主机间链路的拒绝服务攻击：冒充 A 主机的 IP 地址和 CHARGEN 服务端口向 B 主机的 Echo 服务端口不断发送随机数据包。每一个这样的随机数据包就可在 A、B 两台主机之间不停产生 UDP 包，随着时间的积累，大量的无用数据将阻塞两台主机之间的带宽。应对此类攻击的对策是关闭不必要的网络服务，或是使用防火墙过滤特定的数据包。

6. Smurf 攻击

网络中的广播是指将信息通过广播地址发送到整个网络。当某台机器使用广播地址发送一个 ICMP Echo 请求报文时（例如 Ping），它就会收到该网络中所有主机回复的 ICMP Echo 应答报文。当回复的主机足够多时，产生的应答流量将会占用大量的带宽，导致拒绝服务。

Smurf 攻击即采用这种方式进行攻击。如图 8-1 所示，Smurf 攻击在构造数据包时将源地址设置为被攻击主机的地址，将目的地址设置为广播地址，导致大量 ICMP Echo 应答报文发送给被攻击主机，使其因网络阻塞而无法提供服务。

与 Smurf 攻击原理类似的还有 Fraggle 攻击，只是 Smurf 攻击发送的是 ICMP Echo 请求报文，而 Fraggle 攻击发送的是 UDP 报文。为了尽可能多地获得响应数据包，Fraggle 攻击通常将攻击包的目标端口设为 7（Echo 服务）或 19（CHARGEN 服务）。

Smurf 攻击在 20 世纪 90 年代末出现后一度非常流行。但由于 Smurf 攻击报文具有明确的特征，因而易于防范。通过设置主机不响应目标地址为广播地址的 ICMP Echo 请求报文，或是设置路由器禁止转发目标地址为广播地址的 ICMP Echo 请求报文，即可防范 Smurf 攻击。1999 年，RFC 规范更是建议路由器在处理目标地址为广播地址的数据包时，将原先的默认转发变更为默认不转发，此后，Smurf 攻击及类似的 Fraggle 攻击基本销声匿迹。不过，Smurf 攻击作为一种较早出现的分布式拒绝服务攻击形式，其反射攻击思路常出现在其后的分布式拒绝服务攻击方法中，8.3.2 节将进一步介绍此类分布式反射拒绝服务攻击。

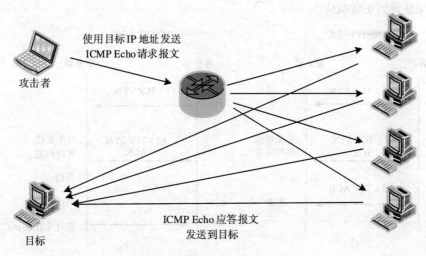

图 8-1　Smurf 攻击原理示意图

8.2.2　洪泛攻击

洪泛攻击是通过快速发送大量数据包消耗目标服务可用资源的一类拒绝服务攻击的统称，因大量数据包的快速到来势如洪水而得名。

洪泛攻击的共同特征是发送大量的数据包，迫使目标服务消耗大量资源来处理无用请求，但不同的洪泛攻击消耗的具体资源存在较大不同。根据攻击发生的协议层次，洪泛攻击可以分为网络层洪泛、传输层洪泛和应用层洪泛等，常见的洪泛攻击包括 TCP 洪泛、UDP 洪泛、HTTP 洪泛。

在发动洪泛攻击的过程中，攻击者经常使用伪造的源 IP 地址进行攻击。伪造源地址的方式广泛应用于 TCP 洪泛和 UDP 洪泛。通过伪造源 IP 地址，攻击者可以有效隐藏攻击源头，保护攻击者。此外，伪造源 IP 地址也使基于源 IP 地址过滤的防范方法难以奏效。由于伪造源地址会导致无法建立正常的应用层会话，因此无法应用于 HTTP 洪泛等应用层的洪泛攻击。

1. TCP 洪泛

TCP 洪泛（TCP Flood）也称为 **SYN 洪泛**（SYN Flood），是一种通过发送大量伪造的 TCP 连接请求，致使目标服务 TCP 连接资源被耗尽的拒绝服务攻击。

基于 TCP 的应用服务会通过 TCP 三次握手建立连接。如图 8-2a 所示，TCP 连接过程分为三步：

1）客户端首先发送一个带有 SYN 标记的 TCP 报文，发起连接请求。

2）服务器接收报文，并发出一个带有 SYN/ACK 标记的 TCP 报文作为回应。

3）客户端回应 ACK 报文，连接建立。

如果在 TCP 连接过程中，客户端在向服务器发送第一个 SYN 报文后突然死机或掉线，那么服务器在发出 SYN+ACK 应答报文后将无法收到客户端的 ACK 报文，这种情况下，服务器端一般会再次发送 SYN+ACK，并在等待一段时间后丢弃这个未完成的连接。等待时间的长度称为 SYN Timeout，绝大多数 TCP/IP 协议的实现会将 SYN Timeout 设置为 30 秒～ 2 分钟。如图 8-2b 所示，在 TCP 洪泛攻击中，攻击者会向服务器的某个开放端口发送大量 SYN 连接请求，并且在接下来的过程中忽略服务器回复的 SYN/ACK 响应。为处理这些请求，服务器将不得不消耗可观的资源来维护大量未完成的 TCP 半连接，最终导致合法的服务请求者无法得到正常响应。

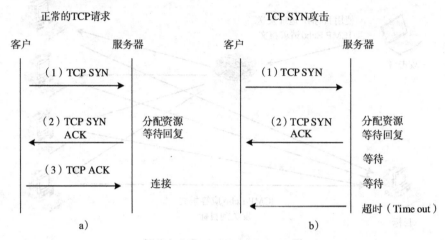

图 8-2   SYN 洪泛原理示意图

2. UDP 洪泛

UDP 洪泛（UDP Flood）是一种通过发送大量的 UDP 报文，消耗目标服务器带宽资源的拒绝服务攻击。与 TCP 洪泛向某个开放的 TCP 端口发送连接请求不同，UDP 洪泛既可以是向某个开放的 UDP 端口发送数据来实施攻击，也可以是随机地向不同 UDP 端口发送数据来实施攻击。根据 RFC 定义，主机在接收到 UDP 报文后，将首先查看是否有应用在相应的 UDP 端口提供服务。如果有应用提供服务，则由应用对此 UDP 报文进行处理，否则，将由操作系统负责回复一个 ICMP 端口不可达报文。不管是哪种情况，任何一个 UDP 报文的处理都需要消耗目标一定的资源。UDP 洪泛会导致目标消耗大量资源来处理无用的 UDP 报文，直至被压垮。

UDP 提供的是无连接的、不可靠的数据传送方式，是一种尽力而为的数据交付服务。UDP 的特点使得它非常适用于聊天、VoIP 等对速率要求比对准确率要求高的网络应用，同时也使得它非常容易受到拒绝服务攻击的影响。由于在发送数据前无须建立连接，攻击者可以以很高的速率直接向目标服务器发送大量 UDP 报文，迫使目标不断地消耗资源去处理这些无用报文。

UDP 洪泛是一类拒绝服务攻击的统称，最早出现的 UDP 洪泛攻击是前文提到的 Echo/CHARGEN 攻击，后文将讨论的目前广泛流行的分布式反射拒绝服务攻击实际上也多为 UDP 洪泛攻击。

3. HTTP 洪泛

HTTP 洪泛是一种应用层洪泛攻击，它利用大量看似合法的 HTTP GET 或 POST 请求消耗 Web 服务器资源，最终导致其无法响应真正合法的请求。在 Web 应用中，客户端程序（即浏览器）主要使用 GET/POST 方法与服务器端交互。其中 GET 方法通常用于获取数据，POST 请求通常用于提交数据，它们都需要服务器消耗一定的资源进行处理。大量伪造的

HTTP 请求将消耗 Web 应用的处理能力，导致合法用户无法正常访问目标服务。

与 TCP 洪泛和 UDP 洪泛相类似，HTTP 洪泛通过发送大量请求来消耗服务器的资源。但与前两者不同的是，HTTP 洪泛并不以流量取胜。作为一种应用层的攻击，HTTP 洪泛每次发送 GET 或 POST 请求均需通过完整的三次握手建立连接。因此，HTTP 洪泛并不能充分利用攻击节点的数据发送能力，尽可能快速地发送攻击数据包。相反，在 HTTP 洪泛中，攻击者通常会有针对性地对目标 Web 服务器进行分析，选择可以更多消耗目标服务器资源的 Web 请求实施洪泛。

由于不以流量取胜，因此 HTTP 洪泛发生时并不会导致网络流量超出传统安全防护设备的流量监控阈值。同时，由于通常使用标准的 URL 请求，因此 HTTP 洪泛攻击的流量也很难与正常流量区分开来。这些因素使得 HTTP 洪泛攻击更加难以检测，也使其成为目前针对 Web 服务器常用的拒绝服务攻击形式之一。

8.2.3　低速率拒绝服务攻击

与洪泛攻击持续发送高速攻击流不同，**低速率拒绝服务**（Low-rate Denial-of-Service，LDoS）攻击是利用网络协议或应用服务协议中的自适应机制存在的安全问题，通过周期性地发送高速脉冲攻击数据包，达到降低被攻击主机服务性能的目的。

1. TCP 拥塞控制机制

当前研究的 LDoS 攻击主要为针对 TCP 拥塞控制机制的攻击。TCP 拥塞控制的自适应原理是，发送端会根据当前的链路拥塞情况动态地调整发送报文的速率。TCP 拥塞控制算法中 RTO（Retransmission Timeout，重传超时）和 AIMD（Additive Increase Multiplicative Decrease，和式增积式减）两种自适应机制有着重要的作用。

（1）RTO 机制

在 TCP 协议中，发送端会为发送的每个报文设置一个定时器，如果在收到报文的确认之前定时器超时，将重新发送该报文，这里设置的定时器就是 RTO。使用 RTO 机制进行拥塞控制，就是在重传报文时将发送端的阈值（ssthresh）设置为当前拥塞窗口（cwnd）的一半，并将 cwnd 值设为 1，重新进入慢启动。其拥塞控制的状态调整如图 8-3 所示。

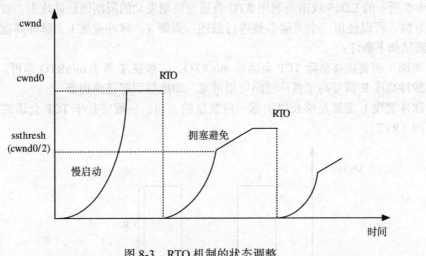

图 8-3　RTO 机制的状态调整

（2）AIMD 机制

如果等到 RTO 超时，重传数据包，TCP 设计者认为这种情况过于糟糕，反应也很强烈。

因此，设计为收到 3 个重复的 ACK 数据包时就开启重传，启动 AIMD 算法调整拥塞窗口大小。具体做法是将 ssthresh 和 cwnd 减半，并立即重传此报文，同时拥塞窗口（cwnd）采用线性递增的方法进行缓慢恢复。其拥塞控制的状态调整如图 8-4 所示。

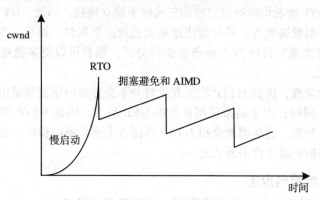

图 8-4   AIMD 机制的状态调整

TCP 拥塞控制协议使用了两种时间尺度来调整源端的发送速率，RFC2581 中进行了详细的描述。一种时间尺度是**往返时延**（Round-Trip Time，RTT），这是一个比较短的时间，一般为 10 ～ 100ms。在链路轻度拥塞的情况下，表现为发送端重复收到 3 个相同的确认报文，此时就进行 RTT 时间尺度控制，主要是采用 AIMD 策略实现拥塞控制，使发送端以一个相对合理的速率发送报文。而当网络重度拥塞的时候，表现为在超时重传时间内没有收到确认，此时使用 RTO 的时间尺度，RFC2988 中规定的最小 RTO 值缺省为 1 秒。在网络发生拥塞时，不管是采用 RTT 值还是采用 RTO 值进行控制，网络的使用效率都会降低。

2. 低速率拒绝服务攻击原理

LDoS 攻击利用 TCP 拥塞控制算法中的 RTO 和 AIMD 两种自适应机制，故意制造网络拥塞状况，使拥塞控制一直处于调整状态。在发生低速率拒绝服务攻击时，被攻击主机的发送速率会迅速变小，服务性能显著降低。

图 8-5 所示的 LDoS 攻击是利用 RTO 自适应机制发动的周期性脉冲攻击。攻击流波形是周期性方波，可以使用三个关键参数进行描述：周期 T、脉冲宽度 L、脉冲高度 R。这三个参数须满足如下条件：

- 周期 T 需要能够整除 TCP 会话的 minRTO，一般使 T 等于 minRTO 即可。
- 脉冲高度 R 需要高于目标链路可用带宽，即能够引起链路拥塞。
- 脉冲宽度 L 需要足够长以引起一定数量的丢包，一般应长于 TCP 会话的报文往返时间（RTT）。

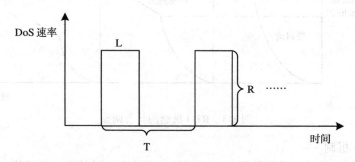

图 8-5   低速率攻击原理示意图

当满足上述三个条件后，攻击流脉冲将会导致 TCP 会话出现若干丢包。TCP 发现丢包后将暂停数据包发送，在 minRTO 时刻进行重传，尝试进行慢启动，恰好遭遇新的一轮攻击脉冲，然后 TCP 同样会停止数据包发送，在 minRTO*2，minRTO*4，minRTO*8，…时刻进行重传，每次都会恰好遭遇新一轮攻击脉冲。这样，TCP 的慢启动进程每次都会被打断，其吞吐率将始终在低水平上徘徊。理论计算和实验表明，具有脉冲高度 R 的低速率攻击对 TCP 的攻击效果，非常接近并基本等同于具有平均速率 R 的传统 DDoS 攻击的效果。

针对 AIMD 机制的 LDoS 和以上情况类似，也是使用脉冲式的攻击流使目标网络的 TCP 传输进入拥塞控制。因为 AIMD 机制用于轻度拥塞情况，所以攻击需要的攻击脉冲强度相对弱一些，只需使网络达到轻度拥塞即可。

低速率攻击的突出优点是平均速率很低，仅为 L*R/T。例如，当 T=1000ms、L=100ms、R=10Mbps 时，低速率攻击的平均速率仅有 1Mbps，此时低速率攻击仅使用 1/10 的平均速率即可实现与 10Mbps 平均速率的传统 DDoS 攻击基本相同的攻击效果。在拥有较好攻击效果的同时，低平均速率保证了低速率攻击具有较好的隐蔽性，传统的基于流量阈值的攻击检测方法很难对低速率攻击进行检测，而一些基于波形分析的攻击检测方法虚警率过高，往往造成误报。因此，低速率攻击是非常难以检测的。

8.3　分布式拒绝服务攻击

分布式拒绝服务攻击是在传统的拒绝服务攻击基础上发展而成的一类攻击方法，是指采用协作的方式，利用网络中位置分布的大量主机向目标发起的拒绝服务攻击。分布式拒绝服务攻击可有效放大攻击的效果，同时因其以分布式的方式发起攻击，具有易实施、难防范、难追踪的特点，是攻击者常用的拒绝服务攻击方法。近年来，造成较大影响的拒绝服务攻击事件多为分布式拒绝服务攻击。

攻击者有两种主要的方法来协同不同的主机发动分布式拒绝服务攻击。其一是通过僵尸网络的命令控制机制协同大量僵尸主机，由这些僵尸主机向目标发动拒绝服务攻击，称为基于僵尸网络的分布式拒绝服务攻击；其二是使用攻击目标的 IP 地址作为源 IP 地址向大量合法服务器发送请求，让这些合法主机协同向目标发送应答数据，称为**分布式反射拒绝服务**（Distributed Reflection Denial of Service，DRDoS）攻击。协同是分布式拒绝服务攻击的关键，本节首先介绍不同类型僵尸网络的协同方法，其次通过若干实例讨论分布式反射拒绝服务攻击的协同方法。

8.3.1　基于僵尸网络的分布式拒绝服务攻击

僵尸网络是目前网络安全的重要威胁之一，利用僵尸网络，攻击者可以向为数众多的受控主机发布命令，发动拒绝服务攻击，发送垃圾邮件，窃取敏感信息或进行点击欺诈以牟取经济利益等。

1. 僵尸网络的基本概念

我们先来了解几个与僵尸网络相关的基本概念。

- **僵尸网络**：指攻击者出于恶意目的，传播僵尸程序控制大量主机，并通过一对多的命令与控制信道所组成的网络。
- **僵尸主机**：也称为傀儡机，指被攻击者控制，接受并执行攻击者指令的计算机，往往被控制者用来发起大规模的网络攻击。僵尸主机就是安装了僵尸程序的计算机。
- **僵尸程序**：也称为傀儡程序，由英文单词 Robot 派生而来，通常指秘密运行在被他人控制的计算机中、可以接收预定义命令和执行预定义功能的程序。

- 命令控制机制：指攻击者用来操纵僵尸网络的命令语言及控制协议。命令控制机制是僵尸网络区别于其他恶意代码形态的本质属性。

尽管普通计算机用户通常注意不到僵尸网络的存在，但实际上，互联网中各种僵尸网络大量存在，且规模巨大。表 8-1 给出了 2008 ～ 2016 年间互联网中活跃的僵尸网络程序。

表 8-1　互联网中活跃的僵尸网络程序

僵尸网络	估计受控主机数量	主要命令控制机制	别　称
Mariposa	12 000 000	UDP based protocol	
Conficker	10 500 000+	HTTP	DownUp
BredoLab	30 000 000	HTTP	Oficla
TDL4	4 500 000	HTTP and P2P	TDSS
Zeus	3 600 000	HTTP	Zbot
Cutwail	1 500 000	HTTP	Pushdo
Mirai	380 000	自定义集中式协议	

僵尸程序的功能通常非常复杂。僵尸程序是在计算机病毒、网络蠕虫、特洛伊木马和后门工具等传统恶意代码的基础上融合发展而成的目前最为复杂的攻击方式之一。例如，2010年以来逐渐流行的 TDL4 僵尸程序实现了新型 P2P（Peer-to-Peer，对等网络）命令控制机制、MBR（Master Boot Record，主引导记录）启动、64 位驱动、自定义的数据加密系统、清除其他恶意程序等一系列高级功能。

僵尸程序与其他类型的恶意代码有着很多相似之处。僵尸程序与网络蠕虫类似，通常会通过系统服务漏洞、垃圾邮件、移动存储介质或即时聊天工具主动传播；同时它又借鉴了特洛伊木马的隐藏技术来提高自身的隐蔽性，借鉴了病毒的多态与变形技术提高自己的生存能力。僵尸程序与其他恶意代码又有本质的不同，其根本区别在于，僵尸程序会利用其特有的命令控制机制将其感染的众多主机协调为一个整体实施其恶意攻击。目前出现的僵尸网络命令控制机制大致可分为集中式和分布式两种。

2. 集中式命令控制机制

如图 8-6 所示，集中式命令控制机制是指僵尸节点通过连接到一个或多个控制服务器来获取控制信息或命令。在使用集中式命令控制机制时，攻击者将其命令和控制信息发布到服务器，受控主机中的僵尸程序连接到服务器来获取命令和控制信息。目前，集中式命令控制机制仍然是主流的命令传递方式，现实中各种基于 IRC（Internet Relay Chat，互联网中继聊天）协议的僵尸网络和基于 HTTP 的僵尸网络都属于集中式命令控制机制的僵尸网络。

（1）基于 IRC 协议的命令控制机制

IRC 协议是互联网早期就发展起来的一种聊天协议。IRC 协议基于 C/S 模型，用户运行 IRC 客户端软件，然后连接到 IRC 服务器上，IRC 服务器可通过互相连接构成庞大的 IRC 聊天网络，并将用户的消息通过聊天网络发送到目标

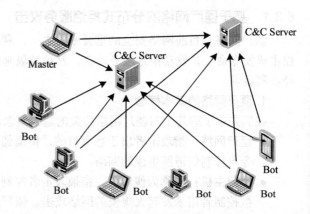

图 8-6　集中式命令控制机制

用户或用户群。IRC 网络中使用最为普遍的一种通信方式是群聊，即多个 IRC 客户端连接到 IRC 网络并创建一个聊天频道（Channel），每个客户端发送到 IRC 服务器的消息将被转发给连接这个频道的全部客户端。

僵尸网络的出现和 IRC 有着密切的联系，事实上最早的僵尸网络程序正是从 IRC 的自动管理程序（Bot）借鉴而来的。目前，使用 IRC 协议的僵尸网络仍然有很多，如 SDBot、Agobot、SDBot、SpyBot、GT bot、IRCBot、PushBot 等。

对于使用 IRC 协议的僵尸网络来说，僵尸程序通常会使用标准的 IRC 协议进入某个 IRC 服务器的特定频道，控制者在进入频道后与僵尸程序之间的交互除标准的 IRC 命令之外，还增加了一套自定义命令集。使用该命令集，控制者可以对僵尸程序控制的主机进行各种操控，比如执行指定的程序、收集 Email 地址、发动拒绝服务攻击等。

（2）基于 HTTP 的命令控制机制

另一种常被借用作僵尸网络命令控制的协议是 HTTP。与 IRC 协议相比，使用 HTTP 构建僵尸网络命令控制机制的优势包括两方面：首先，由于 IRC 协议是僵尸网络最早使用的主流控制协议，安全业界更加关注监测 IRC 通信以检测其中隐藏的僵尸网络活动，使用 HTTP 构建控制信道则可以让僵尸网络控制流量淹没在大量的因特网 Web 流量中，使得基于 HTTP 的僵尸网络活动更难被检测。另外，大多数组织机构在网关上部署了防火墙，在很多情况下，防火墙过滤掉了非期望端口上的网络通信，IRC 作为一种逐步弱化的应用，其使用的端口通常可以被过滤，而使用 HTTP 构建控制信道一般都可以绕过防火墙。使用 HTTP 的僵尸网络实例也非常多，如 Rustock、BlackEnergy、Conficker、BredoLab、TDL4、Zeus 等。

对于使用 HTTP 的僵尸网络来说，攻击者会构建自己的 Web 服务器，而僵尸程序通过 HTTP 的 POST 命令与搭建的 Web 服务器交互。为了防止管理员对网络数据进行分析，攻击者会采用加密算法对僵尸程序和服务器间的数据传输进行加密。

（3）集中式命令控制机制的特点及其改进

集中式命令控制的最大弱点是其单点失效问题。在使用集中式命令控制机制的僵尸网络中，所有僵尸程序都要连接到控制服务器接收命令。因此，这种僵尸程序很容易被检测、跟踪与反制。防御者在发现僵尸程序后，通过对其程序及网络流量进行分析，就可以发现控制服务器的位置；通过仿冒僵尸程序行为连接到控制服务器，可进一步对整个僵尸网络进行跟踪与分析；通过干扰僵尸程序与控制服务器间的命令传递，可影响僵尸网络的控制效率；如能够关闭控制服务器，则可完全摧毁整个网络。

为缓解这种威胁，攻击者采用了多种方式来改进僵尸网络的命令控制机制。一种方法是引入 fast-flux 技术。所谓 fast-flux 是指一种能够不断变更 DNS 域名映射的攻击服务网络。攻击者首先控制一大批主机，使用这些主机的 IP 地址建立一个 IP 地址池。而后，在其为控制服务器域名建立的权威 DNS 服务器上为域名资源记录设置很小的 TTL 值（如 180 秒），每当 TTL 值过期时即从 IP 地址池中选择一个不同的 IP 地址作为域名的映射。为了进一步增加安全性，攻击者并不在这些主机上构建真正的控制服务器，而是在其上运行简单的代理功能。当各个僵尸程序连接时，将重定向至真正的控制服务器。借助于 fast-flux 技术，攻击者可以持续不断地变换控制服务器域名所映射的 IP 地址，从而大大增加防御者跟踪僵尸网络的难度。某些时候，攻击者甚至会应用双重 fast-flux 技术，即使用 fast-flux 技术同时变更域名的权威 DNS 服务器的 IP 映射（NS 记录）和域名的 IP 映射（A 记录），以提高域名服务器的防追踪能力。

尽管使用 fast-flux 技术可以在一定程度上降低服务器被发现及关闭的风险，但是使用 DNS 黑洞（DNS sinkhole）技术，安全研究者仍能够将僵尸程序的流量引到他们建立的服务器上，从而分析研究出僵尸网络的规模、分布等特性。

3. 分布式命令控制机制

集中式命令控制机制存在着突出的单点失效问题，而 P2P 网络具有更好的可扩展性、健壮性和韧性，因此，越来越多的僵尸网络引入基于 P2P 协议的分布式命令控制机制。

（1）P2P 网络分类

P2P 网络是互联网分布式应用的典型代表。与我们通常理解不同的是，并不是所有的 P2P 网络都是纯分布式结构。P2P 系统细分为**中心化拓扑**（Centralized）、**全分布式非结构化拓扑**（Decentralized Unstructured）、**全分布式结构化拓扑**（Decentralized Structured）以及**半分布式拓扑**（Partially Decentralized）四种形式。

中心化拓扑是指存在一个目录服务器，用于节点信息、资源信息的集中存储与查询。中心化拓扑的最大优势是维护简单，资源发现效率高。由于资源的发现依靠中心化的目录系统，因此发现算法灵活高效并能够实现复杂查询。与传统客户机/服务器结构类似，中心化拓扑的最大问题是容易造成单点故障，这是第一代 P2P 网络采用的结构模式。经典案例就是著名的 MP3 共享软件 Napster。

全分布式结构化拓扑的 P2P 网络主要采用**分布式散列表**（Distributed Hash Table，DHT）技术来组织网络中的节点。DHT 类结构能够自适应节点的动态加入/退出，有着良好的可扩展性、鲁棒性、节点 ID 分配的均匀性和自组织能力。由于网络采用了确定性拓扑结构，因此只要目的节点存在于网络中，DHT 总能发现它，发现的准确性得到了保证。经典的案例是 Tapestry、Pastry、Chord 和 CAN。

全分布式非结构化拓扑的 P2P 网络是在**重叠网络**（Overlay Network）上采用了随机图的组织方式，即节点之间采用随机方式进行连接。在进行节点或资源查询时，通常采用基于随机图的洪泛或**随机转发**机制。由于没有确定拓扑结构的支持，全分布式非结构拓扑无法保证资源发现的效率和可靠性。即使需要查找的目的节点存在，也可能查询失败。采用这种拓扑结构的典型案例是 Gnutella。

半分布式拓扑结构吸取了中心化结构和全分布式非结构化拓扑的优点，选择处理、存储、带宽等方面性能较高的节点作为超级节点，在各个超级节点上存储系统中其他部分节点的信息。节点发现算法仅在超级节点之间转发，超级节点再将查询请求转发给适当的叶子节点。半分布式结构也是一个层次式结构，超级节点之间构成一个高速转发层，超级节点和所负责的普通节点构成若干层次。采用这种结构的典型案例就是 KaZaa。

在实际应用中，每种拓扑结构的 P2P 网络都有其优缺点，表 8-2 从可扩展性、可靠性、可维护性、发现算法的效率、复杂查询等方面比较了这四种拓扑结构综合性能。

表 8-2   不同拓扑结构 P2P 网络的性能比较

比较标准	中心化拓扑	全分布式非结构化拓扑	全分布式结构化拓扑	半分布式拓扑
可扩展性	差	差	好	中
可靠性	差	好	好	中
可维护性	最好	最好	好	中
发现算法的效率	最高	中	高	中
复杂查询	支持	支持	不支持	支持

（2）基于 P2P 协议的僵尸网络

在上述四种 P2P 网络结构中，中心化拓扑的 P2P 协议事实上退化为一种集中式的结构，追求分布式命令控制的僵尸网络很少采用。目前，采用分布式命令控制机制的僵尸网络多是基于其他三类 P2P 网络协议来传递僵尸网络的命令控制信息。

如图 8-7 所示，分布式僵尸网络中的节点相互连接，在命令控制信息的传递过程中，各个节点既可作为被请求的服务器，也可作为请求的客户。在使用分布式命令控制机制时，攻击者通常会任意地连接到某个僵尸节点，在该节点上发布命令控制信息，命令会采用 Push 或 Pull 的方式在整个僵尸网络中传递。所谓 Pull 方式是指僵尸网络控制者在网络中通过类似 P2P 文件共享中发布资源的方式发布命令，各僵尸节点程序通过查询该资源来主动获取命令。所谓 Push 方式是指僵尸网络控制者在网络中向邻近节点或某种算法指定的特定节点推送命令，各僵尸节点程序被动地接收命令并转发给其邻近节点或算法指定的特定节点。

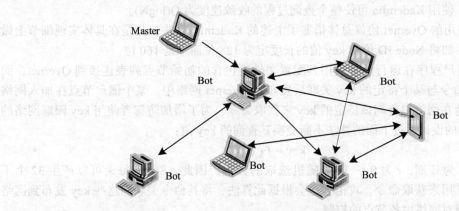

图 8-7   分布式命令控制机制

自 2002 年以来出现了一些基于 P2P 协议的僵尸网络实例，如 Slapper、Sinit、Phatbot、SpamThru、Nugache 和 Storm（又名 Peacomm）等。这些僵尸网络均采用了分布式命令控制的设计思路，但在实现上还不十分成熟。第一个构建 P2P 控制信道的恶意代码 Slapper 在网络传播过程中对每个受感染主机都建立了一个完整的已感染节点列表，这种方式使防御者从一个捕获的程序中即可获得僵尸网络的全部信息。Nugache 的主要弱点在于其僵尸程序包含22 个 IP 地址的种子主机列表用来初始时连接到 P2P 网络，容易受到抑制。Storm 的设计相对健全，下面详细介绍 Storm 的命令控制机制。

（3）P2P 僵尸网络实例——Storm

Storm 的设计基于全分布式结构化的 P2P 协议 Overnet，其核心是分布式散列表算法 Kademlia。Kademlia 采用异或（XOR）作为拓扑距离的度量算法，建立了一种全新的 DHT 拓扑结构，以实现资源的分享与快速查找。

具体来说，Kademlia 网络中的每个节点都有一个 160 位的 ID 值作为标识符，该标识符在节点新加入 Kademlia 网络时产生（可以认为 ID 是随机产生的），向其他节点发送的任何消息都会附带上该 ID 值。用来索引资源的 key 也是一个 160 位的标识符。<key, value> 对存放在 ID 值与 key 值距离最"近"的节点上。距离的计算基于二进制异或运算 $d(x, y) = x \oplus y$。

节点使用 <IP address, UDP port, Node ID> 三元组保存其他节点的连接信息，这些连接信息被组织在称为 K 桶的数据结构中。当节点 x 收到一个消息时，发送者 y 的 <IP address, UDP port, Node ID> 三元组信息就被用来更新对应的 K 桶。K 桶的更新算法将新的活跃节点的连接信息放入 K 桶，而将不活跃的节点信息淘汰出 K 桶，以保证信息的新鲜有效，同时也保证那些在线时间长的节点信息能更长久地保存在 K 桶中。

Kademlia 协议包括四种消息，即 PING、STORE、FIND_NODE、FIND_VALUE。PING 消息的作用是探测一个节点，用以判断其是否仍然在线。STORE 消息的作用是通知一个节点存储一个 <key, value> 对，以便以后查询需要。FIND_NODE 消息使用一个 160 位的 ID 作为参数。该消息的接收者返回它所知道的更接近目标 ID 的 K 个节点的 <IP address, UDP port, Node ID> 信息。FIND_VALUE 消息用来查询 STORE 消息所存储的信息，它使用 160 位的 key 作为参数。消息的接收者如果未存储 <key, value> 对，则返回一个 Node ID 值与 key 值距离最近节点的 <IP address, UDP port, Node ID> 信息；反之，则会直接返回存储的 value 值。

Kademlia 算法保证了在 P2P 网络中的查询能够相对高效地完成，在一个由 N 个节点组成的网络中，使用 Kademlia 可使整个查询过程的收敛速度为 O(logN)。

Storm 使用的 Overnet 协议总体借鉴了上述的 Kademlia 算法，只是在具体实现细节上做了一些变动，如将 Node ID 值和 key 值的长度定为 128 位而不是 160 位。

Storm 僵尸程序在运行后会使用其配置文件中包含的初始节点列表连接到 Overnet，而攻击者会将命令与某个特定的 key 关联后发布到 Overnet 网络中。某个僵尸节点在加入网络后，会不断地在网络中查询该特定的 key 来获取命令。为了增加防御者使用 key 跟踪网络的难度，Storm 的设计通过下面的算法不断变换其查询的 key 值：

$$key = f(d, r)$$

其中，d 为日期，r 为 0 ～ 31 中随机选取的数值。因此，Storm 每天可以产生 32 个不同的查询 key 用来获取命令。攻击者也会根据此算法，将其命令关联到这些 key 发布到网络中，从而实现对网络中各节点的控制。

4. 利用僵尸网络发动拒绝服务攻击

如图 8-8 所示，利用僵尸网络发动拒绝服务攻击时，其攻击体系分成四大部分：1）实际攻击者（Attacker，也称为 Master）；2）控制傀儡机（Handler），用来隐藏攻击者身份的机器，可能会被隐藏好几级，用于控制攻击傀儡机并发送攻击命令；3）攻击傀儡机（Demon，也称为 Agent），实际进行 DDoS 攻击的机器群，一般属于僵尸网络；4）受害者（Victim），被攻击的目标。图 8-8 所示的第②和第③层，分别用作控制和实际发起攻击。第②层的控制傀儡机只发布命令而不参与实际的攻击，第③层的攻击傀儡机发出 DDoS 的实际攻击包。

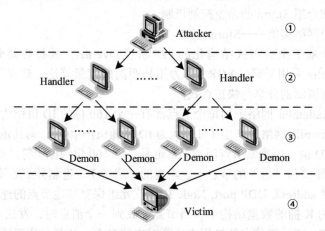

图 8-8　基于僵尸网络的 DDoS 攻击体系

攻击者借助僵尸网络发动 DDoS 攻击通常需要经过以下几个阶段：

（1）构建僵尸网络

攻击者首先利用各种攻击方法入侵网上的主机，使其成为僵尸主机。为了避免攻击被跟踪 / 监测，僵尸主机通常会位于攻击目标网络和发动攻击网络域以外。

用于发动分布式拒绝服务攻击的僵尸主机通常具有以下特点：

- 链路状态和网络性能较好。
- 系统性能较高。
- 安全管理水平较差。

对于集中式的僵尸网络，攻击者侵入僵尸主机后，会选择一台或多台主机作为主控，并在其中植入特定程序，用于接收和发布来自攻击者的攻击指令。其余僵尸主机则被攻击者植入攻击程序，用于发动拒绝服务攻击。对于分布式僵尸网络，僵尸主机则会同时兼具通信信道和攻击机的功能。攻击者会采用多项隐藏技术保护僵尸程序的安全和隐蔽。由于攻击者入侵的主机越多，它的攻击队伍就越壮大，因此攻击者会利用已经入侵的主机继续进行扫描和入侵，逐渐构建起僵尸网络。

（2）收集目标信息

攻击者要针对某个目标服务发动拒绝服务攻击，就必须收集、了解目标服务的情况。下列信息是 DDoS 攻击者所关心的内容：

- 目标服务的主机数量和 IP 地址配置。
- 目标服务的系统配置和性能。
- 目标服务的网络带宽。

对于 DDoS 攻击者来说，要攻击互联网上的某个站点，如 http://www.target.com，需要重点收集的信息之一就是了解到底有多少台服务器在支撑该站点。大型网站可能借助负载均衡技术，用多台服务器在同一个域名下提供 Web 服务。这就意味着一个站点会对应数个甚至数十个 IP 地址。如果攻击者想要达到拒绝服务的效果，就必须对所有的 IP 地址发动攻击。目标服务的系统配置和网络带宽等信息非常关键。在攻击前，掌握目标服务的系统配置、网络带宽等信息，可以帮助攻击者有针对性地调度攻击资源，选择攻击技术。

（3）实施 DDoS 攻击

在僵尸网络构建完成并掌握目标信息后，攻击者就可以随时发出攻击指令，实施分布式拒绝服务攻击。由于攻击者的位置非常灵活，而且发布命令的时间很短，因此非常隐蔽，难以定位。一旦攻击的命令传送到主控端，攻击者就可以脱离网络以逃避追踪。攻击端接到攻击命令后，开始向目标主机发出大量的攻击数据包。这些数据包还可以进一步伪装，使被攻击者无法识别它的来源。

8.3.2　分布式反射拒绝服务攻击

分布式反射拒绝服务攻击实际上是从基于僵尸网络的分布式拒绝服务攻击衍生而来的。在 DRDoS 攻击中，攻击者将网络中一些提供网络服务的主机作为攻击的反射器，利用反射器将大量响应包汇集到受害者主机，导致拒绝服务。DRDoS 攻击能够借助反射器产生攻击流的放大响应，因此也称为放大型攻击。

典型的 DRDoS 攻击体系如图 8-9 所示。DRDoS 攻击体系在基于僵尸网络的 DDoS 攻击体系基础上增加了反射器层。第③层的僵尸网络的主机没有直接向受害者发动攻击，而是向反射器发送源 IP 地址为受害者的请求包，由反射器将响应包发送给受害者。反射器的作用是放大攻击流量。通常，攻击者会选择高性能的互联网服务器等作为反射器，这些服务器有良好的计算性能和带宽，并且服务器上的应用通常对攻击会有放大效果（响应包的数量和大小比请求包的要大）。DRDoS 的直接攻击者不再是那些受控的 Agent，而是公网上的合法服务器，这使得追踪溯源工作更加困难。

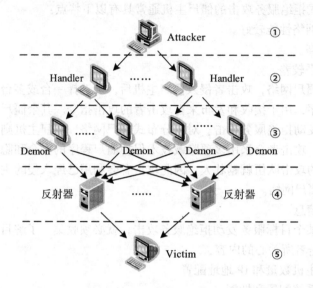

图 8-9   DRDoS 攻击体系

分布式反射拒绝服务攻击目前主要与各种 UDP 洪泛攻击相结合，常见的分布式反射拒绝服务攻击包括 DNS 反射攻击、LDAP（Lightweight Directory Access Protocol，轻量目录访问协议）放大攻击、NTP（Network Time Protocol，网络时间协议）放大攻击等。

1. DNS 反射攻击

DNS 反射通过向 DNS 服务器发送伪造源地址的查询请求将应答流量导向攻击目标，亦称为 DNS 放大攻击。DNS 反射攻击不仅会对被攻击者造成拒绝服务攻击，也会给 DNS 服务器带来异常的流量。

DNS 反射攻击是一种新型的拒绝服务攻击。在发动攻击时，攻击者会连续向多个允许递归查询的 DNS 服务器发送大量的 DNS 请求，同时将请求的源 IP 地址伪造成攻击目标的 IP 地址。在 DNS 协议中，域名服务器并不对查询请求分组的源 IP 地址进行真实性验证，因此 DNS 服务器会对所有的查询请求进行解析，并将域名查询的响应数据发送给攻击目标。由于 DNS 查询的响应数据比请求数据大得多，攻击者利用该技术可以有效地放大其攻击流量，大量的 DNS 应答分组将汇聚在受害者端从而造成拒绝服务攻击。

2013 年 3 月，欧洲反垃圾邮件组织 Spamhaus 遭受 300Gb/s 的分布式 DNS 反射攻击；2014 年年中，部署在云端的某知名游戏公司遭遇 DNS 反射攻击，攻击峰值流量超过 450Gbit/s。众多攻击事件均表明 DNS 反射攻击已成为拒绝服务攻击的重要形式之一。

2. LDAP 放大攻击

LDAP 放大攻击通过向 LDAP 服务器发送伪造源地址的查询请求来将应答流量导向攻击目标。

LDAP 是访问**活动目录**（Active Directory）数据库中的用户名和口令信息时常用的协议之一，使用非常广泛。LDAP 放大攻击实际上是放大拒绝服务攻击流量的一种方法，其原理与 DNS 反射攻击类似。利用 LDAP 服务器可将攻击流量平均放大 46 倍，最高可放大 55 倍。

2016 年，某知名网络安全公司最早披露了这种拒绝服务攻击技术。据 Corero 公司分析，借助这种攻击放大技术，拒绝服务攻击的流量峰值可以达到 Tb 级别。

3. NTP 放大攻击

NTP 放大攻击通过向 NTP 服务器发送伪造源地址的查询请求将应答流量导向攻击目标。

NTP 提供高精度的时间校正服务。NTP 服务通常使用 UDP 的 123 端口，客户端发送请求查询分组到服务器，服务器返回相应的响应分组给客户端。与 DNS 协议类似，由于 NTP 所使用的 UDP 是面向无连接的协议，因此过程中请求分组的源 IP 很容易伪造。如果把请求分组中的源 IP 修改为攻击目标 IP，服务器返回的响应分组就会大量涌向攻击目标，形成反射攻击。攻击者通过伪造源 IP 地址，并向 NTP 服务器持续发送精心构造的数据包，可以将攻击流量放大数百倍甚至数千倍。

2013 年 11 月以来，全球范围内 NTP 放大攻击事件频发，并且超过 100Gb 的攻击流量屡有出现，严重影响了互联网的正常、安全、稳定访问。2014 年 2 月，美国某知名云安全公司检测到 400 Gb/s 流量的 NTP 放大攻击，CNCERT（中国国家互联网应急中心）报告称中国电信 2014 年 2 月初国际出入口的 NTP 攻击流量最高达到 300 Gb/s。

8.4　拒绝服务攻击的防御

目前对拒绝服务攻击尚未有完全奏效的防御措施，但安全研究者及安全厂商从增加攻击难度和缓解攻击危害角度，开展了大量的研究与实际工作。

结合图 8-10 所示的拒绝服务攻击的网络结构，拒绝服务攻击的防御从部署位置的角度可以分为源端防御、目标端防御、中间网络防御和混合防御。

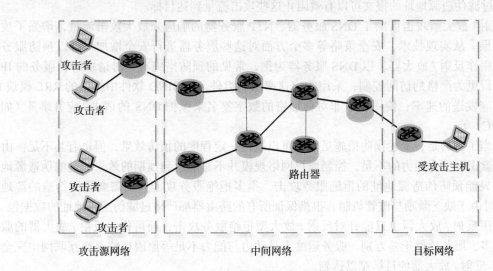

图 8-10　拒绝服务攻击的网络结构

从技术的角度，拒绝服务攻击的防御可以分为预防、检测、响应与容忍。预防着眼于在攻击发生前消除拒绝服务攻击的可能性；检测主要是识别拒绝服务攻击的发生，区分攻击流量和正常流量，从而为后续的响应提供依据；响应关注在拒绝服务攻击发生后降低乃至消除攻击的危害与影响；而容忍致力于在拒绝服务攻击发生后保持服务的可用性。容忍与响应的主要差别在于，容忍通常只需检测出攻击的发生，而后触发容忍机制来保障服务的可用性；而响应通常需要识别攻击流量，进而对攻击流量和正常流量加以区分处理。

下面重点从技术的角度对拒绝服务攻击的防御进行进一步讨论。

8.4.1　拒绝服务攻击预防

拒绝服务攻击预防的作用是在攻击发生前阻止攻击。当前采取的主要预防措施包括控制僵尸网络规模、过滤伪造源地址报文、减少可用反射 / 放大器等。

拒绝服务攻击能够成功的一个重要原因是攻击者可以在互联网上找到大量安全措施薄弱的主机，通过各种攻击取得主机权限，进而组成数量庞大的僵尸网络。通过增强主机安全策略，如关闭不必要的服务和端口、及时更新系统和应用软件安全补丁、安装并合理应用防火墙等安全软件可以有效降低主机被僵尸程序感染的风险。对于已形成的僵尸网络，可以采用蜜罐技术、sinkhole 技术等进行僵尸网络的分析、监控甚至摧毁。2012 年，微软公司就曾通过持续不懈的努力有效打击了 Nitol 僵尸网络。

拒绝服务攻击经常使用伪造的源 IP 地址来发送攻击流量。伪造源地址至少可以给拒绝服务攻击带来三方面的好处：

1）通过伪造源地址，攻击者可以有效掩盖攻击的真实来源。

2）对于伪造源地址的攻击，目标将无法基于源地址过滤攻击流量。

3）通过使用目标 IP 地址作为源地址向服务器发送请求，反射 / 放大型攻击将服务器的响应发送给目标，可有效放大攻击流量。

主机或局域网络在通过 ISP（Internet Service Provider，互联网服务提供商）接入互联网时，其 IP 地址通常由 ISP 分配。合理配置 ISP 的接入路由器，可以实现对伪造源地址报文的过滤。除了 ISP 的接入路由器，还可在流量途经的中间路由器等处实施伪造源地址报文的过滤。过滤伪造源地址的报文可以有效阻止这些攻击流量到达目标。

反射 / 放大型攻击借助于 DNS 服务器、NTP 服务器的响应来放大攻击流量，增强了攻击的效果。从实现技术、安全策略等多个方面对这些服务器进行安全增加，可以预防服务器被滥用作反射 / 放大器。以 DNS 服务器为例，常见的预防措施有：对请求解析服务的 IP 地址进行更为严格的访问控制；采用响应速率限制组件（如 BIND 软件中提供的 RRL 模块）限制响应发送的速率；使用基于非对称加密的数字签名来保护 DNS 的请求 / 应答事务（如 DNSSEC）等。

应当了解的是，上述预防措施虽然都可以取得一定程度的预防效果，但也有其不足。由于安全意识和安全能力的不足，控制僵尸网络规模并不总能达到预期的效果。过滤伪造源地址报文只能预防伪造源地址的拒绝服务攻击，很多拒绝服务攻击并不需要使用伪造的源地址；同时由于缺乏激励与监管机制，很难保证所有的路由器都严格过滤伪造源地址的数据包。减少可用反射 / 放大器也只能针对反射 / 放大型拒绝服务攻击，而可作为反射 / 放大器的服务类型多、服务软件千差万别、服务运维人员动力与能力不足等原因也使得在互联网中完全"消灭"反射 / 放大器的目标难以达到。

8.4.2　拒绝服务攻击检测

拒绝服务攻击检测的作用是在攻击过程中发现攻击，并区分攻击流量与正常流量。检测对于后续有效实施响应具有重要作用。拒绝服务攻击的响应机制依赖于检测所得到的攻击相关信息来指导具体的处置。不同的响应机制对检测的具体需求也不尽相同。有些响应机制依赖于检测来发现恶意行为的出现，有些响应机制依赖于检测对恶意行为具体特征的提取和识别，有些响应机制则依赖于检测识别出恶意行为的实施主体。

和针对其他攻击方法的检测技术一样，拒绝服务攻击的检测技术大致可分为特征检测和异常检测两类。

1. 特征检测

基于特征的检测技术通过对已知拒绝服务攻击的分析，得到这些攻击行为区别于其他正常用户访问行为的唯一特征，并据此建立已知攻击的特征库。在检测时，基于特征的检测技术监听网络中的行为并与攻击特征库进行比较。

Snort 入侵检测系统使用特征检测的方法来检测各种攻击行为，其中包含可检测拒绝服务攻击的特征库。特征检测也是杀毒软件用于检测病毒的主要方法。与基于特征的病毒检测只能识别已知病毒一样，基于特征的拒绝服务攻击检测技术也只能检测已知拒绝服务攻击。要检测不断出现的新的攻击方式，就必须对特征库进行持续不断地更新。

2. 异常检测

与特征检测不同，异常检测基于正常状态下的系统参数及网络参数建立正常情况下的网络状态模型。当攻击发生时，会导致当前的网络状态与正常网络状态模型产生显著的不同。异常检测通过对比两者即可确认攻击的发生。

异常检测多应用于检测各种资源消耗型的洪泛式拒绝服务攻击。资源消耗型拒绝服务攻击常常导致在网络/传输层或是应用层流量的异常。比如，拒绝服务攻击可能会导致的网络/传输层的异常包括：流量的统计特性异常、源 IP 地址的统计特性异常、IP 包头部字段的统计特性异常等。通过测量并分析这些统计特性的异常可以检测出拒绝服务攻击。异常检测方法通常还可以与数据挖掘和人工智能方法相结合来提高检测的精度。

由于异常检测方法并不需要知道攻击的具体特征，因此异常检测可以检测出未知的拒绝服务攻击。但异常检测的主要困难在于正常状态模型阈值的确定，阈值设置过大容易产生漏报，阈值设置过小则容易产生误报。

8.4.3　拒绝服务攻击响应

单纯攻击检测并不能起到消除攻击影响的效果。攻击检测的目的是尽快发现攻击，以便启动响应机制，缓解攻击的危害，消除攻击的影响。

缓解拒绝服务攻击危害的主要方法是对攻击流量进行过滤，即设法将恶意的网络流量剔除，只将合法的网络流量交付服务器。

具体的过滤恶意流量的方法和检测机制有很强的关联性。如果是基于特征检测发现恶意流量，由于已经清楚地知道攻击流量的特征信息，过滤起来就比较容易；反之，如果是基于异常检测发现攻击，由于并不知道攻击流量的具体特征，过滤起来就会比较困难。如果是在异常检测的基础上进行过滤，过滤时通常不会以"精确"地剔除恶意流量为目标，有时甚至只是对所有流量进行无差别的"丢弃"，以一定程度减轻服务器的负载。

过滤式的攻击响应机制有时也称为**流量清洗**，比较常见的方法是在目标服务器和客户之间提供流量清洗代理。代理预处理来自客户的请求，攻击者和正常用户的流量都由中间层代理处理。这些代理一般可以部署在上游 ISP 处，利用其带宽优势与资源优势，对 TCP 连接信息进行管理，对客户端协议完整性和客户程序的真实性进行检验。发动拒绝服务攻击的攻击者出于效率考虑，其访问行为与真实的客户程序存在诸多差异，如只是发送连接请求而不建立完整的连接、只是处理少量的命令而没有实现完整的应用协议、只是提供有限功能而没有实现完整的客户功能。因此，流量清洗代理的这种额外检验措施常常可以识别出攻击者，取得良好的过滤效果。

8.4.4　拒绝服务攻击容忍

拒绝服务攻击响应通过过滤攻击流量或抑制攻击者的发包速率来消除攻击的影响，而拒绝服务攻击容忍则通过提高处理请求的能力来消除攻击的影响。比较常见的拒绝服务攻击容忍机制包括**内容分发网络**（Content Delivery Network，CDN）和**任播**（Anycast）技术。

1. CDN

所谓 CDN，就是在互联网范围内广泛设置多个节点作为代理缓存，并将用户的访问请求导向最近的缓存节点，以加快访问速度的一种技术手段。

传统的域名解析系统会将同一域名的解析请求解析成一个固定的 IP 地址，因此，整个互联网对于该域名的访问都会被导向这个 IP 地址。CDN 采用智能 DNS 将对单个域名的访问导向不同的 IP 地址。如图 8-11 所示，在智能 DNS 系统中，一个域名会对应一张 IP 地址表，当收到域名解析请求时，智能 DNS 会查看解析请求的来源，并给出地址表中距离请求来源最近的 IP 地址，这个地址通常就是最接近用户的 CDN 缓存节点的 IP 地址。在用户收到域名解析应答时，认为该 CDN 节点就是他请求的域名所对应的 IP 地址，并向该 CDN 节点发起服务或资源请求。

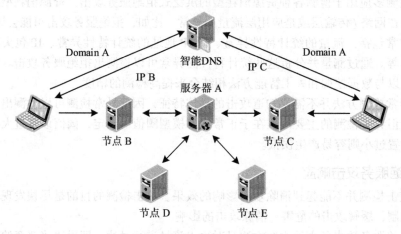

图 8-11　智能 DNS 解析

在使用 CDN 技术之后，互联网上的用户可以快速获取所需要的资源和服务，同时由于 CDN 节点的缓存作用，能够在很大程度上减轻源站的网络流量负载。

2. 任播

任播技术是一种网络寻址和路由方法。通过使用任播，一组提供特定服务的服务器可以使用相同的 IP 地址，服务请求方的请求报文将会被 IP 网络路由到这一组目标中"距离"最近的那台服务器。

任播通常是通过多个节点同时使用 BGP 协议向外声明同样的 IP 地址的方式实现的。如图 8-12 所示，服务器 1 和服务器 2 是任播的两个节点，它们通过 BGP 协议同时向外声明其 IP 地址为 10.0.0.1。当客户端位于路由器 1 的网络内时，它将会通过路由器 1 来选择路由的下一跳。在路由器 1 看来，转发到路由器 2 的距离更短，因此，路由器 1 会将请求报文转发给路由器 2 而非路由器 3。通过上述方法，客户请求实际上发送给了服务器 1，达到发送给任播之中最近节点的目的。

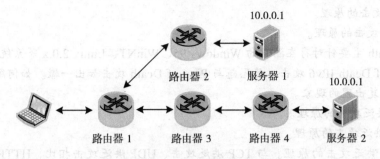

图 8-12　任播示例

对类似 DNS 服务这样的无状态服务，任播通常可用来提供高可用性保障和负载均衡。几乎所有的互联网根域名服务器都部署了任播。同时，许多商业 DNS 服务提供商也部署了任播寻址以便提高查询性能，保障系统冗余并实现负载均衡。

使用任播技术能够稀释分布式拒绝服务攻击流量。在任播寻址过程中，流量会被导向网络拓扑结构上最近的节点，在这个过程中，攻击者并不能对攻击流量进行操控，因此攻击流量将会被分散并稀释到最近的节点上，每一个节点上的资源消耗都会减少。

当任播组中某一个成员或者几个成员受到攻击时，负责报文转发的路由器可以根据各个节点的响应时间来决定报文应该转发到哪个节点上，对于受到攻击的节点，报文转发会相对减少。同时，由于任播的高度可靠性，即使少数节点被分布式拒绝服务攻击打垮而出现故障，其周围的客户端请求也能够被快速地引导至依然可用的服务节点，从而保证服务的高可用性。

与利用智能 DNS 实现的 CDN 技术相比，CDN 技术只能缓解通过域名发起的拒绝服务攻击，任播技术可以缓解通过 IP 地址直接发起的拒绝服务攻击。

8.5　本章小结

总体来看，拒绝服务攻击是一种复杂的危害严重的攻击方法。新型的拒绝服务攻击方法不断出现，在继承传统拒绝服务攻击方法的基础上，不断融入各种新的技术，使得其攻击能力更加强大，检测、追踪更加困难。

本质上，拒绝服务攻击是攻击方与防御方在资源、技术、策略等多个层面的对抗。在不改变目前 Internet 整体构架下，彻底解决拒绝服务攻击是比较困难的。极端情况下，攻击者可以采用与正常用户一样的攻击流量，这使拒绝服务攻击的防御变成了如何构建处理超大流量的网络分布式系统的问题。

基于 CDN 与任播的方式，能够很好地保护可以缓存的内容，但是对于如何保护动态不可缓存内容，则还需要研究新的保护方法。基于 ISP 的网络过滤机制，在能够区分攻击流量和合法流量的情况下，可以取得较好的防御效果。除了以 CDN、任播和 ISP 过滤的方式解决拒绝服务攻击问题之外，以较小的代价较精确地检测出 DDoS 攻击，进而采取抵御措施，也是防御方努力的重要方向。

8.6　习题

1. 从攻击作用机理的角度，拒绝服务攻击可以分为哪三类？简述这三类拒绝服务攻击的基本原理和各自主要特点。
2. 简述 Ping of Death 攻击的原理。

3. 简述 Land 攻击的原理。

4. 简述 Smurf 攻击的原理。

5. Ping of Death 主要针对存在漏洞的 Windows 95、WinNT、Linux 2.0.x 等系统，而 2013 年出现 Ping of Death IPv6 攻击，其思想与 Ping of Death 攻击如出一辙。如何解释这种类似安全问题反复出现的现象。

6. 试述 TCP 洪泛攻击的原理。

7. 试述 UDP 洪泛攻击的原理。

8. 试述 HTTP 洪泛攻击的原理。与 TCP 洪泛攻击、UDP 洪泛攻击相比，HTTP 洪泛攻击有何显著特点与区别？

9. 试说明为什么 LDoS 攻击与传统 DDoS 攻击相比，所需要的平均速率会低很多？

10. 僵尸网络有哪几种命令攻击机制，它们各有什么特点？

11. 有哪些服务可以应用于 DRDoS 攻击？这些服务有些什么共同特点？

12. 简述"在 ISP 的接入路由器进行伪造源 IP 地址过滤"预防拒绝服务攻击的原理。

13. 简述"流量清洗"缓解拒绝服务攻击的原理。

14. 简述 CDN 技术容忍拒绝服务攻击的原理。

15. 从部署位置来看，拒绝服务攻击的防御可以分为攻击源端防御、目标端防御和中间网络防御。你认为拒绝服务攻击的检测在哪个位置实施效果更好？拒绝服务攻击的缓解在哪个位置实施效果会更好？

第9章 网络防御概述

在网络中，攻击与防御、威胁与反威胁是一对永恒的矛盾。安全是相对的，没有一劳永逸的安全防护措施。本章将从网络安全模型、网络安全管理和网络防御新技术三个方面来探讨网络安全防御的主要内容与技术发展趋势。

9.1 网络安全模型

随着网络应用的不断发展，各种形式的网络安全教育逐渐普及，人们对网络攻击危害的认识越来越深刻，安全意识比以往有了很大程度的提高。一些单位和部门甚至专门购买和部署了先进的防火墙、入侵检测系统等安全设备，但结果往往不尽如人意，网络依然被入侵，秘密依然被窥探，数据依然被篡改。

网络安全是一个系统工程，它既不是防火墙、入侵检测，也不是 VPN（Virtual Private Network，虚拟专用网络），或者认证和授权。网络安全不是安全公司能够卖给用户的商品，尽管这些安全产品与技术在其中扮演了重要的角色，但它不是这些安全产品的简单叠加，网络安全更为复杂。

网络安全是一个动态的概念，应当采用网络动态安全模型描述，给用户提供更完整、更合理的安全机制。

APPDRR 模型就是动态安全模型的代表，隐含了网络安全的相对性和动态螺旋上升的过程。如图 9-1 所示，该模型由如下 6 个英文单词的首字符组成：**风险评估**（Assessment）、**安全策略**（Policy）、**系统防护**（Protection）、**安全检测**（Detection）、**安全响应**（Reaction）和**灾难恢复**（Restoration），这六个部分构成了一个动态的信息安全周期。通过这六个环节的循环流动，网络安全逐渐地得以完善和提高，从而达到网络的安全目标。

根据 APPDRR 模型，网络安全的第一个重要环节是风险评估。通过风险评估，可以掌握网络安全面临的风险信息，进而采取必要的处置措施，使信息组织的网络安全水平呈现动态螺旋上升的趋势。

网络安全策略是 APPDRR 模型的第二个重要环节，有承上启下的作用。一方面，安全策略应当随着风险评估的结果和安全需求的变化进行相应的更新；另一方面，安全策略在整个网络安全工作中处于原则性的指导地位，其后的检测、响应等环节都应在安全策略的基础上展开。

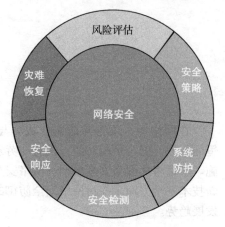

系统防护是安全模型中的第三个环节，体现了网络安全的静态防护措施。系统防护是系统安全的第一条防线，根据系统已知的所有安全问题做出防御措施，如打补丁、访问控制、数据加密等。第二条防线就是安全检测，攻击者即使穿过了第一条防线，还可以通过检测系统检测出攻击者的入侵行为，确定其身份，包括攻击源、系统损失等。一旦检测出入侵，安全响应系统就开始响应包括事件处理等其他业务。

图 9-1   APPDRR 动态安全模型

安全模型的最后一条防线是灾难恢复。在发生入侵事件，并确认事故原因后，或把系统恢复到原来的状态，或修改安全策略，更新防御系统，确保相同类型的入侵事件不再发生。

在 APPDRR 模型中，并非各个部分的重要程度都是等同的。在安全策略的指导下，进行必要的系统防护有积极的意义。但是，由于网络安全动态性的特点，在攻击与防御的较量中，安全检测应该处于一个核心地位。

9.1.1 风险评估

网络安全评估是信息安全生命周期中的一个重要环节，它对网络拓扑结构、重要服务器的位置、带宽、协议、硬件、与 Internet 的接口、防火墙的配置、安全管理措施及应用流程等进行全面的安全分析，并提出安全风险分析报告和改进建议书。

网络安全评估具有如下作用：

1）明确企业信息系统的安全现状。进行信息安全评估后，可以让企业准确地了解自身的网络、各种应用系统以及管理制度规范的安全现状，从而明晰企业的安全需求。

2）确定企业信息系统的主要安全风险。在对网络和应用系统进行信息安全评估并进行风险分级后，可以确定企业信息系统的主要安全风险，并让企业选择避免、降低、接受等风险处置措施。

3）指导企业信息系统安全技术体系与管理体系的建设。对企业进行信息安全评估后，可以制定企业网络和系统的安全策略及安全解决方案，从而指导企业信息系统安全技术体系（如部署防火墙、入侵检测与漏洞扫描系统、防病毒系统、数据备份系统、建立公钥基础设施等）与管理体系（安全组织保证、安全管理制度及安全培训机制等）的建设。

网络安全评估标准是网络安全评估的行动指南。网络安全评估的标准有多个，下面进行简要介绍。

可信计算机系统安全评估标准（Trusted Computer System Evaluation Criteria，TCSEC）由美国国防部于 1985 年公布，是计算机系统信息安全评估的第一个正式标准。它把计算机系统的安全分为 4 类、7 个级别，对用户登录、授权管理、访问控制、审计跟踪、隐蔽通道分析、可信通道建立、安全检测、生命周期保障、文档写作、用户指南等内容提出了规范性要求。

信息技术安全评估标准（Information Technology Security Evaluation Criteria，ITSEC）是由法、英、荷、德等国在 20 世纪 90 年代初联合发布的，它提出了信息安全的机密性、完整性、可用性的安全属性。机密性就是保证没有经过授权的用户、实体或进程无法窃取信息；完整性就是保证没有经过授权的用户不能改变或者删除信息，从而确保信息在传送的过程中不会被偶然或故意破坏，保持信息的完整、统一；可用性是指合法用户的正常请求能及时、正确、安全地得到服务或回应。ITSEC 把可信计算机的概念提高到可信信息技术的高度上来认识，对国际信息安全的研究、实施产生了深刻的影响。

信息技术安全评价的通用标准（CC）由六个国家（美、加、英、法、德、荷）于 1996 年联合提出，并逐渐形成国际标准 ISO 15408。该标准定义了评价信息技术产品和系统安全性的基本准则，提出了目前国际上公认的表述信息技术安全性的结构，即把安全要求分为规范产品和系统安全行为的功能要求以及解决如何正确有效地实施这些功能的保证要求。CC 标准是第一个信息技术安全评价国际标准，它的发布对信息安全具有重要意义，是信息技术安全评价标准以及信息安全技术发展的一个重要里程碑。

ISO 13335 标准首次给出了 IT 安全的机密性、完整性、可用性、审计性、认证性、可靠性 6 个方面含义，并提出了以风险为核心的安全模型：企业的资产面临很多来自内部和外部的安全威胁，攻击者可能会利用信息系统存在的各种安全威胁和漏洞对信息系统进行渗透和攻击。如果渗透和攻击成功，将导致企业资产暴露，而资产的暴露会对资产的价值产生影响。风险就是利用漏洞使资产暴露而产生的影响的大小，它可以由资产的重要性和价值决定。分析企业信息系统安全风险，就得出了系统的防护需求。根据防护需求的不同制定系统的安全解决方案，选择适当的防护措施，进而降低安全风险，并抗击威胁。该模型阐述了信息安全评估的思路，对企业的信息安全评估工作具有指导意义。

BS 7799 是英国的工业、政府和企业共同推动而发展出的一个标准，它分为两部分：第一部分为"信息安全管理事务准则"，第二部分为"信息安全管理系统的规范"。目前此标准已经被很多国家采用，并已成为国际标准 ISO 17799。BS 7799 包含 10 个控制大项、36 个控制目标和 127 个控制措施。BS 7799/ISO 17799 主要提供了有效地实施信息系统风险管理的建议，并介绍了风险管理的方法和过程。企业可以参照该标准制定自己的安全策略和风险评估实施步骤。

AS/NZS 4360:1999 是澳大利亚和新西兰联合开发的风险管理标准，第一版于 1995 年发布。在 AS/NZS 4360:1999 中，风险管理分为建立环境、风险识别、风险分析、风险评价、风险处置、风险监控与回顾、通信和咨询七个步骤。AS/NZS 4360:1999 是风险管理的通用指南，它给出了一整套风险管理的流程，对信息安全风险评估具有指导作用。目前，该标准已广泛应用于新南威尔士州、澳大利亚政府、英联邦卫生组织等机构。

OCTAVE（Operationally Critical Threat, Asset, and Vulnerability Evaluation）是可操作的关键威胁、资产和漏洞评估方法和流程。OCTAVE 首先强调的是 O——可操作性，其次是 C——关键系统，也就是说，它最注重可操作性，其次关注关键性。OCTAVE 将信息安全风险评估过程分为三个阶段：阶段一，建立基于资产的威胁配置文件；阶段二，标识基础结构的弱点；阶段三，确定安全策略和计划。

我国主要是等同采用国际标准。由公安部主持制定、国家质量技术监督局发布的中华人民共和国国家标准 GB17895-1999《计算机信息系统安全保护等级划分准则》将信息系统安全分为 5 个等级：自主保护级、系统审计保护级、安全标记保护级、结构化保护级和访问验证保护级。主要的安全考核指标有身份认证、自主访问控制、数据完整性、审计等，这些指标涵盖了不同级别的安全要求。2001年制定的GB18336等同采用了CC标准ISO 15408-2:1999《信息技术 安全技术 信息技术安全性评估准则》，旨在作为评估信息技术产品和系统安全特性的基础准则，适用于在硬件、固件或软件中实现的信息安全措施。

风险分析的方法有定性分析、半定量分析和定量分析。现有的信息安全评估标准主要采用定性分析法对风险进行分析，即通常采取安全事件发生的概率来计算风险。然而，在安全评估过程中，评估人员常常面临的问题是：信息资产的重要性如何度量？资产如何分级？什么样的系统损失可能构成什么样的经济损失？如何构建技术体系和管理体系达到预定的安全等级？一个因病毒中断了的邮件系统，企业因此造成的经济损失和社会影响如何计算？如果攻击者入侵，尽管没有造成较大的经济损失，但企业的名誉损失又该如何衡量？另外，对企业的管理人员而言，哪些风险在企业可承受的范围内？这些问题从不同角度决定了一个信息系统安全评估的结果。目前的信息安全评估标准都不能对这些问题进行定量分析。在没有一个统一的信息安全评估标准的情况下，各家专业评估公司大多数是凭借各自积累的经验来解决。因此，需要出台一个统一的信息安全评估标准。

9.1.2　安全策略

1. 什么是安全策略

所有网络安全都起始于安全策略，这几乎已经成为工业标准。RFC 2196"站点安全手册"中对安全策略给出了定义：安全策略是组织的技术人员和信息使用人员必须遵守的一系列规则的正规表达。

安全策略描述了一个组织的安全目标，它描述应该做什么而不是怎么去做，一个好的策略应该有足够多的"做什么"的定义，以便执行者确定"如何做"，并且能够进行度量和评估。安全策略中包括目标、任务和限制等成分，其中目标描述了未来的安全状态；任务定义了与安全有关的活动，比如分配和回收权限；限制定义了在执行任务所规定的活动时为保证安全所必须遵守的规则。确定组织的安全策略是一个组织实现安全管理和技术措施的前提，否则所有的安全措施都将无的放矢。安全策略在保护系统和网络中扮演着重要的角色，安全策略的计划和实施是网络安全和脆弱之间的根本区别。

按照授权行为可以把安全策略分为两类：基于身份的安全策略和基于规则的安全策略。

1）基于身份的安全策略：其目的是对数据或资源的访问进行筛选，即用户可访问他们的资源的一部分（访问控制表），或由系统授予用户特权标记或权利。在这两种情况下，可访问的数据项的数量会有很大变化。

2）基于规则的安全策略：基于规则的安全策略是系统给主体（用户、进程）和客体（数据）分别标注相应的安全标记，规定访问权限，此标记将作为数据项的一部分。

2. 合理制定安全策略

根据系统的实际情况和安全要求，合理地确定安全策略是复杂且重要的。因为安全是相对的，安全技术也是不断发展的，因此安全应有一个合理、明确的要求，这主要体现在安全策略中。网络系统的安全要求主要是完整性、可用性和机密性。其中，完整性和可用性是由网络的开放和共享决定的，按照用户的要求提供相应的服务，这是网络最基本的目的。机密性则对不同的网络有不同的要求。因此，每个内部网要根据自身的要求确定安全策略。目前的问题是，硬件和软件大多技术先进、功能多样，而在安全保密方面没有明确的安全策略，一旦投入使用，会出现很多安全漏洞。如果在总体设计时就按照安全要求制定出网络的安全策略并逐步实施，则系统的漏洞就会减少、运行效果会更好。

网络的安全问题是一个比较棘手的事情，它既有软、硬件的问题，也有人的问题。网络的整体安全十分重要，方方面面应当考虑周全，这包括对设备、邮件、Email、Internet 等的使用策略。在对网络的安全策略的规划、设计、实施与维护过程中，必须对保护数据信息所需的安全级别有比较透彻的理解；必须对信息的敏感性加以研究与评估，从而制定出一个能够提供需要的保护级别的安全策略。

3. 安全策略的实施方法

安全策略是网络中的安全系统设计和运行的指导方针，安全系统设计人员可利用安全策略作为建立有效的安全系统的基准点。当然，有了安全策略后，要使其发挥作用，就必须确保开发策略的过程中所涉及的风险承担者的选择是正确的，以使组织的安全目标得以实现。

实施安全策略的主要手段有以下四种。

（1）主动实时监控

主动实时监控是确保安全策略实施的有效方法。利用此方法，在没有操作人员干涉的情况下，通过技术手段来确保特定策略的实施。例如，在防火墙中阻塞入站 ICMP，以防止外部对防火墙背后的网络的探测。

（2）被动技术检查

可以定期或不定期地进行技术检查，逐个或随机进行策略依从度检查。技术作为一种支持，可以辅助安全人员实施安全策略，而无需操作人员进行干预。例如，利用一些检查工具，在操作人员的主机上检查操作人员的口令设置、上网记录、操作日志、处理的秘密信息等。

（3）安全行政检查

与网络技术人员利用网络技术进行检查相比，行政管理人员更多地通过行政手段检查操作人员使用网络的情况。比如，检查操作人员是否在玩游戏、看电影、聊天或从事与业务无关的工作等。

（4）契约依从检查

契约依从检查建立在每个用户都知道自己在网络安全系统中的职责，而且承诺通过契约形式遵守规则的基础之上。这和（2）、（3）的检查结果有密切关联，实际上就是在每条策略后面添加说明，将违反策略的后果告知用户，任何被发现违反此策略的员工都会受到处罚。这是安全管理的根本，每个操作人员都必须受此类策略的约束。

9.1.3 系统防护

目前，网络安全威胁层出不穷、攻击手段日趋多样化，利用某一种或几种防御技术已经很难抵御威胁，我们需要的是纵深化的、全面的防御，只有构建了综合的、多点的防御体系，才能充分保障网络信息安全。

纵深防御体系被认为是当前最佳的安全手段。这种方法是在网络基础结构中的多个点使用多种安全技术，从而在总体上减少攻击者利用关键业务将资源或信息泄露到外部的可能性。在消息传递和协作环境中，纵深防御体系还可以帮助管理员及时阻断恶意行为及恶意代码的传播，从而降低威胁进入内部网络的可能性。

纵深防御的主要特点有：①多点防御和多层防御；②根据所保护的对象和应用中存在的威胁确定安全强度；③采用的密钥管理机制和公钥基础设施必须能够支持所有集成的信息保障技术并具有高度的抗攻击性能；④采用的网络防御措施必须能够检测入侵行为并可根据对检测结果的分析做出相应的反应。

纵深防御并非依赖于某一种技术来防御攻击，从而消除了整个网络安全体系结构中的单点故障。它一般在网络基础结构内的四个点采取保护措施，即网络边界、服务器、客户端以及信息本身。

1. 访问控制

网络防御必须防止未经授权访问网络、应用程序和网络数据的情况。这需要在网关或非军事区提供防火墙保护。这层保护可以使内部服务器免受恶意访问的影响，包括利用系统和应用程序的网络攻击。访问控制的一般策略主要有自主访问控制、强制访问控制和基于角色的访问控制，常见的控制方法有口令、访问控制表、访问能力表和授权关系表等。

2. 边界防护

网络的安全威胁通常来自内部与边界：内部安全是指网络的合法用户在使用网络资源时发生的不合规则的行为、误操作及恶意破坏等，也包括系统自身的健康问题，如软、硬件的稳定性带来的系统中断。边界安全是指网络与外界互通引起的安全问题，跨边界的攻击种类繁多、破坏力强。

因此，网络边界既要能够保护网络及访问免受内部的破坏，还要防止网络遭受外部的攻击。一般情况下，可以采取同时在网络边界或网关位置设置防火墙、安全代理、网闸等措施防止外部攻击，同时采用防病毒和反垃圾邮件进行保护，防止通过邮件将攻击带入内部网络。

更进一步讲，边界防护有以下4个目的。

1）网络隔离：主要是指能够对网络区域进行分割，通过对数据包的源地址、目的地址、源端口、目的端口、网络协议等参数的分析，实现对网络不同区域间流量的精细控制，把可能的安全风险控制在相对独立的区域内，避免安全风险的大规模扩散。

2）攻击防范：由于TCP/IP的开放特性，缺少足够的安全特性的考虑，因此带来了很大的安全风险。对于常见的IP地址假冒、网络端口扫描以及危害非常大的拒绝服务攻击（DoS/DDoS）等攻击手段，必须提供有效的检测和防范措施。对于入侵的行为，关键是对入侵的识别，但怎样区分正常的业务申请与入侵者的行为、如何对付DDoS攻击，这是边界防护的重点与难点。

3）网络优化：对于用户应用网络，必须提供灵活的流量管理能力，保证关键用户和关键应用的网络带宽，同时应该提供完善的**服务质量**（Quality of Service，QoS）机制，保证数据传输的质量。另外，应该能够对一些常见的高层协议提供细粒度的控制和过滤能力，比如支持Web和Email过滤、支持P2P识别和限流等能力。

4）用户管理：对于接入局域网、广域网或者Internet的内网用户，需要对他们的网络应用行为进行管理，包括进行身份认证、对访问资源限制、对网络访问行为进行控制等。同时还能对网络行为进行跟踪审计。

3. 客户端防护

病毒是一段计算机可执行的恶意代码，用户所做的拷贝文件、访问网站、接收Email等操作，都可能导致系统被其感染，有些病毒甚至能够利用系统的漏洞自动寻找目标并进行传播。一旦计算机感染了病毒，这些可执行代码便会自动执行，破坏计算机系统。

防病毒软件根据病毒的特征，检查并清除用户系统上的病毒。安装并经常更新防病毒软件可以对系统安全加以保护。除了防病毒，客户端应该提供个人防火墙，还可以根据需要在客户端部署防止用户转发、打印或共享机密材料的信息控制技术。

4. 服务器防护

安全威胁可能来自网络外部也可能来自网络内部，甚至可能是通过授权的计算机发起的攻击。例如，一个粗心的内部人员可能在无意中将一个受病毒感染的文件从 U 盘复制到一台安全计算机中，从而造成内网的安全威胁。在服务器中安装防病毒软件可以提供额外的防线，并遏制内部安全事件的威胁，让它们永远不能到达网关。

5. 信息保护

数字信息的保护是信息化带来的新挑战。一般情况下，使用基于周边的安全方法来保护数字信息。防火墙可以限制对于网络的访问，而访问控制列表可以限制对于特定数据的访问。此外，还可以使用加密技术保护数据在存储和传输中的安全。

9.1.4　安全检测

检测有两种含义：一是自己对系统进行安全检查，发现漏洞；二是在网络内部检测所有的网络数据，从中发现入侵行为。上面提到的防护系统可以阻止大多数入侵事件的发生，但是它不能阻止所有的入侵，特别是那些利用未公开的系统缺陷、新的攻击手段的入侵，对内部违规操作更是力不从心。

1. 漏洞扫描

系统的安全漏洞影响很大，既然攻击者可以通过扫描发现漏洞，那么网络防护者也可以利用网络漏洞扫描工具发现漏洞，进而对系统进行修补。这样，网络漏洞扫描工具就从攻击工具变为防护工具。它仅仅从攻击者的角度探测、发现系统的漏洞，而不会破坏系统。

漏洞扫描的主要目的是发现系统漏洞、修补系统和网络的漏洞、提高系统的安全性能，从而消除入侵和攻击的条件。漏洞扫描主要通过以下两种方法来检查目标主机是否存在漏洞：①在端口扫描后得知目标主机开启的端口号以及端口上的网络服务，将这些相关信息与网络漏洞扫描系统提供的漏洞库进行匹配，查看是否有满足匹配条件的漏洞存在；②通过模拟攻击者的攻击手法，对目标主机系统进行安全漏洞扫描，如测试弱口令等，若模拟攻击成功，则表明目标主机系统存在安全漏洞。

漏洞扫描技术是一类重要的网络安全技术。漏洞扫描技术与防火墙、入侵检测系统等互相配合，能够有效提高网络的安全性。通过对漏洞的扫描，系统管理员可以了解安全配置和运行的应用服务，及时发现安全漏洞、客观评估风险等级。网络管理员可以根据扫描的结果更正网络安全漏洞和系统中的错误配置，在攻击前进行防范。如果说防火墙和网络监控系统是被动的防御手段，那么漏洞扫描就是一种主动的防范措施，可以有效避免攻击行为，做到防患于未然。

2. 入侵检测

入侵检测并不是根据网络和系统的缺陷，而是根据入侵事件的特征来检测的。但是，攻击者攻击系统的时候往往是利用了网络和系统的缺陷，所以入侵事件的特征一般与系统缺陷的特征有关系。

入侵检测系统的功能是检测出正在发生或已经发生的入侵事件。这些入侵已经成功地穿过网络边界的防护，或者就发生在网络内部。

入侵检测系统一般和应急响应及系统恢复有密切关系。一旦入侵检测系统检测到入侵事件，它就会将入侵事件的信息传送给应急响应系统进行处理。

入侵检测系统是防火墙的合理补充，能够帮助系统应对网络攻击，扩展系统管理员的安全管理能力（包括安全审计、监视、进攻识别和响应），提高信息安全基础结构的完整性。它从计算机网络系统中的若干关键点收集信息，并分析这些信息，查看网络中是否有违反安全策略的行为和遭到袭击的迹象。入侵检测系统在不影响网络性能的情况下对网络进行监测，从而提供对内部攻击、外部攻击和误操作的实时监测，被认为是防火墙之后的第二道安全闸门。入侵检测系统通过执行以下工作来发现潜在风险：

- 监视、分析用户及系统活动。
- 系统构造和弱点的审计。
- 识别反映已知进攻的活动模式并告警。
- 异常行为模式的统计分析。
- 评估重要系统和数据文件的完整性。
- 操作系统的审计跟踪管理，并识别用户违反安全策略的行为。

对一个成功的入侵检测系统来讲，它不但可使系统管理员时刻了解网络系统（包括程序、文件和硬件设备等）的任何变更，还能给网络安全策略的制订提供指南。更为重要的是，它应该管理方便、配置简单，从而使非专业人员能够容易地实现网络安全。而且，入侵检测系统的规模还应根据网络威胁、系统构造和安全需求的改变而改变。入侵检测系统在发现入侵后，会及时做出响应，包括切断网络连接、记录事件和告警等。

9.1.5　安全响应

计算机安全应急响应组（Computer Emergency Response Team，CERT）于 1989 年建立，位于美国卡内基 – 梅隆大学（Carnegie Mellon University，CMU）的软件工程研究所（Software Engineering Institute，SEI）。自 CERT 建立以来，世界各国以及各机构纷纷建立自己的计算机响应小组。**中国教育和科研计算机网应急响应小组**（China Computer Emergency Response Team，CCERT）于 1999 年建立，主要服务于中国教育和科研网。

响应就是发现一个攻击事件之后，对其进行处理。入侵事件的告警可以是入侵检测系统的告警，也可以是通过其他方式进行的汇报。响应的主要工作也分为两种：第一种是应急响应；第二种是其他事件处理。应急响应就是当安全事件发生时采取应对措施，包括进行审计跟踪、查找事故发生原因、确定攻击的来源、定位攻击损失、落实下一步的防范措施等，其他事件主要包括咨询、培训和技术支持。

安全响应的基本流程如下：

1）密切关注安全事件报告。很多单位在购买和应用安全设备之后，就再也没有关注过这些设备，根本不知道那里发生了什么，甚至连防火墙被穿透或攻破都未察觉。实际上，大多数安全设备都具有告警功能，并会产生详细的安全事件报告，它能及时提醒用户可能正在受到攻击，因此，用户应该将安全设备的告警与电子邮件等关联起来，密切关注系统信息和日志，以便能在第一时间获知可疑行为和事件。

2）评估可疑的行为。一方面，在安全技术还不够完善的情况下，例如入侵检测系统的误报率现在相对较高，严格地说告警只是一种提示，安全管理员应该根据实际情况进行判断，以确定是否为真实攻击行为。另一方面，对于确定的多处攻击或非授权行为，单位还要遵循重要资产优先的原则，根据受影响系统的优先级顺序和事故严重程度，分析和评估安全事件等级。

3）及时做出正确的响应。单位应该针对不同类型的攻击制定明确的安全响应步骤，以免在面对攻击时不知所措。例如，调整包括防火墙在内的安全设备配置的安全策略，甚至断开网络连接，以防止攻击进一步实施；修补系统漏洞，关闭不必要的服务，避免类似攻击发生；如果有数据被破坏，应注意及时恢复数据，同时要注意保留证据，甚至进行追踪溯源，以便在需要时追究其法律责任。

4）最后，还要对安全事件进行调查和研究，并吸取经验教训。在每一次的攻击事件中，用户不仅能了解到攻击者的攻击途径和手段，还能从中发现攻击的针对点和信息系统的薄弱点，如果事后能请经验丰富的网络安全专家进行仔细分析，找出攻击技术的要点以及安全系统的弱点和管理的漏洞，进一步完善网络的防御系统和响应机制，就能减少以后被攻击的风险。

9.1.6　灾难恢复

灾难恢复是 APPDRR 模型中的最后一个环节，是指在攻击事件发生后，把系统恢复到原来的状态，或者比原来更安全的状态。

灾难恢复分为两个方面：系统恢复和信息恢复。系统恢复指的是修补该事件所利用的系统缺陷，杜绝攻击者再次利用该漏洞入侵。系统恢复一般包括系统升级、软件升级和打补丁等。系统恢复的另一个重要工作是去除后门。一般来说，攻击者在第一次入侵的时候都是利用系统的缺陷实现的。在第一次入侵成功之后，攻击者会在系统中打开一些后门，如安装一个木马程序。所以，尽管系统缺陷已经打补丁，攻击者下一次还可以通过后门进入系统。系统恢复都是根据检测和响应环节提供的有关事件资料进行的。

信息恢复指的是恢复丢失的数据。数据丢失可能是由于攻击者入侵造成的，也可能是由于系统故障、自然灾害等原因造成的。信息恢复就是从备份和归档的数据中恢复原来数据。信息恢复过程跟数据备份过程有很大的关系。数据备份做得是否充分对信息恢复有很大的影响。信息恢复过程具有优先级别，直接影响日常生活和工作的信息必须先恢复，这样可以提高信息恢复的效率。

9.2　网络安全管理

APPDRR 模型侧重于技术，并没有过多强调管理的因素。网络安全体系是融合了技术和管理在内的一个全面解决安全问题的体系结构。

网络安全管理的内容主要包括制定网络安全策略，进行网络安全风险评估和网络安全风险管理，确定管制目标和选定管理措施。

1. 制定网络安全策略

在定义安全策略时，要使组织的安全策略和自身的性质一致。作为组织网络安全的最高方针，必须形成书面的文件，并对员工进行信息安全策略的培训，对网络安全负有责任的人员要进行专门的培训，使网络安全的策略落实到实际工作中。

2. 网络安全风险评估

网络安全风险评估的复杂度取决于风险的复杂程度和受保护资产的敏感程度，所采用的评估措施应与组织对信息资产的保护要求一致。

对网络进行风险评估时，不能有侥幸心理，必须将直接后果和潜在后果一并考虑，同时对已存在的或已规划的安全管理措施进行鉴定。

3. 网络安全风险管理

网络安全的风险很多，且不断发生变化，在进行风险评估之后，必须对风险进行管理。管理风险有以下四种手段：

1）降低风险。几乎所有的风险都可以被降低，甚至被消灭。

2）避免风险。通过采用不同的技术、更改操作流程等可以避免风险。

3）转嫁风险。对于那些低概率但一旦发生就会对组织有重大影响的风险，可以考虑及时转嫁。

4）接受风险。采取了降低风险和避免风险的措施后，出于实际和经济的原因，只要组织进行运营，就必然存在风险，而且这些风险必须被接受。

4. 选择安全管理措施

网络安全是网络安全技术和网络管理的结合，应从管理制度和管理技术平台两方面来进行。安全管理包括以下内容：①监视网络危险情况，对危险进行隔离，并把危险控制在最小的范围内；②进行身份认证、权限设置；③对资源和用户进行动态审计；④对违规事件进行全面记录，并及时进行分析和审计；⑤管理口令，对无权操作人员进行控制；⑥管理密钥，设置密钥的生命期、进行密钥备份等；⑦冗余备份，提高关键数据和服务的可靠性。通过以上手段全面掌握网络中的异常行为，发现和制止网络中违规操作和攻击行为。

目前，在网络应用的深入和技术频繁升级的同时，非法访问、恶意攻击等安全威胁也在不断推陈出新，愈演愈烈。防火墙、VPN、IDS、防病毒、身份认证、数据加密、安全审计等安全防护和管理系统在网络中得到了广泛应用。虽然这些安全产品能够在某些方面发挥一定的作用，但是这些产品大部分功能分散、各自为战，形成了相互没有关联的、隔离的"安全孤岛"；各种安全产品之间没有有效的统一管理调度机制，不能互相支撑、协同工作，从而使安全产品的应用效能无法得到充分的发挥。

从网络安全管理员的角度来说，其直接需求就是在一个统一的界面中监视网络中各种安全设备的运行状态，对产生的大量日志信息和告警信息进行统一汇总、分析和审计；同时在一个界面完成安全产品的升级、攻击事件告警、响应等功能。

但是，这也存在两方面的问题：一方面，由于现今网络中的设备、操作系统、应用系统数量众多，构成复杂，异构性、差异性非常大，而且具有自己的控制管理平台，网络管理员需要学习、了解不同平台的使用及管理方法，并应用这些管理控制平台管理网络中的对象（设备、系统、用户等），工作复杂度非常高。

另一方面，应用系统是为业务服务的，内部员工在整个业务处理过程中处于不同的工作岗位，其对应用系统的使用权限也不尽相同，网络管理员很难在各个不同的系统中保持用户权限和控制策略的全局一致性。

另外，对大型网络而言，管理与安全相关的事件变得越来越复杂。网络管理员必须将各个设备、系统产生的事件、信息关联起来进行分析，才能发现新的或更深层次的安全问题。

因此，用户的网络管理需要建立一种新型的整体网络安全管理解决方案——统一安全管理平台，从而总体配置、调控整个网络多层面、分布式的安全系统，实现对各种网络安全资源的集中监控、统一策略管理、智能审计及多种安全功能模块之间的互动，最终有效简化网络安全管理工作，提升网络的安全水平和可控制性、可管理性，降低用户的整体安全管理开销。

9.3　网络防御技术的发展趋势

现有的网络安全防御体系综合采用防火墙、入侵检测、主机监控、身份认证、防病毒软件、漏洞修补等手段构筑堡垒式的刚性防御体系，从而阻挡或隔绝外界入侵，这种静态分层的防御体系是基于威胁特征感知的精确防御，需要获得攻击来源、攻击特征、攻击途径、攻击行为和攻击机制等先验知识作为实施有效防御的基础。在面对已知攻击时，这种体系具有反应迅速、防护有效的优点，但在对抗未知攻击时，则力不从心，且存在自身易被攻击的危险。目前，网络安全"易攻难守"的不对称态势也是被动防御理论体系和技术的基因缺陷所导致的。

更为严峻的是，网络空间信息系统架构和防御体系从本质上说都是"静态的、相似的和确定的"，面临体系架构透明、处理空间单一、缺乏多样性的不足。软件的遗产继承会导致安全链难以闭合、系统缺陷和脆弱性持续暴露且易于攻击，成为网络空间最大的安全黑洞。

为有效开展网络防御，学术界和业界提出了主动防御、动态防御、**软件定义安全**（Software Defined Security，SDS）等防御思想和方法。

9.3.1　主动防御

《美国国防部 2011 年网络空间防御战略》首先提出主动防御战略，旨在提高信息系统同步、实时地发现、检测、分析和迁移威胁及脆弱性的能力，特别是提高防御方的"反击攻击能力、中止攻击能力和主动欺骗能力"，力求在图 9-2 所示的攻击链的**网络结合带**（Network Engagement Zone，NEZ）发现并控制攻击行动。

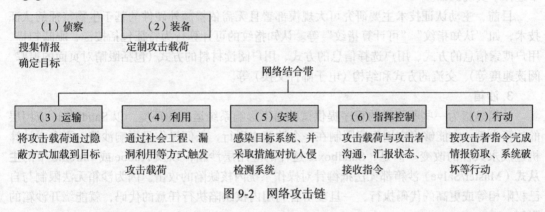

图 9-2　网络攻击链

网络主动防御技术主要包括可信计算、主动认证、沙箱、蜜罐、微虚拟机和主动诱骗等技术。

1. 可信计算

可信计算是一种信息系统安全新技术，其基本思想是：1）首先在计算机系统中建立一个信任根。信任根的可信性由物理安全、技术安全与管理安全共同确保。2）建立一条信任链。以信任根**可信平台模块**（Trusted Platform Module，TPM）芯片为核心（提供密码操作和安全存储），起点是**核心信任根模块**（Core Root of Trust Module，CRTM）。CRTM 可以看成是引导 BIOS 的程序，是一段简单可控的代码模块，认为其绝对可信。从加电开始，CRTM 引导 BIOS 并验证 BIOS 的完整性，如果 BIOS 代码段完整并没有被篡改，就说明 BIOS 与最初的状态一致，就可以认为其是安全的，则把 CPU 控制权交给 BIOS 代码。以此类推，从信任根到硬件平台、到操作系统、再到应用程序，一级测量认证一级，一级信任一级，把这种信任扩展到整个计算机系统，从而确保整个计算机系统的可信，如图 9-3 所示。可信计算运用可信密码模块、信任链的构造和可信度量，能够以强基固本的方式增强信息系统抗攻击免疫能力，减少漏洞被利用的机会。

可信计算已经成为国际信息安全领域的一个新热点，并且取得了令人鼓舞的成绩。我国在可信计算领域起步不晚、水平不低、成果可喜。

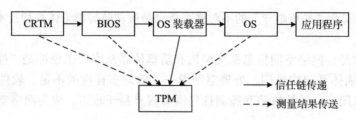

图9-3　可信计算组织采用的信任链

2. 主动认证

主动认证技术是一种新型的认证技术，能够在不依赖传统的口令、密码、令牌等认证方式的情况下，实现对用户或系统的不间断、实时、可靠的认证。2012年，**美国国防高级研究计划局**（Defense Advanced Research Projects Agency，DARPA）率先提出主动认证技术项目，旨在开发基于软件的生物识别方法来验证识别国防部计算机授权用户，从而摆脱对冗长复杂类型密码的严重依赖。这一方法不仅能在用户登录阶段使用，还可以在用户计算机交互的整个过程中实现认证。

目前，主动认证技术主要研究可大规模部署且无需依赖额外硬件的基于生物特征的认证技术，如"认知指纹""可计算指纹"等。认知指纹的可计算行为特征包括按键、眼睛扫描、用户搜索信息的方式、用户选择信息的方式、用户阅读材料的方式（包括眼睛对页面的追踪、阅读速度等）、交流的方式和结构（电子邮件交换）等。

3. 沙箱

沙箱是指为一些不可靠的程序提供试验而不影响系统运行的环境。以 Sandboxie 应用层的沙箱为例，它能够将应用程序限制在一个沙箱中运行，任何操作只影响沙箱，不会对计算机造成永久性的改变。但是，Sandboxie 这样的应用层沙箱，以及 Adobe 或 Chrome 中的**主从式**（Master/Salve）沙箱都无法抵御针对操作系统内核缺陷的攻击。因为沙箱无法限制与自己权限相等或更高的代码执行，一旦攻击者利用内核缺陷执行任意的代码，就能绕开沙箱的限制。

4. 蜜罐

蜜罐技术是利用虚拟机构造一个虚假的系统运行环境，提供给攻击者进行探测、攻击和损害，以帮助防御人员识别攻击的行为模式（包括战术、技术和过程）。以 DataSoft 公司的 Nova 为例，它是一个典型的智能蜜罐系统，能够自动扫描真实网络配置（系统及服务）并采用大量 Honeyd 轻量级蜜罐生成近乎真实的虚拟网络；能够基于包的大小、分布、TCP 标志比例等流量统计特性自动识别攻击威胁，对登录尝试进行告警。

5. 微虚拟机

微虚拟机技术是一种超轻量级的虚拟机生成技术，它能够在毫秒级创建虚拟机，提供基于硬件**虚拟化技术**（Virtualization Technology，VT）支持的、任务级的虚拟隔离。每个应用（特别是处理外部信息的应用）被自动纳入微虚拟环境中执行，并被赋予最低权限，即使遭受恶意代码攻击，攻击造成的损害也不能突破微虚拟机的环境而影响其他程序或系统。以 Bromium 的 vSentry 微虚拟机为例，它能够以文档为中心或以 Web 为中心划分微虚拟机，从而有效阻止文档或 Web 网页中的恶意代码对系统及系统内其他进程造成损害。与此同时，微虚拟机还提供实时的攻击检测和取证分析能力，在以下几种情况下，都会触发警报信息：①在任务中创建子进程时；②在任务中打开、保存或读取文件时；③直接访问原始存储设备时；④对剪贴板进行访问时；⑤对内核内存和重要系统文件进行修改时；⑥ PDF 提交 DNS

解析申请时。

在攻击遏制方面，与检测后阻塞攻击、采用沙箱限制攻击相比，微虚拟机防范攻击具有隔离攻击更彻底、对系统造成的影响更小的特点。

6. 主动诱骗

主动诱骗技术属于**数据丢失中止**（Data Loss Prevention，DLP）或**数据丢失告警**（Data Loss Alerting，DLA）技术，包括为敏感文档嵌入水印、装配诱骗性文档并对其访问行为告警、文档被非授权访问时进行自销毁等技术，特别适用于发现内部人员窃密或身份冒充窃密。

此外，主动诱骗技术的应用还包括：1）网络和行为诱骗。通过伪造网络数据流并嵌入用户登录凭证的方式，诱骗网络监听攻击者使用截获的凭证登录取证系统或服务，进而检测攻击行为；2）基于云的诱骗。云端服务一旦发现攻击，就提供虚假的数据或计算资源；3）移动诱骗。采用与真实 APP 相似的诱骗 APP，引诱攻击者下载安装。

9.3.2　动态防御

动态防御体现了网络空间安全的新理念和新技术，旨在通过部署和运行不确定、随机动态的网络和系统，大幅提高攻击成本，改变网络防御的被动态势。动态防御的方向一经确立，相关研究迅速展开，美国政府、陆军、海军、空军相继安排了动态防御研发项目，在理论研究和技术实现方面都取得了初步成果。

1. 动态防御的主要思想

按防御思想的不同，动态防御主要分为移动目标防御、网络空间拟态防御和动态赋能网络空间防御。

（1）移动目标防御

为解决易攻难守这一当前网络安全面临的核心问题，移动目标防御提出"允许系统漏洞存在，但不允许对方利用"的全新安全思路，其核心思想是通过增加系统的随机性（不确定性）或者是减少系统的可预见性，从而对抗攻击者利用网络系统相对静止的属性发动的进攻。通过构建一种能快速、自动改变一个或多个系统属性和代码的系统，移动目标防御使攻击者难以有足够的时间发现或利用系统的脆弱性，从而极大地提升防御者的防御能力，改变易攻难守的不对称局面。移动目标防御技术被学术界、工业界认为是最有希望进入实战化应用的研究方向。

（2）网络空间拟态防御

拟态现象（Mimic Phenomenon，MP）是指一种生物在色彩、纹理和形状等特征上模拟另一种生物或环境，从而使一方或双方受益的生态适应现象。按防御行为分类，可将其列入基于内生机理的主动防御范畴，又可称之为**拟态伪装**（Mimic Guise，MG）。如果这种伪装不仅限于色彩、纹理和形状，而且在行为和形态上也能模拟另一种生物或环境，则将其称为**拟态防御**（Mimic Defense，MD）。

将拟态防御引入到网络空间，能够帮助解决网络空间安全问题，尤其是面对未知漏洞后门、病毒木马等不确定威胁时，具有显著效果，能克服传统安全方法的诸多问题。于是，**网络空间拟态防御**（Cyberspace Mimic Defense，CMD）理论应运而生。

CMD 在技术上以融合多种主动防御要素为宗旨，具体而言包括：

- 以异构性、多样或多元性改变目标系统的相似性、单一性；
- 以动态性、随机性改变目标系统的静态性、确定性；

- 以异构冗余多模裁决机制识别和屏蔽未知缺陷与未明威胁；
- 以高可靠性架构增强目标系统服务功能的柔韧性或弹性；
- 以系统的视在不确定属性防御或拒止针对目标系统的不确定性威胁。

利用基于**动态异构冗余**（Dynamic Heterogeneous Redundancy，DHR）的一体化技术架构可集约化地实现上述目标。

CMD 的基本概念可以简单归纳为"五个一"，即一个公理——人人都存在这样或那样的缺点，但极少出现在独立完成同样任务时，多数人在同一个地方、同一时间、犯完全一样错误的情形；一种架构——动态异构冗余架构；一种运行机制——"去协同化"条件下的多模裁决和多维动态重构机制；一个思想——**移动攻击面**（Moving Attack Surface，MAS）思想；一种非线性安全增益——纯粹通过架构内生机理获得的**拟态防御增益**（Mimic Defense Gain，MDG）。

（3）动态赋能网络空间防御

动态赋能网络空间防御将"变"的思想应用于网络空间防御体系中，提出动态赋能理念，在不可预测性的基础上，将"变"的思想进行系统化、体系化的应用，通过动态变化的技术机理和体系，制造网络空间的"迷雾"，使攻击者找不到攻击目标、接入路径和系统漏洞，以期改变安全防护工作长期以来的被动局面。

动态赋能是网络空间信息系统全生命周期设计过程中需要贯彻的一种基本安全理念，其目的在于基于一切可能的途径，在维护网络空间中信息系统可用性的同时，使得信息系统全生命周期运转过程中的所有参与主体、通信协议、信息数据等在时间和空间两个领域，都具备或主动、或被动、或单独或同时变换自身所有可能的特征属性或者属性对外呈现信息的能力，使得攻击者在攻击信息系统时达到以下效果的一部分或者全部：① 难以发现目标；② 发现错误目标；③ 发现目标而不可实施攻击；④ 实施攻击而不可持续；⑤ 实施攻击但很快被检测到。任何适应以上范畴的技术都隶属动态赋能网络安全防御技术的范畴。

动态赋能（Dynamics-enabled）主要有3个含义：联动赋能、变化赋能、体系赋能。联动赋能主要通过各安全要素之间的联动，在时间维度上赋予系统动态增强的能力；变化赋能表示的是系统结构、技术机理上的变化，主要在空间的维度赋予系统动态变化的安全防护能力，提升攻击者利用系统安全漏洞的成本和难度，从而增加系统的保护强度；体系赋能则是从网络安全体系的角度，充分运用体系要素间的动态联系，将静态、固定的、死的防护系统变成动态赋能的、活的体系，集约使用有限的资源和力量，提供全局赋能的新活力。体系赋能的实现需按照"固前端、强后台"的思路，以前端的防控和探测设施为基础，以后台的攻击分析和支援服务设施为支撑，以专业安防力量为核心，从而构建服务化的动态赋能安全防御体系。

2. 动态防御主要技术

动态防御的每一种技术都以保护信息系统中的某种实体为目的。一般来说，信息系统中的实体主要包括软件、网络节点、计算平台、数据等，为此，动态防御技术也可以分为软件动态防御技术、网络动态防御技术、平台动态防御技术和数据动态防御技术四种。网络空间中的动态实体如图9-4所示。

（1）软件动态防御技术

软件动态防御技术指动态更改应用程序自身及其执行环境的技术，包括更改指令集、内存空间分布以及更改程序指令或其执行顺序、分组或格式等。相关技术主要有地址空间布局随机化技术、指令集随机化技术、就地代码随机化技术、软件多态化技术和多变体执行技术等。

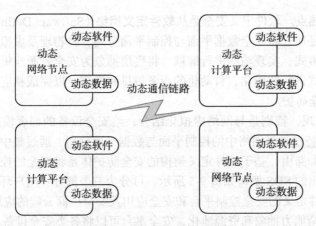

图 9-4 网络空间的动态实体

（2）网络动态防御技术

网络动态防御技术指在网络层面实施动态防御，具体是指在网络拓扑、网络配置、网络资源、网络节点、网络业务等网络要素方面，通过动态化、虚拟化和随机化方法，打破网络各要素的静态性、确定性和相似性的缺陷，抵御针对目标网络的恶意攻击，提升攻击者进行网络探测和内网节点渗透的攻击难度。相关技术主要有动态网络地址转换技术、网络地址空间随机化分配技术、端口跳变技术、地址跳变技术、路径跳变技术、端信息跳变防护技术及基于覆盖网络的相关动态防护技术等。

（3）平台动态防御技术

平台动态防御技术通过动态改变应用运行的环境来使系统呈现出不确定性和动态性，从而缩短应用在某种平台上暴露的时间窗口，使攻击者难以摸清系统的具体构造，难以发动有效的攻击。相关技术主要有基于动态可重构的平台动态化、基于异构平台的应用热迁移、Web 服务的多样化以及基于入侵容忍的平台动态化等。

（4）数据动态防御技术

数据动态防御技术指能够根据系统的防御需求，动态化地更改相关数据的格式、句法、编码或者表现形式，从而增大攻击者的攻击面，达到增强攻击难度的效果。相关技术主要有数据随机化技术、N 变体数据多样化技术、面向容错的 N-copy 数据多样化及面向 Web 应用安全的数据多样化技术等。

9.3.3 软件定义安全

要抵御日益复杂的攻击，就要求安全机制在攻击者试探、投放载荷时能够感知到异常，在攻击者得手前及时响应、阻断和隔离，甚至在攻击者开始尝试时就能做出预测。只要阻断攻击链的其中一环，就能挫败攻击者窃取数据或破坏系统的目的。

要做到以快对快地抵御攻击者的恶意行为，需要以下必备条件：①连接协同，有机结合多种安全机制，实现协同防护、检测和响应；②敏捷处置，在出现异常时进行智能化的判断和决策，自动化地产生安全策略，并通过安全平台快速分发到具有安全能力的防护主体；③随需而变，当一个安全事件爆出后，防护者能紧跟甚至超过攻击者攻击方法更新的速度，以快制快，在数据泄露的窗口期内阻止攻击者。

自从著名咨询机构 Garnter 在《The Impact of Software-Defined Data Centers on Information Security》一文中提出"软件定义安全"的概念后，软件定义与安全的结合已成

为业界的前沿发展热点。软件定义安全是从**软件定义网络**（Software Defined Network，SDN）引申而来，其原理是通过将安全数据平面与控制平面分离，将物理及虚拟的网络安全设备与其接入模式、部署方式、实现功能进行解耦，将底层抽象为安全资源池里的资源，顶层统一通过软件编程的方式进行智能化、自动化的业务编排和管理，以完成相应的安全功能，从而实现一种灵活的安全防护。

SDN 技术的出现，特别是与网络虚拟化结合，给安全设备的部署模式提供了一种新的思路。SDN 的一个特点是将网络中的控制平面与数据平面分离，通过集中控制的方式管理网络中数据流、拓扑和路由。基于软件定义架构的安全防护体系将安全的控制平面和数据平面分离，绿盟科技提出的 SDS 架构如图 9-5 所示，可分为三个部分：用户环境中实现安全功能的设备资源池、软件定义的安全控制平台和安全应用及安全厂商云端的应用商店 APP Store。

首先，通过安全能力抽象和资源池化，安全平台可以将各类安全设备，如 IPS（Intrusion Prevention System，入侵防御系统）、WAF（Web Application Firewall，Web 应用防火墙）和 FW（Firewall，防火墙），抽象为多个具有不同安全能力的资源池，并根据具体业务规模横向扩展该资源池的规模，满足不同客户的安全性能要求。

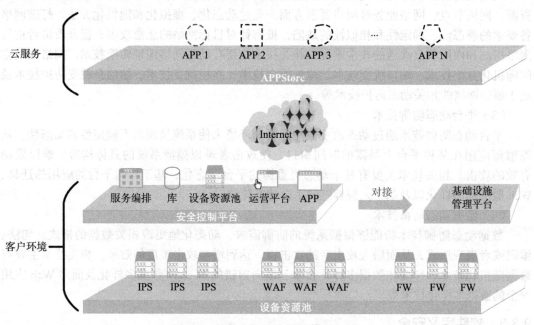

图 9-5　软件定义安全防护体系架构

其次，一旦具备了底层的安全基础设施保障，安全厂商或有二次开发能力的客户就可以根据特定安全业务需求，开发并交付相应的上层安全应用，以灵活调度安全资源，进行快速检测、威胁发现、防护和反馈。

此外，作为安全操作系统的安全控制平台，向上为应用提供编程接口，向下提供设备资源池化管理，东西向可适配不同的业务管理平台（如云管理平台、SDN 控制平台和客户定制的管理平台等）。

最后，部署在安全云上的 APP Store 将安全应用从云端直接推送到客户环境，改变了传统的线下安全交付模式。这种方式使得客户可以在非常短的时间内购买云端安全方案和安全服务，或更新原有的安全应用版本，以抵御互联网上大规模短时间内爆发的攻击。

　　总之，从硬件定义走向软件定义，从定制开发到轻量级应用，从传统线下交付到实时在线推送，从人力密集易错到高效自动运维，从单设备配置限制到可扩展安全能力，从单设备功能到整体解决方案，无一不在重构安全厂商的安全防护体系。

　　需要注意的是，软件定义的安全方案同样也可以部署在传统 IT 环境，如果能做到开放接口，通过软件驱动底层安全设备，通过软件编排上层应用，那么这套安全防护体系也是软件定义的。相反，即使在网络中部署了大量的安全机制，但如果仅是简单堆砌，那并不是软件定义安全。

9.4　本章小结

　　本章首先介绍了网络安全模型，并从风险评估、安全策略、系统防护、安全检测、安全响应、灾难恢复六个环节介绍了 APPDRR 模型，接着介绍了网络安全体系不可或缺的网络安全管理，然后对可信计算、主动认证、沙箱、蜜罐、微虚拟机、主动诱骗等主动防御技术进行了介绍，对移动目标防御、网络空间拟态防御、动态赋能网络空间防御等动态防御思想进行了阐述，并对从软件定义网络新架构引申来的软件定义安全新防御方案进行了介绍。随着网络攻防形势的不断变化与演进，网络防御理念和技术也在不断进步和发展，如**演化防御**（Evolving Defense）、**欺骗防御**（Defensive Deception）、智能动态防御等网络防御思想和方法也相继被提出。

9.5　习题

1. APPDRR 模型的六个典型环节是什么？
2. 阅读文献，除了 APPDRR 模型，还有哪些网络安全模型？
2. 主动防御与动态防御的区别是什么？
3. 移动目标防御与拟态防御的区别是什么？
4. 软件、网络、平台、数据动态防御技术都有哪些？目前有哪些新的进展。
5. 试分析动态防御技术中动态变化的消耗与安全能力的增强之间的对应关系。
6. 纵深防御与软件定义安全的主要区别是什么？
7. 软件定义安全与软件定义网络安全有何区别？
8. 试分析演化防御、欺骗防御、智能动态防御等基本防御方法。
9. 思考能否将人工智能、大数据分析处理等技术和方法引入到网络防御中？说出你的理由。

第10章 访问控制机制

多样化网络攻击方式的存在，使得计算机网络面临着各种威胁，有针对性的网络防护显得尤其重要。访问控制是实现数据机密性和完整性机制的主要手段，它作为一种重要的安全服务，主要解决的安全威胁是对系统中资源的越权使用。

10.1 访问控制概述

10.1.1 访问控制原理

在计算机安全领域，访问控制是指在系统中通过对访问各种资源的操作进行控制，防止非法用户对系统的入侵以及合法用户对系统资源的违规使用。

访问控制可以归纳为对访问行为的事件进行管控，按照所要达到的安全目标，规定所要控制的行为，同时将访问动作的发起者和目标按照面向对象的方式定义为主体和客体。系统的使用者要首先经过授权成为系统的标准主体，才能进行规定的访问操作。在正常运行时，系统中的所有资源都已经按照标准对象的方式组织好，提供各种访问的接口。图 10-1 所示的 ISO 访问控制通用框架描述了访问控制的组织方式。

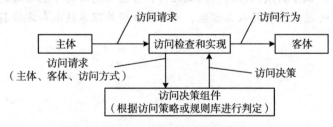

图 10-1　ISO 访问控制通用框架

主体代表访问或试图访问目标的实体，如用户、进程等；客体代表被访问的目标，如文件、设备等。访问检查依赖访问决策组件做出允许或禁止的访问决策。

在这样的框架下，访问控制的策略和具体的访问操作是分开的，具体控制信息取决于访问决策组件，它可以根据不同安全策略进行调整。访问决策组件需要掌握系统中每个主体对每个客体的访问策略，而所有这些策略构成了访问控制矩阵。

1982 年，多萝西·丹宁（Dorothy Denning）从系统状态的角度描述了访问控制的框架。系统的状态由三大要素集合 (S、O、A) 组成，其中：

- 操作主体集合 S：模型中活动实体（Entity）的系列主体（Subject）。主体同时属于对象，即 S 包含于 O。
- 操作客体集合 O：系统保护实体的系列对象
  （Object），每个对象定义有唯一的名字。
- 规则集合 A：访问矩阵，行对应主体，列对应对象。如图 10-2 所示。

矩阵的任一元素 $A[S_i, O_j]$ 表示主体 S_i 对客体 O_j 的访问权限，其值域为系统支持的访问类型集。访问决策部分取决于对访问控制矩阵的设置和限制。访问控制系统的安全性取决于两点：

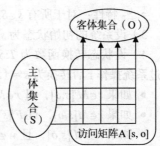

图 10-2　计算机系统状态组成图

1）对所要控制的系统访问行为的限定，这决定了访问控制操作所能达到的粒度。

2）访问控制矩阵，决定了访问控制的实施规则。

访问控制行为的规定取决于系统的特性以及系统在安全防护体系的层次，本章主要从操作系统的角度介绍访问控制的实现。

访问控制矩阵是访问控制策略的集中体现，为达到安全目标，一般通过一定的访问控制模型来制定和实现。

10.1.2　访问控制模型

为实现不同的安全需求，需要在设计系统时制定相应的安全策略。在信息系统安全设计的发展过程中，形成了一些访问控制模型。模型具有精确性和可实施性的特点，既可以精确地描述特定的安全策略，又为实施确定了详细而准确的方案，因此，访问控制模型是访问控制策略和访问控制机制实现的桥梁。

访问控制模型可以通过状态机的形式来精确描述。将运行的信息系统看作一个状态机，系统里每位信息都是状态变量，状态转移函数规定了每个系统调用时状态变量的转换情况。在访问控制的状态机模型里，只关心系统安全相关的变量和函数。状态机模型的建立要经过以下几个步骤：

1）定义系统安全相关的状态变量，一般包括系统的主体和客体以及相应的安全属性。

2）定义满足安全状态的条件，也就是状态变量之间满足什么样的关系后系统是安全的。

3）定义系统的初始状态，对每个状态变量规定在系统初始时的赋值，并证明系统的初始状态是安全状态。

4）定义状态转换函数，状态转换函数规定了每个系统调用引起的安全状态转换，并证明在状态转换函数前后，系统都处于安全状态。

下面介绍一些重要的访问控制模型。

1. BLP 和 Biba 模型

BLP 模型是戴维·比尔（David Bell）和莱纳德·拉帕杜拉（Leonard La Padula）于 1973 年为在军用操作系统中实现机密性策略而设计的，它是一种分级的模型。

BLP 模型按照状态机模型来定义。具体定义如下：

定义安全级别集 L，主体集为 S，客体集为 O，访问控制矩阵为 M。对每个主体或客体指定安全级别的函数：$f: S \cup O \rightarrow L$，$R$ 为系统操作的集合，S 为状态的集合。

1）系统的状态变量集 V 为二元组 (F, M) 的集合。

2）安全状态的定义。某状态若是安全的，必须同时满足以下两个条件：

- 简单特性：对于所有 $s \in S, o \in O$，$r \in M[s,o] \rightarrow F(s) \geqslant F(o)$。
- *- 特性：对于所有 $s \in S, o \in O$，$w \in M[s,o] \rightarrow F(o) \geqslant F(s)$。

3）设系统的初始状态为 s_0，并且在该状态下，系统是安全的。

4）设状态转换函数为 $T: S \cdot R \rightarrow S$，其中，对于每一个从 s_0 可达的状态 $s = (F, M)$，其经过系统操作 r 后转换为 $s' = (F', M')$。对 $\forall s \in S$，$\forall o \in O$，该转换满足以下条件：

- 如果 $r \in M'[s,o]$，且 $r \notin M[s,o]$，则 $F'(s) \geqslant F'(o)$。
- 如果 $r \in M[s,o]$，且 $F'(s) < F'(o)$，则 $r \notin M'[s,o]$。
- 如果 $w \in M'[s,o]$，且 $w \notin M[s,o]$，则 $F'(o) \geqslant F'(s)$。
- 如果 $w \in M[s,o]$，且 $F'(o) < F'(s)$，则 $w \notin M[s,o]$。

可以证明，在这种转换前后，系统状态都满足安全状态的定义。

其中，定义安全状态的简单特性和 *- 特性是 BLP 模型的核心，它们的含义是任何主体不可读安全级别高于它的对象，任何主体不可写安全级别低于它的对象。从应用上来看，它既能确保低密级的主体不能获取高密级信息，也使得高密级的主体不能把其掌握的信息主动泄露给低密级的对象。

BLP 模型是一种机密性模型，肯·比巴（Ken Biba）在 1977 年提出的 Biba 模型与 BLP 模型类似，它的目的是维护信息的完整性，在描述上和 BLP 模型是对偶的。它设定的主体和客体的分级为完整性级别，其规则为任何主体不能写完整性级别高于它的对象，任何主体不能读完整性级别低于它的对象，任何主体不能调用完整性级别低于它的主体的过程。

2. HRU 模型

一些通用的模型并没有给出安全状态的定义，但是通过模型可以求解系统是否满足安全要求的安全问题。一般将安全问题从访问控制的意义上定义为权限泄露问题：当访问控制矩阵的一个元素被添加了一个原来没有的权限，即构成权限泄露。

HRU 模型就是分析该问题的一个简单模型，它是哈里森（Harrison）、鲁佐（Ruzzo）、厄尔曼（Ullman）三人为从安全模型角度解决安全问题的可判定性而提出的。它也是基于访问控制矩阵的状态机模型。

在 HRU 模型中，每个状态转移命令是一系列原子操作的集合。原子操作包括：创建主体或客体，删除主体或客体，设置主体对客体的访问权限。状态转移命令定义为：如果命令中每一个原子操作都为主体的访问控制权限所允许，则同时进行这些操作完成一次状态转移。

安全问题的定义如下：对于任意系统，给定初始状态 Q_0 和权限 r，如果访问控制矩阵的任一单元原来不含 r，经过一系列命令后也不含 r，则称系统对于 r 是安全的。

HRU 模型的一个定理为：如果系统经过的每条命令只包含单个原子操作，则安全问题是可求解的，即存在一个算法判定系统对于某权限 r 是否是安全的。

HRU 模型的另一个定理为：如果对命令类型不加限制，安全问题是不可求解的，它等价于图灵机的停机问题。

3. Take-Grant 模型

对于 HRU 模型来说，在一般情况下，系统安全问题是不可求解的。Take-Grant 模型定义了新的操作规则，在该模型下，系统安全问题是可以求解的。

Take-Grant 模型通过称为保护图的有向图来描述系统，图的节点表示系统的主体和客体，系统的边上标记了边的起始节点对终止节点的访问权限，权限集合中除了包括常规的读写权限外，还包括两个特殊权限：Take 和 Grant，分别用 t 和 g 表示。它们可以决定权限的传递，在模型中表现为可以更改保护图，也就是更改系统的状态。具体来说，有四个规则：

1）Take 规则：设 x、y 和 z 为保护图中的三个不同节点。令 x 为一个主体，设从 x 到 y 有一条有向边，边的标记中含有 t；从 y 到 z 也有一条有向边，边的标记中含有 α。根据 Take 规则，可以在保护图中添加一条从 x 到 z 的有向边，边中包含 α，称为 x 从 y 中取得了对 z 的权限 α。

2）Grant 规则：设 x、y 和 z 为保护图中的三个不同节点。令 x 为一个主体，设从 x 到 y 有条有向边，边的标记中含有 g；从 x 到 z 也有一有向边，边的标记中含有 α。根据 Grant 规则，可以在保护图中添加一条从 y 到 z 的有向边，边中包含 α，称为 x 向 y 赋予了对 z 的权限 α。

3）创建规则：设 x 为保护图中的任一主体，创建规则规定可以在图中创建另一节点 y，并添加从 x 到 y 的有向边，边的标记为任一权限集 α。

4）删除规则：设 x 和 y 为保护图中的两个节点，从 x 到 y 有条有向边，其标记为 α。删除规则规定可以在图中的标记 α 中去掉权限集 β，如果去掉后 α 为空，则可以去掉该边。

Take-Grant 模型建模了系统的权限传递和生成等规则，根据该模型可推导出哪些权限可以传递给哪些主体。可以证明，权限是否泄露的安全问题在该模型下是可求解的，而且算法的复杂度随图的复杂度按比例增长。由于定义了 Take 和 Grant 两种权限传递方式，如果分析出存在权限泄露，还可以得出权限可以被单方窃取还是必须两人以上配合窃取的结论。

4. 基于角色的访问控制模型

随着对象集合或层次结构不断扩大，需要管理员进行权限管理的要求增多，这大大增加了管理的工作量。充分利用资源组和用户组可以最大程度地减少这类工作。基于角色的访问控制（RBAC）提出了角色的概念，将从权限到用户的单重分配关系扩展为权限到角色，再由角色到用户的双重分配关系，这使得权限的配置更为合理，用户的操作更为灵活。作为美国的 NIST 标准，RBAC 正式定义的主要内容是：

每个主体都有一系列当前授权使用的角色，且当前使用的角色为激活的角色。每个角色被授权执行一个或多个事务，主体在某时刻只能执行一个事务，断言 Canexec(s,t) 为真当且仅当主体 s 在当前可以执行事务 t。

RBAC 在执行中有三个公理：

1）当主体选择或被赋予一个角色，才能执行一个事务。

2）正在激活的角色必须是被授权的角色。

3）主体只能执行当前激活角色所允许进行的事务。

这里的事务是指系统状态变换过程以及变换访问的数据项集。在事务中，系统根据角色的权限和操作的属性进行访问检查。由于角色转换的灵活性，基于角色的访问控制很容易实现最小特权和职责分离。

标准的 RBAC 规定用户不能随意将访问权限传递给其他用户，不能修改角色的访问控制规定，这时它属于强制访问控制。

10.1.3　访问控制机制的实现

不同的访问控制模型对访问控制矩阵以及状态转移有不同的限制。根据主体是否可以修改某些客体的权限或更改访问控制矩阵，可以将访问控制分为自主访问控制和强制访问控制，它们有不同的实现方法。

1. 自主访问控制

自主访问控制也称为任意访问控制，在该机制中，每个对象都对应一个主体作为其所有者，所有者可以将该对象的访问权限授予任意主体。除此之外，系统对访问控制矩阵没有限制。自主访问控制具有较大的灵活性，但安全防护能力也较弱。首先，安全性取决于用户，用户可以将其所拥有对象的访问权限赋给其他用户，而往往用户自身防范意识较差。其次，系统的完整性无法得到有效保护，系统管理员可以修改系统程序并可以将修改的权限赋予其他用户，任何这样的操作都会使系统丧失完整性。再次，某进程一旦由用户执行，就拥有了用户的全部权限，容易被特洛伊木马程序利用。

理论上，由于没有限制，提供自主访问控制的系统需要存储整个访问控制矩阵，其列包括系统所有主体，其行包括系统所有对象，主体也属于对象，因此所有主体都可以作为客体。系统对象较多且可以不断增加，使得矩阵非常庞大且大小不定，从而给存储矩阵带来了困难。但大多数情况下，某个对象对应的能对其访问的主体不多，某个主体所能访问的对象也较少，这样的矩阵就是稀疏的。根据稀疏矩阵的按行或按列压缩存储，其有如下两种组织方式。

（1）访问控制列表

将访问控制矩阵按列分别存储，即在每个对象上设置一个主体列表，表中每一项都包括主体编号以及对该对象的访问权限，在整体上规定了哪些主体可以对该对象进行哪种访问。访问控制列表的组织方式要求系统中的主体数目相对固定，一般系统中用户数目相对较少，而且可以组织为用户组进行统一授权，因此该方法应用较多，如NTFS文件系统、Cisco路由器都采用访问控制列表实现访问控制。

（2）访问能力表

将访问控制矩阵按行分别存储，即对每个主体存储其能访问的对象以及访问的权限。该方法要求系统的对象数较少且较为固定，而这在大多数系统中是不现实的，但在一定范围内，可以将某些固定数目的特殊的系统对象的访问权按能力表的方式组织。例如，Windows的系统权限分配就是将对操作系统本身的配置等操作划分为若干数目固定的权限，对每个用户或用户组分配这些权限。

2. 强制访问控制

在强制访问控制中，系统本身在访问控制矩阵中加入了某些强制性的规则，所有主体（包括对象的所有者）都不能绕过这些限制。主体和客体中用于强制访问判定的要素是由系统设置的固定内容，用户不能修改。一般强制访问控制有以下实现方式：

（1）分级安全访问

分级安全访问是指定义若干安全级别和类别，对每个主体和客体分配一个安全级别和若干安全类别。进行访问判定时，比较主体和客体的安全级别与类别的信息。当安全级别为机密性级别时，如果主体的安全级别不高于某客体的安全级别，且主体的安全类别全部包含于该客体的安全类别，那么主体可以对这个客体执行写操作；如果主体的安全级别不低于某客体的安全级别，且主体的安全类别包含该客体的所有安全类别，则主体可以读该客体。当安全级别为完整性级别时，对读和写的限制完全相反。从访问控制矩阵来看，分级安全访问要求矩阵的内容满足一种偏序关系。

（2）受控访问控制矩阵

在一些系统里，对于由系统初始设定的现有对象的访问控制属性，用户一般不能修改，或只能经过可信通路机制修改。可以在自主访问控制的基础上，通过限制拥有者修改对象的访问控制信息来实现。

（3）过程控制

过程控制是对系统允许运行的程序进行限制的一种强制控制类型。对于大多数专用系统，只提供或只允许运行指定的程序，如 ATM 系统只提供存款、取款等特定服务例程。在通用系统中，过程控制主要用于判断过程的可信性，对要执行的程序实施限定所在目录、要求代码签名等基于信任的访问控制，这种方式需要应用软件开发者配合，如对代码进行签名、仅安装可信的程序等。

强制访问控制比自主访问控制的安全级别高，在一定程度上可以避免用户误操作带来的安全威胁，尤其是可以限制特洛伊木马。即使用户被欺骗而得以运行，也不能绕过系统的强制访问控制规则而获取更高权限。

10.2　操作系统访问控制的相关机制

在计算机系统中，访问控制的大部分功能在操作系统中实现。操作系统负责统一管理软硬件资源，并给用户提供一致的操作界面。对绝大部分资源的访问接口都由操作系统提供，所有的访问操作也都是通过操作系统进行。

操作系统的访问控制机制由一系列互相配合的组件构成，主要包括认证和授权机制、访问检查机制、可信通路机制、对象重用机制和审计机制等。认证和授权机制是将用户识别为特定主体的基础；访问检查机制是实现访问控制的核心；可信通路机制保证用户进行系统管理操作时不被恶意程序欺骗或操纵，是进行身份认证和访问检查机制的基础；对象重用机制保证作为客体的系统对象信息不被泄露；审计机制负责对用户的行为进行记录和加以监督，是访问控制的重要组成。这些组件共同实现了访问控制功能，承担着维护操作系统安全和正常运行的任务。以下分别介绍各个组件的具体功能和安全指标。

10.2.1　身份认证和授权机制

1. 身份认证机制

在操作系统里，身份认证就是将用户提供的身份和系统的主体进行绑定的机制。身份认证包括标识和鉴别，其中标识用来确定系统中的用户身份，因此必须保证标识的唯一性。鉴别是系统检查、验证用户的身份证明，通过用户提供的凭据验证该身份的真实性。在某些一次性操作中，认证用于验证消息或文件未被修改或来源于特定用户，这也称为数据源认证。标识和鉴别功能保证只有合法的用户才能存取系统中的资源。

对于身份认证来说，认证数据的管理是关键问题，系统需要创建、分配和存储认证数据。以常见的口令认证为例，系统需要为用户提供设置口令的途径、提供口令文件的保护措施。考虑到系统的安全性，还需要定期更新认证信息。

身份认证一般包括本地认证和远程认证。本地的认证体系包含以下几个部分：

1）集合 A 是用户提供的身份验证信息。

2）集合 C 是系统存储的认证信息，用于校验用户的身份验证信息。

3）函数 F 是系统用于从验证信息生成系统存储信息的识别函数。

4）L 是系统的认证函数，用于判断用户的身份，根据 A 和 C 决定认证是否成功。

5）S 是用户改变自己认证信息的函数。

远程认证涉及认证信息的传输，需要同时考虑认证信息的保密传输和防止篡改，即使采用加密传输和用挑战 - 响应的认证机制，仍然容易受到中间人攻击，理想的解决方案是用公钥基础设施作为基础，其他方式（如带外认证等）作为辅助手段。

2. 授权机制

身份认证成功后，操作系统会根据用户的身份信息进行授权，为其创建访问令牌，随后用户的所有进程都需要使用该访问令牌在系统中进行访问操作。

下面以 Windows 的授权过程为例进行说明。如图 10-3 所示，登录管理进程通过认证界面要求用户输入认证信息，获取认证信息后，向系统的 LSA 服务请求认证，如果认证通过，则通知用户登录成功，同时为该用户创建访问令牌，并用该令牌创建用户代理进程以完成授权操作，用户的操作都由该代理进程完成。代理进程所创建的其他进程默认都继承了这个令牌。

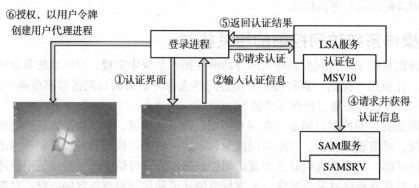

图 10-3 Windows 登录认证授权过程

访问令牌包括安全 ID（SID），即安全标识符（Security Identifier），是系统用来标识系统用户、组、本地计算机的唯一的号码。在身份认证时，通过 SID 来识别用户，认证通过后也通过 SID 对用户进行授权，体现在访问令牌和访问控制列表中。

图 10-4 给出了访问令牌的结构的主要部分，包括用户、用户组的 SID 以及主要特权。

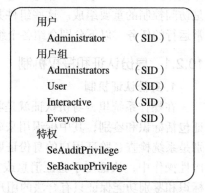

图 10-4 Windows 进程访问令牌结构

10.2.2 访问检查机制

访问检查是访问控制机制的核心组件，也是访问控制模型的主要实现部分。在安全操作系统里，一般由在内核实现的**引用监控机**（Reference Monitor）进行集中式的访问检查，同时根据检查结果生成审计信息。

1. 引用监控机

引用监控机是目前各主流操作系统广为采用的一种访问检查机制，其设计思想源于安全操作系统设计中的安全内核方法。由于系统的安全主要由内核保障，内核必须是可信的，以保证任何主体的行为都不能绕过访问检查。内核越小就越容易证明其实现的正确性，最理想的情况是内核小到只实现安全检查的部分，而其他所有部件都必须接受安全检查。

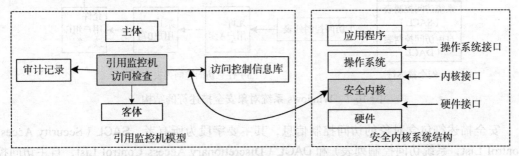

图 10-5　引用监控机在安全内核结构中的位置

如图 10-5 所示，引用监控机位于内核层，最小的安全内核只包括实现安全策略所必须的组件，而操作系统的其他部分放入内核越多，就越接近于一般的操作系统。要构建比较安全的系统，在实现该模型时需要满足以下特性：

- 完全性：要保证所有访问都经过引用监控机，不存在可以绕过的情况。
- 隔离性：必须与其他系统组件和用户程序隔离，以防止破坏。
- 可证安全性：必须可以证明设计和实现是安全的。

2. Windows 访问检查实现

Windows 主要实现自主访问控制，由内核中的对象管理器实现的引用监控机进行集中式的访问检查。

引用监控机要求以内核对象的方式组织客体，在 Windows 操作系统内核进行系统初始化的时候，通过对象管理器注册了文件、进程、共享内存、令牌等对象类，每个对象在动态生成的时候，都由对象管理器按照其所属类进行创建，所有对象都设置统一的头部数据结构。头部之后是对象相关信息。系统运行时，各种对象都由对象管理器组织为系统的标准客体，由内核根据客体的安全描述符和主体的令牌信息统一进行访问检查，如图 10-6 所示。

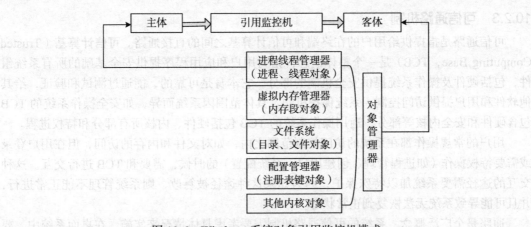

图 10-6　Windows 系统对象引用监控机模式

对象管理器通过安全描述符进行访问检查。安全描述符的结构如图 10-7 所示。

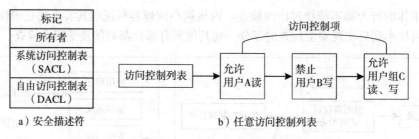

图 10-7　Windows 系统对象安全描述符的结构

安全描述符包含对象的访问控制信息，其主要字段为所有者、SACL（Security Access Control List，系统访问控制列表）和 DACL（Discretionary Access Control List，自主访问控制列表）。所有者说明对象的拥有者、自主访问控制列表和系统访问控制列表都指向一组访问控制项。每个访问控制项包含一个 SID 和说明该项类型的标记字段，表示某用户对该对象的访问控制信息。

其中，文件和目录对象的访问控制信息由 NTFS 文件系统存储并在相关对象创建时提供给对象管理器，注册表的键、键值等对象的访问控制信息由配置管理器存储和提供，其他对象的主体都由系统在运行时动态生成。

系统的标准对象主要由内核中的引用监控机进行访问检查，其过程由对象管理器调用。用户对所访问的对象通常进行多次操作，因此系统要求先通过名称打开对象，再将一个句柄和对象指针建立对应关系，以后再访问对象时都可以通过该句柄实现。因此，访问检查也分为两个阶段。

（1）打开对象的访问检查

按照对象所属类的方法创建对象，检查客体的访问控制列表，并和主体令牌中的身份信息进行对比。如果检查通过，则创建对象的访问句柄，把可以进行的访问类型存放在句柄结构中。

（2）通过句柄访问时的检查

当用户通过句柄进行访问时，对象管理器通过句柄定位对象，并进行访问检查，句柄里的访问标记以外的操作不能进行。

10.2.3　可信通路机制

可信通路是指提供给用户的在终端和可信计算基之间的直接通路。**可信计算基**（Trusted Computing Base，TCB）是一个整体概念，指为用户和应用程序提供安全基础的所有系统组件，包括硬件及操作系统提供安全机制的部分。它本身是可靠的，能通过测试和验证，给其他软件和用户提供访问控制、系统保护机制。具体范围因系统而异，如安全操作系统的 TCB 包含硬件和安全内核等部分，通用操作系统的 TCB 包括硬件、内核所有部分和特权进程。

用户的常规操作都在系统的访问控制范围之内，如对文件和内存的访问，但在用户登录或需要特权操作（如进程管理、创建用户、系统配置）的时候，需要和 TCB 进行交互。这种交互的途径需要系统加以特殊保护，因为如果这种途径被篡改，则系统管理不能正常进行，并且可能导致系统无法恢复到正常状态。

通路是个广泛概念，系统的可信通路机制需要考虑具体情况来实施。在桌面系统中，要保证用户输入数据（如从键盘等输入设备到 TCB 的路径中）不被篡改，相应的从 TCB 组件到屏幕的输出不被篡改。在使用智能终端的系统中，涉及对输入数据传输进行处理的所有程序都要进行验证以保证其可信。

一般而言，可信通路实现时并不另外设置用户和 TCB 的通信机制，而是利用常规的途径，在需要通信时进行模式转换。例如，在 Windows 中键入 SAS（Secure Attention Sequence）或组合键"Ctrl+Alt+Del"时，系统切换到安全桌面的界面，可以选择进行锁定和进程管理等操作。这里 SAS 和安全桌面都是可信通路的一部分，由 TCB 保证其不被篡改。

10.2.4　对象重用机制

对象重用的作用是保证存储介质在分配某个存储单元给用户时，该单元原来存储过的用户信息不被泄露。所有的系统存储器（包括 CPU 寄存器、内存 Cache、内存、磁盘等）都存在重用的情况，它们都以不同的对象为单元进行分配。对象重用需要考虑存储设备在线和脱机两种情况。当系统在线时，存储设备空间基于对象的重用由系统完成，研究在线对象重用问题时，一般经过以下步骤：

1）根据系统说明列出 TCB 导出的所有系统对象类别，并查看这些对象由哪些更底层的系统对象实现。

2）对于每个对象，找出系统对其创建、分配空间、引用以及释放的过程，然后加以分析。

3）研究这些过程是否满足对象重用的要求。对于分配和释放例程，要查看是否清除了残留信息。对于初始化过程，要求其将对象加入系统时，没有包含残留信息。

4）保护该对象的自由存储池空间，保证未初始化的信息在重新分配之前不被访问。

系统的各种缓存需要单独考虑，因为即使对象在其存储池中已经被彻底删除，但其部分信息在缓存中可能仍然存在。比如，出于效率考虑，内存和磁盘的 Cache 会备份对象信息，要对其格外保护，以免对其他用户泄露信息。操作系统中对存储过口令的缓冲区一般会进行清零处理。

在脱机时，存储设备已经脱离 TCB 的控制，由于设计原因或是断电等外界突发因素，系统无法保证已经释放的空间没有残留信息。残留信息包括关机后 CPU 寄存器的未清零信息、Cache 的残留信息、系统的内存页面文件等。如果 Windows 默认情况下在关机时并不清空页面文件 pagefile.sys，在脱机时读取磁盘中存留的该页面文件就可以查看关机前的虚拟内存信息。通过设置注册表"HKLM\SYSTEM\CurrentControlSet\Control\Session Manager\MemoryManagement"键下的 ClearPageFileAtShutdown 项值为 1，可以设置在关机时将页面文件清零。

磁盘上的数据残留信息量大且容易泄露，特别是磁盘上的已删除文件等，因此需要进行处理。大多数文件系统为了保证效率，在删除文件时并未清空文件数据，而是在文件项的控制信息中设置删除标记。在重新使用时，对象重用机制要求对未用区域进行覆盖、擦除或消磁处理。

10.2.5　审计机制

审计是指根据一定的策略，记录系统的历史事件，通过分析这些事件来发现系统的漏洞或所受威胁以改进系统的安全性，或者发现系统内部人员的越权操作，对潜在的攻击者起到警告的作用。审计事件是入侵检测等机制的数据来源。操作系统里的审计机制的实现一般包括以下方面：

- 事件信息采集：捕获事件并对其关键信息进行提取。
- 日志记录：将事件信息保存到日志文件中。
- 日志察看器：分析日志文件得到报告，将其反映给管理者。

在操作系统中，审计数据一般由访问检查机制记录用户对系统资源的访问情况，以及用户的登录情况。审计记录数据按从始至终的流水方式记录系统活动，顺序检查、审查和检验每个事件的环境及活动。在审查日志时，可以从这些记录中还原出用户在系统中的活动，如结合用户的登录事件和其后某进程的资源访问操作，就可以推断出该用户的活动。

审计机制本身需要系统的特别保护。首先，审计事件记录机制是 TCB 的一部分，需要保护相关实现不被非授权用户修改，审计事件项的开启和关闭也要受到保护。其次，记录的日志信息也需要被 TCB 保护，防止未授权访问和修改。

10.3　UAC 机制分析

如果系统允许用户未经认证就可实现从非授权状态到授权状态的转变，则表明其访问控制机制存在权限提升方面的漏洞，易受到攻击的潜在威胁。出于安全考虑，在 Windows 操作系统中，添加管理员账户、修改系统文件等危险操作受到严格的权限限制，需要得到相应的特权（Privilege）才能完成。但在 Windows XP 版本前，很多程序被不适当地赋予了管理员权限（Administrator），而管理员权限在系统内基本不受限制，即使无法获得更高一级的系统权限（System），也可以自行通过添加 SeDebugPrivilege 等特权的方式来完成各种特权操作。从 Windows 7 系统开始引入了**用户账户控制**（User Account Control，UAC）来提高这方面的安全性。

UAC 通过增加特权操作验证机制，防止恶意软件和间谍软件的安装或对系统进行更改；通过改进安全描述符和权限的数据结构，新增强制完整性控制机制；采用**用户界面特权隔离**（User Interface Privilege Isolation，UIPI）机制和会话隔离机制，增强进程之间和用户账户之间的权限控制。

10.3.1　权限提升提示机制

UAC 在人机交互上表现为当用户执行高权限的操作时，系统弹出提示窗口要求用户提供管理员身份并确认此项权限提升操作。UAC 提示信息如图 10-8 所示。

图 10-8　用户账户控制提示窗口

在 Windows 系统中，以下几种情形可能触发权限提升提示：
- 用户主动请求，如在可执行文件的右键菜单中选择"以管理员身份运行"。
- 系统根据可执行文件名字和内容特征判定其为安装程序。
- 系统根据可执行程序的资源标记判定其需要进行权限提升。

系统自带的管理程序都附带有资源标记，用户运行这类程序时，系统识别并进行权限提升提示；用户程序也可以通过附加类似的资源请求以管理员权限执行，具体方式为在程序开发时使其中包含 XML 格式、后缀为 Manifest 的文本资源文件。

以 Windows 系统自带的 PE 程序文件 Regedit.exe 为例，通过逆向可以解析其资源部分中的 Manifest 文件，如图 10-9 所示。

```
<trustInfo xmlns="urn:schemas-microsoft-com:asm.v3">
  <security>
    <requestedPrivileges>
      <requestedExecutionLevel
        level="highestAvailable"
        uiAccess="false"
      />
    </requestedPrivileges>
  </security>
</trustInfo>
```

图 10-9　Manifest 资源文件声明运行方式部分

其中，"level"为"highestAvailable"，表示"以当前用户可以获得的最高权限运行"。"level"值还可以设置为"RequireAdministrator"和"AsInvoker"，分别表示"需要系统管理员权限运行"和"以当前用户权限运行"。"uiAccess"表示是否需要 UI 访问特权，在对系统的用户界面发送消息时可以不受 UIPI 限制。UIPI 机制将在下节详细讨论。

如果用户拒绝了进程提升权限的要求，系统将会给发起提升请求的进程返回一个访问拒绝的错误；若用户同意了进程提升的请求，将会启动一个动态提升权限的过程。

UAC 动态提升权限的过程是由进程创建函数通过 RPC 调用向系统的 Application Information Service（AIS）服务发起请求来实现的。如图 10-10 所示，普通用户登录后，如果运行的程序需要管理员权限，则通过 RPC 接口向 AIS 服务请求提升权限。AIS 服务通过 Consent 进程，向用户提示输入用户名口令，并向 LSA 服务发起认证请求，如果认证通过，Consent 进程将结果反馈给 AIS 服务，同意以管理员权限启动该进程。

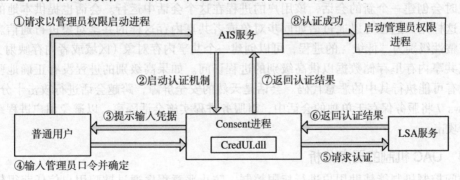

图 10-10　AIS 服务授权机制

10.3.2　强制完整性控制机制

强制完整性控制（Mandatory Integrity Control，MIC）的访问规则是：系统除了检查安全主体是否拥有对资源进行操作的相应权限，还必须检查两者的完整性级别。只有当安全主体的完整性级别等于或者高于某个资源对象的完整性级别时，该主体才能打开该资源对象进行写入操作。而且，为了防止访问存放在内存中的机密信息，安全主体不能打开拥有更高完整性级别的其他安全主体或资源进行读取操作。

Windows 的权限控制机制对先前版本中基于访问控制列表的权限控制机制进行了改进，引入了**强制完整性级别**（Mandatory Integrity Level）的概念，Windows 7 实现了强制完整性控制机制，部分体现了 Biba 完整性模型，属于其强制访问控制机制的一部分。Windows 7 为每个安全实体（如资源、用户、进程等）都设置了相应的完整性级别，分为低级、中级、高级和系统四个级别。IE 浏览器进程默认运行在低级别，一般用户的进程默认运行在中级别，被提升的管理员进程运行在高级别，系统级服务进程运行在系统级别。MIC 规定，只有进程的完整性级别高于或者等于某个资源对象的完整性级别时，该进程才能打开该资源对象进行写入操作。而且，为了防止访问存放在内存中的机密信息，进程不能打开拥有更高完整性级别的其他进程进行读取操作。当低级别安全主体需要访问或控制高级别安全主体的资源时，系统会给用户提供相应的提示界面，以确定操作的合法性。这给漏洞利用带来了较大困难，攻击者在成功获得某个应用软件的控制权后，可能因为 MIC 机制只能访问和控制有限的系统资源，无法进一步实现更多的操作。

Windows 7 消息子系统也同样利用完整性级别实现了用户界面特权隔离（UIPI）机制。UIPI 的主要功能是阻止低完整性级别的进程向高完整性级别进程的窗口发送消息。这主要是为了防止粉碎攻击（Shatter Attack）。在较早版本的 Windows 操作系统中，低特权进程可以向高特权进程发送大部分的 Windows 消息（如 WM_SETTEXT、WM_DESTROY 等）。粉碎攻击利用这一机制，在只能控制低特权进程的情况下，向高特权进程发送特定的窗口消息，通过模拟用户操作实现对高特权进程的界面控制，或导致高特权进程在处理此类消息时产生缓冲区溢出。Windows 7 的用户界面特权隔离机制规定高特权进程不再处理低特权进程发送的此类消息，从而防止此类情况的发生。

10.3.3　会话隔离机制

UAC 机制还采用了会话隔离机制。虽然完整性级别对访问控制有严格的规定，但因为不同完整性级别的进程共享同一个桌面，所以它们共享同一个会话（Session）。每个用户登录系统时会创建一个新的会话，该用户的进程在这个会话中运行。会话也提供本地的命名空间，这样用户进程可以通过诸如同步对象或者共享内存这样的共享对象进行通信。这意味着完整性级别为"低级"的进程，可以创建一个共享内存对象（区域或者内存映射文件），并在该共享内存里存储数据以供高级别的进程访问。如果高级别的进程没有正确地验证数据，就有可能执行其中的恶意代码。会话是天然的安全屏障，跨越会话进行攻击十分困难。Windows 7 将服务保存于单独的会话中，对服务进程实施会话隔离，以避免用户进程跨越会话进行攻击。

10.3.4　UAC 机制的弱点分析

访问控制机制能辅助用户进行权限控制，防止恶意程序通过欺骗用户信任获得较高权限，从而降低使用风险。如果某种机制在实现上不完备，或者存在漏洞，则会被绕过而实现权限提升。只有对相关机制进行全面分析，清楚其存在的缺陷，才能降低被攻击的风险。

UAC 机制通过对用户权限的进一步控制，提高了 Windows 系统整体访问控制的安全性。但是从易用性的角度出发，Windows 7 以后的系统在 UAC 中加入了白名单机制。如果希望提升权限的进程和 COM 接口是系统所信任的，如证书管理、磁盘清理等系统自带的管理程序，通过将其直接加入白名单，就可以不需要 UAC 提示窗口和用户确认即可提升权限。而白名单之外的进程，仍然需要通过 UAC 窗口，由管理员确认后方可实现权限提升。

位于白名单中的程序必须具备两个条件：一是具有该 Windows 系统特定的数字签

名，二是程序必须位于系统"安全目录"。"安全目录"指的是由系统指定且不能被用户修改的位置，包括 %SystemRoot%\system32 及其大多数子目录、%SystemRoot%\Ehome，以及 %Program Files% 下的少数位置。当位于白名单内的程序的 manifest 文件中指定了"<autoElevate>true</autoElevate>"的值，程序在运行时将会自动获得管理员权限。COM 对象若要自动提升其权限，它必须位于白名单内并且由位于白名单内的程序完成实例化。例如，用户在 %Programe Files% 目录下创建一个文件夹是不会触发 UAC 警告的，因为负责文件操作的 COM 对象的 DLL 文件位于白名单之内，并且对 COM 对象进行实例化的 Windows 资源管理器进程 Explorer 也位于白名单之内。

我们通过权限传递的 Take-Grant 模型来分析 UAC 机制的权限问题。Windows 资源管理器进程用于呈现用户操作界面是用户操作行为的代理进程，位于白名单之内。如果有一个待提升权限的程序，可通过向资源管理器进程注入代码并执行，以其作为代理，进行后续的创建可信进程、文件拷贝等操作，就可绕过 UAC 机制。上述操作步骤可以使用 Take-Grant 模型表示为新生成一条 Take 边，如图 10-11 所示。

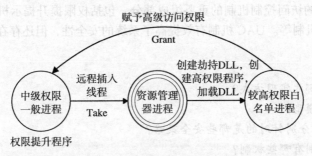

图 10-11　绕过 UAC 进行权限提升的 Take-Grant 模型

实际攻击者在突破 UAC 机制时，往往还需要额外的步骤。如在 Windows 7 操作系统的 System32/migwiz/ 目录下面，有一个 migwiz.exe 。图 10-12 显示了逆向分析得到的 UAC 白名单程序列表，可以看到 migwiz.exe 程序在列表中。migwiz 程序曾存在一个 DLL 劫持漏洞，在启动时动态加载 Cryptbase.dll 而未指定具体目录。如果事先在 migwiz.exe 所在目录下放置伪造的 Cryptbase.dll，则在 migwiz.exe 启动时，将优先加载当前目录的 Cryptbase.dll，而不是按照默认设定加载系统目录下面的 Cryptbase.dll。如果伪造恶意的 Cryptbase.dll 并将其置于 migwiz.exe 所在目录，攻击者就可以实现以特权权限执行恶意程序。

```
; unsigned short const * near * g_lpAutoApproveEXEList
?g_lpAutoApproveEXEList@@3PAPEBGA dq offset aCttunesvr_exe
                                    ; DATA XREF: AiIsEXESafeToAutoApprove
                                    ; "cttunesvr.exe"
            dq offset aInetmgr_exe  ; "inetmgr.exe"
            dq offset aInfdefaultinst ; "infdefaultinstall.exe"
            dq offset aMigsetup_exe ; "migsetup.exe"
            dq offset aMigwiz_exe   ; "migwiz.exe"
            dq offset aMmc_exe      ; "mmc.exe"
            dq offset aOobe_exe     ; "oobe.exe"
            dq offset aPkgmgr_exe   ; "pkgmgr.exe"
            dq offset aProvisionshare ; "provisionshare.exe"
            dq offset aProvisionstora ; "provisionstorage.exe"
            dq offset aSpinstall_exe ; "spinstall.exe"
            dq offset aWinsat_exe   ; "winsat.exe"
```

图 10-12　Windows 7 自动提升权限的 UAC 白名单程序列表

但是，migwiz.exe 位于系统目录 system32/migwiz/ 当中，如果伪造一个 DLL 并复制到系统目录中，同样会由于权限问题而触发 UAC。攻击者可以先使用远程线程插入的方法把 DLL 注入 Explorer 进程或其他白名单进程中，再通过白名单进程把 Crypebase.dll 复制到指定目录。通过利用可信进程启动白名单程序的自动提升权限的过程，再借助白名单程序在代码执行中未经校验便加载第三方 DLL 的访问控制弱点，就可以实现权限控制的绕过。

实际上，通过设置权限提升白名单的机制，避免了所有高权限操作都必须由用户批准，在为用户提供便利性的同时，相当于将信任下放到了白名单进程，当这些进程执行中存在访问控制弱点时，整个安全机制就存在被绕过的风险。

10.4 本章小结

访问控制是一种重要的网络安全服务，它在计算机和网络系统中实施权限管理，是处理越权使用资源威胁的方法。访问控制通过一定的机制实现安全策略，访问控制模型是访问控制机制和策略的桥梁。在计算机系统中，访问控制的大部分功能在操作系统中实现，相关的功能有认证和授权、访问检查、可信通路、对象重用和审计机制。UAC 机制是当前 Windows 操作系统的访问控制机制的重要组成部分，包括权限提升提示机制、强制完整性控制机制、会话隔离机制等。UAC 机制有效提高了系统的安全性，但还存在一定的安全弱点。

10.5 习题

1. 访问控制机制有哪些实现方式？
2. 访问控制有哪些模型？
3. BLP 和 Biba 模型分别针对的是哪些安全策略？
4. 操作系统访问控制有哪些机制？
5. Windows 是怎样实现访问检查的？
6. UAC 机制是怎样限制恶意程序的运行权限的？
7. UAC 机制存在哪方面的弱点？

第11章 防火墙

在网络安全保障体系中，防火墙是一种设置在网络边界处的网络防护屏障。防火墙技术也是目前应用时间最长的网络安全技术之一。防火墙部署和配置得当，可以阻止很大一部分的外部网络攻击行为，对内部网络起到很好的保护作用。然而，如果部署和配置不当，防火墙只能给用户带来虚假的安全感。事实上，防火墙并非是"安全的最终解决方案"，仍然有很多攻击是防火墙无法防范的。

11.1 防火墙概述

11.1.1 防火墙的定义

防火墙源于英语单词 Firewall，它原本是建筑业中使用的一个词汇，指建筑中应用于各单元之间由防火材料制成的用来防止火灾蔓延的防火屏障。防火墙一词延伸到网络安全领域，指的是置于不同网络安全区域（比如企业内部网络和外部互联网）之间的、对网络流量或访问行为实施访问控制的安全组件或一系列安全组件的集合。

防火墙可以是硬件，也可以是软件；它可以是安全厂商设计生产的专门产品，也可以是网络设备（比如路由器）的一项功能；它可以是单一的组件，也可以是一系列组件的集合。不管是何种形态或形式，本质上，防火墙指的是一种访问控制机制，它在内部、外部两个网络之间建立一个安全控制点，并根据具体的安全需求和策略，对流经其上的数据通过允许、拒绝或重新定向等方式控制网络的访问，达到保护内部网络免受非法访问和破坏的目的。

防火墙的这种访问控制机制类似于大楼门口的门卫。为了保护大楼的安全，门卫会检查出入人员的身份，只让那些允许进入的人进入，而把那些不受欢迎的人拒之门外。不同的是，门卫检查的对象是人，而防火墙检查的则是网络流量或网络访问行为。

要想让防火墙切实发挥防护作用，有几点必须注意。首先，由于防火墙只能对流经它的数据进行控制，因此在具体设置时，必须让防火墙设置在不同网络安全区域之间的唯一通道上。其次，防火墙并不能自动地区分攻击数据与合法数据，它只是按照管理员设置的策略与规则拒绝或放行数据，因此只有管理员根据安全需求合理设计安全策略与规则，才能充分发挥防火墙功能，保护网络的安全。最后，由于防火墙在网络拓扑位置上的特殊性，以及防火墙在安全防护中的重要性，防火墙自身必须能够抵挡各种形式的攻击。

如果置于网络安全保障体系中考察，防火墙是一种设置在网络边界处的网络防护技术。在学习防火墙技术时应始终牢记这一点，因为无论是防火墙的功能特点，还是防火墙的技术特点，都与此有着密切的关系。

11.1.2　防火墙的安全策略

防火墙的基本思想是依据安全策略来放行或拒绝网络流量和网络访问行为。防火墙在执行这种网络访问控制时，会有两种不同的思路：

1）定义禁止的网络流量或行为，允许其他一切未定义的网络流量或行为。

2）定义允许的网络流量或行为，禁止其他一切未定义的网络流量或行为。

这实际上也是两种不同的防火墙策略。

从安全角度考虑，第一种策略似乎更加直观。为了应对安全威胁，管理员可以通过研究攻击行为、分析攻击技术，从而定义出那些危险的行为，并通过防火墙来拒绝它们。但是，由于知识与能力的限制，管理员所定义的危险行为只可能是所有危险行为的一个子集，因此会有很多未知的危险行为会因为没有定义而被防火墙放行，从而有可能影响到网络的安全。

第二种策略与第一种策略刚好相反，在这种策略下，管理员根据网络的业务与功能需求定义出合法的行为，拒绝未定义的行为。管理员定义的合法行为可能是全部合法行为的一个子集，因此会有一些合法行为因为没有在防火墙处得到定义而不被允许，从而有可能影响到网络的功能。

第一种策略便于维护网络的可用性，第二种策略便于维护网络的安全性。从安全角度来说，显然第二种策略更加安全。因而在实际中，特别是在面对复杂的 Internet，安全性应该受到高度重视的情况下，第二种策略使用得更多，也符合安全的"最小化原则"。

11.1.3　防火墙的功能

防火墙可以在网络协议栈的各个层次上进行网络流量的检查与控制。防火墙技术可以根据其作用的网络协议层次，自下而上分为包过滤、状态检测、应用代理和应用层深度控制等。通常可以认为包过滤工作在网络层，状态检测工作在传输层，而应用代理和应用层深度控制工作在应用层。但这种分层随着技术和产品的发展日渐模糊，而且很多时候，不同层次的技术会结合在一起同时使用。防火墙技术通常能够为网络管理员提供以下的安全功能：

- 过滤进、出网络的网络流量

检查并控制网络流量是防火墙基本的安全功能。包过滤防火墙对 IP 包头信息、TCP 包头信息进行检查，并作为过滤的依据。状态检测利用传输层信息，将数据包放置到它的上下文状态中进行检查。应用代理和应用层深度控制对应用协议与流量进行检查。

- 防止脆弱或不安全的协议和服务

通过阻止特定端口的数据，防火墙可以防止一些不安全的服务。比如，Telnet 服务可以通过阻塞 TCP 的 23 号端口加以禁止。当然，管理员可以通过停止服务器上的服务程序来更加彻底地终止服务，但从网络边界处阻塞相应的 TCP 端口对管理员来说显然更加简单，也更加方便。而且，在很多情况下，网络中可能还有一些管理员没有足够权限去管理的主机，此时防火墙就显得非常必要。

- **防止外部对内部网络信息的获取**

通过阻塞一些不同的协议数据，如 ICMP 协议，可以在一定程度上防止攻击者利用这些协议的数据包对内部网络信息进行探测（参见第 2 章）。代理技术也可以对外部隐藏绝大部分的内部网络信息。

- **管理进、出网络的访问行为**

在过滤网络数据的基础上，防火墙可以对网络中的各种访问行为进行统一管理，包括提供额外的认证机制和过程。

另外，由于防火墙位于不同网络区域的连接处，位置非常特殊，许多功能可以自然地附加到防火墙产品中，比如网络地址转换、网络流量的记录与审计、网络攻击行为的简单检测与告警，甚至计费功能等。

11.1.4 防火墙的不足

必须指出，尽管防火墙能够提供较丰富的安全功能，但防火墙并不能应对所有的安全威胁。防火墙不是万能的，也不是所谓的网络安全的最终解决方案。就目前的防火墙技术来看，还有一些安全威胁是防火墙不能有效应对的。之所以出现这种情况，一方面是因为防火墙作为边界防护手段有先天不足，另一方面则是因为目前在技术上还存在着一些难以克服的瓶颈。

1. 由于防火墙作为边界防护而先天无法防范的威胁

（1）无法防范来自网络内部的安全威胁

防火墙是位于内、外网连接处的网络安全系统，它只能对内、外网络之间的网络流量进行检查和控制。对于完全发生在网络内部的安全威胁，防火墙无法进行监视和控制。

（2）无法防范通过非法外联的攻击

防火墙无法防止内部人员通过无线等方式私自接入外部网络，也无法阻止来自这条外联线路上的各种攻击。这个不足也是由防火墙的特殊位置所决定的。

（3）无法防范非网络形式传播的计算机病毒

防火墙无法防范通过磁盘等非网络形式进行传播的计算机病毒，因为其传播途径不通过网络。但防火墙可以帮助防范网络蠕虫，因为网络蠕虫的工作机制和传统的文件或脚本型病毒完全不同，它们通过网络进行传播，所以当网络蠕虫从外部网络向内部网络进行传播时，合理地设置防火墙可以对网络蠕虫进行防范。比如，对于"永恒之蓝"勒索蠕虫，可以利用防火墙对外阻塞 TCP 445 端口，阻止该勒索蠕虫向内部网络传播扩散。另外，采用流量识别技术的防火墙可以在识别 HTTP、FTP、SMTP、POP3 和 IMAP（Internet Mail Access Protocol，交互式邮件存取协议）五大协议的基础上对病毒进行检测。

2. 由于技术原因导致目前防火墙无法防范的威胁

（1）针对开放服务零日漏洞的攻击

这里的开放服务是指因为业务需要而向外部网络开放的各种网络服务。例如，企业会因业务需要，在其网络中构建一个 Web 服务器，向外部宣传其业务并提供各种客户所需要的查询、定购、技术支持等方面的服务。为了让客户能够访问这些服务，防火墙必须允许访问这些服务的网络流量通过。采用流量识别技术的防火墙能够对应用层数据进行深度检查，如 WAF（Web Application Firewall，Web 应用防火墙）、数据库防火墙等，从而防范针对这些已知服务的漏洞的攻击。但是零日漏洞的特征信息未知，防火墙将难以识别出攻击，针对服务程序的零日漏洞攻击应该结合入侵防御等方法加以防范。

（2）针对网络客户程序零日漏洞的攻击

所谓针对网络客户程序的攻击指的是利用网络客户程序（如浏览器程序、邮件接收程序）的漏洞进行的攻击。防火墙通常会放行内部网络中浏览器程序、邮件接收程序等网络客户程序产生的网络流量，以支持网络内部用户的使用。与开放服务相同，客户端程序的零日漏洞信息未知，防火墙也将无能为力。

（3）使用隐蔽通道进行通信的特洛伊木马

对于那些使用 HTTP Tunnel 或其他隐蔽通道技术进行通信的木马，以及那些根本不存在控制端和受控端之间通信的木马，防火墙很难起到保护作用。防火墙对所有的特洛伊木马并非完全没有防范作用，对于在控制端和木马端间使用主动连接和反弹端口等方法进行通信的特洛伊木马，防火墙能够起到很好的防护作用。

另外，防火墙是一种安全技术，它只能从技术的角度对网络进行保护。防火墙无法防范网络钓鱼攻击和其他由于社会工程学或不当配置等人为因素而导致的安全问题。这类问题利用的是网络使用者的"善良"或"愚蠢"。任何一种安全技术都不能用来应对社会工程学。要防范社会工程学，只能从加强对内部人员的安全教育入手，通过安全教育来增强内部人员的安全意识。

11.1.5　防火墙技术和产品的发展历程

1. 防火墙技术的发展历程

自 20 世纪 80 年代诞生以来，防火墙技术发展非常迅速，经历了包过滤、应用代理、状态检测和流量识别技术四个重要阶段。

（1）包过滤技术阶段

最早的防火墙是在路由器的基础上开发出来的。这时的防火墙利用路由器本身对分组的解析能力，以访问控制表作为依据对网络分组进行过滤。防火墙过滤的依据通常包括 IP 地址、端口号、IP 标志及其他一些网络数据包的包头字段。包过滤技术只具有简单的网络层数据包过滤功能，适合对安全性要求不高的网络环境。

（2）应用代理技术阶段

应用代理网络防火墙彻底隔断内网与外网的直接通信，内网用户对外网的访问变成防火墙对外网的访问，然后再由防火墙转发给内网用户。所有通信必须经应用层代理软件转发，访问者任何时候都不能与服务器建立直接的 TCP 连接，应用层的协议会话过程必须符合代理的安全策略要求。应用代理网络的特点是可以检测应用层、传输层和网络层的协议特征，对数据包的检测能力比较强，但是透明性差，处理速度较慢。

（3）状态检测技术阶段

状态检测防火墙摒弃了包过滤防火墙仅考查数据包的 IP 地址等几个参数，而不关心数据包连接状态变化的缺点，从会话的角度考查数据包，通过建立状态连接表记录数据包上下文的关系，实现对每个会话状态的跟踪。因此，状态检测能够实现对传输层的控制。相比包过滤技术和应用代理技术，状态检测技术在大大提高安全防护能力的同时，也改进了处理速度。

（4）流量识别技术阶段

随着网络大量新业务的推出和攻击的智能化，防火墙用户对其业务的关注度越来越高，在此环境下，基于流量识别技术的防火墙越来越多地被提及。流量识别是在包过滤和状态检测技术基础上，发展出的应用层协议和内容识别技术，具有强大的应用层协议和内容分析能力，在此基础上可提供细粒度的访问控制、协议控制、内容控制、恶意代码检测、攻击防护等功能。

2. 防火墙产品的发展历程

随着技术和用户需求的发展，防火墙产品从第一代发展到第二代，经历了从单一到集成、通用到专用的发展。

（1）第一代防火墙

包过滤防火墙是在路由器的基础上开发出来的，为了加强防火墙的安全能力，安全厂商在后续的防火墙开发中逐步将过滤功能从路由器中独立出来，将防火墙构建在通用的操作系统上，并且开始使其具备审计和告警功能。同时，针对用户需求，开始提供模块化的软件包，比如专用的代理系统。基于通用操作系统的防火墙在功能上得到增强，防火墙的安全能力随之提高，但在这类防火墙系统中，防火墙自身的安全却存在严重的问题。为了提高防火墙本身的安全性，防火墙厂商开始自己开发专用的操作系统，这样的操作系统保留了支撑防火墙功能所必须的组件，抛弃了传统操作系统中的其他组件。由于去掉了不必要的系统特性，加固了内核，强化了安全保护，专用操作系统表现出非常好的安全特性。除了能实现以前防火墙的分组过滤、应用网关等功能，厂商们还增加许多新功能，比如加密、鉴别、审计、NAT（Network Address Translation，网络地址转换）、VPN（Virtual Private Network，虚拟专用网）等。在用户友好性和使用的方便性方面，这类防火墙也有了很大的改进。

随着早期防火墙产品的发展，我国制定了《GB/T 17900-1999 网络代理服务器的安全技术要求》《GB/T 18019-1999 信息技术 包过滤防火墙安全技术要求》和《GB/T 18020-1999 信息技术 应用级防火墙安全技术要求》三个标准。其中，《GB/T 18019-1999 信息技术 包过滤防火墙安全技术要求》针对包过滤防火墙，《GB/T 17900-1999 网络代理服务器的安全技术要求》和《GB/T 18020-1999 信息技术 应用级防火墙安全技术要求》针对应用代理防火墙，前者专注于对代理服务的要求，后者偏向于同包过滤防火墙功能的融合。随着等级保护要求的引入，我国重新编制形成了《GB/T 20010-2005 信息安全技术 包过滤防火墙评估准则》和《GB/T 20281-2006 信息安全技术 防火墙技术要求和测试评价方法》。前者针对纯包过滤或以包过滤技术为主的防火墙分五级给出要求，后者针对通用防火墙产品的包过滤、应用代理、状态检测、NAT 等标准技术分三个级别进行规范，实际使用频率较高。

（2）第二代防火墙

自诞生以来，防火墙作为边界网络安全的第一道关卡，发挥了巨大的作用。随着网络高速发展、应用不断增多、加密广泛应用，基于端口的传统防火墙只能看到应用的一般轮廓，不能了解流量的具体行为，失去了原有的防御能力。为了弥补防火墙的不足，入侵防御系统、防病毒网关等产品与防火墙通常结合部署使用。为了降低网络安全设备的部署成本，安全厂商提出了 UTM（Unified Threat Management，统一威胁管理）方案，将入侵防御和防病毒插件集成到防火墙之中，推出了 UTM 防火墙。UTM 防火墙是将多个功能集成到一个设备，但没有进行功能、性能和管理的统一设计，存在策略管理复杂、性能不佳等一系列的问题。

2009 年 10 月，Gartner 提出 "Defining the Next-Generation Firewall"，下一代防火墙的概念在业内得到普遍的认可。下一代防火墙即第二代防火墙，除具备包过滤、状态检测、NAT 等第一代防火墙的基本功能之外，还具有应用流量识别、应用层访问控制、应用层安全防护、用户控制、入侵防御、深度内容检测、高性能等特征，具有完全集成的入侵防御能力。目前，我国已经发布第二代防火墙的公共安全行业标准《GA/T 1177—2014 信息安全技术 第二代防火墙安全技术要求》。

与此同时，Web服务在高交互性发展的同时，面临的安全问题越来越复杂、越来越严重，于是WAF应运而生。WAF针对内网的Web应用资源进行保护，帮助Web应用抵御来自应用层的攻击，以提供防火墙和入侵检测系统等常规信息安全产品不具备的能力。目前，我国已经发布Web应用防火墙的公共行业标准《GA/T 1140-2014 信息安全技术 Web应用防火墙安全技术要求》。

11.2   常用的防火墙技术

在防火墙产品的发展过程中，各种防火墙技术不断形成、成熟。目前被广泛采用的防火墙技术主要有包过滤、状态检测、应用代理、NAT和流量识别等。

11.2.1   包过滤

包过滤是应用最早的一种防火墙技术。通过对网络层和传输层包头信息的检查，包过滤可以把很多危险的数据包阻挡在网络的边界处。

1. 包过滤的基本原理

在Internet的数据包传输过程中，路由器起了至关重要的作用。路由器在数据包到达时，会检查数据包的IP包头部分，再结合路由表决定能否以及如何传送数据包。包过滤技术在路由器的路由功能基础上进行扩展，在依据IP数据包头部的地址信息确定能否以及如何转发该包的同时，对数据包包头的其他信息进行检查，确定是否应该转发该数据包。转发的依据是用户根据网络的安全策略所定义的规则集，丢弃那些危险的、规则集所不允许通过的数据包，只有那些确信是安全的、规则集允许的数据包，才让路由器进行转发。

这种基于路由器实施的额外检查就是包过滤。过滤规则集可以在路由设备的各个接口处进行设置，具体在何处设置取决于网络拓扑及相应的安全策略。

规则集通常对下列网络层及传输层的包头信息进行检查：

- 源和目的的IP地址
- IP的上层协议类型（TCP/UDP/ICMP）
- TCP和UDP的源及目的端口
- ICMP的报文类型和代码

包过滤技术和路由技术都工作在网络层，目前的路由设备都支持一定程度的包过滤功能。在实践中，常常直接使用路由设备上的包过滤功能为小型网络构建防火墙。

2. 包过滤的安全能力

包过滤检查单个IP数据包，对数据包中的网络层信息和传输层信息进行检查。由于检查内容较少，且只是对单个数据包进行检查，不能综合该数据包在信息流中的上下文环境，因此总体而言，包过滤的安全功能是比较有限的，但合理配置包过滤仍然能够提供相当程度的安全能力。

前面已经讲过，利用各类ICMP信息查询报文可以探测内部网络活跃的主机。利用包过滤阻塞这些ICMP报文可以很好地防范这类探测行为，如表11-1所示。

注意，在表11-1所示的规则集中，{内部IP}在实际表述时应给出明确的IP地址或IP地址范围，如192.168.0.0/24。表11-1的规则集有可能影响正常的网络诊断功能，此时就需要在功能需求和安全需求间进行权衡。

表 11-1　防范利用 ICMP 查询报文进行网络信息探测的包过滤规则

序号	方向	源 IP	目标 IP	上层协议	类型域	动作
1	向内	任意	｛内部 IP｝	ICMP	Echo Request	阻塞
2	向内	任意	｛内部 IP｝	ICMP	Information Request	阻塞
3	向内	任意	｛内部 IP｝	ICMP	Address Mask Request	阻塞
……						

包过滤可以保护内部网络中的服务。比如，在图 11-1 所示的小型网络中，内部网络设置了一台服务器，为外部用户提供 Web 服务（运行在 TCP 80 端口），同时还架设了方便内部用户进行资源共享的 FTP 服务（运行在 TCP 21 端口）。此时，我们会希望外部用户能够访问 Web 服务器，而且只能访问该服务器上的 Web 服务，但不希望 FTP 服务被外部网络的人员访问。表 11-2 中设置的包过滤规则会帮助实现这一目标。

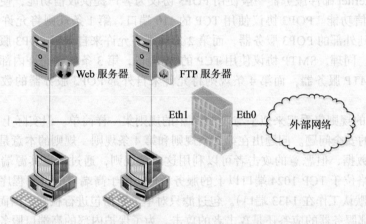

图 11-1　一个简单的小型网络拓扑

表 11-2　允许外部用户访问内部 Web 服务的包过滤规则

序号	方向	源 IP	目的 IP	上层协议	源端口	目的端口	动作
1	向内	｛内部 IP｝	任意	任意	任意	任意	阻塞
2	向外	｛外部 IP｝	任意	任意	任意	任意	阻塞
3	向内	任意	Web 服务器 IP	TCP	>1024	80	允许
4	向外	Web 服务器 IP	任意	TCP	80	>1024	允许
……							
n	任意	任意	任意	任意	任意	任意	阻塞

表 11-2 所示的规则集中的规则 1、2 首先通过阻塞来自外部的源地址为内部 IP 地址的数据包和来自内部的源地址为外部 IP 地址的数据包，过滤了伪造源地址的数据包，这有助于防范各类基于 IP 地址欺骗的攻击（参见第 7 章和第 8 章）。

规则 3 和规则 4 允许外部用户访问内部网络中的 Web 服务器，而规则 n 指明除了规则明确允许的数据包，其他所有数据包一律阻塞。这体现了安全的一般原则，保证了外部用户在访问 Web 服务器的同时，无法访问包括 FTP 服务在内的其他内部网络服务。规则集可帮助过滤可能出现的对内部网络的不安全访问。

与表 11-2 的规则集定义的外部用户对内部网络的访问不同，表 11-3 的规则集定义了内部用户对外部邮件服务的访问。

表 11-3 允许内部用户访问外部邮件服务的包过滤规则

序号	方向	源 IP	目的 IP	上层协议	源端口	目的端口	动作
……							
	向外	{内部 IP}	任意	TCP	>1024	110	允许
1	向内	任意	{内部 IP}	TCP	110	>1024	允许
2	向外	{内部 IP}	任意	TCP	>1024	25	允许
3	向内	任意	{内部 IP}	TCP	25	>1024	允许
……							
n	任意	任意	任意	任意	任意	任意	阻塞

目前的 Internet 邮件服务器一般使用 POP3 协议为客户提供收信功能，使用 SMTP 协议为客户提供发信功能。POP3 协议使用 TCP 的 110 端口，第 1 条规则将允许内部主机的数据包可以发送到外部的 POP3 服务器，而第 2 条规则将允许来自外部 POP3 服务器的数据包进入内部网络。同理，SMTP 协议使用 TCP 的 25 端口，第 3 条规则允许内部主机的数据包发往外部的 SMTP 服务器，而第 4 条规则将允许来自外部 POP3 服务器的数据包进入内部网络。

表 11-3 中的规则集看起来似乎与表 11-2 中的规则集一样简单。但实际上，表 11-3 的规则集存在潜在的安全问题。问题出在第 2 条规则和第 4 条规则，规则的本意是放行来自外部服务器的应答数据，但恶意的攻击者可以利用这两条规则，通过指定其源端口为 110 或 25 来访问内部网络位于 TCP 1024 端口以上的服务程序（位于高端口的服务程序并不少见，比如 SQL Server 默认工作在 1433 端口）。包过滤只对单个数据包进行检查，因而上述规则无法区分数据是外部服务器的应答还是攻击者的攻击。为了保护内部的高端口服务，必须区分这两类数据。表 11-4 给出了改进后的规则集。根据 TCP 连接的特性，服务器的应答数据中必然带有 ACK 标志，而初始连接数据包中不含有 ACK 标志，表 11-4 的规则集中引入了 TCP 的标志位，通过对 ACK 标志的检查进一步区分了这两类数据。

表 11-4 改进后的允许内部用户访问外部邮件服务的包过滤规则

序号	方向	源 IP	目的 IP	上层协议	源端口	目的端口	标志	动作
1	向外	{内部 IP}	任意	TCP	>1024	110		允许
2	向内	任意	{内部 IP}	TCP	110	>1024	ACK	允许
3	向外	{内部 IP}	任意	TCP	>1024	25		允许
4	向内	任意	{内部 IP}	TCP	25	>1024	ACK	允许
……								
n	任意	任意	任意	任意	任意	任意	任意	阻塞

总的来说，包过滤虽然简单，但若配置得当，它仍然能够提供不错的安全性。但我们已经知道，包过滤依据用户制定的规则对来往的数据进行检查。因此，规则在包过滤技术中占据非常重要的地位。如果规则制定得过于宽松，则网络的安全性得不到有效保障；若规则制定得过于严格，则网络的可用性会受到破坏。如表 11-3 和表 11-4 中的规则集所示，制定合理的规则集是应用包过滤防火墙的难点所在。通常，网络安全管理员通过下面三个步骤来定义过滤规则：

1）制定安全策略：通过需求分析，定义哪些流量与行为是允许的，哪些流量与行为是应该禁止的。

2）定义规则：以逻辑表达式的形式定义允许的数据包，表达式中明确指明包类型、地址、端口、TCP 标志位等信息。

3）编写规则：用防火墙支持的语法重写表达式。

3. 包过滤的优缺点

速度是包过滤技术的最大优势。包过滤技术只检查和记录数据包中极少量的信息，因此基本上可以做到线速处理。包过滤防火墙的价格也相对较低，只需直接投资购买带有包过滤功能的路由器即可。另外，包过滤防火墙对于用户来说是透明的，用户在使用网络时不会（也不用）意识到它的存在。

包过滤防火墙的缺点在于配置比较困难，规则失效时将导致无安全保护的状态，由于对数据检查的内容少（只是对数据包的头部信息进行检查），因此它的防范能力也很有限。

11.2.2 状态检测

1. 状态检测的基本原理

包过滤防火墙在收到一个网络数据包时，数据包是孤立存在的。允许和拒绝数据包的决定完全取决于包自身所包含的信息，如源地址、目的地址、端口号等。而 Internet 上传输的数据都遵循 TCP/IP 协议规范，根据 TCP 协议，每个可靠连接的建立都需要经过三次握手的过程。这说明 TCP 会话里的数据包并非独立的，而是有着密切的联系。状态检测技术由此而来，不仅检查每个独立的数据包，还试图跟踪数据包的上下文关系，即在会话状态中考察数据包。因此，状态检测防火墙对每一个包的检查不仅仅根据规则表，而且会考虑数据包是否符合会话所处的状态，提供对传输层的控制能力。

通常，在跟踪数据包的连接状态时，跟踪的方式取决于通过防火墙的数据包的类型。也就是说，对于 TCP 包和 UDP 包，状态检测防火墙进行跟踪的方式会有所区别。

所有基于 TCP 的应用层协议必须通过三次握手建立连接。在建立 TCP 连接时，通过的第一个包总会置有 SYN 标志，且后续包中的 SeqNum 和 AckNum 字段与前面包中的 SeqNum 和 AckNum 字段有确定的顺序关系。依据这样的特征，防火墙可以为每一条连接建立连接状态表，记录每条连接的状态信息，把来自外部的 TCP 数据包区分为初始连接包和一个连接过程中的后续包，从而对包的上下文进行识别。连接状态表通常由源和目的的 IP 地址、上层协议类型、TCP 和 UDP 的源及目的端口等五元组信息和连接状态信息构成。其中，连接状态信息根据当前连接所处的状态改变而变化，一般包括 NEW、ESTABLISHED、RELATED 等状态。由于连接状态表的信息随着连接的状态变化而动态改变，因此状态检测技术又称为动态包过滤技术。通常情况下，防火墙会丢弃所有外部的连接企图，除非已经建立起特定规则来处理它们。对由内部发送的，试图连接外部主机的数据包，防火墙记录该连接请求，允许外部的响应数据包以及随后往来于两个系统之间的通信数据包，直到连接结束为止。在这种方式下，只有在它响应一个已建立的连接时，传入的包才会被允许通过。

对基于 UDP 协议数据包的处理要比 TCP 包简单，因为它们不包含任何连接或序列信息。它们只包含源地址、目的地址、校验和携带的数据。这种信息的缺乏使得防火墙确定包的合法性也变得困难，因为没有打开的连接可记录并利用，以测试传入的包是否应被允许通过。但是，如果防火墙跟踪包的状态，也能够加以确定。防火墙仔细地跟踪传出的请求，记录下所使用的地址、协议和端口等五元组信息，然后对照保存过的信息核对传入的包，以确保这些包是被请求的。对传入的包，若它所使用的地址和 UDP 包携带的协议与传出的某个连接请求匹配，该包就被允许通过。和 TCP 包一样，除非传入的 UDP 包对是某个传出的请求的响应，或者是已有规则明确允许，否则不会允许通过。

2. 状态检测的安全能力

应用状态检测技术的防火墙可截断所有传入的通信，允许所有传出的通信。因为防火墙跟踪内部传出的请求，所有按要求传入的数据允许通过，直到连接被关闭为止。所有未被请求的传入通信被截断。这是包过滤技术无法做到的功能。

如果在防火墙内正运行一台服务器，状态检测技术和包过滤技术一样，可以指定将特定端口的通信数据包送到相应的服务器。例如，如果正在运行 Web 服务器，防火墙可以将 80 端口传入的通信限制发送到指定的 Web 服务器。

另外，状态检测防火墙可提供其他一些额外的功能，比如，将某些类型的连接重定向到审核服务中去。例如，在 Web 服务器连接被允许之前，到专用 Web 服务器的连接可能被发送到 SecurID 服务器（用一次性口令来认证）。状态检测技术还可能拒绝携带某些数据的网络通信，如带有附加可执行程序的传入电子邮件，或包含 ActiveX 程序的 Web 页面。

状态检测防火墙不仅安全功能比包过滤防火墙更强大，而且规则的设置也比包过滤防火墙简单。下面的例子说明了如何设置状态检测的规则集，在图 11-2 所示的网络拓扑中，允许内部用户访问外部网络的 DNS 服务器，外部用户可以访问内部 Web 服务，并阻塞其他数据。

按照要求，状态检测过滤规则如表 11-5 所示。

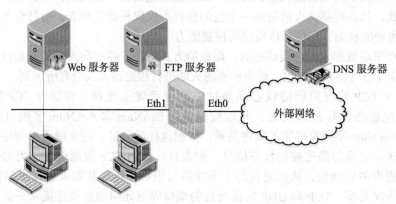

图 11-2　简单的防火墙部署拓扑结构

表 11-5　允许内部用户访问外部邮件服务的状态检测规则

序号	方向	源IP	目的IP	上层协议	源端口	目的端口	状态跟踪	动作
1	向外	{内部IP}	任意	TCP		53	是	允许
2	向内	任意	{内部IP}	TCP		80	是	允许
3	向外	{内部IP}	任意	UDP		53	是	允许
......								
n	任意	任意	任意	任意	任意	任意		阻塞

3. 状态检测的优缺点

状态检测提供了比包过滤更好的安全性能，同时保留了用户透明特性。对于用户而言，他们不需要像下面将讨论的代理技术那样在客户端程序上进行相关的设置。与此同时，由于根据数据包的上下文进行相关的检查和过滤，数据特别是传入数据的合法性得到了更有效的保障。因此，状态检测成为应用非常广泛的防火墙技术。

11.2.3 应用代理

应用代理是与包过滤完全不同的一种防火墙技术。因为工作在应用层，应用代理能够对应用层协议的数据内容进行更细致的安全检查，从而为网络提供更好的安全特性。

1. 应用代理的基本原理

应用代理针对某一种网络服务提供细致而安全的网络保护。应用代理工作在应用层，能够理解应用层协议的信息。在用户通过应用代理访问外部服务时，应用代理通过检查应用层的数据内容来提供安全性。比如，一个邮件应用代理程序可以理解 SMTP 协议与 POP3 协议的命令，并能够对邮件中的附件进行检查。此外，还可将应用代理设计成一个高层的应用路由，接受外来的应用连接请求，进行安全检查后，再与被保护的网络应用服务器连接。使用应用代理技术可以让外部服务用户在受控制的前提下使用内部网络服务。

应用代理工作在应用层，只有理解应用层的协议，才能够实现对应用层数据的检查与过滤。因此，对于不同的应用服务必须配置不同的代理服务程序。通常可以使用应用代理的服务有 HTTP、HTTPS/SSL、SMTP、POP3、IMAP、NNTP、TELNET、FTP 和 IRC 等。

下面以 Web 应用代理服务器为例，简要介绍应用代理服务器的工作过程。

如图 11-3 所示，在使用 Web 代理服务器时，首先要求用户在自己的浏览器中设置使用代理，并设置代理服务器使用的 IP 地址和端口。当用户从浏览器中请求访问某个 Web 页面时，整个访问过程一般会通过五个步骤来完成：

1）客户机将请求提交到 Web 代理服务器。

2）Web 代理服务器解读该请求，并使用自己的 IP 向真正的 Web 服务器提出请求。

3）服务器将所请求页面返回给代理服务器。

4）代理服务器将页面存储起来，并对页面进行相应的安全检查。

5）代理服务器将经过安全检查的页面转给客户机。

图 11-3 Web 代理服务器的工作流程

2. 应用代理的安全能力

使用应用代理技术的防火墙，网络内部的用户不直接与外部的服务器通信，所有来往数据必须通过应用代理中转。而应用代理能够理解应用层的数据内容，可以在应用代理处对数据内容进行严格检查。以 HTTP 代理为例，它可以实现基于 URL 的过滤、基于内容的过滤，还可以对一些嵌入内容进行检查。因此，相比包过滤技术而言，应用代理技术能够提供更好的安全性。

另外，应用代理防火墙可提供其他一些额外的功能。比如，设置应用代理防火墙后，服务器了解到的所有客户方的信息均来自应用代理，从而起到隐藏内部网络信息的作用。由于应用代理采用存储转发的机制进行工作，因此还可以在代理处从容地记录数据，并为日后的审计提供支持。应用代理还可以提供用户级控制，例如，可以配置成允许来自内部网络的任何连接，也可以配置成要求用户认证后才建立连接。要求认证的方式可以让应用代理只为已知的、合法的用户提供服务，如果网络中某台主机被攻破，这个特性会给攻击者的进一步控制增加难度，从而为安全性提供更进一步的保证。

可以单独使用应用代理技术来保护内部网络，但是，由于应用代理通常只支持那些公开协议的服务，因而在单独使用时会遇到一些非公开协议的服务无法使用的问题。在实际应用中，应用代理更多地还是与包过滤技术协同工作，以便在为公开协议服务提供更好的安全性能的同时，支持网络中其他非公开协议的应用。

3. 应用代理的优缺点

在部署应用代理情况下，外部服务器只能见到代理服务器，内部网络中除代理服务器以外的所有主机都是不可见的，因此应用代理相比包过滤可以更好地隐藏内部网络的信息。同时，由于应用代理工作在应用层，包过滤所具有的日志审核、内容过滤方面的困难都可迎刃而解，因此应用代理具有强大的日志审核、内容过滤能力。

应用代理防火墙的主要缺点是对于每种不同的应用层服务都需要一种不同的应用代理程序，对用户不透明，无法支持非公开协议的服务。而且，不同服务的应用代理因为安全和效率方面的原因往往不能部署到同一台服务器上，需要为每种服务单独设置一个代理服务器，导致整个网络的造价较高。

11.2.4　NAT 代理

NAT（网络地址转换，Network Address Translation）是一项很特别的技术，经常用于小型办公室、家庭等网络，用来支持多个用户分享单一的 IP 地址。NAT 为充分使用有限的 IP 地址资源提供了一种方法。另一方面，NAT 也是防火墙技术的一种，应用 NAT 也会为网络连接带来安全方面的好处。

NAT 工作在网络层，图 11-4 显示了 NAT 的基本工作过程。由内部网络发往外部网络的 IP 数据包会首先到达 NAT 代理。在 NAT 代理处，IP 包的源地址部分和源端口部分会被换成代理服务器的 IP 地址并指定另外一个源端口。这个数据包现在以代理服务器的身份送往外部网络的服务器。当外部网络服务器的响应数据包回到 NAT 代理时，数据包的目的地址为 NAT 代理的 IP 地址，目标端口为 NAT 代理发送请求时使用的端口。NAT 代理会根据它所记录的所有连接的信息（实际上就是地址转换表）将数据包的目标地址转换成真正请求数据的内部网络中某台主机的 IP 地址，目的端口也会转换成该主机发送请求时使用的端口。

根据 NAT 在实现时所采用技术的不同，还可以将 NAT 分为基本 NAT 和 NAT 超载。

使用基本 NAT 技术时，内部主机的个数应与实际可用的 IP 地址数一致。也就是说，如果有 10 台主机，则仍然需要 10 个有效的 IP 地址。此时应用 NAT，并不会使有限的 IP 地址资源得到更有效利用，它的主要作用是通过 IP 地址变换来隐藏内部 IP 信息。根据分配 IP 地址方式的不同，基本 NAT 又可分为静态分配、动态分配两种。

应 用 得 比 较 多 的 NAT 技 术 是 NAT 超 载，也 称 为 **NAPT**（Network Address Port Translation，网络地址端口转换）或 **PAT**（Port Address Translation，端口地址转换）。通过 NAT 代理的处理，无论内部网络中有 10 台主机、20 台主机甚至是一个 C 类的网段，它们都可以共用一个 IP 地址与外部进行通信。这就是 NAT 所提供的分享 IP 地址功能。

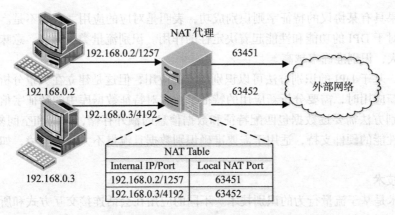

图 11-4　NAT 代理的基本工作过程

NAT 具有两个重要的优点：方便和安全。因为内部网使用的 IP 地址都来自一个保留的子网，所以管理员可以在他们的网络中增减主机而不会与其他组织使用的 IP 地址冲突，也不必申请新的 IP 地址。NAT 网关隐藏了内部主机的 IP 地址，而且只有在向某个外部地址发送过出站包时，NAT 才允许来自该外部地址的流量入站，这使得 NAT 具备了一定的防护能力。

遗憾的是，从应用程序开发（特别是基于客户端 / 服务器模型的网络应用程序开发）的角度来看，后一个特点具有局限性。NAT 网关后面的网络客户程序可以任意与外部网络服务程序联系，但外部网络客户程序却不能同样方便地与 NAT 网关后面的网络服务程序联系。这一问题可通过设置 NAT 代理的端口映射来解决。

与应用代理相比，NAT 代理的另一个好处是对用户完全透明。在使用时，用户完全不需要了解 NAT 代理存在。

11.2.5　流量识别技术

流量识别技术是网络安全研究的重点技术，是通过分析网络数据流来确定数据流使用的协议类型和传输的业务类型。流量识别技术可用于网络流量精准控制、用户行为管理、内容审计和入侵检测等网络安全和管理的各个方面。最早的流量识别技术利用不同协议使用不同端口的特点，集中在对端口的研究，传统防火墙也是采用包过滤技术利用端口对不同类型的流量进行过滤。然而，随着数据加密传输性的增加、动态端口和端口复用技术的广泛应用，基于端口的流量识别技术已无法正确识别流量、准确控制报文。由此，出现了目前常用的流量识别技术：DPI（Deep Packet Inspection，深度包检测）技术和 DFI（Deep Flow Inspection，深度流检测）技术。

1. DPI 技术

DPI 技术除分析数据包头部的五元组信息，还结合协议的特征字进行所属类型的判断。这些特征字是识别协议类型的关键，也称为应用协议的"指纹"。例如，QQ 游戏的数据流中会包含特征字" qqgame"；QQ 登录及文字聊天的数据包头包含"0x02"字符串，包尾包含"0x03"字符串。根据这些特征字，可以实现对协议类型和业务类型的细分。

DPI 就是找出数据流中包含的特征字，识别出的特征字越多、准确性越高。因此，在DPI 技术中，需要构建庞大的特征数据库，为每个应用协议存储对应的特征字。通常，一个协议可以包含多个特征字，不同的协议包含的特征字个数不同。当流量到达防火墙时，防火墙对数据包的信息进行检测，先从物理层解析到应用层，再将应用层的内容与特征数据库进行比对，如果具有某协议的特征字则识别成功，表明是对应的应用，否则不是。识别流量的类型和速度对于 DPI 的功能和性能起着决定性的作用。识别流量类型越多，意味着构建的特征数据库越大，识别准确率越高。

理论上，基于 DPI 的识别方法可以识别所有的应用，但这是建立在大量分析工作的基础上。当出现新应用时，需要分析新应用的特征字，并对特征数据库中的特征字信息升级。同时，这种识别方法需要逐数据包匹配特征和数据信息的额外存储，时间和空间复杂度较高，一般需要高性能的硬件支持，适用于需要准确识别数据且流量不太大的环境，如用户行为分析系统等。

2. DFI 技术

DFI 技术是基于流量行为的识别技术。不同的应用在会话连接交互方式和所产生的数据流状态（例如包大小、包之间的时间间隔）上都有各自的特点。例如，HTTP 应用基于 TCP 连接，会话持续时间短，数据包比较小；P2P 应用通常采用 UDP 连接，会话持续时间长，数据包比较大。这些应用所呈现的不同即为流行为特征，通过对流行为特征的识别，即可实现对应用的区分。

与 DPI 技术类似，DFI 技术的关键是准确提取流量行为特征。流量行为特征提取通常包括流行为特征、样本数据集和训练数据集三个要素。首先，通过对已有同类应用数据构成的样本数据集进行分析，提取该类应用对应的流行为特征信息，包括流时长分布、报文到达间隔时间分布、报文长度分布等。然后，在训练数据集上应用所提取的流行为特征信息进行应用识别，根据识别结果精炼流行为特征信息。当数据流到达防火墙时，防火墙以提取到的流行为特征集为匹配依据，对数据流进行匹配分析。传统方法下，流行为特征集是固化在防火墙之中的；利用机器学习方法，训练出的流行为模型在检测过程中可以自学习不断改进。

与 DPI 技术不同，DFI 技术不需要对每一个数据包进行检测，而是对大量数据包的统计信息或者流信息进行统计分析，因此，DFI 技术的精度比 DPI 低。但是，由于不用逐数据包分析，DFI 的检测速度比 DPI 快得多。此外，如果应用升级，对每一个数据包进行了加密，造成数据包内容信息改变，那么在不更新特征库的情况下，DPI 技术将很难识别，但加密并不会造成数据包统计信息的大幅变化，DFI 技术仍然有效。通常，DFI 技术多用于流量较大、不要求精确识别的场合，如带宽控制系统等。

目前，很多防火墙将 DPI 和 DFI 技术相结合，试图通过互补达到更高的识别精度、更广的适应范围和更好的可扩展性。与应用代理技术相比，流量识别技术具有透明性高、可扩展性强的优点。在精确识别应用的基础上，防火墙可以实现应用协议控制、应用内容控制、病毒检测和流量管理等功能。

11.3　常用的防火墙类型

依据所处的网络位置和防护目标，防火墙可以分为主机防火墙、网络防火墙、Web 应用防火墙和工业控制系统防火墙等类型。不同类型的防火墙在功能、部署和配置上都有所不同，下面将分别介绍主机防火墙、网络防火墙和 Web 应用防火墙。

11.3.1　主机防火墙

主机防火墙位于计算机与其所连接的网络之间，主要用于拦截或阻断所有对主机构成威胁的操作。当前的主机防火墙多属于软件防火墙，是运行于主机操作系统内核的软件。主机防火墙根据安全策略制定的规则对主机所有的网络信息进行监控和审查，包括拦截不安全的上网程序、封堵不安全的共享资源及端口、防范常见的网络攻击等，以保护主机不受外界的非法访问和攻击。主机防火墙采用传统的防火墙技术，包括包过滤技术、应用代理技术和状态检测技术，以包过滤技术为主。

　　根据操作系统类型的不同，主机防火墙可以分为 Windows 防火墙和 Linux 防火墙。Windows 防火墙主要基于 Windows 在不同网络层次上提供的接口规范和技术来截获数据包，包括 NDIS（Network Driver Interface Specification，网络驱动接口规范）、TDI（Transport Driver Interface，传输驱动接口）、SPI（Service Provider Interface，服务提供者接口）和 API。目前，除了 Windows 操作系统自带的防火墙，流行的主机防火墙产品有 360 网络防火墙、瑞星个人防火墙等。Linux 系统在内核空间实现了防火墙功能，即 netfilter，提供了 iptables/nftables 作为管理 netfilter 的用户程序。iptables 主要用于内核版本 3.12 之前，nftables 则是内核版本 3.13 主线的一部分。nftables 在 iptables 的基础上，扩展了 IPv6、ARP 等过滤功能，虽然命令语法有所不同，但规则和选项在构建防火墙时可以互相兼容。

　　针对个人用户，主机防火墙能提供简洁、易用的配置界面，可以针对个人用户的不同需要实现个性化定制服务。图 11-5 和图 11-6 以添加 360 浏览器对网络的访问规则为例展示了在 Windows 自带防火墙上添加程序及操作规则的界面，图 11-7 展示了添加成功后的出站规则界面。

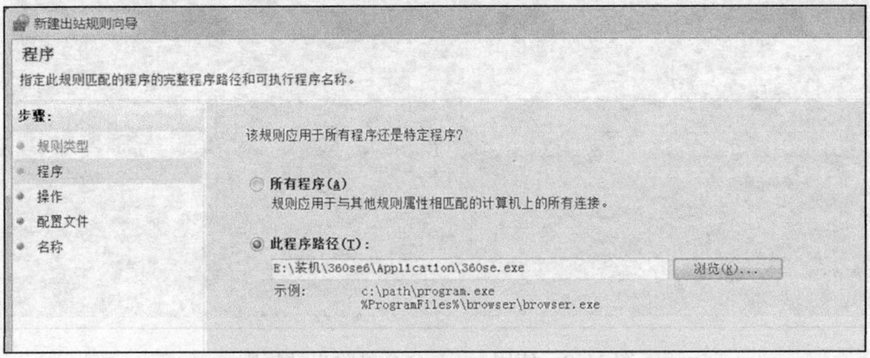

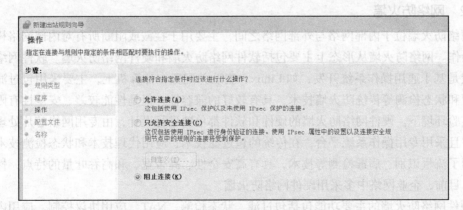

图 11-5　Windows 防火墙规则添加之程序路径指定

图 11-6　Windows 防火墙规则添加之操作类型选择

　　在提供界面操作的同时，Windows 系统的 netsh 命令提供了在命令行下对防火墙等许多网络设置进行配置的方法。图 11-8 展示了如何使用 netsh 命令删除 360 浏览器访问网络的规则。

图 11-7 Windows 防火墙出站规则显示

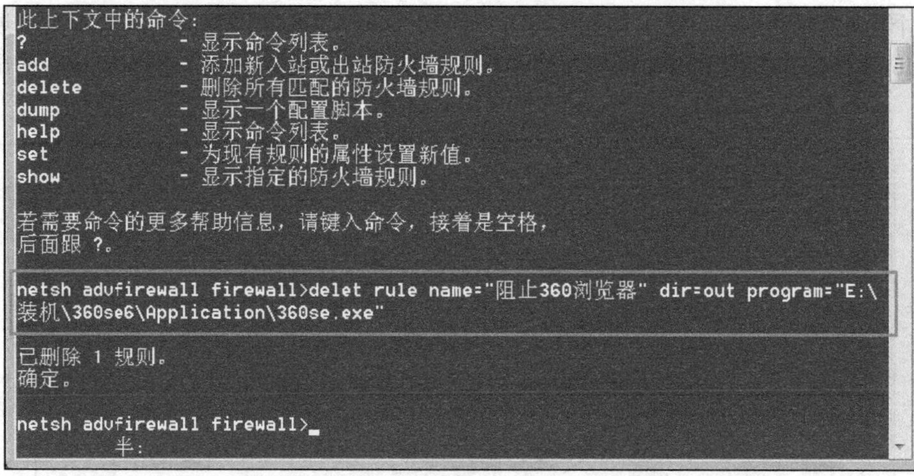

图 11-8 使用 netsh 命令删除出站规则

11.3.2 网络防火墙

网络防火墙位于内部网络与外部网络之间，主要用于拦截或阻断所有对内部网络构成威胁的操作。网络防火墙从形态上主要包括软件网络防火墙和硬件网络防火墙。软件网络防火墙一般是基于通用操作系统开发，如 Linux，安装并配置在计算机上，主要采用包过滤、应用代理和状态检测等传统防火墙技术，具有较好的兼容性，但是性能较差、安全性有限，多用于实验环境下。硬件网络防火墙的硬件和软件都单独进行设计，由专用网络芯片处理数据包，并且采用专用操作系统平台，在传统的包过滤技术、应用代理技术和状态检测技术之外还应用了流量识别、病毒检测等技术，具有高安全性、高带宽、和高吞吐量的特点，性价比较高。目前，企业网络中多采用硬件网络防火墙。

硬件网络防火墙的主要功能包括包过滤、状态检测、NAT、应用协议控制、应用内容控制、恶意代码防护、入侵防御等，已成功应用于企业、政府和高校等网络和业务环境中。防火墙部署通常采用如图 11-9 所示的网络拓扑形式，实际使用时，可根据用户需求对内网区域进行细分。

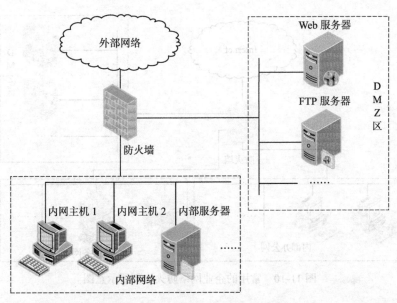

图 11-9　防火墙的一般部署拓扑结构

图 11-9 显示了防火墙的一般部署拓扑结构。防火墙之外的网络区域为外网，通常是 Internet、校园网或者其他专用公用网络区域。防火墙之内的网络区域被划分成两个不同的部分，其中内部网络为工作区域，属于私用网络区域，可以根据工作区域的性质进行进一步细分；DMZ（Demilitarized Zone，非军事区域）属于对外提供服务的内部网络区域。在这种部署中，防火墙在 DMZ 区被攻击后仍能提供对内部网络的进一步保护。

对于进入防火墙的信息，防火墙用于防范通常的外部攻击（如源地址欺骗和源路由攻击），并管理外网到 DMZ 网络的访问。它只允许外网访问 DMZ 区，同时管理 DMZ 区到内部网络的访问。对于内部网络，它允许对 DMZ 网络的访问，同时根据需求管理其对外网的访问。

按这种方式部署防火墙系统有如下好处：

- 通过路由表和 DNS 信息交换，防火墙向外网只通告 DMZ 网络中选定的系统，保证内部网络对外网系统而言是"不可见"的。同时，路由规则亦禁止外网系统直接访问内部网络的主机。
- 由于防火墙只向内部网络通告 DMZ 网络的存在，内部网络上的系统不能直接通往外网，因此保证了内部网络中的用户必须通过防火墙提供的代理功能访问外网。
- 将对外提供服务的服务器部署在 DMZ 区，其他系统部署在内网区，防火墙可通过 NAT 使用少量合法 IP 地址为内部网络中的大量系统提供网络访问服务。

企业网络通常包括对外服务区（即 DMZ）、内部办公网和内部服务网。企业网络的需求主要包括：内部办公网需要访问外部 Internet 资源；DMZ 面向 Internet 提供公共服务；内部服务网只为内部办公网用户提供服务；为内部办公网防范来自 Internet 的安全风险；为内部服务网防范来自内部办公网的安全风险。由图 11-10 可知，企业网络对于内部网络进行了细分，在考虑功能和成本的基础上，通过基于 NAT、应用层控制、入侵检测与防护、病毒防护等功能的安全策略可为其提供有效的安全保障。

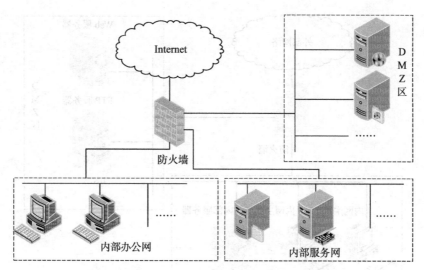

图 11-10　常用的企业网络防火墙部署示意图

具体的安全策略如下：

1）只允许内部办公网访问外网 Internet。内部办公网访问外网 Internet 时，要将源地址转换为外网公共地址。对内部办公网访问外网 Internet 的流量进行识别和内容分析，在此基础上进行过滤和控制，例如对 Web 站点进行过滤，对游戏、P2P 应用进行控制。

2）只允许外网 Internet 访问 DMZ 区提供的服务。外网 Internet 访问 DMZ 区时，防火墙将对外的服务器公共地址映射为真实的服务器地址。

3）允许内部办公网和内部服务区间的访问。对访问流量进行识别，在此基础上进行病毒检测，提供 HTTP、FTP、SMTP、POP3 等常用网络协议的病毒防护。

4）启用日志审计和流量统计功能。

11.3.3　Web 应用防火墙

Web 应用防火墙在解析 HTTP/HTTPS 流量的基础上进行分析和过滤，应对 HTTP/HTTPS 应用中面临的 SQL 注入、XSS、跨站请求伪造攻击、应用层 DDoS 和 Web 应用漏洞等安全威胁，保护 Web 应用的安全。相比网络防火墙，WAF 更专注于 Web 应用层攻击的细粒度检测和阻断，对于 Web 服务器系统漏洞的防护不属于其功能范畴。从形态上，WAF 也可分为硬件 WAF、软件 WAF 和云 WAF。目前，硬件 WAF 产品较为常见。软件 WAF 以著名开源项目 Modsecurity 为代表。Modsecurity 是由 OWASP（Open Web Application Security Project，开放 Web 应用程序安全项目组）开发的开源、免费的 Web 应用防火墙，可作为 Apache 的一个模块部署。云 WAF 是一种云安全服务，它利用网站访问过程中的域名和 IP 地址解析机制，通过网站移交域名解析权来进行网站的安全保护。云 WAF 无需用户人工进入物理网络部署，只需要重新配置 DNS 服务指向即可享受 WAF 功能，其更新和维护由云服务提供商提供。

1. WAF 的工作模式

WAF 旨在保护 Web 应用程序免受攻击的威胁，因此，一般位于 Web 应用服务器之前。根据 WAF 的工作方式及工作原理不同，当前常见的 WAF 部署方式包括透明代理模式、路由代理模式、反向代理模式和旁路模式。在实际中，多采用反向代理模式。

透明代理模式是指当 Web 客户端发起对 Web 服务端请求时，WAF 截取并监控连接请求。

WAF 类似于 HTTP 代理介入 Web 客户端和服务端，将会话分成两段，采用桥接模式进行数据转发。从用户的角度，Web 客户端直接对服务端进行访问，感知不到 WAF，因此称为透明代理模式。这种模式配置简单，不改变原有的网络环境，不影响原有网络通信。但是，由于所有的网络流量都要经过 WAF，因此对设备性能的要求比较高。

路由代理模式是指 Web 客户端经过 WAF 的转发和路由以完成对 Web 服务端的访问，需要对 WAF 的转发接口 IP 地址和路由进行配置。这种模式与透明代理模式类似，只是代理的工作方式不同，同样具有配置简单、不改变原有网络环境的优点。同时，WAF 需要转发所有流量，存在单点故障问题。

反向代理模式是指将 Web 服务器的地址映射到反向代理服务器（即 WAF）上，当 Web 客户端访问 Web 服务端时，实际上是直接访问 WAF，由 WAF 转发请求和应答。反向代理模式能够隐藏内部网络的拓扑结构和私密信息，起到一定的保护作用，并且能够进行 Web 服务的负载均衡，也支持在已有负载均衡的网络环境下部署。由于进行地址映射，反向代理模式需要改变原有网络环境，配置也较为复杂。

旁路模式是指通过交换机镜像端口将 HTTP 流量镜像到 WAF，WAF 只对 HTTP 流量进行监控和告警。在这种模式下，WAF 对原有网络不会产生影响，但是只对流量进行旁听不进行阻断，也无法取得满意的防护效果。

2. WAF 的检测技术

WAF 的核心功能是对 Web 应用相关攻击进行检测，目前主流的检测技术有基于规则的检测技术、基于算法的检测技术和基于自学习的检测技术。

基于规则的检测技术是根据已知攻击特征建立规则库，WAF 根据规则库对流经的 HTTP 的流量进行匹配，在此基础上进行检测和阻断。基于规则的检测技术能够快速识别已知攻击，而对于变种攻击和新型攻击，漏报率较高。此外，该技术需要维护规则库，规则库的规模随攻击方式日益增长，维护成本和难度较大。

基于算法的检测技术会针对不同的 Web 攻击方式进行分析，为各种攻击分别建立行为模型，开发独特的算法，WAF 实时解析流经的 HTTP 流量，进行攻击行为模式匹配。相比基于规则的检测技术，基于算法的检测技术能够识别攻击行为的变种，检测准确率较高。

基于自学习模型的检测技术的作用是分析用户环境的真实流量、提供的 Web 服务和应用等，学习合法的业务模式和用户行为规律，建立正常的业务模型和用户行为模型。WAF 对流经的 HTTP 流量进行匹配，若违反模型，则认为不合规。这种检测技术属于异常检测，应用识别能力较强，但是模型学习需要大量先验数据，模型学习的好坏决定了准确度。

在识别出攻击行为的基础上，WAF 将根据策略执行记录、告警和阻断等操作。

11.4　本章小结

防火墙是一种广泛应用的安全技术。本章重点介绍了目前各种广泛采用的防火墙技术，包括它们所能提供的安全特性与优缺点；此外，介绍了目前常见的三类防火墙的配置和部署。防火墙的安全性取决于其部署和配置的情况，只有进行正确的部署和配置才能提供用户所需要的安全。随着网络发展速度持续加快，网络应用范围日益扩大，防火墙的技术变革也势不可挡，防火墙将步入高性能、多应用时代。

11.5　习题

1. 简要说明包过滤防火墙和应用代理防火墙的工作原理，比较两者的优缺点。

2. 比较包过滤技术和状态检测技术的区别。

3. 比较包过滤技术和流量识别技术的区别。

4. 比较状态检测技术和流量识别技术的区别。

5. NAT 代理的安全性主要表现在哪些方面?

6. 网络防火墙的一般部署拓扑结构在安全方面主要有哪些优势?

7. 比较应用代理防火墙和 Web 应用防火墙的异同。

8. 工作在反向代理模式的 Web 应用防火墙在安全方面主要有哪些优势?

9. 试配置自己计算机的主机防火墙，实现对远程桌面、ping 等服务的限制。

10. 试配置 iptables 实现 11.3.2 节中安全策略 1 和安全策略 2。

11. 试分析本校校园网络的安全需求，为校园网络设计防火墙部署方案并制定安全策略。

第12章 网络安全监控

网络安全是一个动态的过程，并非一种持续存在的状态，攻防双方在激烈对抗中只能取得暂时的平衡。攻防博弈存在不对称性，对于攻击方而言，只要找到一个系统渗透点，就可能使防御体系失效。而对于防御方，则需要主动作为以扭转自身的被动局面，通过对网络安全状况进行动态、持续的监控，及早发现外来安全威胁与内在隐患，有效遏止和阻断攻击，最大限度地降低威胁程度并减少危害损失，使攻击者无法达成预期攻击目标。

12.1 网络安全监控概述

网络安全监控是确保网络信息系统安全运行，防止攻击者实施网络渗透、破坏和信息窃取的重要技术之一。同时，网络安全监控也是进行网络安全管理工作时用于信息收集、事件分析的重要工具，能够为网络管理员发现网络攻击、感知网络态势提供基础支撑，为网络安全应急处理提供决策依据。

12.1.1 网络安全监控概念的内涵

网络安全监控（Network Security Monitoring, NSM）这一概念最早由美国知名安全研究人员理查德·贝杰特里奇（Richard Bechterich）在 2002 年末的 "Search Security" 网络直播中首次提出，其定义为 "关于收集、分析和增强预警（Indications and Warnings, I&W）以检测和响应入侵的技术。"

网络安全监控是基于 "安全漏洞不可避免" 和 "网络预防终究失效" 这两个根本性假设的。首先，传统的网络安全防御机制常以漏洞利用为防御目标，即 "以漏洞为中心"，认为网络攻击者经常以漏洞利用的方式展开攻击，在防御时只要给系统打补丁，同时部署对漏洞利用的监控就可以确保安全。众所周知，漏洞根本无法避免，每天都会出现大量零日漏洞，甚至杀毒软件、防火墙本身都可能存在严重的漏洞，使攻击者得以绕过或穿透防护，进而控制和破坏系统。其次，杀毒软件、防火墙、入侵保护系统（Intrusion Prevention System, IPS）等防御系统主要依靠恶意特征、黑 /
白名单等安全策略，对非授权行为进行阻塞、过滤或拒绝。但是，无论防御者采取怎样的预
防措施，其安全先验知识总是有限的，不可能预见所有的攻击方式。特别是面对融合了社会
工程学的高级可持续性威胁（Advanced Persisten Threat, APT）攻击时，防御者根本无法做到
有效的全面防守。APT 攻击者只要实现单点突破，就可以逐步渗透进网络内部，达到攻击目
的。随着云计算、移动互联网、物联网等新技术的应用部署速度不断加快，潜在攻击面在不
断扩展，防御者在层出不穷的安全事件面前，越发显得手忙脚乱、力不从心。

　　网络安全监控的核心思想是承认"入侵终究会发生"，但并非不可发现和阻止；网络安
全不应完全依赖预防性措施，而是应该更多地聚焦于检测和响应上。当前，APT 已成为企业
网络安全的主要威胁。根据已有案例，几乎没有 APT 攻击者能够花费几分钟、几小时甚至
几天就能够达成他们的目标。攻击者从最初的未授权访问和渗透，维持对目标系统的持久性
控制，到最终任务完成存在一个较长的时间窗口（从数月到数年不等）。这个时间窗口为防
御者发现、检测和响应入侵提供了机会。

　　网络安全监控的作用是帮助防御者"透视"网络攻击，"看见"网络威胁。NSM 以攻击
者及其活动为关注焦点，通过持续地开展网络监控，全面收集网络数据，分析、检测和预警
安全威胁，帮助防御者识别和发现攻击者入侵企图和行为，便于其采取合适的响应措施和安
全策略，及时阻断和挫败网络攻击者的企图。由此可见，网络安全监控是一种在己方网络上
发现入侵者，并在他们造成网络危害之前对其采取行动的方法。

　　网络安全监控最早起源于入侵检测。1988 年，**美国空军计算机应急响应小组**（Air Force
Computer Emergency Response Team, AFCERT）部署了第一个监控网络流量的入侵检测系
统 —— **网络安全监控器**（Network Security Monitor, NSM）。1993 年，AFCERT 在 NSM 的
基础上升级部署了**自动化安全事件评估系统**（Automated Security Incident Measurement,
ASIM）。早期的 NSM 主要依据既定的安全策略（比如误用检测或异常检测），对主机日志和
网络数据流量进行分析，试图识别攻击和检测异常。随着网络攻击的隐蔽性、精确性、对抗
性不断提高，传统入侵检测的知识库难以覆盖所有类型的网络攻击，特别是无法有效应对未
知的网络攻击。为进一步扩大检测范围，网络安全监控逐步由被动的数据收集转为主动的信
息获取，通过采用蜜罐（Honeypot）、沙箱（Sand Box）等欺骗性防御技术，诱使攻击者实施
攻击，进而捕获其恶意行为，为未知攻击的发现和攻击溯源提供最新的线索。同时，网络安
全监控更加关注高层态势感知的情报需求，加强了对己方网络资产、敌方威胁等情报信息的
收集、处理和分析，进一步提高了数据收集的指向性和检测的针对性。

12.1.2　网络安全监控原理的特征

　　网络安全监控与防火墙、入侵保护系统、杀毒软件、白名单、数据泄露防护等安全措施
相比，在作用机制方面存在较大不同。图 12-1 显示了攻击者试图入侵某个企业并获取敏感
信息时，不同网络安全系统的工作模式。

　　如图 12-1 所示，网络安全监控发挥的作用类似于传统安保中部署在敏感区域的监控系
统。传统安保监控系统通过部署摄像头、红外感应、重力感应等安防设备监视和发现异常；
网络安全监控部署的是网络传感器，收集的是各类网络数据流、安全日志、系统状态及告警
信息，以整合有效的安全策略为基础，处理和分析收集到数据信息，为检测和入侵响应提供
依据。

　　由此可见，网络安全监控在发展过程中，集成了入侵检测、蜜罐、沙箱等安全技术，并

融合了态势感知、威胁情报等新安全理念，其工作机理具有三方面显著特征。

一是**聚焦检测响应**。已经发生的各类网络安全事件表明：无论防御者采取何种预防措施，攻击者总会找到突破网络的方法。例如，即使防御者部署了企业级防火墙，并将服务器漏洞进行完全修补，攻击者仍然可以利用社会工程学攻占网络中的一个节点，并以此为突破口配合利用零日漏洞进一步获取已经打补丁的服务器的控制权限。网络安全监控不依赖于事前保护式的预防，而是聚焦于事中检测和及时响应上，通过及时发现和阻断攻击链条，帮助防御者在攻防动态博弈过程中占据主动，使攻击者无法达成最终目的，将自身损失降到最低。

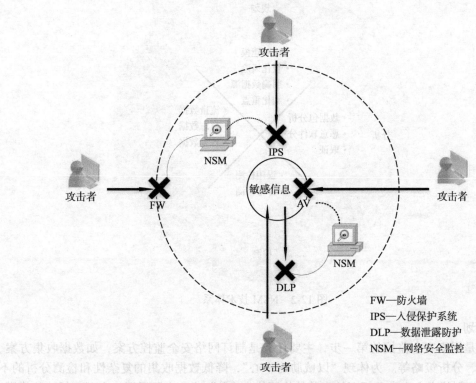

FW—防火墙
IPS—入侵保护系统
DLP—数据泄露防护
NSM—网络安全监控

图 12-1　NSM 和其他几种网络安全措施的工作模式

二是**以威胁为中心**。传统安全防御方法高度依赖先验知识，依据普遍的攻击模式和特征制订告警规则，检测关注的是某一个行为"是否为攻击""是什么攻击"。对此，攻击者可以采用更具技巧性的方法规避检测规则，隐藏自己的网络行踪，如降低命令控制频率、长时间潜伏。由于缺乏对威胁的整体性分析，大量孤立的告警信息难以得到有效利用且极易被忽略，导致误报和漏报现象频出，严重影响了网络安全情势判断。网络安全监控重点关注"谁发起的攻击""为什么攻击""怎样攻击"，以潜在的攻击威胁为线索，优化数据收集和分析，提高攻击现场的还原能力。

三是**注重情报使能**。以 APT 为代表的网络攻击具有鲜明的目标指向性和目的性，不同攻击者组织使用的攻击手段和方法具有不同特征，如使用不同的恶意域名、代理服务器，不同的私有协议和恶意代码指纹等。传统入侵检测方法难以满足不同企业的网络安全需求，不加区分的海量数据收集与检测不仅会带来数据存储和管理的巨大成本，还会增加分析和处理的难度，并且容易漏掉潜在的真正攻击。网络安全监控将威胁情报概念引入检测过程中，一方面通过不间断的学习、适应、积累，形成关于特定攻击者的网络"轮廓"（Profile）和"画像"，使检测更加聚焦特定的安全威胁；另一方面，积极利用开源情报，通过基于信誉度的检测等方法，降低检测成本，提高检测效率。

12.1.3   网络安全监控技术的原理

网络安全监控主要包括规划、收集、检测和分析四个核心技术环节，每个技术环节都包括多项步骤和策略，其技术体系框架如图12-2所示。

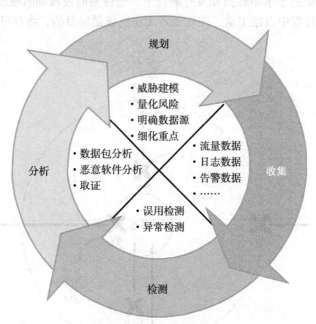

图 12-2   NSM 技术体系

1. 规划

规划是网络安全监控的第一步，主要任务是制订网络安全监控方案，如数据收集方案、检测部署、分析策略等。为体现"以威胁为中心"，降低数据收集的复杂性和检测分析的不确定性，规划从安全需求分析开始，并始终围绕"威胁"这一主题展开，主要包括威胁建模、量化风险、明确数据源、细化重点等结构化分析步骤。合理的规划对于塑造高效的网络安全监控能力至关重要，具体技术步骤如下：

1）**威胁建模**。可从分析网络信息系统在机密性、完整性、可用性等方面面临的具体威胁入手，按照优先级进行威胁排序，结合网络资产状况和业务运行流程构建攻防模型，列举监控任务清单。

2）**量化风险**。综合威胁的"影响"和"可能性"，计算风险"等级"或"权重"。"影响"包括直接和间接损失、数据和业务恢复耗时；"概率"需要权衡攻击面暴露程度、对攻击者的吸引力、内部越权访问的可能性等因素，此外还必须结合估算的具体时间点，例如漏洞利用的成功率与攻击时机密切相关。风险"权重"可用百分制等数值方式标注，也可用"高、中、低"等定性方法表示。

3）**明确数据源，依据威胁排序表，梳理用于检测和分析的数据来源**。网络数据主要来源于网络和主机两个层面。网络数据是指流经路由器、交换机等网络节点的通信流量，如吞吐量、网络会话、完整数据包等；主机数据则是服务器、终端上的系统和程序行为，如事件日志、告警信息等。

4）**细化重点**。通过权衡投入成本与预期收益的关系，针对圈定的数据来源进一步细化监控重点，如确定重点监控的数据类型、监控部位、存储空间和更新周期等；同时，还要制定告警处理计划、分析处置策略，做好事件响应调查预案。

2. 收集

网络安全监控的可靠性和准确性很大程度上依赖于所收集数据的可靠性和完备性。攻击者的行为与正常用户的行为之间总是存在着某种差异，高效、全面地收集能够准确反映这种差异的数据是区分攻击行为与正常行为的重要前提。网络安全监控数据类型十分丰富，主要包括以下几种类型。

（1）网络流量数据

网络攻击行为一定会产生网络数据流量，攻击者发送和接收的数据包混杂在大量正常的网络数据包中。根据收集策略，NSM 主要捕获三种类型的网络流量。

一是**会话数据**，也称为流数据，是指两个网络节点之间的通信记录，通常包括协议、源和目的 IP 地址、源和目的端口、通信开始和结束的时间戳、通信的数据量等，也就是"who、where、when"等账单记录。会话数据体量小、使用灵活，适合大规模存储，保存时间长，方便快速梳理和解析，常用于事后统计和分析。

二是**全包捕获数据**，完整地记录两个网络节点之间传输的每一个数据包，常见的是 PCAP 数据格式。全包捕获数据为检测与分析提供了细粒度、高价值的信息，如协议包头信息、数据载荷，常用于取证和上下文分析。但这种类型的数据体量太大，所需存储成本过高，不适合长期存储；同时，完整数据包不方便快速审计，解析难度也较大。

三是**包字符串数据**，这是介于全包捕获数据和会话数据之间的理想数据，根据用户自定义的数据格式从全包捕获数据中导出，通常包括协议包类型、有效的重要载荷等摘要信息，解决了全包捕获数据对存储空间要求过高，而会话数据粒度不够、缺乏详细信息等问题，更容易进行存储管理、分析统计。

（2）日志数据

攻击者通常在系统或应用程序日志文件中留下入侵痕迹，因此，充分利用系统和应用程序日志文件信息是网络安全监控所必需的。日志数据可以源自设备、系统或应用生成的原始日志文件，通常包括 Web 代理日志、防火墙日志、操作系统安全日志和系统登录日志等，这些日志数据记录了用户认证与授权、用户登录、网络访问、文件读取等各种网络和系统行为。

（3）告警数据

告警数据是由检测工具依据配置规则在检查中所生成的告警记录和说明。告警数据反映了网络或系统的异常，例如，入侵者对系统目录和文件的非期望改变（包括修改、替换、创建和删除），特别是对访问受限的目录和文件的改变，或是替换动态链接库等系统程序或修改系统日志文件。攻击者在使用缓冲区溢出攻击时，常会引起目标程序的异常退出、系统蓝屏或宕机。这种异常也表现在攻击载荷成功加载后会突然打开某个监听端口，或远程访问某个网站下载并运行某个可疑程序等。告警数据本身的体量非常小，通常仅包含指向其他数据的指针，常用于分析。

数据收集主要使用传感器实现，传感器可以是软件，也可以是硬件。在获取网络流量数据时，通常选择使用流量镜像或网络分流器两种方式。流量镜像主要利用企业交换机（基本功能）自带的镜像端口，通过配置将待观测端口的流量镜像到数据采集器所连接的指定端口上。流量镜像的方式不会影响正常通信，但在数据量较大时，由于镜像端口过载会导致丢包。网络分流器是采集网络流量的专用设备，通常位于路由器和交换机之间，工作原理与交换机的流量镜像类似，将途经的流量镜像到特定端口并导出给传感器。由于采用了专用的硬件设计，具有较高的性能和可靠性。日志数据的收集主要是通过在目标主机上运行代理程序（Agent）完成的，可以获取主机的审计数据、系统日志、应用程序日志等。

3. 检测

检测是网络安全监控的重要环节，是指以网络流量、主机日志和审计信息为数据源，对网络实时连接和主机文件等进行检查，发现可疑事件并做出告警。告警信息是检测的最终结果，用于后续的分析。检测可以通过入侵检测系统（IDS）完成，著名的开源 IDS 有基于网络的入侵检测系统（NIDS）Snort、Suricata 和 Bro 等；基于主机的入侵检测系统（HIDS）OSSEC、AIDS 等。入侵检测系统采用的技术主要分为两大类：误用检测（特征检测）和异常检测。

（1）误用检测

误用检测是目前发展相对成熟、在开源及商用 IDS 中最早应用且应用范围最广泛的检测技术。该方法基于如下假设：所有的入侵行为都有可被检测到的特征（这一点虽然没有得到形式上的证明，但在实际应用中还是得到了肯定）。其工作原理是对入侵行为的特征进行描述，如果在收集的数据中找到符合特征描述的行为，则视为入侵。由于误用检测需要根据入侵的特征进行匹配，因此误用检测也称为特征检测，具体实现是对特征进行模式匹配，有些特征较为简单，如 IP 地址或特定字符串；有些特征较为复杂，如一个入侵事件或系统误用。例如，端口扫描的典型特征是在短时间内主机收到发往不同端口的 TCP SYN 包。特征类型可以分为主机的、网络的，也可以分为稳定的、可变的，还可以分为原子的、可计算的。

所有定义的特征构成了一个基于已知的网络入侵和系统误用模式的数据库（简称特征库）。IDS 在工作时会将收集到的数据与特征库进行比较，当监测的用户或系统行为与库中的记录相匹配时（也就是违背了安全策略），系统就认为这种行为是入侵。由此可见，误用检测的性能很大程度上依赖于特征库的质量。目前，许多特征库都会将公开信誉度列表作为特征的重要来源。公开信誉度列表是由开源社区志愿者维护的关于互联网恶意行为的信息列表，也称为网络资源黑名单，主要收录了恶意域名、可疑 IP 地址、恶意程序签名等。知名的公开信誉度列表有恶意软件域名列表 MDL、ZeuS 和 SpyEye 追踪器、PhishTank、垃圾邮件 IP 地址封堵名单 Spamhaus、Tor 出口节点列表、MalCode 数据库等。Snort、Suricata 等基于误用检测的开源 IDS 项目都集成了对公开信誉度列表信息的预处理功能。

在描述入侵检测的性能时，学术界和工业界经常把漏报率和误报率作为两个重要的指标。所谓漏报是指不能检测出某些违背安全策略的行为并报告；所谓误报是指将没有违背安全策略的行为报告成为违背安全策略的行为。漏报率指的是入侵检测系统漏报的入侵行为在所有入侵中所占的比率；误报率指的是入侵检测系统所误报的入侵行为在所有报告入侵中所占的比率。

由于误用检测方法只需收集相关的数据集合，显著减少了系统负担，且技术已相当成熟。因此，误用检测的误报率较低。

另一方面，基于特征的误用检测模型通过特征仅能刻画已知的入侵和系统误用模式，因此该技术不能检测出未知的入侵。其次，攻击者总是想方设法地修改攻击实现手段以绕过特征检测。例如，在缓冲区溢出攻击的 ShellCode 中加入大量的空指令，将数据包中的字符替换为各种各样的等价形式。对一个入侵行为的理想刻画应该是从一个标准形式出发，覆盖它的所有微妙变形（Subtle Variation），而又不提高误报率，但目前还远远达不到这样的目标。

由于上述两个问题，导致了基于特征的误用检测模型的高漏报率。

目前的一些入侵检测产品在模式匹配基础上增加了协议分析技术，以提高误用检测的性能。通过对协议进行解码，减少了入侵检测系统需要分析的数据量，从而提高了匹配的效率，但协议分析仍然无法解决误用检测漏报率高的问题。

（2）异常检测

异常检测是一种新的检测方法，在 Bro 等 IDS 工具和 Honeyed、Kippo SSH 等蜜罐平台上得到较好应用。该方法基于如下假设：入侵者的行为与正常用户的行为不同，利用这些区别可以检测入侵行为。其工作原理是对正常行为建模，在对网络流量或事件监测时，所有不符合常规行为模型的事件就被怀疑为攻击。

异常检测并非简单地进行模式匹配，而是利用统计分析和预测等方法检测入侵。统计分析方法首先给用户、系统和网络等对象创建一个统计描述，统计正常使用时的一些测量属性（如访问次数、操作失败次数和延时等）。使用这些测量属性，入侵检测系统可以定义出各种行为参数及其属性值的集合。这个集合也称为轮廓（Profile），它将用于描述正常行为的范围。在进行检测时，轮廓将被用来与用户、系统和网络的当前实际行为进行比较，当有任何观察值超出正常值范围时，就认为有入侵发生。

异常检测在性能方面与误用检测技术有着明显的区别。异常检测具有更强的针对未知网络攻击的检测发现能力，但技术实现的难度也更大。这是由于异常检测技术刻画的是正常行为，为正常的行为建模。而一般情况下，这种刻画通常很难包含所有的正常行为，即使是异常行为也未必就是入侵。因此，异常检测技术的误报率比较高，而误用检测技术误报率比较低。

为了更好地刻画用户行为，提高入侵检测的性能，很多新的方法被引入异常检测当中，用于正常轮廓的学习以及正常与异常的区分，如基于模式预测的方法、基于机器学习的方法、基于数据挖掘的方法等。随着大数据、深度学习等新技术的不断成熟，这类方法已经得到快速发展，并在许多商业产品中得到较好应用。

在实践当中，异常检测技术常与误用检测技术结合使用，以提高整个入侵检测系统的性能。

4. 分析

分析是指对检测提交的告警信息进行识别、验证和确认的过程。分析非常重要，可以检查告警数据是否由用户的误操作造成或由那些并不常见的正常操作产生，进而确定告警是否为误报；也可以依据经过确认的、孤立的告警事件（event）还原整个攻击场景，帮助调查潜在的（没有被发现的）攻击事件，查找漏报的攻击行为。现实网络攻击往往采用多步攻击，涉及的线索较多，局部检测产生的告警信息往往无法准确反映攻击者企图，分析可以帮助确定某个恶意行为在整个安全事件中的作用和发生时机，从而系统地确定某个活动是否可以作为检测特征，并应该在何时被检测到，帮助防御者吸取经验教训，改进后续的规划。根据不同的任务，分析技术主要包括数据包分析、数字取证和程序行为分析等。

（1）数据包分析

数据包分析是指根据告警信息对捕获的数据包进行更细致的分析和解读，以实现对告警信息的验证和对潜在攻击线索的查找。尽管 IDS 工具能够实现自动化的数据包解析，但自动化的工具无法完全取代人，大部分的工作仍然需要人工分析，依据对攻击的认知和安全经验进行综合分析判断。数据包分析主要包括纵向分析、关联性分析两种。

纵向分析是指严格按照协议层次和格式，对封装的数据包进行拆分和解析。例如，一个典型的 HTTP 协议的 GET 请求数据包，从下至上至少包含数据链路层协议、IP 协议、TCP 协议和 HTTP 协议四种协议，才能确保完成客户端浏览器到 Web 服务器的通信请求。纵向分析可以帮助分析人员获取 IP 地址、端口号、协议类型、数据载荷等信息，从而更加详细地了解告警产生的原因。

关联性分析是指对得到的各类信息进行关联和综合，从而实现对网络事件的判断，帮助甄别误报或查找漏报。例如，HTTP 协议服务通常运行于 80 端口，SSH 通常运行于 22 端口。但不应简单假设进出 80、22 端口的流量就一定属于对应服务。攻击者经常借助公开服务端口实现基于自定义协议的命令控制通信，如将远程控制命令隐藏在 80 端口的流量中，这样可以穿透防火墙。为了发现此类隐蔽通信，进行数据包分析时就要综合端口、协议类型、数据载荷等信息，同时注意观察进出 80 端口的流量大小、时间等统计性信息，综合判断是否为可疑流量。

为了提高数据包分析效率，可以借助各种功能丰富的数据包分析工具。例如，UNIX 环境下的命令行数据包分析工具 Tcpdump 支持快速查看独立的数据包，也可以枚举会话序列；Windows 环境下的图形化数据包分析工具 Wireshark 不仅支持交互式的数据包分析，还提供各种自动化辅助分析功能。分析人员借助 Wireshark 可以对数据包进行过滤显示，实现自动化的数据包协议分层，提取各类自定义的数据包摘要信息；还可以对会话流量进行追踪，生成流量统计图。

（2）数字取证

数字取证是伴随计算机技术、网络技术等数字技术发展起来的新兴技术，主要源自计算机取证。计算机取证是从计算机中收集和发现数字证据，并对其进行科学检查、分析和评价等。随着计算机网络和移动互联网技术的发展，数字取证的对象由传统的计算机、网络，逐步扩展到手机、智能终端，甚至是物联网设备。网络安全监控的分析环节主要关注计算机内存、硬盘中的数据以及入侵检测系统的工作记录、系统审计记录、操作系统日志记录和反病毒软件日志记录等信息。

内存数据取证主要是从内存中提取与攻击相关的数据信息。内存中保留了操作系统在运行时所产生的几乎所有数据。当内存块不被覆盖的情况下，很多历史信息会被保留。内存数据分析的对象主要包括：进程控制块和线程控制块；恶意程序产生的内存数据；网络和文件操作对象；加密口令信息；硬件和软件的配置信息等。一般通过工具或者由系统生成的 dump 文件来获取内存数据信息。在虚拟机环境下，也可以通过虚拟机的镜像文件，或者快照文件获取内存信息。利用 Redline 等分析工具，可以分析各个进程之间的父子关系、进程加载的模块、是否包含 Hook 等。

硬盘数据取证主要是从硬盘中提取与文件和文件系统有关的数据信息。硬盘中保存了各类文件，这些文件中可能包含病毒、木马等恶意程序。硬盘数据取证时需要对读取的原始磁盘数据依照文件和文件系统格式进行文件恢复，特别是对已经遭到破坏的文件和文件碎片进行修复还原。相关技术包括痕迹检测、相关性分析、高效搜索算法、完整性校验算法和数据挖掘算法等。同时，还要对已经被删除的恶意文件进行恢复，对加密的恶意文件进行解密，从中找到网络攻击的痕迹和证据。常用的硬盘数据取证软件有 Encase、Final Data、WinHex、Net Treat Analyzer 等。其中，Net Treat Analyzer 使用了人工智能的模式识别技术，能够准确分析 Slack 磁盘空间、未分配磁盘空间、自由空间中所包含的信息，从交换文件、缓存文件、临时文件及网络数据流中发现系统中曾发生过的 Email 通信、Internet 浏览及文件上传下载等活动。

网络取证是将入侵检测系统、蜜罐等捕获的各种数据进一步分析成为有意义、易于理解的信息，通过分析捕获到的数据来了解和学习攻击者所用的新工具和新方法。主要包括网络协议分析、网络行为分析、攻击特征分析等。例如，Swatch 工具提供了自动分析告警功能，能够监视 IP Tables 及 Snort 日志文件，在攻击者攻陷主机后向外发起连接时，利用特征匹配自动发出告警。Walleye 工具则提供了辅助分析功能，如利用 Web 方式对蜜网数据进行辅助分析，生成网络连接视图和进程视图，帮助安全分析人员快速理解网络攻击事件，了解攻击方法和动机。

（3）程序行为分析

程序行为分析一般利用沙箱对恶意程序的运行情况进行跟踪分析。恶意程序经常使用加壳、变形等手段对自身进行保护，增加了静态程序分析的难度。将待检测程序置于沙箱中使其充分运行，可以对程序的执行流程和发起的系统调用进行监控拦截，分析和发现程序行为异常。程序行为分析的内容包括文件操作、注册表操作、进程/线程操作、网络行为和内核加载操作等。

12.1.4　网络安全监控系统的部署

网络安全监控的可靠性和准确性很大程度上依赖于所收集信息的可靠性和完备性。因此，网络安全监控系统在部署时应重点考虑数据来源的可靠性与完备性。目前，监控数据主要来自主机、网络和蜜罐。当对主机进行监控时，网络安全监控系统必须部署到所有需要保护的主机上，如基于主机的入侵检测系统、能够搜集系统日志记录的主机探针等。当对网络进行监控时，需要部署基于网络的入侵检测系统或混合型的入侵检测系统。其中，基于网络的入侵检测系统通过遍及网络的**传感器**（Sensor）收集网络流量，传感器通常是独立的检测引擎，能获得网络分组、找寻误用模式，然后告警。传感器同时负责向中央控制台报告，由中央控制台负责信息的汇总。

由于网络入侵检测（NIDS）的信息主要来自网络数据，要保证检测的充分性和有效性，就必须尽可能完整地收集到网络上传输的所有数据。也就是说，必须使传感器能够收集到网络上传输的所有的数据。

早期的网络以共享介质连接为主，所以网络入侵检测系统的传感器可以安装在网段中的任意位置。图 12-3 显示了入侵检测系统的探测器在共享式网络中的安装。

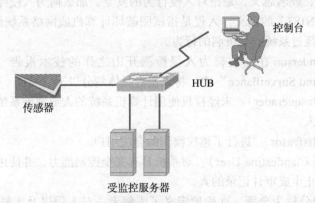

图 12-3　共享网络中的网络安全监控部署

在交换环境下，由于交换机在转发数据包时并不使用广播的方式，这时就需要特殊的设置。功能完整的交换机都支持一种称为**端口镜像**的工作方式。可以将安装传感器端口设置为镜像端口，而需要监视的服务器连接到的交换机端口设置为被镜像端口，这样，被镜像端口的数据会被交换机复制一份发送到镜像端口上。使用端口镜像技术可以实现对重点服务器流量的检测。图 12-4 显示了入侵检测系统的探测器在交换式网络中的安装。

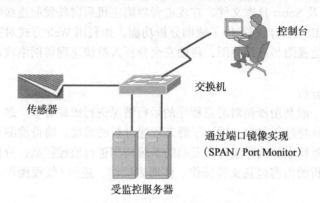

图 12-4　交换网络中的网络安全监控部署

在部署网络入侵检测系统时，针对不同的网络拓扑会有不同的部署方法。但始终要把握的原则是，必须让入侵检测系统收集到足够的、完整的网络流量，入侵检测系统才有可能在入侵行为发生时产生告警。比如，对于复杂的、分段的中、大型局域网络，应考虑在每一个网络分段中安装部署传感器。

12.2　入侵检测

入侵检测是网络安全监控的核心技术之一，在保护网络安全的过程中发挥着重要作用。由于入侵不可避免地会发生，因此，检测出那些防护部分漏掉的入侵行为，为进一步分析安全问题的原因提供依据就显得尤为重要。与防火墙的被动式防御不同，入侵检测系统对系统、应用程序的日志以及网络数据流量进行主动监控，能够完成防火墙无法完成的安全功能，所以人们称其为一种主动防御技术。

12.2.1　入侵检测的定义

入侵检测系统，顾名思义，是指对入侵行为的发觉。那么何为入侵呢？根据美国国家标准与技术研究院（NIST）的定义，入侵是指试图破坏计算机或网络系统的机密性、完整性、可用性，或者企图绕过系统安全机制的行为。

1980 年，J. Anderson 在其被誉为入侵检测开山之作的技术报告 "Computer Security Threat Monitoring and Surveillance" 中，将入侵者具体划分以下三类：

1）**假冒者**（Masquerader）：未经授权使用计算机系统的人或突破系统的访问控制机制冒用合法用户账户的人。

2）**违法者**（Misfeasor）：进行了越权操作的合法用户。

3）**秘密用户**（Clandestine User）：对系统具有完全控制能力，并使用此能力绕过访问控制、逃避审计或阻止生成审计记录的人。

Anderson 的划分较为全面、准确地定义了入侵者，对入侵以及入侵检测的研究具有重要的指导作用。入侵者进行攻击的时候会留下痕迹，这些痕迹会和系统正常运行时产生的数据混在一起。入侵检测的目的就是从混合的数据中找出入侵的痕迹，一旦发现入侵的痕迹就告警。

完整地说，入侵检测是通过收集和分析计算机网络或计算机系统中若干关键点信息，从中发现网络或系统中是否有违反安全策略行为和被攻击迹象的一种安全技术。入侵检测和其他检测相关的技术一样，其核心任务都是从一组数据中检测出符合某一特点的数据，进而发现网络与系统中的各种违反安全策略的行为，为识别那些假冒者、违法者以及秘密用户提供重要指示。

目前，入侵检测技术既是网络安全监控的核心环节，也常作为防火墙等边界防护技术的合理补充。入侵检测能够在不影响或较少影响网络性能的情况下对网络进行监测，提供对内部攻击、外部攻击和误操作的实时保护，一度被认为是防火墙之后的第二道安全屏障。

入侵检测能够帮助系统应对网络攻击，扩展了系统管理员的安全管理能力，提高了信息安全基础结构的完整性。

12.2.2　入侵检测系统的分类

入侵检测技术自诞生以来发展迅速，我们可以从不同的角度对入侵检测系统进行分类。

1. 根据原始数据的来源分类

根据原始数据的来源，可以将入侵检测系统分为基于主机的入侵检测系统、基于网络的入侵检测系统以及混合型入侵检测系统。

1）**基于主机的入侵检测系统**：该类入侵检测系统的数据来源于系统所在的主机。它通过监视和分析主机的审计记录和日志文件来检测入侵。基于主机的入侵检测系统主要用于保护运行关键应用的服务器。由于需要在主机上安装软件，针对不同的系统、不同的版本需安装不同的主机引擎，因此安装配置较为复杂，同时对系统的运行和稳定性都会造成影响。

2）**基于网络的入侵检测系统**：该类入侵检测系统的数据来源是网络上传输的数据包。它通过监听网络上的所有分组来采集数据，分析可疑现象。基于网络的入侵检测系统主要用于实时监控网络上的关键路径（某一共享网段），只需把它安装在网络的监听端口上，且该入侵检测系统对网络的运行影响较小。

3）**混合型入侵检测系统**：毋庸置疑，混合型入侵检测系统既基于主机又基于网络。基于主机的和基于网络的 IDS 具有互补性，基于网络的入侵检测能够客观地反映网络活动，特别是能够监视系统审计的盲区；而基于主机的入侵检测能够更加准确地监视系统中的各种活动。近些年来，混合式病毒攻击的活动更为猖獗，单一的基于主机或者单一的基于网络的 IDS 无法抵御混合式攻击，采用混合型入侵检测系统可以更好地保护系统。

2. 根据分析方法分类

根据分析方法，可以将入侵检测系统分为异常检测、误用检测两类。

1）**异常检测**。异常检测试图用定量的方式描述可以接受的行为特征，以区分非正常的、潜在的入侵行为。也就是说，异常检测是对用户的正常行为建模，通过正常行为与用户的行为进行比较，如果二者的偏差超过了规定阈值则认为该用户的行为是异常的。

2）**误用检测**。误用检测是基于已知系统缺陷和入侵模式的特征，所以又称为特征检测。误用检测是对不正常的行为建模，这些不正常的行为是被记录下来的、确认的误用和攻击。通过对系统活动的分析，可发现与被定义好的攻击特征相匹配的事件或事件集合。

3. 根据体系结构分类

根据体系结构，可以将入侵检测系统分为集中式入侵检测系统、等级式入侵检测系统和分布式（协作式）入侵检测系统。

1）**集中式入侵检测系统**：集中式 IDS 有多个分布在不同主机上的审计程序，仅有一个中央入侵检测服务器。审计程序将当地收集到的数据踪迹发送给中央服务器进行分析处理。随着服务器所承载的主机数量增多，中央服务器进行分析处理的工作量就会猛增，而且一旦服务器遭受攻击，整个系统就会崩溃。

2）等级式入侵检测系统：等级式IDS中定义了若干个等级的监控区域，每个IDS负责一个区域，每一级IDS只负责所监控区域的分析，然后将当地的分析结果传送给上一级IDS。等级式IDS也存在一些问题：首先，当网络拓扑结构改变时，区域分析结果的汇总机制也需要做出相应的调整；其次，这种结构的IDS最后还是要将各地收集的结果传送到最高级的检测服务器进行全局分析，所以系统的安全性并没有实质性的改进。

3）分布式（协作式）入侵检测系统：分布式IDS是将中央检测服务器的任务分配给多个基于主机的IDS，这些IDS不分等级、各司其职，负责监控当地主机。所以，其可伸缩性、安全性都得到了显著的提高。与集中式IDS相比，分布式IDS对基于网络的共享数据量的要求较低。分布式入侵检测的问题在于系统设计的复杂度大大增加，并且增加了主机的工作负荷，如通信机制、审计开销、踪迹分析等。

12.2.3　入侵检测系统模型

最早的入侵检测模型是由Denning于1987年提出，Teresa Lunt等人改进了Denning提出的入侵检测模型，并据此设计了**入侵检测专家系统**（Intrusion Detection Expert System，IDES），IDES入侵检测模型如图12-5所示。IDES用于检测单一主机中的入侵尝试，主要根据主机系统审计记录数据生成有关系统的若干轮廓，并监测轮廓的变化差异，从而发现系统中的入侵行为。

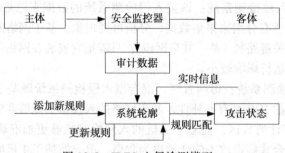

图 12-5　IDES 入侵检测模型

当前，入侵行为的种类不断增多，涉及的范围不断扩大，而且许多攻击是经过长时间准备并通过网上协作进行的。面对这种情况，入侵检测系统的不同功能组件之间、不同IDS之间共享攻击信息就显得十分重要。为此，DARPA建议，由加州大学戴维斯分校安全实验室主持起草工作，提出一种**通用的入侵检测框架**（Common Intrusion Detection Framework，CIDF）模型。

CIDF所做的工作主要包括四部分：入侵检测系统的体系结构、通信体制、描述语言和应用编程接口（API）。这里我们主要介绍CIDF定义的入侵检测系统的体系结构。如图12-6所示，CIDF根据入侵检测系统通用的需求以及现有的入侵检测系统的结构，将入侵检测系统划分为四个组件，包括**事件产生器**（Event Generators）、**事件分析器**（Event Analyzers）、**响应单元**（Response Units）、**事件数据库**（Event Databases）。

事件产生器是模型中提供数据的部分。CIDF将入侵检测系统需要分析的数据统称为事件。它可以是网络中的数据包，也可以是从系统日志等其他途径得到的信息。对于主机入侵检测系统来说，事件主要来源于系统审计记录和应用程序日志；而对于网络入侵检测系统来说，事件主要来源于网络通信。还有一些混合型的入侵检测系统可以将其他安全产品（如防火墙）的事件记录作为事件的来源。

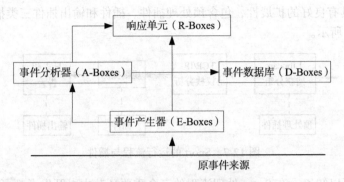

图 12-6　CIDF 各组件之间的关系图

事件分析器分析得到的数据并产生分析结果。事件分析器一般通过三种技术手段进行入侵检测的分析：模式匹配、统计分析和完整性分析。其中，前两种方法用于实时的入侵检测，而完整性分析则用于入侵检测的事后分析。

响应单元对分析结果做出反应，采取一系列应急响应动作。这些动作分为主动响应和被动响应两种。主动响应能自动干涉系统，比如改变文件属性、切断怀疑可能是攻击行为的 TCP 连接、与防火墙联动操作阻塞后续的数据包，甚至包括向被怀疑是攻击来源的主机发动反击等。被动响应则仅仅启动告警机制，向管理员发出告警，再由管理员采取行动。

事件数据库保存事件信息，包括正常事件和入侵事件。数据库还可以用来存储临时处理数据，是各个组件之间的数据交换中心。数据存放的形式既可以是复杂的数据库，也可以是简单的文本文件。

这里的事件产生器等组件只是逻辑实体，一个组件可能是某台计算机上的一个进程甚至线程，也可能是多个计算机上的多个进程。从功能的角度看，CIDF 这种划分体现了入侵检测系统必需的体系结构：数据获取、数据管理、数据分析、行为响应。CIDF 模型具有很强的通用性和扩展性，目前已经得到广泛认同。

12.2.4　开源入侵检测系统 Snort

目前，有很多入侵检测产品，包括商用产品和开源项目。本节将介绍一种免费但应用广泛的网络入侵检测系统——Snort。Snort 是一个轻量级的网络入侵检测系统，使用基于模式匹配的误用检测模型进行入侵检测。它可以对网络流量进行实时分析，对数据包进行审计；它还可以进行协议分析、内容检索 / 匹配，并能够检测出多种类型的入侵和探测行为，如隐秘扫描、操作系统指纹探测、SMB 扫描、缓冲区溢出、CGI 攻击等。Snort 有三种运行模式：类似于 Tcpdump 的包嗅探功能；进行网络流量分析与诊断的 IP 包记录；以及具有完整功能的入侵检测系统。

Snort 使用一种灵活的规则描述语言来定义检测数据的规则。同时，Snort 的检测引擎使用了一种模块化的插件结构。Snort 还具有实时的告警功能，它混合了多种的告警机制，包括系统日志、用户自定义日志文件、UNIX 套接字、发送 Windows 客户的 WinPopup 消息等。

Snort 的检测规则是二维的，即包含规则头和规则选项两部分，这比其他入侵检测系统定义的规则简单得多。Snort 新的插件 reference 可以将确定的攻击行为同 Bugtraq、CVE、

ArachNIDS、McAfee virus 这些标准的攻击标识库结合，在线给出有关此攻击的 URL 参考。Snort 的探测规则库也会即时更新以反映这些库的变化，用户可以在 www.snort.org 网站上下载新的规则库文件。

　　Snort 本身具有良好的扩展性，包含预处理插件、插件和输出插件三类插件，Snort 的处理流程如图 12-7 所示。

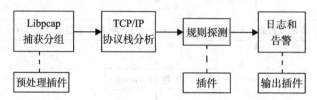

图 12-7　Snort 的运行流程与插件

　　从图 12-7 可以知道，在 Snort 处理流程的三个重要环节中，开发者都可以编写自己的插件来扩展功能。当然，一般用户仅用 Snort 自带的探测库也可以探测绝大多数的攻击。

12.3　蜜罐

　　为改变网络安全被动防御状况，研究人员提出了更为积极的防御措施来保护网络信息系统。与传统入侵检测等被动防御技术相比，蜜罐技术是一种主动网络防御技术，通过构建模拟网络信息系统来达到吸引和欺骗攻击者、增加攻击代价、减少对实际系统安全威胁的目的。同时，还可了解和分析攻击者所使用的攻击工具、方法和技巧等，进一步提高安全防范能力。

12.3.1　蜜罐的定义

　　蜜罐这一概念最早出现在一本名为"The Cuckoo's Egg"(1990 年出版) 的小说中，该书描绘了一个公司的网络管理员如何利用网络侦察追踪和调查商业间谍案。该小说的作者克利夫·斯托尔（Cliff Stoll）是个计算机安全专家，认为"蜜罐是一个了解黑客的有效手段"。此后，蜜罐技术受到越来越多的关注，逐渐发展成为继入侵检测等被动防御技术之后的又一种强有力的网络安全技术。

　　目前，得到普遍认同的蜜罐的定义由"蜜网项目组"(The Honeynet Project) 创始人兰斯·施皮策（Lance Spitzner）给出，即"蜜罐是一种安全资源，其价值在于被探测、攻击和攻陷。"由该定义可知，任何计算资源都可以用于构建蜜罐，例如一台普通计算机、一个文件服务器，或是一个工作站、路由器等。这些预设的主机、网络设备和服务并不真正承载正常的业务功能，仅仅是为了吸引、欺骗和诱捕攻击者。

　　蜜罐技术的发展经历了三个主要阶段：

- **第一阶段**：从概念提出到 1998 年前后，"蜜罐"还停留在新概念验证和初步应用阶段，主要是由网络管理员利用真实的主机和网络系统构建蜜罐系统，实现欺骗和追踪攻击的目的。

- **第二阶段**：从 1998 年到 2000 年前后，安全研究人员开始利用虚拟系统对真实的系统和服务进行模拟，推出了一些具有代表性的开源蜜罐项目，如著名计算机安全专家弗雷德·科恩（Fred Cohen）开发的攻击欺骗工具包 DTK、Niels Provos 开发的 Honeyd 等；同时，一些商业化的蜜罐产品问世，如 KFSensor、ManTrap 等。这一时期的蜜罐系统部署更加便利，能够对攻击行为做出一定程度的响应，但由于交互能力较低，容易被攻击者识破，并未得到市场普及。

- **第三阶段**：2000 年以后，为了提高蜜罐系统的逼真度，研究人员普遍采用真实的操作系统、应用程序甚至是主机搭建蜜罐。同时，蜜网、蜜场等新技术不断出现，逐步形成了较为完备的技术体系，极大提高了蜜罐系统对攻击行为和数据的捕获、分析和控制能力。著名的蜜网项目组就是在这个时期建立并不断完善的，先后发展出三代蜜网技术。

目前，蜜罐技术已被安全研究人员公认为一种可以了解攻击者技术、手段、工具和策略的有效手段，是增强现有安全性的强大工具。蜜罐的安全价值主要体现在以下三个方面：

1）诱捕和缓解网络攻击。蜜罐的设计初衷就是诱骗，希望攻击者能够侵入系统，从而进行各项记录和分析工作。因此，蜜罐会预设较弱的安全防护功能，如安装和运行没有打最新补丁的 Windows 或 Linux 操作系统版本、空置主机防火墙规则等。同时，诱骗本身也是一种安全防护策略，攻击者将精力和时间花费在对蜜罐的攻击上，客观上缓解和保护了真正的网络业务系统。

2）提高数据收集和检测效率。一般情况下，攻击者会将攻击流量隐藏、淹没在合法流量中，而蜜罐可以吸引攻击流量和记录攻击行为。由于蜜罐本身没有任何主动行为，所有与蜜罐相关的连接都被认为是可疑的行为而被记录，利用蜜罐可以大大降低误报率和漏报率，简化了检测和监控的过程。

3）发现和识别未知新型攻击。蜜罐可以为安全研究人员提供一个全程观测入侵行为、学习新型攻击的平台。蜜罐检测到入侵后可以进行一定程度的响应，包括模拟系统响应来引诱攻击者进行进一步攻击，直至整个系统被攻陷。安全人员利用交互蜜罐可以一步步记录入侵者的攻击行为，特别是监视攻击者入侵系统之后的行为，包括与其他攻击者之间进行通信或者上传后门工具包，为识别和发现未知攻击、挖掘攻击者社交网络提供依据。

蜜罐并没有代替其他安全防护工具（如防火墙、入侵检测等），而是在分析检测到新的或未知的攻击时，发出告警通知系统管理员，让管理员适时调整入侵检测系统和防火墙配置，进一步加强对真实系统的保护。值得注意的是，在实际部署中，如果蜜罐设置不当，将带来潜在的安全风险，如被攻陷的蜜罐可能会被黑客用作跳板攻击其他系统，即产生所谓的**下游责任**（downstream liability）问题。

12.3.2　蜜罐的分类

根据不同的安全需求，蜜罐系统的设置要求、实现方法不尽相同，因此可从系统功能、交互程度、实现平台等不同的角度对蜜罐进行分类。

1. 按系统功能进行分类

根据不同的部署目的，研究人员对蜜罐的系统功能要求有所不同。蜜罐按照系统功能可分为产品型蜜罐和研究型蜜罐。

产品型蜜罐是指由网络安全厂商开发的商用蜜罐，主要目的是为企业或单位的网络系统提供安全保护。产品型蜜罐一般作为一种安全的辅助手段，用来辅助各种安全措施保障系统的安全，包括辅助入侵检测、减缓攻击破坏、犯罪取证和帮助安全管理员采取正确的响应措施。比如，将蜜罐用作诱饵，尽可能使攻击者长时间停留在蜜罐上，从而赢得时间保护实际的网络环境和实施网络犯罪取证。产品型蜜罐比较容易部署，无需投入大量的维护工作。DTK、Hoenyd 等开源工具和 KFSensor、ManTraq 等商业产品都是比较成熟的产品型蜜罐系统工具。

研究型蜜罐并不用来专门保障网络系统安全，而是主要用于研究攻击者和攻击者的活动。通过部署研究型蜜罐，不仅可以对攻击行为进行吸引、捕获、分析和追踪，还可以了解新型攻击工具、监听攻击者的通信、分析攻击心理，进而掌握攻击者的背景、目的、活动规律。研究型蜜罐对于编写新的入侵检测系统特征库、发现系统漏洞、分析分布式拒绝服务攻击具有较高价值，但需要投入大量的时间和精力进行攻击监视、分析和系统维护。

2. 按交互程度进行分类

所谓交互程度是指蜜罐与攻击者之间相互作用的程度，这是衡量蜜罐攻击欺骗和吸引能力的重要指标。蜜罐系统根据交互程度可分为低交互蜜罐和高交互蜜罐。低交互蜜罐具有与攻击源主动交互的能力，一般通过模拟操作系统、网络服务甚至漏洞来实现蜜罐功能，攻击者在仿真服务指定的范围内动作，仅与蜜罐进行一定的交互动作。在实际应用中，低交互蜜罐监听和记录所有进出特定端口的数据包，用于检测非授权扫描和连接。低交互蜜罐没有真正的操作系统和服务，结构简单、容易部署、容易被攻击者控制攻击。但是，低交互蜜罐与攻击者交互的数量和程度较低，数据获取能力和伪装性较弱，不能观察到与真实操作系统互相作用的攻击，所能收集的信息也是有限的，一般仅能捕获已知攻击。另外，低交互蜜罐模拟系统服务的能力有限，容易被攻击者利用指纹识别技术发现。Honeyd、KFSensor、Specter等产品型蜜罐一般属于低交互蜜罐。

高交互蜜罐通过为攻击者提供逼近真实的操作系统和网络服务，复现一个全功能的应用环境，引诱攻击者发起攻击。高交互蜜罐一般由真实的操作系统和主机来构建，具有较高的交互能力，对未知漏洞、安全威胁具有天然的可适应性，数据获取能力、伪装性能较强。因此，高交互蜜罐具有两个优点：一是能够获得大量有用的攻击者信息，通过给攻击者提供一个真实的操作系统来观测攻击者执行的全部操作；二是提供了一个完全开放的环境来获取所有的攻击行为，这使得研究人员可以获取一些无法预期的动作，包括事先完全不了解的新型网络攻击方式。但是，高交互蜜罐实现方案较为复杂，资源需求和维护投入较大，可扩展性较弱，部署安全风险较高。例如，为避免攻击者将蜜罐作为跳板对外发起攻击，高交互蜜罐一般部署于受控环境中，通常在反向防火墙之后，防火墙规则配置为限出不限入。Honeynet等研究型蜜罐大多属于高交互蜜罐。

3. 根据实现方式进行分类

按照实现方式不同，蜜罐可以分为物理蜜罐和虚拟蜜罐。

物理蜜罐是指由一台或多台拥有独立 IP 和真实操作系统的物理机器组成的蜜罐系统。物理蜜罐提供部分或完全真实的网络服务吸引攻击，具有高逼真度、高交互的特点。但是，物理蜜罐对独立 IP 地址、真实操作系统和相应的硬件配置等方面有较高的要求，使得其构建成本较高。

虚拟蜜罐一般采用虚拟的机器、虚拟的操作系统、虚拟的服务构建而成，交互能力有限。虚拟蜜罐所需的计算资源较少，维护费用较低。例如，借助于 VMware、Hyper-V、Xen、Qemu 等虚拟化软件可以在一套硬件上构建多个拥有不同类型操作系统的虚拟主机，还可以构建虚拟网络。虚拟蜜罐操控十分便捷，通常支持"挂起""恢复"以及"快照"等主机控制功能，对于快速冻结操作系统、获取虚拟主机映像，进而深入分析攻击方法、调查取证具有十分重要的作用。

随着 Intel VT、AMD-V 等硬件辅助虚拟化技术的出现，虚拟蜜罐的运行性能和模拟逼真度得到极大提升，同时对于操作系统内核行为和底层硬件操作的提取也更加便利，这对于吸引和捕获攻击具有重要作用。当然，虚拟蜜罐受限于虚拟机监控器自身的限制，如特权级陷阱、指令延时等，虚拟运行环境容易被攻击者嗅探并发现，甚至攻击者还会利用侧信道攻击进行虚拟机穿透，发生攻击逃逸的现象。

12.3.3　蜜罐技术的原理

蜜罐涉及的主要技术有欺骗技术、信息获取技术、数据控制技术和信息分析技术等。其中，信息获取技术和信息分析技术与其他网络安全监控系统的数据收集和取证分析技术类似。本节将主要介绍蜜罐技术特有的欺骗技术和数据控制技术。

1. 欺骗技术

能否成功地欺骗攻击者是蜜罐功能实现的关键环节，也是蜜罐技术的难题。成功的欺骗只有在蜜罐被探测、攻击或者攻陷时才得以体现。多年来，蜜罐技术的创新主要体现在欺骗技术上，包括端口模拟、漏洞模拟、主机模拟、IP 地址与流量仿真、网络动态配置等。

端口模拟主要是通过侦听非工作的服务端口对攻击进行诱骗和监测。攻击者一般利用端口扫描发现系统打开的服务端口，然后很可能主动向这些端口发起连接，并尝试根据已知系统或应用服务的漏洞来发送相应的攻击代码。蜜罐系统模拟端口响应来收集攻击的相关信息。简单的服务模拟一般只能与攻击者建立连接而不能进行下一步的信息交互，因此获取的攻击信息比较有限。

漏洞模拟主要是对系统存在的已知漏洞进行模拟，可以提供比端口模拟更高的交互能力。例如，构建一个模拟 Microsoft IIS Web 服务器的蜜罐，当某种蠕虫扫描到特定的 IIS 漏洞时，蜜罐会模拟该程序的一些特定功能和行为。蜜罐对蠕虫尝试建立的 HTTP 连接，会以一个 IIS Web 服务器的身份进行响应，从而为攻击者提供一个与"实际"的 IIS Web 服务器进行交互的机会。由于可以与攻击者进行更多的交互，漏洞模拟能够收集到更丰富的攻击信息。

主机模拟是模拟真实的操作系统或网络环境，如利用虚拟化技术构建的蜜罐主机和蜜网。虚拟主机和虚拟网络处在严密的网络监控之下，攻击者与系统的每一个交互所产生的日志都会被完整地记录和保存下来，虚拟主机在遭受攻击后可以进行快速取证和恢复。主机模拟与端口模拟和漏洞模拟相比，具有更强的系统健壮性和真实性。

IP 地址与流量仿真是针对入侵扫描和内网嗅探而构造的蜜罐欺骗技术。攻击者在入侵时通常会利用 IP 地址扫描来了解在线的主机情况和确定攻击目标，对此，安全研究人员利用主机的多宿主能力，在一块网卡上分配多个 IP 地址，特别是利用虚拟机技术可建立地址空间较大的虚拟网段，通过增加入侵者的搜索空间来增加其工作量，而欺骗攻击者的代价较低；另外，攻击者在侵入系统后，经常利用网络嗅探工具进行网络流量分析，一旦发现系统网络流量少，就会怀疑所侵入系统的真实性。针对这种情况，安全人员利用流量仿真技术生成背景业务网络流量来迷惑攻击者，达到诱捕攻击的目的。具体实现方式有三种：一是在本地采用实时重现的方式复制真实网络流量；二是利用远程访问产生业务流量，使攻击者可以发现和利用；三是利用 ARP 欺骗，主动应答攻击者的 ARP 请求，将攻击重定向到蜜罐系统中。

网络动态配置是动态地配置蜜罐系统，使其如同真实的网络系统那样随时间而改变自身状态，从而更加逼近真实的网络系统，增强蜜罐系统的迷惑性。攻击者对于目标系统会保持长时间的监视，如果蜜罐系统长期处于静止状态，很容易被攻击者识破。为此，蜜罐系统会不定期调整自身的状态，执行诸如启动、关闭、重启、服务配置等操作。另外，为使系统的动态配置信息看起来更加真实，还需要同步更新能够获取这些配置信息的服务器，如在 DNS 服务器中同步维护构造蜜罐所使用的个人信息、系统信息以及位置信息等，防止攻击者通过 DNS 查询发现信息不一致而识别出蜜罐。

2. 数据控制技术

蜜罐系统作为网络攻击者的攻击目标，其自身的安全可控尤为重要。如果蜜罐系统被攻陷且失去控制，那么研究人员将有可能得不到任何有价值的信息，同时蜜罐系统还会被攻击者用来作为攻击其他系统的跳板。数据控制技术用于控制攻击者的行为，保障蜜罐系统自身的安全，是蜜罐系统必需的核心功能之一。

蜜罐系统允许所有进入蜜罐的访问，但是它对外出的访问进行严格的控制。当蜜罐系统发起外出的连接，说明蜜罐被入侵者攻破了，而这些外出的连接很可能是入侵者利用蜜罐对其他系统发起的攻击行为。在对外出连接进行控制时，不能采取简单的阻断方法，需要仔细设计过滤策略，使得既能进一步观测和捕获攻击者的后续攻击动作，又不会引起攻击者的怀疑。一种有效的做法是在一定时间段内限制外出的连接数，甚至可以修改这些外出连接的网络数据包，使其不能到达它的目的地，同时又给攻击者反馈网络数据包已正常发送的假象。

蜜罐通常有两层数据控制，分别是连接控制和路由控制。连接控制由防火墙来完成，通过防火墙过滤规则限制蜜罐系统外出的连接；路由控制通过路由器完成，主要利用路由器的访问控制功能对外出的数据包进行控制，以防止蜜罐系统作为攻击源向其他系统发起攻击。

12.3.4 蜜罐实例

到目前为止，已经出现了多种蜜罐系统，广泛应用于不同的平台、不同的领域。本节主要介绍两种典型蜜罐——Honeyd 和 Honeynet。

1. 虚拟蜜罐 Honeyd

Honeyd 是由 Niels Provos 针对 UNIX 类系统开发的一款经典的轻量级开源蜜罐应用程序，后来出现了许多针对 Windows 的版本，主要用于对可疑活动进行检测、捕获和预警。Honeyd 以简单、灵活、实用著称，经过多年发展已成为具有代表性的低交互蜜罐解决方案。

Honeyd 蜜罐的功能特性主要体现在以下三个方面：一是借助一个简单的配置文件，可以仿真大量的网络系统和服务。单一的 Honeyd 实例可以仿真出几十、上百个甚至上千个蜜罐系统。经实际测试，在局域网环境中，Honeyd 能够使单个主机拥有多达 65536 个 IP 地址，并对这些 IP 地址进行网络监控；二是支持任意的 TCP/UDP 网络服务，能够模拟出三层、四层的协议栈，外界主机可以对 Honeyd 蜜罐主机进行 Ping、Traceroute 等网络操作，特别是当攻击者企图连接某个并不存在的 IP 时，Honeyd 会主动处理该连接请求，即利用该系统的身份，并对攻击者进行回复；三是充分利用操作系统指纹信息，模拟不同类型的操作系统特性，当攻击者试图利用操作系统指纹识别工具探查时，蜜罐的指纹匹配机制反馈给攻击者指定的操作系统类型；四是构建的虚拟蜜罐既可以是松散的集合，也可以组成严密的网络体系，从而构成一个虚拟蜜罐网络。

Honeyd 一般是作为后台进程来运行，所产生的蜜罐也是由后台进程来模拟，这样大大减少了蜜罐的构建成本，只要有足够的内存和硬件资源支持，就可以在一台主机上部署所需数量的操作系统；同时，运行 Honeyd 的主机还能有效地控制系统安全。图 12-8 显示了 Honeyd 主机与其虚拟系统之间的关系。

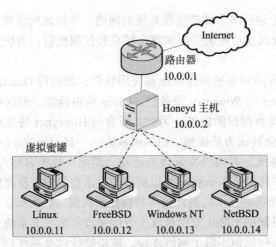

图 12-8　Honeyd 与其虚拟系统之间的关系

在实际运行时，Honeyd 可以通过模拟单个 IP 主机，将攻击者重定向到该虚拟系统。当 Honeyd 接收到一次对并不存在系统的探测或者连接时，就会假定此次连接企图是恶意的，很有可能是一次扫描或攻击行为。Honeyd 在接收到此类流量之后，首先假定其 IP 地址就是被攻击目标，然后会针对连接所尝试的端口启动一次模拟服务。一旦启动了模拟服务，Honeyd 就会和攻击者进行交互并捕获其所有的活动。当攻击活动完成后，模拟服务退出。此后，Honeyd 会继续等待对不存在系统的更多连接尝试。Honeyd 不断重复上述过程，可以同时模拟多个 IP 地址并与不同的攻击者进行交互。

Honeyd 支持对任意虚拟路由拓扑结构的创建，包括模拟不同品牌和类型的路由器、模拟网络时延和丢包现象等。通常，虚拟路由拓扑是为模拟数据包传输路径而确立的一棵树，树的每一个内部节点表示的是一个路由器，每一条边包含数据包的延迟和丢失等特性，树的终端节点代表某个网络。当使用 TraceRoute 等工具跟踪时，该网络的流量特性表现得与配置的路由器和网络结构一致。其实现原理是，当 Honeyd 接收到一个数据包时，会从路由树入口开始遍历，直到找到包含数据包上的目的地址所在的终端节点。数据包在每条边上的延迟的累计结果决定了是否要丢弃数据包和数据包在传送的过程中延迟多久。当遍历每一个路由器的时候，Honeyd 会相应地减少 TTL 值。如果 TTL 值达到 0，Honeyd 将产生一个超时的 ICMP 差错报文并返回给源地址。

Honeyd 还支持将物理系统整合到虚拟蜜罐网络中。当 Honeyd 接收到一个发给真实系统的数据包，它将遍历整个拓扑直到找到一个路由器能把这个数据包交付到真实主机所在的网络。为了找到系统的硬件地址，可能需要发送一个 ARP 请求，然后把数据包封装在以太网帧中。同样，当一个真实的系统通过 Honeyd 框架的相应虚拟路由发送给蜜罐 ARP 请求时，Honeyd 也要响应。

总的来看，Honeyd 是一款较为优秀的虚拟蜜罐软件，能够完成蜜罐的大部分功能，且花费较少的资源代价。在功能上，它不仅可以模拟单台主机，还可以模拟网络拓扑，同时能够对抗操作系统指纹探测。Honeyd 配置简单，利用一个配置文件就可以完成部署和响应。目前，Honeyd 应用十分广泛，在捕获攻击、反蠕虫传播、遏止垃圾邮件等方面均能发挥较好的作用。

2. 蜜罐网络 Honeynet

Honeynet 是一种研究型、高交互的蜜罐技术体系框架，由 Lance Spitzner 创建。

Honeynet 可以建立一个包括多个标准蜜罐系统的网络，并将该网络置于防火墙等访问控制设备的保护中，进而形成高度可控的多层次攻击捕获和控制机制，为研究人员深入分析网络攻击数据提供支持。

Honeynet 提供了各类完整的操作系统和应用软件，如运行 Oracle 数据库的 Solaris 服务器、运行 IIS Web Server 的 Windows 服务器、Cisco 路由器等。但这些都不是实际的运营系统，Honeynet 本身也没有授权的服务。因此，所有与 Honeynet 的互动都值得怀疑，任何进入 Honeynet 的连接都会被认为是探测、扫描或攻击。一旦 Honeynet 中发出向外的连接就表示已经有入侵者进入系统，并向外发起攻击活动。期间，攻击者将与 Honeynet 进行各类交互，包括探测、攻击和利用，Honeynet 可以捕获与攻击有关的有价值的信息。

Honeynet 包括 3 项核心技术机制，包括数据控制机制、数据捕获机制和数据采集分析机制。其中，数据控制机制用于防止蜜网被攻击者用来攻击第三方系统；数据捕获机制用来获取攻击者的行为数据，包括但不限于网络连接、流量特征以及系统行为，如创建进程、文件操作和发起连接等。数据采集分析机制是 Honeynet 独特的关键功能组成部分，在分布式环境中可以设置多个 Honeynet 数据采集点，通过将采集到的数据集中并存储在一个点，然后对这些数据进行综合分析，可帮助研究人员理解攻击者的行为和意图。

蜜网技术的发展先后共经历了三代。

第一代蜜网于 1999 年开发，主要是提出概念框架并进行原理验证。在实现上，主要是简单地使用防火墙、入侵检测系统和日志/告警服务器构建受控环境。第一代蜜网的特点是能够捕获大量攻击数据，特别是未知的攻击及其技术信息。但是，数据控制方法比较简单，仅允许少数的外出连接，攻击者一旦攻陷 Honeynet 中的系统，可以发起外出连接来测试是否受到限制。另外，一旦攻击者使用加密传输方式（如 SSH、SSL 或 IPsec 等），位于网络层的数据捕获方式很难得到有用的信息。

第二代蜜网出现于 2002 年，主要是对数据控制机制进行了更新，即使用传感器设备实现全方位的数据控制和捕获：一方面，通过追踪分析入侵者行为内容和目的来鉴别控制越权行为；另一方面，通过在系统内核空间捕获数据的方式提高数据捕获能力，消除了攻击者采用隐蔽通信方式带来的影响。

第三代蜜网出现于 2004 年，其体系结构如图 12-9 所示。

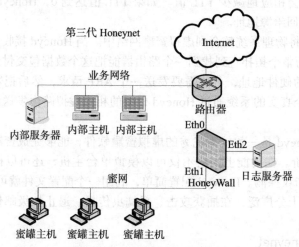

图 12-9　第三代蜜网的体系结构

第三代蜜网使用多台蜜罐主机构成蜜网，并通过一个以桥接模式部署的蜜网网关 (HoneyWall) 与外部网络连接。蜜网网关上有三个网络接口，其中 Eth0 连接外网，Eth1 连接蜜网，两个接口以桥接方式连接，不提供 IP 地址和网卡 MAC 地址，同时也不对转发的网络数据包进行 TTL 递减和网络路由。因此，蜜网网关的存在并不对网络数据包的传输过程形成任何影响，从而使得蜜网网关极难被攻击者发现。蜜网网关的另一网络接口 Eth2 连接内部管理监控网络，使得安全研究人员能够对蜜网网关进行远程控制，并能够对蜜网网关捕获的攻击数据做进一步分析。该接口一般使用内部 IP，并通过严格的访问控制策略进行防护。蜜网网关是蜜网与外部网络的唯一连接，所有流入 / 流出蜜网的网络流量都将通过它，所以在蜜网网关上能够实现对网络数据流的控制和捕获。

第三代蜜网与第二代蜜网的主要差异体现在以下几个方面：

1）第二代蜜网的数据控制包含两个方面，即外出连接数的控制与外出异常数据的限制。第三代蜜网的数据控制在防火墙规则上做了改进，增加了黑、白名单表等功能。

2）在数据捕获方面，第三代蜜网仍是通过三个层次实现捕获数据，即防火墙的日志记录、入侵检测系统记录的网络流、Sebek 捕获的系统活动。

3）实现了基于浏览器的数据分析和系统管理工具 Walleye，可根据收集的数据查看网络流视图、进程树视图和进程详细信息等。

这些改进都增强了蜜网的易用性，使蜜网更容易安装和维护。目前，第三代蜜网技术已经较为成熟，并在互联网安全威胁的捕获分析方面发挥了较大的作用。

12.4　沙箱

沙箱是一种有效的恶意程序检测和防御技术。与传统的主动防御技术相比，沙箱技术无需利用真实的主机资源对恶意代码进行手工分析和辨识，为主机运行提供了一个安全隔离的运算环境，节省了大量的时间和精力。从网络安全监控与分析的角度，沙箱技术在安全与高效之间取得了比较好的平衡，因而受到安全厂商和研究人员的广泛青睐。

12.4.1　沙箱的定义

沙箱是一种按照某种安全策略限制程序行为的执行环境，可以自动化分析非可信程序样本，记录样本在沙箱环境内的各种操作，对样本的真实意图进行判定。沙箱的核心思想是建立一个程序操作行为严格受控的执行环境，将不受信任的程序放入其中运行和测试，限制其对系统可能造成的破坏。使用沙箱对样本进行分析可以让安全分析人员对样本的恶意行为有更清晰的了解，同时恶意样本在沙箱内的运行不会修改真实环境，是较为理想的分析环境。

互联网上汇集了大量的网络资源，如网页、文档和程序文件等，这些海量的网络资源为攻击者提供了便利的攻击条件。攻击者通过在网络资源中嵌入恶意代码，可以对用户浏览器、文件阅读器和操作系统本身实施攻击。杀毒软件、防火墙等传统网络防御技术倾向于使用基于先验知识的模式匹配技术，将不可信的网络资源（如程序代码、文件等）与已知的攻击模式（如病毒特征库、防火墙规则等）进行匹配，从而识别潜在的攻击行为，过滤恶意资源或网络访问行为。尽管基于已知特征和先验知识的网络安全技术在抵御已知攻击方面可以发挥较好作用，但对于未知攻击却显得无所适从。随着高级可持续性威胁（APT）技术的出现与广泛应用，网络攻击代码自身的复杂性和隐蔽性越来越强，特别是伴随零日漏洞的使用，新型网络攻击模式的提取和识别越来越困难。

为有效降低程序运行环境的安全风险，可以采用软件运行限制的手段，将不可信软件或模块与目标应用程序、操作系统进行隔离。通过构建隔离的软件运行环境，解析和执行不可信程序，限制潜在恶意行为所产生的破坏效应，达到分析和识别网络攻击模式，保护网络资源的目的。研究人员将这种隔离的程序运行环境形象地称为"沙箱"。

沙箱系统一般拥有宿主环境的资源抽象，即通过虚拟化等方式构建影子注册表和文件系统等资源。当程序被置于沙箱中运行时，非可信程序对系统的操作行为，如改写注册表、文件访问等，都会被沙箱重定向到虚化资源上，并不会对系统真实的注册表项和文件产生影响。

沙箱系统具备对资源访问的记录和控制功能。在许多商业化沙箱系统中，集成了部分或完整的主机入侵保护（HIPS）的功能。与 HIPS 不同的是，沙箱会让可疑文件充分执行以暴露其所有行为，沙箱会记录程序的每一个操作。当非可信程序充分暴露其恶意性后，沙箱就会终止其运行。

沙箱通过预先定义的处理机制能够较迅速地在检测到恶意程序后采取一定的防范措施，做出相应的清理恢复工作，如执行回滚机制，将恶意程序的运行痕迹全部抹去，使系统恢复到原来的状态，如同在真实沙盘上留下的痕迹都会被抹平一样。即使在检测恶意代码时出现了误杀情况，也不会破坏真实系统资源的完整性。

12.4.2　沙箱的分类

沙箱技术发展迅速，从不同的技术实现角度，沙箱可分为不同类型。

1. 按系统层次结构分类

按照系统层次结构，沙箱可分为用户态沙箱、内核态沙箱、混合态沙箱、虚拟态沙箱。

1）**用户态沙箱**：该类型沙箱一般运行在操作系统的用户层，通过用户态隔离软件执行安全策略，所需要的服务通过调用操作系统内核实现。用户态沙箱的主要优点有：①在实现技术方面，由高级语言编写，用户不需要了解太专业的操作系统内核机理，实现难度小，可扩展性强；②在应用方面，部署简单、方便。主要缺点是：①专用性强，限制了使用范围；②安全性差，过分依赖操作系统内核的安全机制，容易被恶意软件绕过和逃逸。Google Chrome 浏览器、IE 浏览器、Adobe X-Reader 等都采用了用户态沙箱的保护模式。

2）**内核态沙箱**：该类型沙箱的功能代码完全基于操作系统内核实现，运行时驻留在内存中，通过存储器硬件保护机制实现隔离。与用户态沙箱相比，内核态沙箱无需在目标进程之中插入额外监控代码，直接在内核中对用户程序进行监视，避免了用户态沙箱的逃逸问题。但因为过于依赖操作系统，内核态沙箱对开发人员要求较高，需要其深入了解操作系统内核机制，在内核中部署沙箱模块增加了内核的复杂性和不稳定性，一旦沙箱功能设计存在缺陷或者漏洞将直接影响操作系统自身安全。对于非开源操作系统，内核态沙箱实现难度较大，可维护性和可移植性差。

3）**混合态沙箱**：该类型沙箱集成了用户态沙箱和内核态沙箱的优点，即利用操作系统内核提供隔离支持和具体执行机制，而沙箱的系统功能主要在用户态中实现，方便功能实现。一方面，混合态结构的沙箱充分利用了计算机体系结构、硬件和操作系统自身的一些机制，提供了更为底层和高效的保护功能；另一方面，可以在用户态实现丰富的系统功能，便于移植和扩展。

4）**虚拟态沙箱**：该类型沙箱是伴随虚拟化技术发展而出现的新型沙箱，沙箱的功能模块主要构建在虚拟机监控器（hypervisor）中，利用虚拟机监控器的底层优势，为目标操作系统提供隔离的虚拟机运行环境，并对虚拟机中的程序执行进行监控。根据虚拟化技术的不同，虚拟态沙箱可进一步分为半虚拟化沙箱和全虚拟化沙箱。半虚拟化沙箱利用半虚拟化技术提供虚拟化的进程环境、虚拟化的文件系统，但与宿主操作系统共享内核；全虚拟化沙箱则利用 Intel VT-x、AMD V 等硬件虚拟化技术实现沙箱与操作系统的完全隔离，沙箱拥有更高的管理权限，可以监控非可信程序的所有行为，如访存、磁盘 I/O 等操作。Cuckoo Sandbox、TTanalyze、Ether 等都是典型的虚拟态沙箱实例。

2. 按资源访问控制机制进行分类

按资源访问控制机制，沙箱可分为基于规则的沙箱、基于虚拟机的沙箱。

1）基于规则的沙箱：这是指使用访问控制规则限制程序的行为的沙箱。该类沙箱一般由程序监控器、访问控制规则引擎等部分组成。程序监控器负责监控程序行为，并将捕获的行为提交给访问控制规则引擎；访问控制规则引擎依据事先定义的访问控制规则约束程序对资源的访问。例如，TRON 将操作系统资源划分到不同控制域，并对每个资源进行唯一标识并设置访问权限，应用程序被指定到控制域中运行，程序行为受其中的访问控制规则限制。APPArmo 与 TRON 实现机理类似，不同的是用白名单列出程序可访问的系统资源。

2）基于虚拟机的沙箱：这是指利用虚拟化技术实现对系统资源的隔离与访问控制的沙箱。该类型沙箱使用虚拟化技术为不可信资源构建封闭的运行环境，避免不可信资源的解析执行对宿主造成影响。根据资源抽象层级的不同，虚拟机可分为插件级虚拟机、容器级虚拟机、桌面级虚拟机、系统级虚拟机等。其中，插件级虚拟机沙箱主要应用于浏览器，如 sePlugin、Jsand 沙箱，它对 JavaScript 等第三方网站脚本设置安全策略，监控和限制对象访问行为和对系统资源的调用行为；容器级虚拟机则在操作系统和应用程序之间增加虚拟化层，实现用户空间资源的虚拟化，但在资源使用效率和资源管理上有较大的优势，如 Solaris Zones、Linux Containers、OpenVZ 等；WindowBox 等桌面级虚拟化沙箱是针对桌面应用程序设计的安全模型，通过设置不同安全等级的桌面，将应用程序放置其中运行，实现监控和操作限制；系统级虚拟化沙箱是利用 VMware、Virtual Box、Xen 等系统级虚拟化软件，通过虚拟底层硬件，向用户提供相对完整的操作运行环境，实现对 CPU、内存和各类设备等系统资源的访问控制。

3. 按程序行为限制方式进行分类

按程序行为限制方式，沙箱可分为过滤型沙箱和委托型沙箱。

1）过滤型沙箱：是指在程序行为限制方面采用了 API Hook、SSDT Hook、IDT Hook 等挂钩技术，对非可信程序发起的系统调用进行劫持分析的沙箱。过滤型沙箱一般位于非可信应用程序和系统调用接口或系统服务例程之间，根据用户预先制定的安全策略，过滤掉威胁系统安全的可疑系统调用。

2）委托型沙箱：是指沙箱中的程序并不能直接访问系统的受保护资源，只能通过沙箱提供的代理程序来完成操作。也就是说，将传统沙箱"用户许可，程序直接访问"的工作模式变为"用户定义策略，沙箱代替用户程序访问"的工作模式。例如，Ostia 沙箱由用户代理和内核限制程序组成，其中内核限制程序负责拦截对受保护资源的程序访问，并将该资源请求转发给用户代理程序，如通过进程间通信（IPC）请求，由代理程序按照预定策略完成对资源的实际访问操作。

12.4.3　沙箱的关键技术

沙箱的关键技术主要包括资源访问控制技术、程序行为监控技术、重定向技术、虚拟执行技术以及行为分析技术等。

1. 资源访问控制技术

资源访问控制的任务是在为用户提供对系统资源最大限度共享的基础上，对用户的访问权限进行管理，防止其对资源的越权篡改和滥用。资源访问控制技术的理论基础是访问控制，即对经过身份鉴别认证的合法主体提供访问所需客体的权利，拒绝主体越权的客体访问请求。面向资源的访问控制将应用程序作为标识主体，根据程序的功能需求和自身安全要求对程序设置访问控制规则。利用访问控制规则限制程序的资源访问能力，既满足了程序正常资源访问需求，又保证了系统的安全。

具体实现技术包括：

1）**资源标识技术**：该技术通常使用唯一字符串对受保护的资源进行标识，并设置访问权限，程序对资源的访问要与访问控制规则匹配（如数据段标识匹配），进而实现对资源请求的限制。

2）**资源抽象隔离技术**：该技术通过虚拟化、重定向等技术方法，向不可信程序提供受保护资源的模拟映像，使程序行为无法对真实资源产生影响，实现不可信程序与受保护资源的隔离。

3）**指令动态翻译技术**：该技术在不可信程序指令执行前，通过等价指令替换的方式，用安全的中间指令序列代替非可信指令执行，禁止不安全的指令执行。

2. 程序行为监控技术

程序行为监控是构建沙箱的基础技术。恶意程序一般通过进程隐藏、端口隐藏、文件隐藏等技术保护自己，也会通过系统调用实现自身的恶意功能。沙箱通过对非可信程序发起的系统调用进行拦截可以实现对程序行为的监控。构建在操作系统内的沙箱一般使用 DLL 注入、Inline-Hook 技术等；构建在操作系统外的沙箱则主要通过虚拟机监控器实现对程序指令的拦截。

（1）DLL 注入

DLL 注入首先利用远程线程注入技术将自定义的动态链接库注入到非可信程序的地址空间，该动态链接库利用 Inline-Hook 技术劫持程序对操作系统 API 的调用，从而监控非可信程序的行为。例如，对于 Windows 操作系统，在沙箱本体进程中，调用 CreateThread 或 CreateRemoteThreadEx 函数，在目标进程内创建一个线程。创建的线程一般会使用 Windows API 函数 LoadLibrary 来加载一个动态链接库，从而达到在目标进程中运行沙箱监控代码的目的。

（2）Inline-Hook

该技术的本质是通过修改原系统函数的入口地址，在调用原函数之前转入自定义沙箱函数执行，然后在沙箱自定义函数中调用原函数，并返回执行结果。实现 Inline-Hook 的方法主要有两种：一是函数调用点劫持；二是在函数体内劫持。函数调用点劫持的基本思想是修改并保存原函数的指针变量，使得修改后的指针指向沙箱函数，沙箱函数通过预先保存的被劫持函数的地址，恢复对被劫持函数的调动。函数体内劫持是使用跳转指令（如 JMP 指令）覆盖被劫持函数开始的前几个字节，并保存被覆盖的数据，跳转指令的目的地址是沙箱函数，保存的函数数据用来恢复对被劫持函数的调用。用户模式下，函数体内劫持主要通过挂钩 API 函数实现；内核模式下，函数体内劫持通过 IDT Hook、SSDT Hook 等方式实现。无论是函数调用点劫持还是函数体内劫持，沙箱函数在劫持程序流程后都会进行安全检查，以判断是否执行被劫持函数。沙箱利用 Inline-Hook 技术可实现对文件操作、注册表操作、网络通信、进程操作等行为的监控。

（3）虚拟监控器拦截

虚拟监控器拦截主要是利用虚拟机监控器的高特权级对虚拟机内部的程序行为进行拦截

和监控。例如，在基于硬件虚拟化（Intel-VT）技术构建的沙箱系统中，其沙箱监控模块运行在 VMX 根模式下，而被监控的虚拟机运行在 VMX 非根模式下。如果虚拟机中的程序在运行时执行了对 CPU、内存等系统访问的特权指令或是敏感指令，则会触发 VMExit 事件，CPU 将自动切换到 VMX 根模式下，沙箱模块根据安全策略对程序行为进行审计，判断该指令是否访问了超出程序权限的系统资源，之后再通过 VMEntry 操作返回到虚拟机中继续执行，从而实现了对程序运行的有效监控。如果程序指令是无害的，则可以直接在主机 CPU 上运行，而不会退出虚拟机 VM。

3. 重定向技术

该技术是通过各种资源重定向技术将访问请求以及请求中的参数重新定位到其他请求或参数上去，从而保护真实的用户系统。重定向技术主要包括文件重定向和注册表重定向等。文件重定向是沙箱在拦截到非可信程序对文件执行读写、查询、创建和删除等操作时，先将目标文件复制到沙箱指定的路径下，然后再执行相关操作，从而避免恶意程序对真实文件的操作，同时可以观察和分析沙箱文件中的变化情况。注册表重定向与文件重定向类似，通过将注册表操作重定向到沙箱指定路径下，避免恶意程序对真实注册表中系统和应用程序配置信息的修改，当程序样本执行后再删除沙箱中的注册表资源。

4. 虚拟执行技术

虚拟执行技术是利用进程虚拟化、系统虚拟化等技术，为程序执行提供虚拟化的程序执行环境，如虚拟上下文、虚拟操作系统、虚拟存储设备、虚拟网络资源等。通过模拟出与实际资源完全隔离的虚拟执行环境，实现对系统资源等的保护。例如，在 SSDT Hook 技术中，可以利用虚拟命名空间的方法，将程序访问重定向到影子系统内核服务函数中执行，避免了对真实 SSDT 的访问。在系统虚拟化技术中，利用 VM Exit 机制将对系统内存空间和 MMIO 的操作重定向到虚拟机监控器拷贝构建的影子页表或系统文件拷贝中。

5. 行为分析技术

行为分析技术是对沙箱监控获得的程序行为和指令序列进行分类和威胁程度分析。根据程序行为的效应范围或监控到的系统调用序列，可分析出程序文件操作、注册表操作、进程/线程操作、网络通信和内核加载等行为。例如，恶意代码一般会创建系统目录下的隐藏文件、替换关键系统文件；修改与注册表中系统启动项的有关键值；创建新进程或执行远程线程注入；创建套接字、监听端口，执行数据收发；加载驱动模块或动态链接库等。依据预先定义的安全策略等级，沙箱可以对具体的恶意行为进行综合评价，判断危害的严重程度，确定相应的危害等级。例如，打开、读取文件属于轻度危害；程序提权属于中度危害；终止安全软件运行或在后台下载未知程序则是严重危害。

12.4.4　开源沙箱系统 Cuckoo

Cuckoo 是一个开源的自动化恶意程序分析系统。该系统最早起源于谷歌 2010 年举办的 Honeynet Project 编程夏令营，由 Claudio Guarnieri 设计和开发，他现在仍是 Cuckoo 项目的领导者和核心开发者。Cuckoo 可以用来自动运行和分析文件，支持的文件类型包括二进制 PE 文件（*.exe、*dll、*.com）、PDF 文档、Office 文档、URL 和 HTML 文件、多种脚本（PHP、VB、Python）、多种压缩文件（zip、jar）等。Cuckoo 既可以对文件的二进制数据进行静态分析，还可以动态跟踪可执行文件的执行。Cuckoo 收集分析的结果主要包括函数以及系统调用序列；软件运行时所创建、删除和下载的文件；指定进程的内存映像；基于 PCAP 格式的网络流量；恶意软件执行时的截屏；全虚拟机的内存映像。

　　Cuckoo 在实际部署中主要分为管理机和客户机两个部分，如图 12-10 所示。管理机主要负责客户机的分析管理工作，包括管理客户机、启动分析任务、网络流量收集和生成分析报告等。为实现上述部分辅助分析功能，Cuckoo 需要在管理机中安装一些第三方软件，例如，Tcpdump 用于拦截客户机网络流量；Volatility 用于获取客户机内存映像。客户机是基于 Xen、VirtualBox 等虚拟化平台的通用虚拟机，代理器在虚拟机中运行，负责接收管理机发送的任务（文件）和获取运行结果。代理器用 Python 开发，具有良好的跨平台性能，可以运行在 Windows、Linux、Android、Mac OS 和 Darwin 等多种操作系统上。

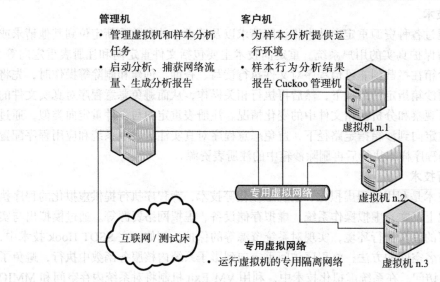

图 12-10　Cuckoo 部署示意图

　　Cuckoo 基于 Python 和 C/C++ 语言开发，采用了模块化的设计思想，主要由启动引擎（cuckoo.py）、任务加载器（submit.py）、监控器（cuckoomon.dll）、分析器（analyzer）、代理器（agent.py）等功能模块构成，其组成如图 12-11 所示。其中，启动引擎负责与代理器进行通信，控制运行相关应用程序；任务加载器负责提交待分析的文件或 URL 地址；监控器利用 DLL 注入、Inline-Hook 等技术劫持恶意软件发起的 API 调用，可监控 ntdll.dll、kernel32.dll、advapi32.dll、shell32.dll、msvcrt.dll、user32.dll、wininet.dll、ws2_32.dll、mswsock.dll 等系统库中的 170 多个 API 调用；分析器对恶意程序行为进行功能分析；代理器与启动引擎通信，接收控制命令，执行具体操作并返回信息。

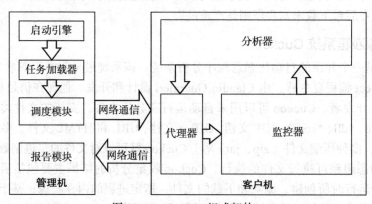

图 12-11　Cuckoo 组成架构

12.5　本章小结

网络技术发展日新月异，如何有效应对快速演进的网络攻击，提高自身的网络安全防护能力是网络安全管理者必须解决的重要课题。攻击无法完全避免，但可以通过提高安全监控和异常发现能力使损失降到最小，这已经成为学界和业界在网络安全方面取得的共识。本章首先介绍了网络安全监控的思想内涵，分析了技术原理特征，从更高的视角将入侵检测、蜜罐和沙箱等各类网络安全技术纳入统一的概念框架下进行系统描述，分析了它们在网络安全监控不同阶段所发挥的作用。接下来，重点介绍了入侵检测、蜜罐、沙箱三种常见的网络安全监控技术，包括它们的定义、分类、系统模型、技术原理和部署实例。随着网络威胁演变和传播的速度越来越快，传统的、局部的网络安全防护措施已无法有效应对各类复杂多样的网络攻击，必须整合整个安全界的资源和信息，在尽可能大的范围内交换攻击线索，共享安全信息，在更大范围内形成对网络攻击的认知和预测，才能提高网络安全响应决策能力，有效对抗网络威胁。未来，网络安全监控将进入基于态势感知和威胁情报共享的大安全监控时代。

12.6　习题

1. 网络安全监控主要包括哪些核心技术环节？

2. 网络安全监控需要收集哪些类型数据？

3. 试说明 NSM 技术与传统 IDS 技术的区别与联系。

4. 什么是入侵检测？通用入侵检测框架模型中定义的入侵检测系统包含哪些组件？其各自的作用是什么？

5. 入侵检测可从哪几个方面进行分类？

6. 试比较误用检测与异常检测在技术原理上的差异。

7. 什么是蜜罐的数据控制技术？该技术包含哪两个主要层次？各自的功能是什么？

8. 沙箱的技术特点是什么？

9. 沙箱的程序行为监控技术哪些？试描述其基本工作原理。

10. 从网络安全监控的角度考虑，入侵检测技术与蜜罐技术、沙箱技术之间的关系是什么？

11. 结合本单位网络安全的具体需求，为单位网络设计网络安全监控部署方案。

第13章 追踪溯源

传统的被动防御策略（如防火墙、杀毒软件等）在面对日益复杂的智能攻击行为时难以有效保护网络安全和抑制攻击。网络攻击者大多使用伪造IP地址或通过多个跳板发起攻击，使防御方很难确定真正攻击源的身份和位置，难以实施有针对性的防御策略。

"知己知彼，百战不殆"，在网络攻防对抗中，只有拥有信息优势，才能更加有效地实施网络对抗策略，进而取得胜利。网络攻击追踪溯源的目标是探知攻击者身份、攻击点位置及攻击路径等信息，据此制定有针对性的防护或反制措施，进而占领网络攻防对抗制高点。

13.1 追踪溯源概述

13.1.1 网络攻击追踪溯源的基本概念

典型的网络攻击场景中涉及的角色通常包括攻击者、受害者、跳板、僵尸机及反射器等，如图13-1所示。

图13-1 典型的网络攻击涉及的角色

攻击者是指攻击的具体实施者，也是追踪溯源希望发现的目标。受害者为被攻击方，也是追踪溯源的起点。跳板（Stepping Stone）指已经被攻击者危及，并被用作通信管道和用来隐藏身份的主机，攻击者会使用telnet、rlogin和SSH等来控制跳板，并维持两者之间的连接。僵尸机（Zombie）指已经被攻击者危及，并被用作发起攻击的设备的主机。反射器（Reflector）指未被攻击者危及，但在不知情的情况下参与了攻击的主机，攻击者没有登录访问反射器，但能通过网络与其进行通信。

一般来说，网络攻击追踪溯源是指确定攻击者的账号信息、身份信息、IP 地址和 MAC 地址等虚拟地址信息与地理位置信息、攻击的中间环节信息以及还原攻击路径等的过程。

13.1.2　网络攻击追踪溯源的目标层次

按照追踪溯源的深度，网络攻击追踪溯源可分为攻击主机追踪溯源、控制主机追踪溯源、攻击者追踪溯源和攻击组织追踪溯源。网络攻击追踪溯源的总体过程如图 13-2 所示。

启动追踪溯源时，首先会对攻击数据流进行追踪定位，确定发送攻击数据的网络设备，即攻击主机。随后，通过分析该主机的输入 / 输出或其系统日志等信息，判定该主机是否被第三方控制而导致攻击数据的产生，据此进一步确定攻击控制链路，并确定其上一级控制节点，如此循环实现逐级追溯，完成对控制主机的追踪溯源。然后，结合语言、文字和行为等识别分析，对攻击者进行分析确定，从而识别攻击者。最后，结合网络空间之外的情报等信息，判定攻击者的目的、幕后组织机构等信息。

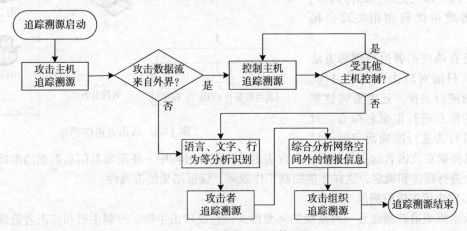

图 13-2　追踪溯源的总体过程

1. 攻击主机追踪溯源

攻击主机追踪溯源是对攻击主机进行定位，通常称为 **IP 追踪**（IP Traceback），主要有利用路由器调试接口的**输入调试**（Input Debugging）追踪技术、ICMP 追踪技术和可对单个数据包进行追踪的**源路径隔离引擎**（Source Path Isolation Engine，SPIE）追踪技术等，具体内容将在 13.3.1 节详细介绍。

在评估攻击主机追踪溯源技术时，需要关注的典型问题有：是否需要对路由器等相关网络设备进行改造？能否对单个数据包进行追踪？前期是否需要了解数据包的特征信息？随着日志类、包标记等技术的不断进步，攻击主机追踪溯源技术取得了不错的研究成果，极大提高了追踪溯源技术的应用效率。

2. 控制主机追踪溯源

控制主机追踪溯源的目标主要是确定攻击的控制主机。要进行控制主机追踪溯源，需要沿着攻击事件的因果链，逐级展开逆向追踪，确定最初的攻击源主机。当然，网络中的设备既可能帮助追踪者，也可能被攻击者所控制，网络攻击追踪溯源技术其实就是攻击者和追踪者之间的一场博弈。

在逆向追踪上一级主机时需要关注以下几个方面：实施监测的主机的内部监测行为；对主机内系统日志进行信息分析；对当前主机系统中的所有状态信息进行捕获；分析进出主机的数据流，对攻击数据流展开识别。此外，还应对多源网络攻击事件进行特定干预，分析其在网络中的行为变化，确定攻击事件中的因果关系，便于后续追踪溯源。

3. 攻击者追踪溯源

攻击者追踪溯源主要是对网络攻击者进行追踪定位，找出攻击者和网络主机行为间的因果关系，通过分析网络空间中的信息数据，将其和物理世界中的事件内容关联到一起，并由此确定应对攻击事件负责的自然人。

攻击者追踪溯源的工作大致为四步：首先，对网络空间上的事件信息进行确认；随后，对物理世界中的事件信息进行确认；接下来，对它们之间的关系进行分析；最后，进行因果关系的确定。如图13-3所示，攻击者追踪溯源需分析的信息包括自然语言文档、聊天记录、邮件内容、攻击者攻击代码和相关攻击模型等。

已有的攻击者追踪溯源方法和工具只能对攻击者在某时间、某方面进行表征，还需要将这些零星的信息进行汇聚和综合，对攻击者行为进行准确而完整的描

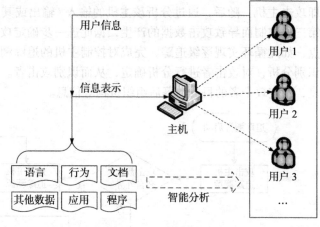

图 13-3　攻击者追踪溯源

述，以便确定攻击者的身份信息。在攻击者追踪溯源过程中，还需要对信息数据的准确度和可靠性进行筛选和确定，这样才能提高工作效率，保证结果的准确性。

4. 攻击组织追踪溯源

攻击组织追踪溯源是一种高级的溯源形式，它以攻击主机、控制主机和攻击者追踪溯源为基础，结合具体的情报内容，对整个网络攻击事件的幕后组织机构进行全面的分析评估。在确认攻击者的基础上，借助潜在的机构信息、外交形式和政策战略，以及攻击者的身份、工作情况和社会地位等信息，对攻击者的组织机构关系进行确认。攻击组织追踪溯源的基本思路如图13-4所示。

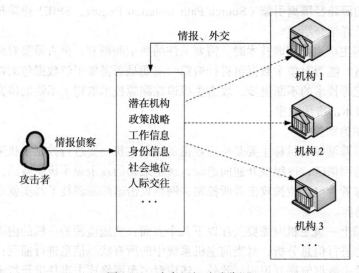

图 13-4　攻击组织追踪溯源

攻击者追踪溯源的目标是将网络设备的控制行为与具体的自然人相关联，技术上面临极大挑战；而对攻击组织的追踪溯源则更多依赖自然世界的侦察、情报等信息。受篇幅所限，本章后续内容主要介绍攻击主机追踪溯源与控制主机追踪溯源相关的技术和方法。

13.1.3　网络攻击追踪溯源的典型场景

网络攻击追踪溯源的应用场景与攻击事件和网络应用环境相关，根据追踪溯源应用的网络环境不同，可分为域内追踪溯源和跨域追踪溯源。

另外，当前各种追踪溯源技术的有效性都与网络及其网络运营商的密切配合相关，要使用网络运营商提供的数据信息或在其允许下部署相应追踪溯源设备才能较好地完成追踪溯源。根据网络或网络运营商的配合程度，可将全球网络空间分为可控网域和非可控网域。可控网域是指用户能够通过管理技术或行政命令等手段实施控制的网域，非可控网域是指用户不能使用上述手段实施控制的网域。由于可控网域与非可控网域为追踪溯源提供的信息与辅助程度截然不同，因此可将网络攻击追踪溯源分为协作网域追踪溯源和非协作网域追踪溯源。

一般而言，域内追踪溯源为协作网域追踪溯源，跨域追踪溯源为非协作网域追踪溯源。下面分别对域内追踪溯源与跨域追踪溯源进行介绍。

1. 域内追踪溯源

域内追踪溯源指单个网域内对攻击者的追踪溯源，攻击者和受害者属于网络路由、管理策略等网络服务操作完全相同的同一个**自治域**（Autonomous System，AS）。域内追踪溯源的场景如图 13-5 所示。

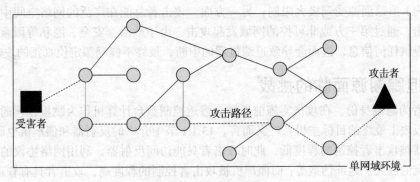

图 13-5　域内追踪溯源场景

在进行域内追踪溯源时，一般情况下是在可控网域中进行，因此可通过行政命令或网络管理等手段，从网络运营商那里获取网络拓扑、路由、IP 地址分配等信息，或在其允许下部署相应设备主动采集或标记网络路径信息。通过对这些信息的分析与处理，还原数据传输信息，重构其路径，达到追踪溯源的目的。

2. 跨域追踪溯源

跨域追踪溯源指跨越多个网域进行的攻击源追踪，这时攻击者和受害者属于不同的网域，其网络逻辑域和物理区域也不相同。跨域追踪溯源是实际中最常遇到的场景，攻击者为了隐藏自身，常常会通过多个网域发动攻击，以逃避追踪。在跨域追踪溯源过程中，需要在多个不同网域间进行协同，交互追踪请求信息，以完成真正攻击源的追踪定位。跨域追踪溯源的场景如图 13-6 所示，攻击者通过多个网域对受害者实施攻击，在跨域追踪溯源过程中必然涉及与其他网域的信息交互和操作协同，每个参与的网域在其内部实施域内追踪溯源操作，并将相应的追踪信息反馈给追踪溯源系统，最后由追踪溯源系统重构完整的攻击路径，从而定位真正的攻击源。

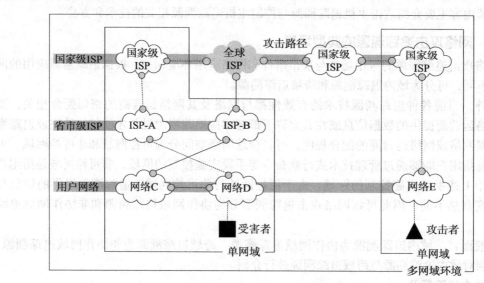

图 13-6　跨域追踪溯源场景

　　值得注意的是，在跨域追踪溯源时，一般需要多个网域的支持，但这些网域很可能是非协作网域。一方面，很难获得每个网域运营商的协作或被允许部署追踪设备，跨域（尤其是全球范围内）追踪溯源受到极大限制；另一方面，攻击者总能在广泛的网络空间中发起大规模网络攻击，通过第三方或非可控的网域发起攻击，由于政治、安全、隐私等因素限制，这些网域不提供任何信息，进而会导致追踪过程的中断，最终不能溯源定位真正的攻击源。

13.2　追踪溯源面临的挑战

　　攻击者为隐藏身份，在攻击实施前通常会渗透控制数台计算机作为跳板，再通过这些受控制的跳板攻击最终的目标主机。广义而言，13.1.1 节中介绍的反射器和僵尸机也属于跳板，只是反射器被攻击者控制的程度低，此时攻击者只能访问反射器，利用网络协议的漏洞进行攻击数据流的放大、地址伪造等；而僵尸机被攻击者控制的程度高，攻击者具有管理员权限，能够在僵尸机上做想做的任何操作。此外，为隐藏身份，攻击者还经常借助匿名通信系统的天然匿名性（如发送者匿名）来开展攻击。本节主要对跳板和匿名通信系统对追踪溯源的挑战进行分析。

13.2.1　跳板对追踪溯源的挑战

　　典型的跳板攻击方式如图 13-7 所示，攻击者首先登录跳板 1，通过跳板 1 登录跳板 2，依此类推，进而建立跳板链，最终利用跳板链的末端（如图 13-7 中的跳板 3）对受害者发起攻击。

　　为更好地躲避检测和追踪溯源，攻击者还往往采用以下手段：

　　1）在中间跳板上安装和使用后门（如 netcat）以躲避登录日志的检查。

　　2）在跳板链中的不同部分使用不同类型（即 TCP 和 UDP）的网络连接来增加数据流关联的难度。

　　3）在不同跳板间使用加密（采用不同的密钥）连接来抵御基于包内容的检测。

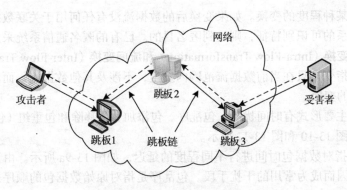

图 13-7　跳板攻击示意图

4）在跳板处引入时间扰乱来抵御基于包时间的加密数据流关联。

5）在跳板处主动对其交互数据流添加包重组和垃圾包等干扰。

13.2.2　匿名通信系统对追踪溯源的挑战

匿名通信系统通过一定的技术手段将网络数据流中通信双方的身份信息加以隐藏，使第三方无法获取或推测通信双方的通信关系或其中任何一方的身份信息。如图 13-8 所示，主机 1、主机 2、主机 3 和主机 4 经过匿名网络进行通信，由于这些主机之间经过不同的匿名节点，而匿名节点会对其交互数据流进行转发处理，因此第三方无法得知这些主机之间的真实通信关系。

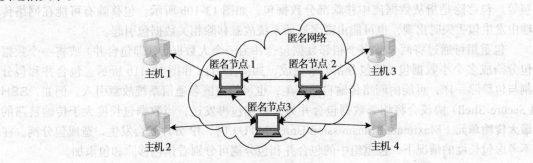

图 13-8　匿名通信系统

根据匿名通信系统对通信延迟的要求，通常把匿名通信系统分为**延迟不敏感**（High-Latency）和**延迟敏感**（Low-Latency）的匿名通信系统。前者又称为基于消息（Message Based）的匿名通信系统，通常为每个消息都选择一条路径，这些路径可相同也可不同，如匿名电子邮件系统 Chaum Mix 和 Mixminion 等。后者又称为基于流（Flow Based）的匿名通信系统，它通常在发送者和接收者之间建立匿名通信通道（即匿名路径），然后把数据放入数据传输的基本单元——信元（Cell）中，让数据沿着建立好的匿名通道传输。它主要用于对延迟有特定要求的服务（如 Web 浏览和网络聊天等），典型的系统有**洋葱路由**（Onion Routing）、Tor、Tarzan、MorphMix 和 Crowds 等。

由于追踪溯源关注即时通信、网页浏览和网络电话等延迟敏感业务，因此本节主要针对延迟敏感的匿名通信系统进行介绍。

具体而言，除加密这种基本手段之外，为隐藏真实的发送者和接收者身份以及通信方之间的通联关系，匿名通信系统通常将来自多个通信方的多条网络数据流进行混杂处理，且对每条数据流进行某种程度的变换。如果变换后的数据流没有任何用于关联数据流发送者或接收者之间通联关系的可识别特征，则达到匿名目的。已有的匿名通信系统采用的流变换手段大致可分为**流内变换**（Intra-Flow Transformation）和**流间变换**（Inter-Flow Transformation）两种。流内变换是指变换只在当前数据流范围内发生，不涉及其他数据流，而流间变换则涉及多条数据流之间的变换。

流内变换的主要形式有时间扰乱、包乱序、包添加、包移除和包重组（包合并和包分割）等，如图13-9、图13-10和图13-11所示。

时间扰乱是指对数据包时间进行不同程度的延迟，如图13-9a所示。由于这种方法操作简单、效果好，因而成为常用的干扰手段。包乱序是指对原始数据包的顺序进行前后交换处理，如图13-9b所示。对于第三方而言，对加密数据包的乱序等同于对加密数据包的时间扰乱，但相比而言，包乱序对数据包延迟的影响更大。

a）时间扰乱　　b）包乱序

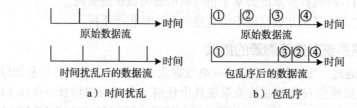

图13-9　时间扰乱和包乱序示意图

图13-10a所示的包添加是指向数据流中添加数据包，这些数据包一般为垃圾包或伪造包等。包移除是指从数据流中移除部分数据包，如图13-10b所示。包移除有可能在网络传输中发生包丢失时出现，也可能由匿名通信系统故意移除相关数据包引起。

包重组可通过将两个或多个相邻数据包合并为一个大数据包（即包合并）或将一个数据包分割成多个小数据包（即包分割）来完成，如图13-11a和图13-11b所示。包合并和包分割与包移除一样，可能由网络传输自然产生，也可能由匿名通信系统故意引入。例如，SSH（Secure Shell）协议会将相邻数据包合并为大数据包再发送；当数据包长度大于传输链路的**最大传输单元**（Maximum Transmission Unit，MTU）时，IP分片就会发生，造成包分割。在不考虑包长度的情况下，包重组中的包合并和包分割可分别看作包移除和包添加。

a）包添加　　b）包移除

图13-10　包添加和包移除示意图

a）包合并　　b）包分割

图13-11　包合并和包分割示意图

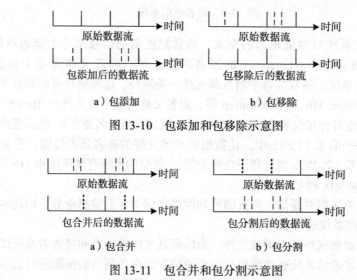

流间变换的常用手段主要有**流混杂**（Flow Mixing）、流分割和流合并等，如图 13-12 所示。图 13-12a 中的 f_0 和 f_0' 属于同一条数据流，f_1, …, f_n 不属于这条数据流，图 13-12b 和图 13-12c 中的 f_0、f_0^1 到 f_0^n 属于同一条数据流。

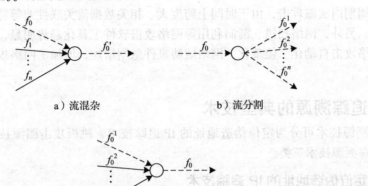

a）流混杂　　　　　　　　b）流分割

c）流合并

图 13-12　流间变换示意图

流混杂是指通过将数据流 f_0 与一些不相关的数据流 f_1, …, f_n 进行混杂产生 f_0'，如图 13-12a 所示。为抵御追踪溯源，可将数据流 f_0 分割为多条子数据流 f_0^1, …, f_0^n，在后继处理时再合并起来，如图 13-12b 和图 13-12c 所示。流混杂和流合并之间的区别是：流混杂将一条数据流与其他不相关数据流进行合并，而流合并是将本属于同一条信息流的多条数据流进行合并。当所有数据流都被加密的情况下，流混杂和流合并的表现形式相同。此外，图 13-12a 中的数据流 f_1, …, f_n 与数据流 f_0 的混杂和图 13-12c 中的数据流 f_0^2, …, f_0^n 与数据流 f_0^1 的合并可分别看作向数据流 f_0 和 f_0^1 添加垃圾包。另一方面，站在子数据流的角度，流分割可以看作包移除的一种形式。

由于这些流变换手段会将一条数据流变换成另一个特征完全不同的数据流，因此会给追踪溯源带来极大挑战。

13.2.3　追踪溯源面临的其他挑战

由于当前广泛使用的 TCP/IP 协议簇在其设计之初未考虑用户行为的追踪审计，且未考虑防范不可信用户，加之对 IP 数据包的源地址没有验证机制以及 Internet 基础设施的无状态性，因此攻击者能够对数据源地址字段直接进行修改或假冒，以隐藏其自身信息，使得追踪数据包的真实发起者非常困难。

另外，个人隐私保护和法律法规不健全阻碍了网络攻击追踪溯源。随着个人信息保护意识的增强，人们对个人隐私的保护越来越重视。网络攻击追踪溯源技术一方面可以追踪定位攻击源，另一方面也能对网络中正常的业务信息进行追踪定位。因此，人们对网络攻击追踪溯源技术的应用心存疑虑，担心个人的隐私信息因被追踪而暴露。

此外，一些新技术在为用户带来好处的同时，也给追踪溯源带来了较大障碍。虚拟专用网络（VPN）采用的 IP 隧道技术，使得无法获取数据报文的信息；**互联网服务供应商**（Internet Service Provider，ISP）采用的地址池和**网络地址转换**（Network Address Translation，NAT）技术，使得网络 IP 地址不再固定对应特定的用户；移动通信网络技术的出现更是给追踪溯源提出了实时性要求。

网络攻击复杂化、工具化也极大增加了追踪溯源难度。一些攻击者控制数以万计的僵尸机，在更广泛的网域发动攻击，其组织结构复杂，追踪难度巨大；一些攻击者悄悄潜入系统，完成其既定行动后，悄悄地离开，看不到任何痕迹，追踪无从查起；还有一些攻击者在一个相当长的周期内实施攻击，由于时间上跨度大、相关数据流关联性差等特点，很难对其进行追踪定位。另外，网络扫描、漏洞利用等网络攻击软件工具化趋势明显，使网络攻击的门槛降低，网络攻击自动化、傻瓜化，网络威胁事件急剧增加，增加了网络攻击追踪溯源的难度和复杂度。

13.3　追踪溯源的典型技术

追踪溯源技术可分为定位伪造地址的 IP 追踪技术、跳板攻击溯源技术和针对匿名通信系统的追踪溯源技术三类。

13.3.1　定位伪造地址的 IP 追踪技术

从发送一个报文就可导致系统崩溃的简单攻击到复杂的 DDoS 攻击，很多攻击并不需要与目标进行交互。IP 协议自身无法验证源地址段中的 IP 地址是否为发送者的真实 IP 地址，因此对于这些不需要交互的网络攻击而言，攻击者常常采用伪造的 IP 地址对目标发起攻击，给攻击源追踪制造了极大难度。

IP 追踪技术可追踪采用伪造地址的数据包的真实发送者，分为反应式追踪和主动式追踪两大类，如图 13-13 所示。

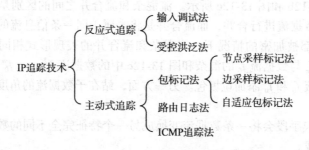

图 13-13　IP 追踪技术

1. 反应式追踪

反应式追踪只能在攻击实施时进行追踪，典型的方法有输入调试法和**受控洪泛**（Controlled Flooding）法。

（1）输入调试法

输入调试法利用带输入调试功能的路由器来确定发送攻击包的真实 IP 地址。一般网络中的路由器具备输入调试的功能，可以在输出端口过滤掉包含某个特征的报文。根据路由器的这一特点，在攻击发生时，可以追踪攻击源。该方法要求追踪路径上的所有路由器必须具有输入调试能力，同时需要繁琐的手工干预，且依赖于 ISP 的高度合作，追踪速度相对较慢。另外，输入调试法只有在攻击进行时才能追踪，不能追踪间歇性发起的攻击。

（2）受控洪泛法

受控洪泛法的原理如图 13-15 所示。在攻击发生时，首先利用已有的 Internet 拓扑图选择距离受害者最近的路由的每一条上游链路，并分别进行洪泛攻击，通过观察来自攻击者的包的变化确定攻击数据包经过哪条链路，之后采用同样方法对上游链路继续洪泛，以此逐步定位攻击源。但该方法本身就是一种 DoS 攻击，且需要与上游主机紧密合作，还要详细了解 Internet 拓扑图。

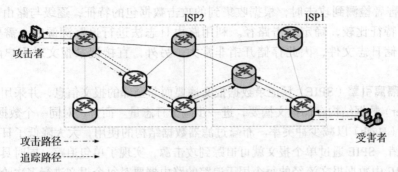

图 13-14 输入调试法的基本原理

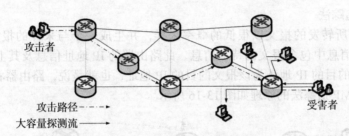

图 13-15 受控洪泛法的基本原理

2. 主动式追踪

主动式追踪既可用于对攻击的实时阻断，又可用于对攻击的事后分析，典型方法有**包标记**（Packet Marking）法、**路由日志**（Route Logging）法和 **ICMP 追踪法**。

（1）包标记法

虽然攻击者发出的攻击包的源 IP 地址可能是假的，但是数据包经过路由器转发的路径是不能造假的，基于此，包标记法的基本思想是：路由器以一定概率对它转发的报文进行采样和标记，并将自己的路由器信息标记到采样的数据包中，路由器信息随着数据包到达受害者。当攻击发生时，受害者将分析并处理收集到的标记数据包中的路由器信息，从而重构出攻击路径。

包标记法包括节点采样标记法、边采样标记法与自适应包标记法等。在节点采样标记法中，路由器以固定概率对它所转发的数据包采样，将自己的地址信息标记到采样的数据包中，受害者收集到大量带有标记的数据包，从中提取出标记信息，重构出攻击路径。边采样标记法的主要思想是：路由器在转发报文时以固定概率采样标记它所转发的报文，报文被标记的信息是相邻两个路由器构成的边信息和路由器与攻击者的距离。节点采样标记法和边采样标记法都存在弱收敛问题，因为其算法中的路由器是以固定概率进行标记，后续路由器会覆盖上游路由器标记的数据包，这样受害者需接收大量数据包来确保收到离其最远的路由器标记的数据包。为解决该问题，自适应包标记法中的路由器的标记概率由其所处的攻击路径中的位置动态确定。

包标记法是一种带内（In-band）的通信方式，不会给网络增加额外开销，也不会被防火墙或安全策略所堵塞。它不需要 ISP 或网络管理员的配合。此外，它还具有事后追踪的优点，但该方法无法用于分段的 IP 包，也无法用于加密 IP 通信等。

（2）路由日志法

路由日志法利用网络中的边界路由器记录所有经过的数据包的特征，并保存在日志库中。当受害者检测到攻击时，根据收集到的攻击数据包的特征，逐级与路由器日志库中的数据流的特征比较，确定攻击路径。利用路由日志法进行追踪溯源时，需要海量的存储空间来存储日志文件，因此存储开销非常大。另外，直接记录报文对用户隐私是一种威胁。

源路径隔离引擎（SPIE）只记录数据报文摘要而非全部的报文信息，并采用**布隆过滤器**（Bloom Filter）数据结构存储报文摘要，进一步减少日志量。而且，对同一个数据报文进行 k 次独立**哈希**（Hash）以减少冲突率。布隆过滤器数据结构的使用，大大降低了日志记录法庞大的空间开销。SPIE 通过单个报文就可追踪到攻击源，实现了单包追踪，同时具有非常可观的速度。SPIE 中数据报文流经的每个用于追踪的路由器要对每个报文进行多次哈希，资源消耗过大。

（3）ICMP 追踪法

路由器对它所转发的报文以很低的概率采样，并生成一个与采样的报文相关的 ICMP iTrace 消息，此消息中包含报文的特征信息、此路由器的 IP 地址信息及其上下游路由器 IP 地址信息。消息的目的 IP 地址为该报文的目的 IP 地址，也就是说，路由器将消息发送给报文的接收方。ICMP 追踪法的原理如图 13-16 所示。

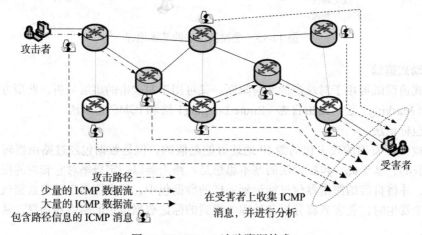

攻击路径 ----▶
少量的 ICMP 数据流 ·······▶
大量的 ICMP 数据流 -----▶　　在受害者上收集 ICMP
包含路径信息的 ICMP 消息 🔋　　消息，并进行分析

图 13-16　iTrace 追踪溯源技术

当受害者检测到攻击发生后，统计并分析收集到的 iTrace 消息包。如果各消息包存在如下一种关系：一个包的下游路由器 IP 地址与另一个包的上游路由器 IP 地址相同，那么这两个消息记录的路由器信息构成攻击路径中的邻接路由器信息。逐一对收集到的 iTrace 包检查并连接，即可重构出攻击路径。

ICMP 追踪法存在以下缺点：首先，部分攻击者会利用 ICMP 报文进行攻击，所以很多网络已经屏蔽掉 ICMP 报文，这样用于追踪的 ICMP 报文就会被过滤；其次，受害者要重构出完整的攻击路径，需要收集大量的 ICMP 报文，收敛时间慢；再者，ICMP 报文是路由器额外产生的数据包，增加了网络开销。

虽然 IP 追踪技术在部分情况下能帮助找到发送伪造地址的 IP 数据包的真实源地址，但并不一定能找到对攻击事件负责的攻击者，因为绝大部分攻击者在实施攻击时常常利用多个跳板。对这类攻击而言，IP 追踪技术是远远不够的。同时，IP 追踪技术（如路由日志法）通常需要在一系列路由器和网关的协助下才能完成追踪，因此要修改路由器和网关等网络基础设备，部署复杂、实施困难，且对网络基础设备的性能影响较大。另外，一些技术（如受控洪泛法）需发送大量数据包，对网络性能和带宽会造成巨大影响。

13.3.2　跳板攻击溯源技术

网络攻击者用于隐藏身份和防止溯源追踪的另一个常用手段是使用跳板，即通过使用事先控制的一系列中间节点对目标实施攻击，致使追踪者跟踪到的是最后一个跳板，从而难以追溯到攻击者本身。

为更有效地躲避追踪，攻击者往往会在跳板处主动对其产生的交互流量进行加密、**包重组**（Repacketization）和添加**时间扰乱**（Timing Perturbation）与**垃圾包**（Chaff Packet）等干扰。

为追溯和定位跳板链后的真正攻击源，按照溯源时所用信息源的不同，跳板攻击溯源技术可分为基于主机的溯源方法和基于网络的溯源方法。

1. 基于主机的溯源方法

基于主机的溯源方法主要包括**分布式入侵检测系统**（Distributed Intrusion Detection System，DIDS）、**呼叫识别系统**（Caller Identification System，CIS）、Caller ID 和**会话令牌协议**（Session Token Protocol，STOP）。其中 DIDS、CIS 和 STOP 采用的是被动式溯源技术，而 Caller ID 则是由美国军方开发的一种基于主机的主动式溯源技术。

1）DIDS 提供一种基于主机的追踪机制，试图依据网络入侵检测系统（IDS）来记录被追踪网络账户的所有用户。DIDS 域中的每一个监控主机都搜集审计记录，并将记录交给 DIDS 中央控制器进行分析。虽然 DIDS 能够通过用户在 DIDS 域中的正常登录来记录、追踪该用户的网络行为，但是由于 DIDS 对网络行为采用中央监控机制，因此难以应用于像 Internet 这样的大规模网络中。

2）CIS 使用分布式模型来代替 DIDS 的中心控制机制，登录链上的每一台主机都保存着相关记录。当用户由第 $n-1$ 台主机登录第 n 台主机时，第 n 台主机会请求第 $n-1$ 台主机关于该用户的登录链的相关记录，在理想情况下，会依此追溯到最初的主机。然后，第 n 台主机会查询第 1 至 $n-1$ 台主机上有关此登录链的相关信息。只有所有查询到的信息能够匹配，才允许其登录第 n 台主机。然而，如果 CIS 想通过登录链上主机所记录的信息来维持登录链的完整性，就会给正常的登录过程带来大量负载。

3）会话令牌协议（STOP）是可递归追踪跳板链的分布式系统，其本质是**鉴定协议**（Identification Protocol，IDENT）的增强版，增添了取证和溯源功能。STOP 服务器响应下游主机请求，通过带外连接保存用户级和应用级数据，这些数据用于取证调查。请求可递归传递给上游主机，以实现追踪跳板链的功能。

4）Caller ID 机制是美国军方开发的一种基于主机的主动追踪机制。如果某个攻击者通过一系列跳板入侵了一台主机，那么，Caller ID 将利用相同的攻击策略沿攻击路径相反方向回溯攻击，直至定位攻击源。相对于 DIDS 和 CIS，Caller ID 带来的负载较少，但要用这种手工方法来追踪现代高速网络上的短时入侵是很困难的。而且，如果攻击者在入侵跳板主机后修复了他利用的安全漏洞，那么 Caller ID 机制就无法奏效。

基于主机的溯源机制相对准确，其最大的问题是它的信任模型。它必须信任追踪系统中的每一个节点，因此不能独立工作，且依赖于攻击链上的每一台主机的完整性，如果其中一台主机被控而提供了错误信息，就会造成整个溯源系统失灵，甚至被误导。由于这种方法要求大规模部署追踪系统，因此在 Internet 上是难以实现的。

2. 基于网络的溯源方法

基于网络的溯源方法一般依据网络连接的属性进行溯源，主要有基于**偏差**（Deviation）的方法、基于网络的反应式方法和流关联技术等。其中，基于偏差的方法使用两个 TCP 连接序列号的最小平均差别来确定两个连接是否关联，偏差既考虑了时间特征又考虑了 TCP 序列号，与 TCP 负载无关，但无法直接用于加密或压缩的连接。基于网络的反应式方法能主动干预数据包处理，从而动态地控制哪些连接在何时何地怎样被关联，因此比被动方法需要的资源更少，典型代表是**入侵识别和隔离协议**（Intruder Detection and Isolation Protocol, IDIP）。IDIP 是一种应用层协议，IDIP 边界控制器通过交换入侵检测信息（即攻击描述）进行相互合作，共同定位和阻止入侵者，但它要求每个边界控制器具有与被攻击主机上的入侵检测系统相同的入侵检测能力。

流关联技术通过检测两条数据流是否存在关联性来进行流量分析，在跳板攻击源定位、僵尸主控机（Botmaster）溯源、匿名滥用用户关联和匿名网络电话追踪等网络安全和隐私方面有着广泛的应用，是目前学术界的研究热点。本质上，无论是多跳攻击还是匿名通信，都要通过若干中间节点（如跳板或中继节点）对信息进行多次转发以掩盖发送者的真实身份与准确位置。流关联技术计算进出中间节点的数据流之间的相似性，从中找出相关联的数据流，通过这些关联的数据流向前追溯直至定位到信息源。流关联技术主要有**被动流关联技术**和**主动流水印**（Flow Watermarking）**技术**。

（1）被动流关联技术

被动流关联技术通过观察网络或系统的进入和流出的数据流，利用流关联匹配技术，确定输入 / 输出数据流的关联关系，以确认网络数据流的传输路径。其原理如图 13-17 所示。

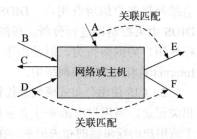

图 13-17　被动流关联追踪原理

图 13-17 中流入 / 流出该网络或主机的数据流有 6 条（A ～ F），它们都是在特定的链路上使用特定的端口进行传输的。被动流关联技术的目标是利用可观察的数据流信息确定哪些输入流匹配输出流。在图 13-17 中，数据流 A 进入网络或主机重新以数据流 E 输出，这两者匹配；数据流 D 输入网络或主机后，重新以数据流 F 输出，这两者匹配。但并非所有的数据流都有匹配的数据流，比如输入数据流 B，只输入到网络或主机中，并未产生新的输出数据流，而数据流 C 可能来源于该主机或网络，也就没有相应的输入数据流与之匹配。被动流关联技术又可分为基于数据流包头、内容及时间的流关联技术。

1）**基于包头的流关联技术**。基于包头的流关联技术中，对流入和流出网络或主机的消息头进行相关检查，以确定哪些输入的数据流匹配输出数据流，从而确定数据流的来源。例如，使用时间戳和数据包头内容可针对 telnet 或 rlogin 应用的数据流进行匹配，对攻击者使用手动方式输入控制指令的方式非常有效，但该方法无法针对加密数据流进行匹配。

2）**基于流内容的流关联技术**。在基于流内容的流关联技术中，对输入和输出数据流的内容进行相关检查，看它们是否匹配。请注意，如果数据流是加密的"内部"网络 / 主机，因为数据内容被加密成不同的数值，该方法将无效。例如，数据指纹技术将数据流分成离散的时间片段，对片段内的数据包创建相应的摘要，通过计算摘要信息匹配数据流间的相似性，从而确定一条数据流是否与另一条相关。

3）**基于流时间的流关联技术**。基于流时间的流关联技术用于确定数据流之间在时间上是否存在某种因果联系，如果存在，那么数据流就是匹配的，否则是不相关的。通过该类技术可很好地检测出跳板，但对僵尸机的检测效率却非常低下，因为僵尸机在收到控制指令后，可能隔很长时间才执行或响应，而使基于时间的相关性无效。

被动流关联技术的一个优点是，不需要获知网络或主机的内部状态信息便可进行追踪溯源，但为满足一定的准确率，该类技术需要原始数据流信息，观测时间长、误报率高、数据流存储与通信需求大、数据流关联量大，同时难以应对网络传输引入的或攻击者主动添加的时间扰乱、包丢失、包添加、包重组等各类干扰。

（2）主动流水印技术

主动流水印技术（又称流标记技术）通过改变或调制载荷、时间间隔、**包间隔时延**（Inter-Packt Delay，IPD）、间隔重心和流速率等流量特征向发送者数据流中嵌入水印信息，在接收者附近检测该水印信息，以达到关联发送者和接收者关系的目的。

流水印技术框架如图 13-18 所示。当网络数据流经过水印嵌入点（如路由器）时，水印嵌入模块使用密钥等方式将水印信息进行编码，通过调制流量特征（如流速率）嵌入该水印信息。嵌入水印信息后的已标记数据流在网络传输时会遭受一些干扰和变形，如中间路由器（或匿名网络、跳板等）的延迟、丢包或重传数据包、包重组和时间扰乱等。最终，当被扰乱后的已标记数据流到达水印检测点，水印检测模块使用与水印嵌入模块同样的密钥等（非盲检测时，水印检测模块还需要目标数据流嵌入水印前的相关信息）从已标记数据流中解调恢复出其中嵌入的水印信息，如果与编码前的水印信息一致，那么就认为这两条数据流之间存在关联。

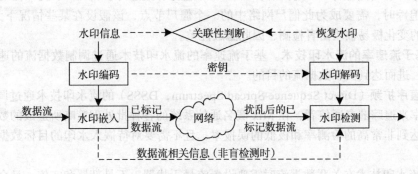

图 13-18　网络流水印技术框架

与被动流关联技术相比，主动流水印技术具有准确率高、误报率低、观测时间短和所需观测数据包数量少等优点，除了可广泛应用于跳板攻击溯源，还可用于匿名滥用用户关联、匿名网络电话追踪（除流水印之外的其他针对匿名通信系统的追踪溯源技术将于 13.3.3 节介绍）和僵尸主控机发现等。

学术界已提出多种类型的网络流水印技术，各具优势和特点。按照流水印载体的不同，可分为基于包载荷、基于流速率和基于包时间的流水印技术。

1）**基于包载荷的流水印技术**。基于包载荷的流水印技术通过调制数据流中数据包的应用载荷来嵌入水印信息，进而达到关联数据流的目的。

典型的基于包载荷的流水印技术是主动入侵响应框架——**休眠水印追踪**（Sleepy Watermark Tracing，SWT）。这里的休眠是指当没有检测到入侵时，它不会带来任何开销。只有检测到入侵时，它才会活跃起来，利用网络应用（如 telnet 和 rlogin）对特殊字符的解释机制，将水印（不同的特殊字符串组合）注入到网络入侵者的返回连接中，并与入侵路径上的中间路由器合作来进行源追踪。通过将休眠入侵响应技术、水印关联技术和主动追踪协议集成在一起，SWT 可对通过 telnet 或 rlogin 建立的交互式入侵进行高效、准确源追踪，如图 13-19 所示。但该方法基于包载荷内容，与具体协议（telnet、rlogin）有关，不能适应加密情况，适用环境受限，且极易被攻击者检测和过滤。

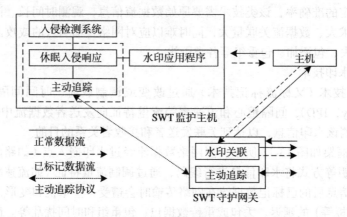

图 13-19　SWT 体系结构

基于包长的流水印（Length-Based Watermarking，LBW）技术通过在应用层向僵尸网络（Botnet）**命令和控制**（Command and Control, C&C）消息中添加填充字符使其长度产生差异，进而嵌入水印，可对基于 IRC 协议的 Botmaster 进行有效追踪。但 LBW 技术在对目标僵尸网络进行追踪时，需要成为此僵尸网络中的一个僵尸节点，该假设在某些情况下无法满足，且包长度的变化极易被攻击者检测，因此隐蔽性差。

2）**基于流速率的流水印技术**。基于流速率的流水印技术通过调制数据流的速率以嵌入水印信息，进而达到关联数据流的目的。

基于**直序扩频**（Direct Sequence Spread Spectrum，DSSS）的流水印技术通过调制发送者的流量速率来追踪匿名通信者，在 Mix 匿名通信系统的各种批处理策略所造成的数据流干扰下，仍可达到非常高的检测率和极低的误报率，且不需要对待嵌入水印的目标数据流具备控制权。

该类流水印技术在关联数据流时需要设置流量干扰器，不易部署和实施，且会向网络中注入大量无用数据流，影响网络的可用性。

3）**基于包时间的流水印技术**。对于经过跳板链或匿名 Mix 节点之后的数据流，它们的包头、包长度及包载荷都可能被改变，给追踪者带来了极大挑战，因此包时间成为流水印技术的重要参照。基于包时间的流水印技术通过调制数据流的时间特征以嵌入水印信息，进而达到关联数据流的目的。与基于包载荷和基于流速率的流水印技术相比，基于包时间的流水印技术适用性较好，实现和部署相对容易，逐步成为流水印技术的研究热点。

目前，学术界提出了多种基于包时间的流水印技术，按照调制对象的不同，可将其分为基于包间隔时延、基于时间间隔和基于间隔重心的流水印技术三类。

● **基于包间隔时延的流水印技术**。包间隔时延（IPD）是指一条数据流中数据包先后到达的时间间隔，通过调制该流量特征可有效嵌入水印信息进行数据流关联。

基于包时间的被动流相关方法很容易受到攻击者在跳板处引入的时间扰乱的影响。针对该问题，学术界提出基于水印的主动流相关技术，即基于 IPD 的流水印技术，通过调整目标数据流中所选定不同数据包之间的包间隔时延的值来嵌入水印位，对于随机时间扰乱具有鲁棒性。但该技术使用固定参数值，会导致如下问题：① 由于 IPD 分布的不同，无法保证每个水印位都能被正确嵌入；② 当包数量较少，不足以嵌入所有预定水印位时，无法进行正确源追踪；③ 由于使用固定的包最大时延值和嵌入单个水印位所需包数量，难以有效抵御时间扰乱。

针对上述问题，学术界又提出了自适应流水印技术，根据待追踪流量的包时间和包大小特征自适应地选择流水印的参数值，能容忍任何形式的时间扰乱。对于平均高达 8000 毫秒的时间扰乱，该技术的检测率可达 100%，且其误报率几乎为 0%。

已有的流水印技术会在数据流中引入大的时延，使得攻击者容易检测甚至移除其中的水印，同时还会降低合法流量的速率。学术界提出了 RAINBOW 流水印技术，所用时延比先前的流水印技术小得多。相对于被动流关联技术，该技术的错误率大大降低，仅需观察几百个数据包即可对数据流进行有效关联，且对丢包和包重组具有鲁棒性。

- **基于时间间隔的流水印技术**。为防止追踪，攻击者甚至会在跳板处故意进行包合并和包分割等包重组操作，已有流水印技术在面对包重组时的效果会大大减弱。针对该问题，学术界提出了**基于时间间隔的流水印**（Interval-Based Watermarking, IBW）技术，通过将数据流切成固定长度的时间间隔，调整包时间来控制特定时间间隔中的包数量来嵌入水印，从而在出现包重组的情况下追踪恶意数据流。但该技术不能抵御向数据流中添加垃圾包、流合并和流分割等手段。

- **基于间隔重心的流水印技术**。假设将给定数据流分为多个间隔段 I_i（$i=0, 1, 2, \cdots$），间隔 I_i 有 $n_i > 0$ 个数据包，那么间隔重心为 $\mathrm{Cent}(I_i) = \dfrac{1}{n_i} \sum_{j=0}^{n_i-1} \Delta t_{i_j}$。间隔重心代表了间隔 I_i 的平衡点，通过对其进行调制可有效关联数据流。

学术界对**流量填充**（Traffic Padding）、包添加、包丢弃、流混杂、流分割和流合并等流变换手段的研究结果显示，流变换并不必然提供所盼望或相信的那种匿名性，并提出**基于间隔重心的流水印**（Interval Centroid Based Watermarking, ICBW）技术。该技术通过将水印注入数据流的包间隔时间域中，可使任何足够长的数据流具有独特的可识别性，即使它：① 使用大量的**掩饰流**（Lover Traffic）进行伪装；② 与大量其他数据流混合或合并；③ 被分割成大量子数据流；④ 有大量数据包被丢弃；⑤ 在时间上被自然时延或攻击者故意添加的时延所扰乱。但该技术需要的数据包数量较多，并且难以抵御多流攻击。

为提高流水印的可扩展能力，学术界提出了 SWIRL 流水印技术，该技术对于包丢失和**网络抖动**（Network Jitter）具有鲁棒性，且引入的包时延较小，对于用户和特定攻击者是不可见的。该技术的主要特点是能根据数据流的自身特征选择水印模式，因此，每条数据流都会嵌入一个截然不同的水印模式。该流水印技术可用于 Tor 匿名网络，防止攻击者制造**路由环路**（Routing Loop），进而使 Tor 匿名网络有效抵御**拥塞攻击**（Congestion Attack）。

不同的流水印技术针对不同的应用需求，在实际应用时需要在鲁棒性、隐蔽性和水印容量等方面做出权衡和取舍。SWT 流水印由于在应用层载荷中加入水印信息，因此鲁棒性强，但其隐蔽性不好，容易被检测和过滤。DSSS 流水印采用流速率嵌入水印，需要设置流量干扰器，所以隐蔽性较差，且水印嵌入开销较大。RAINBOW 流水印属于非盲流水印，因其可访问原始数据流的特征信息，且对包间隔时间的增加较小，因此隐蔽性较好，水印容量较大，但部署要求高、部署难度较大。SWIRL 流水印鲁棒性较好，可适应大规模网络，但其在嵌入水印信息时需要基准间隔和水印间隔，因此水印嵌入效率不高，水印容量低。ICBW

流水印因采用间隔质心作为水印载体，抗干扰能力较好，因此鲁棒性较好，但相对而言，嵌入效率表现一般，且水印容量也不是很大。

13.3.3　针对匿名通信系统的追踪溯源技术

匿名通信系统（如 Onion Routing、Tor、Tarzan、MorphMix 和 Crowds 等）通过一定的技术手段隐藏网络数据流中通信双方的身份信息，使第三方无法获取或推测通信双方的通信关系或其中任何一方的身份信息。

因学术界一般将降低匿名通信系统匿名度的手段称为攻击，为保持一致，本节沿用此类说法。针对匿名通信系统的攻击手段很多，主要可分为协议脆弱性攻击和流量分析攻击两种。由于针对攻击的讨论较多，因此本节仅分析一些主要的攻击方式。

1. 协议脆弱性攻击

协议脆弱性攻击利用匿名通信系统自身的内在脆弱性对其进行攻击，以降低其匿名度。例如，低资源路由攻击技术利用 Tor 匿名网络路径选择算法的缺陷开展攻击；因为 Tor 匿名网络采用**高级加密标准**（Advanced Encryption Standard，AES）**计数器模式**（Counter Mode）对信元进行加密，重放攻击在入口路由器处复制发送信元，中间和出口路由器在处理复制信元时将导致计数器中断，以此发现发送者和接收者之间的通信关系；**女巫攻击**（Sybil Attack）通过向匿名网络中植入自己的节点或者控制部分网络节点，利用这些节点提供的信息推断关系；当追踪者知道自己控制的节点在发送者的路径上时，该节点的前驱节点比其他任何节点更像发送者，追踪者对每个可能的前驱节点进行统计就可能发现发送者，**前驱攻击**（Predecessor Attack），又称**合谋攻击**（Collusion Attack），就是基于此提出的。在攻击者控制匿名路径上的第一个和最后一个节点时，**报文标记攻击**（Message Tagging Attack）通过对发送消息进行标记，在最后一个节点处进行识别就可确认发送者与接收者之间的关系。

协议脆弱性攻击方法由于和匿名通信系统的脆弱性直接相关，因此准确率较高，但普适性差，必须针对不同的匿名通信系统研究不同的攻击方法；而且，某些攻击方式实施复杂，对攻击者能力要求高，缺乏实用性。

2. 流量分析攻击

流量分析攻击通过分析和关联不同数据流之间的流量特征来降低匿名通信系统的匿名度，主要包括**时间攻击**（Timing Attack）、**包计数攻击**和**流相关攻击**（Flow Correlation Attack）等。

相比而言，流量分析攻击不依赖脆弱性，与具体匿名通信协议无关，因此具有较好的普适性。通过分析匿名通信系统中消息之间的时间关系以找出其对应关系，时间攻击可确定被其控制的两个节点是否在同一条匿名路径上，但该攻击方式需对整个网络的输入消息和输出消息进行时间统计，且难以应对掩饰流策略。包计数攻击通过观察进入匿名节点数据流的数据包数量进行攻击，但该方式假设特定时间内进出匿名节点的数据流只有一条，且难以应对包添加、包移除和包重组等干扰手段。流相关攻击通过对发送者的发送数据流和接收者的接收数据流之间在时域和频域的相似度进行关联，但该方法中大都采用被动方式，针对性差、部署复杂、通信量大、计算能力要求高，且难以应对流混杂和包变换等规避手段。另外，13.3.2 节介绍的部分流水印技术也可用在匿名通信系统的追踪溯源上，这里不再赘述。

13.4　追踪溯源技术的发展趋势

近年来，追踪溯源技术得到了长足发展，涌现出一些新思路和手段，进一步推进了追踪溯源的实用化。

1. 大尺度网络中的传播源定位技术

近几年，基于网络的流行病传播动力学研究中的一个研究热点是流行病的前向问题，即了解传播过程及其与感染率、治愈率以及网络结构之间的关系。对比来看，网络攻击追踪溯源的研究则是传播的逆向问题，即通过在网络的部分节点搜集感染数据来推导传播的源头。传统理论认为，要确定网络中传播源的位置，需要收集所有网络节点的状态信息，如**美国国家安全局**（National Security Agency，NSA）采用暴力穷举技术来搜索和判定复杂网络中各威胁源（攻击源头、恶意软件发布源、垃圾邮件传播源和网络谣言起源等）的方位，但是扫描和搜索所有网络节点和地址空间要占用大量时间和资源，并且对于包含 10 亿级节点数的国际互联网来说，监视和跟踪所有网络节点的状态是不现实的。瑞士洛桑联邦理工大学音视频通信实验室提出了**稀疏干涉算法**（Sparse Interference Algorithm），通过对大型网络中的一小部分节点进行观察和监测，实现对网络传播源的定位。其研究成果显示，只需要监视整个网络的 10%～20% 的节点（在某些情况下该数值甚至可以下降到 5%），即能以高概率确定传播源头的位置。

2. 基于软件基因的网络攻击追踪溯源技术

网络攻击追踪溯源需要对整个网络空间实施监控，且越精细越好，这是一件极具挑战性的任务。为此，业界提出监控全球黑客的思路来实现对攻击行为的追踪溯源，通过收集全球黑客信息，分析其行为模式等，对全球的黑客进行"画像"。例如，美国**网络基因组项目**（Cyber Genome Project）通过借鉴生物基因工程中重用相似遗传特征、提取血统图像、完成特征描述与预测的方法，利用恶意软件开发者往往会在其方案中重复使用某代码块的特点，通过研究不同恶意软件的旧代码，来确定不同恶意软件的起源和种类。

3. 基于网络大数据的网络攻击追踪溯源技术

在网络安全领域，大数据处理技术被广泛用于未知攻击行为检测等方面。例如，美国 Red Lambda 公司将大数据应用于检测网络空间中任意字节的数据异常，并可迅速定位，其 MetaGrid 系统采用 Neural Foam 算法，使用高级人工智能技术，显示和分析数据，能够快速识别异常，用于后续的进一步分析。通过自动识别隐藏在 IT 数据和百万条事件中的异常，Neural Foam 技术能够减少安全操作小组的工作量和日常事务的数量。如果能够有效地识别异常，网络和安全操作人员将会有时间获取真实的态势。MetaGrid 声称能够将 IT 环境中大量的日常不可管理的安全操作事件减少到可管理的量级——通常从百万级的事件到十个**簇**（Cluster）。基于"长期学习"的神经网络算法，能够将正在运行的十亿级的数据记录缩减为可管理的一系列簇，提供比特级的全面、长期的异常检测。

4. 多手段融合的追踪溯源技术

国内的网络追踪溯源技术研究以理论研究为主，而以美国和日本为代表的西方国家在网络追踪溯源方面的研究则走在世界的前列，并向实用化方向发展。美国军方早在 2005 年就开展了追踪溯源系统研制工作。日本的溯源实验系统于 2010 年进行了测试，并上报 IETF，但该系统采用的溯源技术单一，主要采用 IP 日志溯源技术，并以基于 DNS 的追踪溯源技术为补充。应该看到，任何一种溯源技术都不可能应对所有类型的网络攻击行为，实现对任意攻击行为的追踪定位。每一种追踪溯源技术都具有很强的针对性和应用环境要求。学术界针对单一追踪溯源技术的缺陷，在推动网络追踪溯源实用化的宗旨下，逐步采用多种手段应对网络攻击。多手段融合的追踪溯源就是在一个系统或追踪过程中有机融合多种追踪溯源手段，以适应多网络环境和攻击场景，实现准确定位。例如，基于包标记和日志的多手段融合追踪溯源技术不是将标记和日志存储方法简单地叠加，而是合理设计规划系统中标记节点和日志节点的数量和布局等，实现经济且有效的追踪，在重构攻击路径过程中综合使用包标记和日志提供的信息，快速而准确地完成攻击源定位。

13.5 本章小结

俗话说"知己知彼，百战不殆"，网络攻击追踪溯源是网络攻防体系从被动防御向主动防御有效转换的重要支撑。本章主要介绍了网络攻击追踪溯源的基本概念及作用、层次划分和典型场景，分析了追踪溯源面临的诸多挑战，并从技术角度分析了跳板和匿名通信系统对追踪溯源的挑战，然后从定位伪造地址的 IP 追踪技术、跳板攻击溯源技术和针对匿名通信系统的追踪溯源技术三个方面对溯源追踪的典型技术进行了介绍和分析，最后对网络攻击追踪溯源技术的发展趋势进行了总结和展望。

总的来说，网络攻击追踪溯源还处于发展阶段，在具体的追踪溯源过程中需要多方协助，当前还缺乏有效的手段、标准和框架，同时应对复杂的网络攻击行为的能力还很有限。随着网络空间安全形势的进一步发展，国际社会对网络安全越来越重视，必将涌现出更多新的网络攻击追踪溯源思路和技术路线，网络攻击追踪溯源也会更加实用化和产品化，为网络空间安全提供有力保障。

13.6 习题

1. 除了本章所介绍的，网络攻击追踪溯源还有哪些意义和应用场景？
2. 结合自身体会，谈一谈网络攻击追踪溯源的主要难点是什么？应该如何去克服？
3. 跳板攻击者在躲避追踪溯源方面，都有哪些技术和手段？
4. 匿名通信系统在躲避追踪溯源方面，都有哪些技术和手段？
5. 在非协作网络环境下，如何对特定攻击进行追踪溯源？
6. 请你设计一个网络攻击追踪溯源系统。
7. 站在攻击者角度，如何有效躲避现有追踪溯源手段？
8. 网络攻击追踪溯源如何与其他网络防御措施和手段相互结合，从而发挥更大效益？
9. 分析现有追踪溯源技术的特点及优缺点。
10. 查询文献，了解网络攻击追踪溯源的最新思想和技术。

缩略语表

AES（Advanced Encryption Standard），高级加密标准

AFCERT（Air Force Computer Emergency Response Team），空军计算机应急响应小组（美）

AIMD（Additive Increase Multiplicative Decrease），和式增积式减

API（Application Programming Interface），应用程序编程接口

APPDRR（Assessment, Policy, Protection, Detection, Reaction, Restoration），风险评估、安全策略、系统防护、安全检测、安全响应和灾难恢复

APT（Advanced Persistent Threat），高级可持续性威胁

ARP（Address Resolution Protocol），地址解析协议

AS（Autonomous System），自治域

ASIM（Automated Security Incident Measurement），自动化安全事件评估系统

C&C（Command and Control），命令和控制

CCERT（China Computer Emergency Response Team），中国教育和科研计算机网应急响应小组

CDN（Content Delivery Network），内容分发网络

CERT（Computer Emergency Response Team），计算机安全应急响应组

CHARGEN（Character Generator Protocol），字符发生器协议

CIDF（Common Intrusion Detection Framework），通用的入侵检测框架

CIS（Caller Identification System），呼叫识别系统

CMD（Cyberspace Mimic Defense），网络空间拟态防御

CMU（Carnegie Mellon University），卡内基-梅隆大学

COM（Component Object Model），组件对象模型

CRTM（Core Root of Trust Module），核心信任根模块

CSRF（Cross-Site Request Forgery），跨站请求伪造（攻击）

DACL（Discretionary Access Control List），自主访问控制列表

DARPA（Defense Advanced Research Projects Agency），（美国）国防部高级研究计划局

DDoS（Distributed Denial of Service），分布式拒绝服务

DRDoS（Distributed Reflected Denial-of-Service），分布式反射拒绝服务

DFI（Deep Flow Inspection），深度流检测

DHR（Dynamic Heterogeneous Redundancy），动态异构冗余

DHT（Distributed Hash Table），分布式散列表

DIDS（Distributed Intrusion Detection System），分布式入侵检测系统

DLA（Data Loss Alerting），数据丢失告警

DLL（Dynamic Link Library），动态链接库

DLP（Data Loss Prevention），数据丢失中止

DMZ（Demilitarized Zone），非军事区域

DNS（Domain Name System），域名系统

DOM（Document Object Model），文档对象模型

DoS（Denial-of-Service），拒绝服务

DPI（Deep Packet Inspection），深度包检测

DSSS（Direct Sequence Spread Spectrum），直序扩频

FTP（File Transfer Protocol），文件传输协议

FW（Firewall），防火墙

HTML（Hypertext Markup Language），超文本标记语言

HTTP（Hypertext Transfer Protocol），超文本传输协议

HTTPS（Hypertext Transfer Protocol Secure），安全超文本传输协议

IBW（Interval-Based Watermarking），基于时间间隔的流水印

ICBW（Interval Centroid Based Watermarking），基于间隔重心的流水印

ICMP（Internet Control Message Protocol），因特网控制报文协议

IDENT (Identification Protocol), 鉴定协议

IDIP (Intruder Detection and Isolation Protocol), 入侵识别和隔离协议

IDT (Interrupt Descriptor Table), 中断描述符表

IETF (The Internet Engineering Task Force), 国际互联网工程任务组

IIS (Internet Information Services), 互联网信息服务

IMAP (Internet Mail Access Protocol), 交互式邮件存取协议

IPC (Inter-Process Communication), 进程间通信

IPD (Inter-Packet Delay), 包间隔时延

IP (Internet Protocol), 网际协议

IPS (Intrusion Prevention System), 入侵防御系统

IRC (Internet Relay Chat), 互联网中继聊天

IRP (I/O Request Package), I/O 请求包

ISP (Internet Service Provider), 互联网服务提供商

ITSEC (Information Technology Security Evaluation Criteria), 信息技术安全评估标准

LBW (Length-Based Watermarking), 基于包长的流水印

LDAP (Lightweight Directory Access Protocol), 轻量目录访问协议

LDoS (Low-rate Denial-of-Service), 低速率拒绝服务

MAC (Media Access Control), 媒体访问控制

MAS (Moving Attack Surface), 移动攻击表面

MBR (Master Boot Record), 主引导记录

MD4 (Message-Digest Algorithm 4), 消息摘要算法第 4 版

MD5 (Message-Digest Algorithm 5), 消息摘要算法第 5 版

MDG (Mimic Defense Gain), 拟态防御增益

MD (Mimic Defense), 拟态防御

MG (Mimic Guise), 拟态伪装

MIC (Mandatory Integrity Control), 强制完整性控制

MIME (Multipurpose Internet Mail Extensions), 多用途互联网邮件扩展

MP (Mimic Phenomenon), 拟态现象

MSDN (Microsoft Developer Network), 微软开发者网络

MTU (Maximum Transmission Unit), 最大传输单元

NAPT (Network Address Port Translation), 网络地址端口转换

NAT (Network Address Translation), 网络地址转换

NDIS (Network Driver Interface Specification), 网络驱动接口规范

NEZ (Network Engagement Zone), 网络结合带

NIC (Network Interface Card), 网络适配器

NIDS (Network Intrusion Detection System), 网络入侵检测系统

NNTP (Networks News Transport Protocol), 网络新闻传输协议

NSA (National Security Agency), 美国国家安全局

NSM (Network Security Monitor), 网络安全监控

NTLM (NT LAN Manager), NT 局域网管理

NTP (Network Time Protocol), 网络时间协议

OCTAVE (Operationally Critical Threat, Asset, and Vulnerability Evaluation), 可操作的关键威胁、资产和漏洞评估

OUI (Organization Unique Identifier), 组织唯一标识符

OWASP (Open Web Application Security Project), 开放 Web 应用程序安全项目组

P2P (Peer-to-Peer), 对等网络

PAT (Port Address Translation), 端口地址转换

PMTU (Path Maximum Transmission Unit), 路径最大传输单元

POP3(Post Office Protocol-Version 3), 邮局协议 – 版本 3

QoS (Quality of Service), 服务质量

RDP (Remote Desktop Protocol), 远程桌面协议

RFC (Request For Comments), Internet 标准草案

RIR (Regional Internet Registry), 地区性互联网注册管理机构

RM (Reference Monitor), 引用监控机

RTO (Retransmission Timeout), 重传超时

RTT (Round-Trip Time), 往返时间

SACL (Security Access Control List), 系统访问控制列表

SAM (Security Accounts Manager), 安全账号管理器

SCM (Services Control Manager), 服务控制管

理器

SDN（Software Defined Network），软件定义网络

SDS（Software Defined Security），软件定义安全

SDT（System Descriptor Table），系统描述符表

SEI（Software Engineering Institute），软件工程研究所

SMB（Server Message Block），服务器消息块

SMTP（Simple Mail Transfer Protocol），简单邮件传输协议

SNMP（Simple Network Management Protocol），简单网络管理协议

SPIE（Source Path Isolation Engine），源路径隔离引擎

SPI（Service Provider Interface），服务提供者接口

SSH（Secure Shell），安全外壳协议

SSL（Secure Sockets Layer），安全套接层

SST（System Service Table），系统服务表

STOP（Session Token Protocol），会话令牌协议

SWT（Sleepy Watermark Tracing），休眠水印追踪

TCB（Trusted Computing Base），可信计算基

TCP（Transmission Control Protocol），传输控制协议

TCSEC（Trusted Computer System Evaluation Criteria），可信计算机系统安全评估标准

TDI（Transport Driver Interface），传输驱动接口

TPM（Trusted Platform Module），可信平台模块

UAC（User Account Control），用户账户控制

UDP（User Datagram Protocol），用户数据报协议

UIPI（User Interface Privilege Isolation），用户界面特权隔离

URL（Uniform Resource Locator），统一资源定位符

UTM（Unified Threat Management），统一威胁管理

VLAN（Virtual Local Area Network），虚拟局域网

VPN（Virtual Private Network），虚拟专用网络

VT（Virtualization Technology），虚拟化技术

WAF（Web Application Firewall），Web 应用防火墙

WWW（World Wide Web），万维网

XSS（Cross-Site Scripting），跨站脚本攻击

参 考 文 献

[1] 麦克克鲁尔，斯坎布雷，克茨.黑客大曝光：网络安全机密与解决方案（第7版）[M]. 赵军，张元春，陈红松，译.北京：清华大学出版社,2013.

[2] 雅各布森.网络安全基础：网络攻防、协议与安全 [M].仰礼友，赵红宇，译.北京：电子工业出版社,2016.

[3] Christopher Hadnagy.社会工程学：安全体系中的人性漏洞 [M].陆道宏，杜娟，译.北京：人民邮电出版社,2013.

[4] 刘建伟，王育民.网络安全技术与实践（第二版）[M].北京：清华大学出版社,2011.

[5] DENNING P J, DENNING D E. Discussing cyber attack[J]. Communications of the ACM, 2010, 53(9): 29-31.

[6] Snell B. Mobile threat report: What's on the horizon for 2016[J]. Intel Security and McAfee, 2016.

[7] Weber R H. Internet of Things: New security and privacy challenges[J]. Computer law & security review, 2010, 26(1): 23-30.

[8] Line M B, Zand A, Stringhini G, et al. Targeted attacks against industrial control systems: Is the power industry prepared?[J]. Proceedings of the 2nd Workshop on Smart Energy Grid Security. ACM, 2014: 13-22.

[9] 王清贤，朱俊虎，邱菡，等.网络安全实验教程 [M].北京：电子工业出版社,2016.

[10] 吴礼发，洪征，李华波，等.网络攻防原理与技术 [M].北京：机械工业出版社,2017.

[11] 陈晶宁.网络实体IP地理定位方法研究 [D].郑州：解放军信息工程大学,2015.

[12] 赵建军.网络空间终端设备识别技术研究 [D].兰州：兰州理工大学,2016.

[13] Jiang Du, Jiwei Li.Analysis the Structure of SAM and Cracking Password Base on Windows Operating System[J].International Journal of Future Computer and Communication, Vol. 5, No. 2, 2016.

[14] B. Randhir, N. Kumar, S. Sharma, Analysis of Windows Authentication Protocols: NTLM and Kerberos[J]. International Conf. on Computer Networks and Information Technology. Chandigarh, 2014: 254-263.

[15] Philippe Oechslin. Making a Faster Cryptanalytic Time-Memory Trade-Off.Springer[J]. Berlin Heidelberg, 2003, 2729: 617-630.

[16] G Avoine, P Junod, P Oechslin. Time-Memory Trade-Offs: False Alarm Detection Using Checkpoints[C]. Lecture Notes in Computer Science, 2005, 3797:183-196.

[17] A Brief Analysis of 40 000 Leaked MySpace Passwords[EB/OL].(2016-09-12)[2016-10-06]. http://www.the-interweb.com/serendipity/index.php?/archives/94-A-brief-analysis-of-40,000-leaked-MySpace-passwords.html.

[18] Yan J, Blackwell A,Anderson A, et al. The Memorability and Security of Passwords-Some Empirical Results[EB/OL]. (2000-09-01)[2016-10-12]. http://www.cl.cam.ac.uk/techreports/UCAM-CL-TR-500.pdf.

[19] Austr alian Computer Emergency Response Team(AusCERT).Choosing Good Passwords[EB/OL]. (2009-01-21)[2016-10-13]. http://www.auscert.org.au/render.html?it=2260.

[20] 邹静，林东岱，郝春辉.一种基于结构划分概率的口令攻击方法 [J].计算机学报, 2014, 37(05): 1206-1215.

[21] Bonneau J, Herley C, Van Oorschot P C, et al. Passwords and the evolution of imperfect authentication

[J].Communications of the ACM,2015,58(7):78-87.

[22] Li Y, Wang H, Sun K.A study of personal information in human-chosen passwords and its security implications[C]Proc of INFOCOM2016.Piscataway, NJ:IEEE, 2016:1-9.

[23] Wang D,Cheng H, Wang P, et al, Understanding passwords of Chinese users:Characteristics, security and implications, CACR Report[EB/OL]. [2004-02-25]. ChinaCrypt 2015.

[24] 林柏泉. 漏洞战争：软件漏洞分析精要[M]. 北京：电子工业出版社，2016.

[25] 王清. 0day 安全：软件漏洞分析技术（第 2 版）[M]. 北京：人民邮电出版社，2011.

[26] 埃里克森. 黑客之道漏洞发掘的艺术（第二版）[M]. 北京：中国水利水电出版社，2009.

[27] Chris Anley, The Shellcoder's Handbook – Discovering and Exploiting Security Holes[M]. Wiley, 2007.

[28] 吴世忠. 软件漏洞分析技术[M]. 北京：科学出版社，2014.

[29] Juan Caballero, Gustavo Grieco, Mark Marron, Antonio Nappa. Undangle: early detection of dangling pointers in use-after-free and double-free vulnerabilities[C], Proceedings of the 2012 International Symposium on Software Testing and Analysis, Minneapolis, MN, USA, 2012.

[30] 邱永华. XSS 跨站脚本攻击剖析与防御[M]. 北京：人民邮电出版社．2013.

[31] 钟晨鸣，徐少培. Web 前端黑客技术揭秘[M]. 北京：电子工业出版社．2014.

[32] Justin Clarke. SQL 注入攻击与防御（第 2 版）[M]. 施宏斌，叶愫译. 北京：清华大学出版社．2010.

[33] 德丸浩.Web 应用安全权威指南[M]. 赵文，刘斌，译. 北京：人民邮电出版社．2014.

[34] Michal Zalewski. Web 之困：现代 Web 应用安全指南[M]. 朱筱丹译. 北京：机械工业出版社．2014.

[35] Michael Sikorski. 恶意代码分析实战[M]. 诸葛建伟译. 北京：电子工业出版社，2014.

[36] 克里斯托弗 C.埃里森，等. 黑客大曝光：恶意软件和 Rootkit 安全[M]. 北京：机械工业出版社，2017.

[37] 张瑜. Rootkit 隐遁攻击技术及其防范[M]. 北京：电子工业出版社，2017.

[38] Christopher C.Elisan. 恶意软件、Rootkit 和僵尸网络[M]. 郭涛，等译. 北京：机械工业出版社，2014.

[39] Y Cao, Z Qian, et al. Off-Path TCP Exploits: Global Rate Limit Considered Dangerous[J]. 2016 USENIX Security Symposium, 2016.

[40] 王晓卉，李亚伟. Wireshark 数据包分析实战详解[M]. 北京：清华大学出版社，2015.

[41] Mark Stamp. 信息安全原理与实践（第 2 版)[M]. 北京：清华大学出版社，2013.

[42] Mitnick. 反入侵的艺术——黑客入侵背后的真实故事[M]. 北京：清华大学出版社，2014.

[43] 诸葛建伟等. Metasploit 渗透测试魔鬼训练营[M]. 北京：机械工业出版社，2013.

[44] David Kennedy. Metasploit 渗透测试指南（修订版）[M]. 北京：电子工业出版社，2017.

[45] Kevin R. Fall. TCP/IP 详解 卷 1：协议[M]. 北京：机械工业出版社，2016.

[46] Tanenbaum. 计算机网络（第 5 版）[M]. 北京：清华大学出版社，2012.

[47] Mirkovic J, Reiher P. A taxonomy of DDoS attack and DDoS defense mechanisms[J]. ACM SIGCOMM Computer Communication Review, 2004, 34(2): 39-53.

[48] 孙长华，刘斌. 分布式拒绝服务攻击研究新进展综述[J]. 电子学报，2009, 37(7): 1562-1570.

[49] Abliz M. Internet denial of service attacks and defense mechanisms[J]. University of Pittsburgh, Department of Computer Science, Technical Report, 2011: 1-50.

[50] 江健，诸葛建伟，段海新，等. 僵尸网络机理与防御技术[J]. 软件学报，2012, 23(1): 82-96.

[51] Zargar S T, Joshi J, Tipper D. A survey of defense mechanisms against distributed denial of service (DDoS) flooding attacks[J]. IEEE communications surveys & tutorials, 2013, 15(4): 2046-2069.

[52] 文坤，杨家海，张宾. 低速率拒绝服务攻击研究与进展综述[J]. 软件学报，2014, 25(3): 591-605.

[53] 鲍旭华，洪海，曹志华. 破坏之王：DDoS 攻击与防范深度剖析[M]. 北京：机械工业出版社，2014.

[54] 姜开达，章思宇，孙强. 基于 NTP 反射放大攻击的 DDoS 追踪研究 [J]. 通信学报, 2014 (Z1): 7-35.

[55] Kührer M, Hupperich T, Rossow C, et al. Exit from Hell? Reducing the Impact of Amplification DDoS Attacks[C]//USENIX Security Symposium. 2014: 111-125.

[56] 李可，方滨兴，崔翔，刘奇旭. 僵尸网络发展研究 [J]. 计算机研究与发展,2016,(10):2189-2206.

[57] 张焕国，韩文报，来学嘉，等. 网络空间安全综述 [J]. 中国科学：信息科学, 2016, 46(2): 125-164.

[58] 王宇. 网络主动防御与主动防御网络 [J]. 保密科学技术, 2014, (11): 27-34.

[59] Jajodia S, Ghosh A K, Swarup V, et al. Moving Target Defense: Creating Asymmetric Uncertainty for Cyber Threats[M]. Springer, 2011.

[60] Jajodia S, Ghosh A K, Subrahmanian V S, et al. Moving Target Defese II: Application of Game Theory and Adversarial Modeling[M]. Springer, 2013.

[61] 邬江兴. 网络空间拟态防御研究 [J]. 信息安全学报. 2016, 10(4): 1-10.

[62] 斯雪明，王伟，曾俊杰，等. 拟态防御基础理论研究综述 [J]. 中国工程科学, 2016, 18(6): 62-68.

[63] 邬江兴. 网络空间拟态安全防御 [J]. 保密科学技术. 2014, (10): 4-9.

[64] 邬江兴. 网络空间拟态防御导论（上册、下册）[M]. 北京：科学出版社, 2017.

[65] 杨林. 动态赋能网络空间防御 [M]. 北京：人民邮电出版社, 2016.

[66] 绿盟科技. 2015 绿盟科技软件定义安全 SDS 白皮书 [EB/OL]. http://www.nsfocus.com.cn/upload/contents/2015/09/20150910093857_60915.pdf, 2015-09-10.

[67] 绿盟科技. 2016 绿盟科技软件定义安全 SDS 白皮书 [EB/OL]. http://www.nsfocus.com.cn/upload/contents/2017/01/20170116104606_72009.pdf, 2016-11-25.

[68] 刘文懋，裴晓峰，王翔. 软件定义安全：SDN/NFV 新型网络的安全揭秘 [M]. 北京：机械工业出版社, 2016.

[69] Soule N, Pal P, Clark S, et al. Enabling Defensive Deception in Distributed System Environments[C]. 2016 Resilience Week (RWS), Chicago, IEEE, 2016: 73-76.

[70] Zhou H, Wu C, Jiang M, et al. Evolving Defense Mechanism for Future Network Security[J]. 2015, 53(4): 45-51.

[71] 苏西尔·贾乔迪亚，V S 苏夫拉曼尼，维平·斯沃尔，等. 网络空间欺骗：构筑欺骗防御的科学基石 [M]. 马多贺，雷程，译. 北京：机械工业出版社, 2017.

[72] Matt Bishop.Computer Security Art And Science[M].Boston:Addison-Wesley, 2002.

[73] Mark Russinovich, 等. 深入解析 Windows 操作系统 [M]. 北京：电子工业出版社, 2014.

[74] He R, Qian X. Accessing a computer resource using an access control model and policy[P]. US9729531B2,2017-08-08

[75] Yan Z, Li X, Wang M, et al. Flexible Data Access Control based on Trust and Reputation in Cloud Computing[J]. IEEE Transactions on Cloud Computing, 2017, PP(99):1-1.

[76] Gorshkova E, Novikov B, Shukla M K. A Fine-Grained Access Control Model and Implementation[C]//The, International Conference. 2017:187-194.

[77] Cai T, Nie Q, Ouyang K, et al. Role-extended-based RBAC model[J]. Application Research of Computers, 2016.

[78] Zandi J, Naderi-Afooshteh A. LRBAC: Flexible function-level hierarchical role based access control for Linux[C]International Iranian Society of Cryptology Conference on Information Security and Cryptology. IEEE, 2015:29-35.

[79] Brechka D M. Algorithms for determining the safety of the computer system state based on Take-Grant protection model[J]. The World of Scientific Discoveries, 2014(10):50.

[80] Brechka D. Algorithm for searching bridges of specified types in the protection graph for Take-Grant protection model[J]. Computer Science, 2012.

[81]　Heckman M, Schell R. Using Proven Reference Monitor Patterns for Security Evaluation[J]. Information, 2016, 7(2):23.

[82]　Surhone L M, Tennoe M T, Henssonow S F. Technical Features New to Windows Vista[M]. Betascript Publishing, 2013.

[83]　张艳, 俞优, 沈亮, 等. 防火墙产品原理与应用 [M]. 北京 : 电子工业出版社, 2016.

[84]　Steve Suehring. Linux 防火墙（第 4 版）[M]. 王文烨译. 北京 : 人民邮电出版社, 2016.

[85]　王峰, 张骁, 许源, 等. Web 应用防火墙的国内现状与发展建议 [J]. 中国信息安全, 2016, 12:80-83.

[86]　华镕. 下一代防火墙：五、部署下一代防火墙 [J]. 中国仪器仪表, 2015, 7:22-27.

[87]　华镕. 下一代防火墙：六、十大评估标准 [J]. 中国仪器仪表, 2015, 8:19-21.

[88]　.Sanders, C., Smith, J. 网络安全监控：收集、检测和分析 [M]. 李柏松, 李燕宏译. 北京 : 机械工业出版社, 2015.

[89]　Bejtlich, R.. 网络安全监控实战：深入理解事件检测与响应 [M]. 蒋蓓, 等译. 北京 : 机械工业出版社, 2015.

[90]　Top Layer Networks. Beyond IDS: Essentials of network intrusion prevention[EB/OL].http://www.cs.uccs.edu/~gsc/pub/master/sjelinek/doc/research/IPS_Whitepaper_112602.pdf.

[91]　刘海燕, 张钰, 毕建权, 等. 基于分布式及协同式网络入侵检测技术综述 [J]. 计算机工程与应用, 2018(4).

[92]　史婷婷, 赵有健. 网络入侵逃逸及其防御和检测技术综述 [J]. 信息网络安全, 2016(1).

[93]　贾召鹏, 方滨兴, 刘潮歌, 等. 网络欺骗技术综述 [J]. 通信学报, 2017(12).

[94]　诸葛建伟, 唐勇, 韩心慧, 等. 蜜罐技术研究与应用进展 [J]. 软件学报, 2013(4).

[95]　项国富, 金海, 邹德清, 等. 基于虚拟化的安全监控 [J]. 软件学报, 2013(8).

[96]　孙雅静, 赵旭, 颜学雄, 等. 面向数据泄漏的 Web 沙箱测试方法 [J]. 计算机科学, 2017(11).

[97]　陈丹伟, 唐平, 周书桃, 等. 基于沙盒技术的恶意程序检测模型 [J]. 计算机科学, 2012(6).

[98]　李保珲, 徐克付, 张鹏, 等. 虚拟机自省技术研究与应用进展 [J]. 软件学报, 2016(1).

[99]　龚俭, 臧小东, 苏琪, 等. 网络安全态势感知综述 [J]. 软件学报, 2017(04).

[100]　李建华. 网络空间威胁情报感知、共享与分析技术综述 [J]. 网络与信息安全学报, 2016(2).

[101]　祝世雄, 陈周国, 张小松, 等. 网络攻击追踪溯源 [M]. 北京 : 国防工业出版社, 2015.

[102]　郝尧, 陈周国, 蒲石, 等. 多源网络攻击追踪溯源技术研究 [J]. 通信技术, 2013, 46(12): 77-81.

[103]　陈周国, 蒲石, 祝世雄. 一种通用的互联网追踪溯源技术框架 [J]. 计算机系统应用, 2012, 21(9):166-170.

[104]　闫巧, 吴建平, 江勇. 网络攻击源追踪技术的分类和展望 [J]. 清华大学学报（自然科学版）, 2005, 45(4): 497-500.

[105]　Yin Zhang, Vern Paxson. Detecting Stepping Stones[C]. Proceedings of the 9th USENIX Security Symposium. Denver, 2000, 171-184.

[106]　Xinyuan Wang, Douglas S. Reeves. Robust Correlation of Encrypted Attack Traffic through Stepping Stones by Manipulation of Interpacket Delays[C]. Proceedings of the 10th ACM Conference on Computer and Communications Security (CCS03). Washington, DC, 2003, 20-29.

[107]　Pai Peng, Peng Ning, Douglas S. Reeves, Xinyuan Wang. Active Timing-Based Correlation of Perturbed Traffic Flows with Chaff Packets[C]. Proceedings of the 25th IEEE International Conference on Distributed Computing Systems Workshops (ICDCSW05). Columbus, 2005, 107-113.

[108]　Robert Stone. CenterTrack: An IP Overlay Network for Tracking DoS Floods[C]. Proceedings of the 9th USENIX Security Symposium. San Diego, 2000, 199-212.

[109]　Young June Pyun, Young Hee Park, Xinyuan Wang, Douglas S. Reeves, Peng Ning. Tracing Traffic through Intermediate Hosts that Repacketize Flows[C]. Proceedings of the 26th IEEE International

Conference on Computer Communications (Infocom07). Anchorage, 2007, 634-642.

[110] Ting He, Lang Tong. Detecting Encrypted Stepping-Stone Connections[J]. IEEE Transactions on Signal Processing, 2007, 55(5): 1612-1623.

[111] Xinyuan Wang, Shiping Chen, Sushil Jajodia. Network Flow Watermarking Attack on Low-Latency Anonymous Communication Systems[C]. Proceedings of 2007 IEEE Symposium on Security and Privacy (SP07). Oakland, 2007, 116-130.

[112] Stefan Savage, David Wetherall, Anna Karlin, Tom Anderson. Practical Network Support for IP Traceback[C]. Proceedings of ACM SIGCOMM 2010. Stockholm, 2000, 295-306.

[113] Dawn Xiaodong Song, Adrian Perrig. Advanced and Authenticated Marking Schemes for IP Traceback[C]. Proceedings of the 20th IEEE International Conference on Computer Communications (Infocom01). Anchorage, 2001, 878-886.

[114] Drew Dean, Matt Franklin, Adam Stubblefield. An Algebraic Approach to IP Traceback[J]. ACM Transactions on Information and System Security, 2002, 5(2): 119-137.

[115] Alex C. Snoeren, Craig Partridge, Luis A. Sanchez, Christine E. Jones, Fabrice Tchakountio, Stephen T. Kent, W. Timothy Strayer. Hash-Based IP Traceback[C]. Proceedings of ACM SIGCOMM 2001. San Diego, 2001, 3-14.

[116] Krishna Sampigethaya, Radha Poovendran. A Survey on Mix Networks and Their Secure Applications[J]. Proceedings of the IEEE, 2006, 94(12): 2142-2181.

[117] Kunikazu Yoda, Hiroaki Etoh. Finding a Connection Chain for Tracing Intruders[C]. Proceedings of the 6th European Symposium on Research in Computer Security (ESORICS00). Toulouse, 2000, 191-205.

[118] Jean-Francois Raymond. Traffic Analysis: Protocols, Attacks, Design Issues and Open Problems[C]. Proceedings of International Workshop on Designing Privacy Enhancing Technologies: Design Issues in Anonymity and Unobservability. Berkeley, 2001, 10-29.

[119] Ye Zhu, Xinwen Fu, Bryan Gramham, Riccardo Bettati, Wei Zhao. Correlation-Based Traffic Analysis Attacks on Anonymity Networks[J]. IEEE Transactions on Parallel and Distributed Systems, 2010, 21(7): 954-967.

[120] Xinyuan Wang, Douglas S. Reeves, S. Felix Wu, Jim Yuill. Sleepy Watermark Tracing: An Active Network-Based Intrusion Response Framework[C]. Proceedings of 16th International Conference on Information Security (IFIP/Sec01). Paris, 2001, 369-384.

[121] Daniel Ramsbrock, Xinyuan Wang, Xuxian Jiang. A First Step toward Live Botmaster Traceback[C]. Proceedings of the 11th International Symposium on Recent Advances in Intrusion Detection (RAID08). Boston, 2008, 59-77.

[122] Negar Kiyavash, Amir Houmansadr, Nikita Borisov. Multi-flow Attacks Against Network Flow Watermarking Schemes[C]. Proceedings of 17th USENIX Security. San Jose, 2008, 307-320.

[123] Amir Houmansadr, Nikita Borisov. SWIRL: A Scalable Watermark to Detect Correlated Network Flows[C]. Proceedings of the 18th Annual Network & Distributed System Security Symposium (NDSS11). San Diego, 2011, 15-23.

[124] 吴振强, 周彦伟, 乔子芮. 一种可控可信的匿名通信方案[J]. 计算机学报, 2010, 33(9): 1686-1702.

[125] 郭晓军, 程光, 朱琛刚, 等. 主动网络流水印技术研究进展[J]. 通信学报, 2014, 35(7): 178-192.

[126] 王珊. 基于网络流量特征分析的跳板入侵检测方法的研究[D]. 厦门: 华侨大学, 2016.

[127] 许小强. 基于网络流水印的跨域协同追踪技术研究[D]. 南京: 南京理工大学, 2017.

[128] 何高峰, 杨明, 罗军舟, 等. 洋葱路由追踪技术中时间特征的建模与分析[J]. 计算机学报, 2014, 37(2): 356-372.